OPTO METRIST

안경사
최종모의고사

+ 무료강의

시대에듀

2025 시대에듀 안경사 최종모의고사 + 무료강의

Always **with you**

사람의 인연은 길에서 우연하게 만나거나 함께 살아가는 것만을 의미하지는 않습니다.
책을 펴내는 출판사와 그 책을 읽는 독자의 만남도 소중한 인연입니다.
시대에듀는 항상 독자의 마음을 헤아리기 위해 노력하고 있습니다. 늘 독자와 함께하겠습니다.

김정복

안경사
부산과학기술대학교 안경광학과 졸업
대구가톨릭대학교 안경광학과 이학박사 졸업

현 강동대학교 안경광학과 초빙조교수
동남보건대학교 안경광학과 강사
서영대학교 안경광학과 강사
유튜브 채널 "복쌤TV" 운영

2011~2018년 부산과학기술대학교 안경광학과 외래교수
2014~2018년 동원과학기술대학교 안경광학과 겸임조교수
2013~2022년 대구가톨릭대학교 안경광학과 국가고시 특강 강사
2021~2022년 동남보건대학교 안경광학과 국가고시 특강 강사
2023년 대구 킴스애드 안경원 검안교육
2023년 휴비츠 안경사 검안교육
2024년 안경사 법정보수교육 강사(충북 지부)

이종하

안경사
강동대학교 안경광학과 졸업
대구가톨릭대학교 의료보건대학원 이학석사 졸업

현 강동대학교 안경광학과 겸임조교수
서영대학교 안경광학과 강사
유튜브 채널 "복쌤TV" 강사

전 대구가톨릭대학교 시과학센터 안경사
글라스스토리안경원 기흥구갈점 안경사

국시공부 어떻게 해야 될지
막막하고 힘드시죠?

실제 임상경험을 바탕으로 핵심만 쉽게 풀이하는 '복쌤'입니다.

십여 년간 안경사 국가시험 특강을 통해 면허시험을 준비하는 수험생들을 만나면서 공부하는 과정에 다양한 어려움이 있는 것을 알게 되었습니다. 재학생의 경우 학습 내용을 문제에 적용하는 것에 어려움을 느끼고 있었고, 이미 졸업한 재수생의 경우 다양한 문제에 대한 경험이 부족한 것이 가장 어려운 부분으로 보였습니다. 수험생들의 현실적인 문제에 도움이 되고자 유튜브 채널 "복쌤TV"를 개설하여 매년 많은 수험생들과 만나며 함께 공부해 왔습니다.

매년 만나는 수험생들의 다양한 의견을 통해 최근 기출 유형에 맞는 모의고사형 문제집의 필요성에 공감하여 문제집을 출간하게 되었습니다. 최근 출제경향에 맞는 5회분의 최종모의고사로 국가고시를 준비하는 수험생 여러분의 합격의 길이 조금이나마 수월해지기를 기원합니다.

모의고사를 풀기 전에 앞부분 빨간키를 통해 내용정리를 먼저 하시고, 모의고사는 실제 시험과 동일하게 시간을 준수하면서 풀어 보시길 권합니다. 해설은 암기하는 것이 아니라 이해하는 도구로만 사용하셔야 합니다. 반복적으로 틀리는 문항이 있다면 이론 개념정리를 우선으로 점검하시길 바랍니다.

문제와 관련된 질문은 유튜브 채널 "복쌤TV"로 오셔서 댓글 남겨주시면 빠르게 답변 드리겠습니다.

저자 **김정복 · 이종하**

▶ www.youtube.com/@BokSsamTV
💬 안경사국가고시 공부방 : open.kakao.com/o/g7Xp99be

❯ 시험일정

구 분	일 정	비 고
응시원서 접수	• 인터넷 접수 : 2025년 9월경 • 국시원 홈페이지 [원서접수] • 외국대학 졸업자로 응시자격 확인서류를 제출하여야 하는 자는 접수기간 내에 반드시 국시원 별관에 방문하여 서류확인 후 접수 가능함	• 응시수수료 : 110,000원 • 접수시간 : 해당 시험직종 원서 접수 시작일 09:00부터 접수 마감일 18:00까지
시험시행	• 일시 : 2025년 12월경 • 국시원 홈페이지 [직종별 시험정보]−[안경사]−[시험장소(필기/실기)]	응시자 준비물 : 응시표, 신분증, 컴퓨터용 흑색 수성사인펜, 필기도구 지참
최종합격자 발표	• 2026년 1월경 • 국시원 홈페이지 [합격자조회]	휴대전화번호가 기입된 경우에 한하여 SMS 통보

❯ 응시자격

❶ 다음의 자격이 있는 자가 응시할 수 있습니다.

▸ 취득하고자 하는 면허에 상응하는 보건의료에 관한 학문을 전공하는 대학 · 산업대학 또는 전문대학을 졸업한 자(※ 복수전공 불인정)
▸ 보건복지부장관이 인정하는 외국에서 취득하고자 하는 면허에 상응하는 보건의료에 관한 학문을 전공하는 대학과 동등 이상의 교육과정을 이수하고 외국의 해당 의료기사 등의 면허를 받은 자(다만, 95.10. 6 당시 보건사회부장관이 인정하는 외국의 해당 전문대학 이상의 학교에 재학 중인 자는 그 해당학교 졸업자)
▸ 1988년 5월 28일 당시 의료기사법 부칙(제3949호, 1987.11.28) 제2조에 따른 안경업소에서 안경의 조제 및 판매업무를 행한 자에 한함

❷ 다음 내용에 해당하는 자는 응시할 수 없습니다.

▸ 정신건강복지법 제3조 제1호에 따른 정신질환자. 다만, 전문의가 의료기사 등으로서 적합하다고 인정하는 사람은 제외
▸ 마약 · 대마 또는 향정신성 의약품 중독자
▸ 피성년후견인, 피한정후견인
▸ 의료기사 등에 관한 법률 또는 형법 중 제234조 · 제269조 · 제270조 제2항 내지 제4항 · 제317조 제1항, 보건범죄단속에 관한 특별조치법, 지역보건법, 국민건강증진법, 후천성면역결핍증 예방법, 의료법, 응급의료에 관한 법률, 시체해부 및 보존에 관한 법률, 혈액관리법, 마약류 관리에 관한 법률, 모자보건법 또는 국민건강보험법에 위반하여 금고 이상의 실형을 선고받고 그 집행이 종료되지 아니하거나 면제되지 아니한 자

❯ 시험과목

시험종별	시험과목수	문제수	배 점	총 점	문제형식
필 기	3	190	1점/1문제	190점	객관식 5지선다형
실 기	1	60		60점	

❯ 시험시간표

구 분	시험과목(문제수)	교시별 문제수	시험형식	입장시간	시험시간
1교시	시광학이론(85)	85	객관식	~08:30	09:00~10:15(75분)
2교시	의료관계법규(20) 시광학응용(85)	105		~10:35	10:45~12:15(90분)
3교시	실기시험(60)	60		~12:35	12:45~13:45(60분)

※ 의료관계법규 : 의료법, 의료기사 등에 관한 법률과 그 시행령 및 시행규칙

❯ 합격기준

❶ 합격자 결정

▸ 필기시험에 있어서는 매 과목 만점의 40% 이상, 전 과목 총점의 60% 이상 득점한 자를 합격자로 하고, 실기시험에 있어서는 만점의 60% 이상 득점한 자를 합격자로 합니다.
▸ 응시자격이 없는 것으로 확인된 경우에는 합격자 발표 이후에도 합격을 취소합니다.

❷ 합격자 발표

▸ 합격자 명단은 다음과 같이 확인할 수 있습니다.
  [1] 국시원 홈페이지 [합격자조회]
  [2] 국시원 모바일 홈페이지
▸ 휴대전화번호가 기입된 경우에 한하여 SMS로 합격 여부를 알려드립니다.
※ 휴대전화번호가 010으로 변경되어, 기존 01* 번호를 연결해 놓은 경우 반드시 변경된 010 번호로 입력(기재)하여야 합니다.

❖ 시험에 대한 보다 자세한 정보는 시행처인 한국보건의료인국가시험원(www.kuksiwon.or.kr)에서 확인하실 수 있습니다. 시험정보는 시행처의 사정에 따라 변경될 수 있으므로 반드시 응시하려는 해당 회차의 시험공고를 확인하시기 바랍니다.

이 책의 구성과 특징 STRUCTURES

빨리보는 간단한 키워드

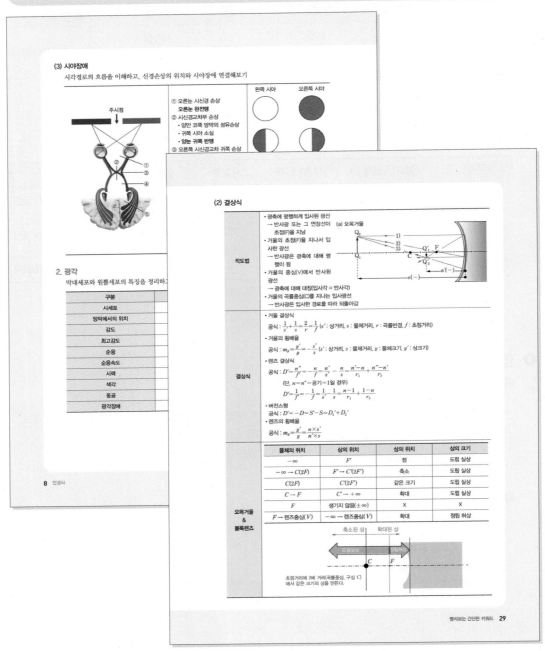

전문 저자진이 역대 안경사 시험을 분석하여, 자주 출제되는 이론과 출제 가능성이 높은 중요한 이론만 모아서 구성했습니다. 빨간키를 통해 언제 어디서든 쉽고 간편하게 효율적으로 학습해 보세요.

최종모의고사 5회분 + 정답 및 해설

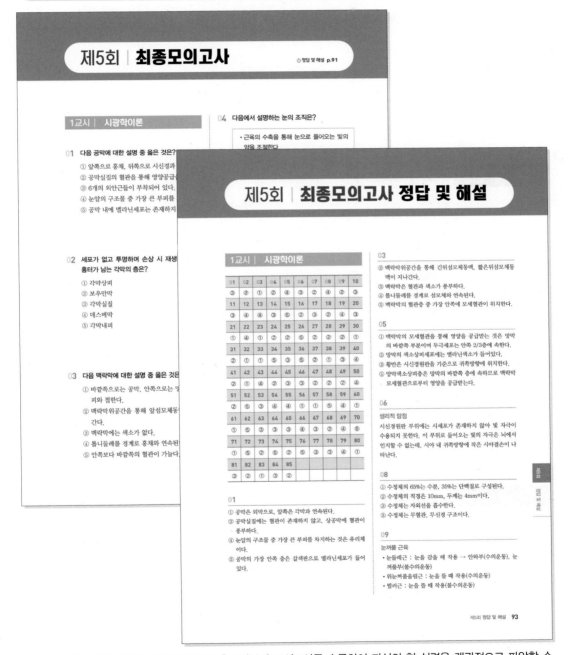

전문 저자진이 직접 시험을 분석하여 만든 총 5회분의 모의고사를 수록하여 자신의 현 실력을 객관적으로 파악할 수 있도록 하였습니다. 모의고사를 풀면서 실전감각을 키우고 자신의 부족한 점을 파악하고 보완한다면 합격의 길에 한 걸음 더 가까워진 자신을 만나볼 수 있습니다. 또한, 단지 정답만 설명해주는 해설이 아닌 해당 이론과 계산식을 자세하고 꼼꼼하게 설명하여 틀린 문제를 완벽하게 짚고 넘어갈 수 있도록 구성하였습니다.

이 책의 목차 CONTENTS

빨 간 키   빨리보는 간단한 키워드

시험 전에 보는 핵심요약 빨리보는 간단한 키워드   **003**

문 제 편   최종모의고사

제1회 최종모의고사   **053**

제2회 최종모의고사   **097**

제3회 최종모의고사   **143**

제4회 최종모의고사   **189**

제5회 최종모의고사   **233**

해 설 편   정답 및 해설

제1회 정답 및 해설   **003**

제2회 정답 및 해설   **027**

제3회 정답 및 해설   **049**

제4회 정답 및 해설   **071**

제5회 정답 및 해설   **093**

2025
최신개정판

합격에듀 시대에듀

O P T O M E T R I S T

안경사
최종모의고사
+ 무료강의

문제편

빨리보는 간단한 키워드

교육은 우리 자신의 무지를 점차 발견해 가는 과정이다.

– 윌 듀란트 –

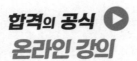

빨리보는 간단한 키워드

1 시기해부학

공부하기 Tip

① 시각기관의 분류 이해하기
② 시각기관 각 부의 위치와 모양 그려보기
③ 시각기관 각 부의 특징과 기능을 연결하여 정리하기

1. 시각기관의 구성과 명칭

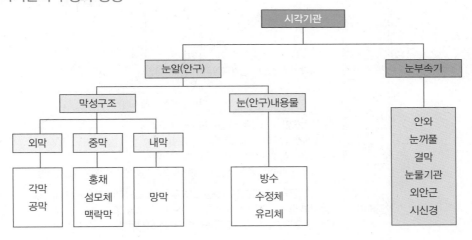

2. 눈알의 구조

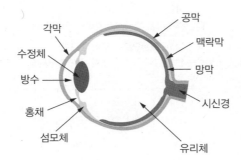

3. 각 부의 특징 키워드

(1) 눈알(안구)의 막성구조

외막(섬유층) :
교원섬유로
이루어진 층
	각막	• 투명한 무혈관구조
		• 지각신경(삼차신경1가지 – 눈신경)
		• 5개의 층(각막상피 – 보우만막 – 각막실질 – 데스메막 – 각막내피)
		• 규칙적인 교원섬유(아교섬유) 배열
		• +43D의 굴절력
		• 각막층의 이행
		  – 각막상피 : 눈알결막
		  – 보우만막 : 안구집(테논낭)
		  – 각막실질 : 공막실질
		  – 데스메막 : 슈발베선으로 끝나고 섬유주망이 시작
		  – 각막내피 : 홍채전면

	공막	• 불규칙적인 교원섬유 배열로 불투명한 구조 • 3개의 층(상공막 – 공막실질 – 갈색판) • 사상판 : 시신경다발이 공막을 통과하는 위치 • 공막을 통과하는 혈관 : 앞섬모체동맥, 또아리정맥, (긴, 짧은)뒤섬모체동맥
중막(혈관색소층) : 혈관, 색소가 풍부한 층	홍채	• 홍채의 근육 : 동공조임근(축동, 부교감신경), 동공확대근(산동, 교감신경) • 홍채의 혈관 : 큰홍채동맥고리, 작은홍채동맥고리 • 큰홍채동맥고리 = 앞섬모체동맥 + 긴뒤섬모체동맥

	섬모체	• 섬모체근의 수축(부교감신경)으로 수정체 두께 증가(조절)
		  → 섬모체근 수축 – 섬모체소대 느슨해짐 – 수정체 두께 증가 – 근거리 선명
		  → 섬모체근 이완 – 섬모체소대 팽팽해짐 – 수정체 두께 감소 – 원거리 선명
		• 2개의 상피 중 안쪽 무색소상피의 주름부에서 방수 생성

	맥락막	• 근육은 없고, 혈관으로 이루어진 구조 • 혈관은 안쪽(망막 쪽)으로 갈수록 가늘어져 이 모세혈관 층에서 망막의 바깥쪽 1/3 부분으로 영양공급

내막(신경층) : 신경세포로 이루어진 층	망막	• 시각정보 전달을 위한 신경세포로 구성 : 광수용체세포, 두극세포, 신경절세포 • 총 10개의 층으로 구성 • 광수용체세포 : 원뿔세포, 막대세포 • 원뿔세포 : 중심오목에 밀집되어 있는 신경세포, 명소시 담당(요돕신) • 막대세포 : 망막주변부에 분포되어 있는 신경세포, 암소시 담당(로돕신) • 황반(중심오목) : 시신경원판에서 귀방향 아래에 위치, 중심시력 담당 • 시신경원판 : 황반에서 코 방향 위쪽에 위치, 시야 내에 생리적 암점(귀쪽 방향)으로 나타남

(2) 눈알(안구)의 내용물

방수	• 99%의 수분으로 구성 • 안압조절, 수정체와 각막에 영양공급의 역할 • 분비와 배출 : 섬모체에서 분비 – 뒷방 – 동공 – 앞방 – 섬유주 – 쉴렘관 – 방수정맥을 통한 배출
수정체	• 65%의 수분 + 35%의 단백질로 구성 • 투명한 무혈관, 무신경 구조 • 수정체주머니, 수정체 전면상피, 수정체섬유로 구성 • +19~33D의 굴절력, 조절기능
유리체	• 99%의 수분으로 구성 • 투명한 무혈관, 무신경 구조 • 눈알 전체 부피의 4/5를 차지

(3) 눈부속기

안와	• 7개의 뼈로 구성(이마뼈, 광대뼈, 위턱뼈, 눈물뼈, 벌집뼈, 입천장뼈, 나비뼈) • 4개의 벽으로 구분(위벽, 아래벽, 안쪽벽, 바깥벽) • 도르래오목 : 위벽 코 방향, 위빗근의 도르래가 위치하는 공간 • 눈물샘오목 : 위벽 귀 방향, 눈물샘이 위치하는 공간 • 눈물주머니오목 : 안쪽벽, 눈물주머니가 위치하는 공간 • 안와의 개구부 : 시신경공(시신경, 눈동맥), 위안와틈새, 아래안와틈새
눈꺼풀	• 앞쪽부터 피부, 근육층, 눈꺼풀판층, 결막으로 구성 • 눈꺼풀의 근육 : 눈을 감을 때 – 눈둘레근(안와부 – 수의근, 눈꺼풀부 – 불수의근) 　　　　　　　　　 눈을 뜰 때 – 위눈꺼풀올림근(수의근), 뮐러근(불수의근) • 눈꺼풀의 분비샘 : 마이봄샘(눈물의 지방층 분비), 자이스샘, 몰샘
결막	• 눈알결막, 구석결막, 눈꺼풀결막으로 구성 • 결막기질 : 덧눈물샘(크라우제샘, 볼프링샘)에서 눈물 분비 • 결막상피 : 술잔세포에서 눈물의 점액층 분비
눈물기관	• 눈물샘 : 주눈물샘(눈물샘오목에 위치), 덧눈물샘(결막에 위치한 크라우제샘, 볼프링샘) • 눈물길 : 눈물점 – 눈물소관 – 눈물주머니 – 코눈물관 • 눈물층 : 지방층, 수성층, 점액층

외안근	• 6개의 근육 : 4개의 곧은근(위, 아래, 가쪽, 안쪽)과 2개의 빗근(위, 아래) • 가장 긴 외안근은 위빗근, 가장 짧은 외안근은 아래빗근 • 외안근의 작용방향 : 상전, 하전, 내전, 외전, 내·외회선(회선운동의 기준은 12시 방향) 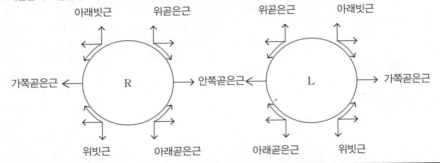

구분	주작용	보조작용
위곧은근	상전	내전, 내회선
아래곧은근	하전	내전, 외회선
가쪽곧은근	외전	–
안쪽곧은근	내전	–
위빗근	내회선	하전, 외전
아래빗근	외회선	상전, 외전

뇌신경의 역할	• 시신경(뇌신경 2번) : 대뇌 시각피질로 시각정보 전달 • 눈돌림신경(뇌신경 3번) : 위눈꺼풀올림근, 위곧은근, 아래곧은근, 안쪽곧은근, 아래빗근의 수축 • 도르래신경(뇌신경 4번) : 위빗근의 수축 • 삼차신경(뇌신경 5번) : 각막, 눈물샘의 자극 • 가돌림신경(뇌신경 6번) : 가쪽곧은근의 수축 • 얼굴신경(뇌신경 7번) : 눈둘레근의 수축
	• 삼차신경 : 감각신경 • 눈돌림신경, 도르래신경, 가돌림신경, 얼굴신경 : 운동신경으로 근육의 수축을 담당

2 시기생리학

1. 시각경로와 시야장애

(1) 시야와 망막의 결상

① 시야 내, 주시점의 상은 중심오목에 맺힌다.

② 주시점을 기준으로, 오른쪽 시야의 상은 중심오목을 기준으로 왼쪽 망막에 맺힌다.

③ 주시점을 기준으로, 왼쪽 시야의 상은 중심오목을 기준으로 오른쪽 망막에 맺힌다.

④ 주시점을 기준으로, 코쪽 시야의 상은 중심오목을 기준으로 귀쪽 망막에 맺힌다.

⑤ 주시점을 기준으로, 귀쪽 시야의 상은 중심오목을 기준으로 코쪽 망막에 맺힌다.

(2) 시각경로

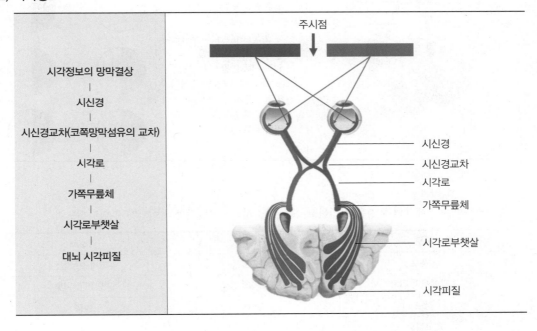

빨리보는 간단한 키워드 **7**

(3) 시야장애

시각경로의 흐름을 이해하고, 신경손상의 위치와 시야장애 연결해보기

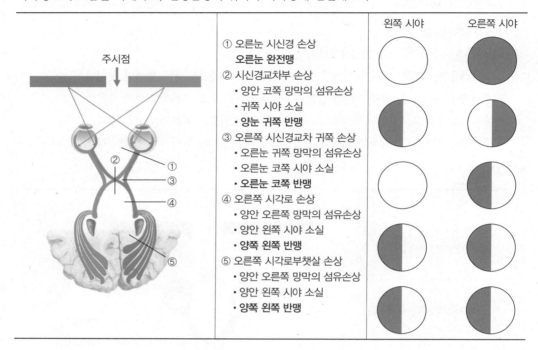

① 오른눈 시신경 손상
   오른눈 완전맹
② 시신경교차부 손상
   • 양안 코쪽 망막의 섬유손상
   • 귀쪽 시야 소실
   • **양눈 귀쪽 반맹**
③ 오른쪽 시신경교차 귀쪽 손상
   • 오른눈 귀쪽 망막의 섬유손상
   • 오른눈 코쪽 시야 소실
   • **오른눈 코쪽 반맹**
④ 오른쪽 시각로 손상
   • 양안 오른쪽 망막의 섬유손상
   • 양안 왼쪽 시야 소실
   • **양쪽 왼쪽 반맹**
⑤ 오른쪽 시각로부챗살 손상
   • 양안 오른쪽 망막의 섬유손상
   • 양안 왼쪽 시야 소실
   • **양쪽 왼쪽 반맹**

2. 광각

막대세포와 원뿔세포의 특징을 정리하고, 명·암소시의 특징, 주맹과 야맹까지 연결해보기

구분	명소시	암소시
시세포	원뿔세포(요돕신)	막대세포(로돕신)
망막에서의 위치	중심오목에 집중	망막의 주변부
감도	낮음	높음
최고감도	555nm	505nm
순응	명순응	암순응(1차 → 2차)
순응속도	빠름(1~2분)	느림(30~50분)
시력	좋음	나쁨
색각	있음	없음
동공	축동	산동
광각장애	주맹(원뿔세포의 기능장애)	야맹(막대세포의 기능장애)

3. 색각이상

(1) 선천성 색각이상의 유전 가계도 이해하기

① 색각이상은 X염색체 열성유전
② 남성의 성염색체는 XY, 여성의 성염색체는 XX
③ 남성에게 색각이상이 유전될 때, 색각검사 시 색각이상으로 나타남
④ 여성의 X염색체 둘 중 하나에만 색각이상이 유전될 때 색각검사 시 정상으로 나타남(보인자)
⑤ 여성의 X염색체 둘 모두에 색각이상이 유전될 때 색각검사 시 색각이상으로 나타남
⑥ 아버지는 색각이상, 어머니는 정상색각(보인자 X)일 때 나타날 수 있는 자녀들의 색각이상 비율

XX / XY = 정상색각
XX′ = 보인자
X′X′ / X′Y = 색각이상

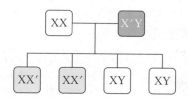

• 자녀들 중 색각이상자는 없음
• 딸은 모두 보인자

⑦ 아버지는 정상색각, 어머니는 보인자일 때 나타날 수 있는 자녀들의 색각이상 비율

XX / XY = 정상색각
XX′ = 보인자
X′X′ / X′Y = 색각이상

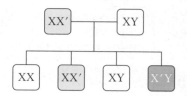

• 자녀들 중 색각이상자는 한 명(25%)
• 아들 중 색각이상자는 50%
• 아들 중 정상색각은 50%

(2) 색각이상 검사

색각검사의 종류	검사의 특징	검사의 용도
거짓동색표 (이시하라, 한식색각검사표 등)	여러 가지 색채의 원형점으로 비슷한 형태의 문자와 숫자가 혼동되기 쉽도록 구성	빠르게 색각이상 선별
색상분별법(배열검사) (판스워스-먼셀 100색상검사, 판스워스 D-15검사 등)	기준색으로부터 비슷한 순서대로 배열	색각이상의 분류와 정도의 판정
색각경 (나겔의 색각경)	색 혼합검사	색각이상의 종류와 정도를 정확하게 판정
색각등검사	빛으로 표현되는 색 이름을 판별	직업 적합성 검사

(3) 조절 시 눈의 변화

① 섬모체 : 섬모체근의 수축, 섬모체 소대 느슨해짐
② 수정체 : 두께 증가, 전면이 각막 쪽으로 이동(앞방 좁아짐), 전면과 후면의 곡률반경 감소(곡률 증가)
③ 방수유출량 증가로 안압 하강
④ 동공의 수축(축동)
⑤ 눈의 전체 굴절력 증가

(4) 동공반사 – 이상동공반응

① 동공반사(대광반사) : 한 눈에 빛을 비추면 두 눈의 동공이 수축
② 직접대광반사 : 빛을 받은 쪽 눈의 축동
③ 간접대광반사 : 빛을 받지 않은 쪽 눈의 축동

구심동공운동장애	• 구심성경로(망막 → 중뇌)의 손상 : 빛의 정보가 전달되지 않는 경우 • 한쪽 눈에 망막 또는 시신경질환이 있을 때 • 질환이 있는 눈의 직접대광반사와 반대쪽 눈의 간접대광반사 소실 또는 감소 • 정상 눈의 직접대광반사 정상, 반대쪽 눈의 간접대광반사 정상
원심동공운동장애	• 원심성경로(중뇌 → 동공조임근)의 손상 : 축동의 자극이 전달되지 않는 경우 • 눈돌림신경핵 또는 눈돌림신경, 눈속근육의 마비가 있을 때 • 직접대광반사와 간접대광반사 모두 소실
(아디)긴장동공	• 주로 20~40대 여성 • 산동된 상태 • 저농도(0.125%)의 필로카르핀을 점안하면 축동
아르길로버트슨 동공	• 중추신경매독 환자 • 축동된 상태
호너증후군	• 교감신경의 마비 • 이상이 있는 쪽 눈의 눈꺼풀처짐, 축동, 땀없음증

(5) 눈 생리검사

초음파검사		• A-scan : 눈 속 거리 측정(안구축 길이, 앞방깊이, 수정체 두께 측정) • B-scan : 매체혼탁 시 눈 속 상태 확인, 종양의 진단, 눈 속 이물의 확인
전기생리학검사	망막전위도 ERG	• 빛 자극에 의한 망막활동전위의 변화를 기록 • 암순응 상태에서 측정
	눈전위도 EOG	• 각막과 눈 뒤 사이에 존재하는 안정전위의 측정 • 망막색소상피세포의 기능
	시유발전위 VEP	• 시자극을 받을 때 시각피질의 전위변화 확인 • 시각경로의 기능 평가
형광안저혈관조영술		• 망막혈관 등 안저이상의 진단 • 정맥에 형광색소(Fluorescein) 주입 • 망막혈관에 이상이 있을 때 형광색소가 망막조직으로 확산되어 확인
빛간섭단층촬영 OCT		• 눈 속 구조물의 단면 확인 • 망막 또는 맥락막의 층별 구조 확인 • 녹내장이나 각막질환의 진단, 각막굴절 수술에 필요한 정보 확인

3 안질환

1. 각막질환

중심 각막궤양	세균각막궤양	녹농균 각막궤양	• 소프트 콘택트렌즈 착용자, 점안약으로 감염 • 궤양부위 삼출물과 침윤은 청록색
		포도알균 각막궤양	• 가장 흔한 궤양의 원인 • 단순포진, 건성안, 아토피 등 각막 상태가 약할 때 발생
		폐렴알균 각막궤양	• 벼나 풀잎, 모래로 인한 외상으로 인한 감염 • 눈물주머니염, 코눈물관 폐쇄된 경우에도 발생
	진균 각막궤양		• 농부 또는 스테로이드 사용자에 발생 • 앞방축농, 각막내피반, 위성병소
	바이러스 각막궤양	단순포진각막염	• 단순포진바이러스 감염 • 각막지각 저하, 가지모양각막궤양
		대상포진각막염	• 수두 – 대상포진바이러스 감염 • 삼차신경의 침범으로 얼굴부위의 반점 발생 • 각막지각 저하
	가시아메바 각막염		• 오염된 물, 토양 등에서 감염 • 콘택트렌즈의 오염요인 • 심한 통증 동반
주변 각막궤양	무렌각막궤양		• 자가면역질환의 일종 • 각막주변부의 궤양 • 심한 통증, 회백색 침윤 발생
	플릭텐각결막염		• 세균단백으로 인한 지연과민반응(결핵균, 포도알균) • 각막 가장자리 플릭텐(결절)이 결막과 각막으로 확대
기타 각막궤양	비타민 A 결핍증 각막궤양		• 비타민 A의 결핍으로 각막의 연화, 괴사 • 귀쪽 각막의 비토반점 • 야맹증, 눈마름증 동반
	신경 영양각막염		• 삼차신경 제1가지(눈신경)의 마비로 발생 • 각막지각 소실, 눈 깜박임 감소
	노출각막염		• 각막의 노출로 발생 • 원인으로 안구돌출, 눈둘레근 마비, 눈꺼풀겉말림 등 • 토끼눈
	쇼그렌증후군		• 눈물샘의 분비 저하, 자가면역질환 • 실모양각막염
각막이상증	원추각막		• 각막 중심부가 얇아지면서 앞쪽으로 돌출되는 진행성질환 • 데스메막 파열, 불규칙한 혈관 신생 • 문슨징후, 플라이셔고리 • 초기에 하드 콘택트렌즈로 시력교정 • 관련질환 : 다운증후군, 아토피, 망막색소변성, 마르팡증후군

2. 결막질환

세균결막염	급성세균결막염		• 황색포도알균, 폐렴사슬알균, 인플루엔자균에 의한 감염 • 점액화농성 분비물, 심한 충혈(Pink Eye)
바이러스 결막염	급성바이러스 결막염	인두결막열	• 아데노바이러스 3, 4, 7형에 의한 감염 • 고열, 인후통 동반
		유행각결막염	• 아데노바이러스 8, 19형에 의한 감염 • 결막염에서 수일 내 각막염으로 진행되어 눈부심 증상 • 발병 후 2주까지 강한 전염성
		급성출혈결막염	• 장내바이러스 70형에 의한 감염 • 아폴로눈병 • 짧은 잠복기와 경과기간
클라미디아 결막염	트라코마		• 위생환경이 좋지 않은 곳의 전염질환 • 여포, 점액화농성 분비물 • 합병증 : 심한 결막흉터, 위눈꺼풀속말림, 눈꺼풀처짐
결막 면역질환	즉시형	계절알레르기 결막염	• 건초열결막염 • 꽃가루, 동물의 털 등의 알레르기
		봄철각결막염	• 사춘기 이전 남성에게 주로 발생 • 가려움, 점액성분비물, 위눈꺼풀의 거대유두 발생
		거대유두결막염	• 콘택트렌즈나 의안 착용 시 • 가려움, 점액성분비물, 위눈꺼풀의 거대유두 발생
퇴행성질환	검열반		• 성인의 양안에 발생하는 코쪽 눈알결막의 결절 • 자외선, 바람과 먼지 등이 원인
	군날개		• 자외선, 바람과 먼지의 자극 • 눈꺼풀틈새 눈알결막의 섬유혈관조직이 증식하여 각막 침범

3. 망막질환

순환장애	망막동맥폐쇄		• 급격히 나타나는 통증없는 시력장애(초응급 질환) • 앵두반점 • 이상안 쪽의 직접대광반사 소실, 간접대광반사 정상
	망막정맥폐쇄	망막중심 정맥폐쇄	• 시신경의 사상판 부근 정맥 폐쇄 • 비허혈형(경도의 시력저하), 허혈형(심한 시력저하)
		망막분지 정맥폐쇄	• 동정맥 교차부의 폐쇄 • 출혈, 면화반, 망막부종
	당뇨망막병증		• 망막의 미세순환장애 • 당뇨 유병기간과 관련
황반이상	나이관련황반변성		• 성인 실명의 주요 원인이 되는 질환 • 중심시력 저하, 변형시증, 암점 • 대부분 비삼출성으로 발생, 약 10%에서 삼출성으로 발생

4. 눈꺼풀질환

눈꺼풀 염증	바깥다래끼	• 포도알균으로 인한 급성화농성 염증 • 자이스샘, 몰샘에 발생 • 가려움증, 통증, 결절 발생 • 배농 시 눈꺼풀테와 나란하게 절개
	속다래끼	• 마이봄샘에 발생하는 염증 • 배농 시 눈꺼풀테와 수직으로 절개
	콩다래끼	• 마이봄샘의 배출구가 막혀 피지 축적 • 팥알 크기의 결절, 통증 없음
눈꺼풀 구조이상	눈꺼풀처짐	위눈꺼풀올림근 또는 눈돌림신경의 마비

5. 포도막질환

전체포도막염	베체트병	• 전체포도막염 중 발생빈도 최고 • 전신증상 동반(눈, 구강점막, 생식기, 피부) • 앞방축농 증상, 실명률 높은 질환
	보그트-고야나기-하라다병	• 20~50세 아시아인에 호발 • 시력장애, 변형시, 날파리증 • 피부백반, 백모, 탈모 동반
	교감안염	한쪽 눈의 외상 또는 수술 후 건안에 나타나는 염증
	사르코이드증	• 육아종성 전신질환 • 홍채결절(쾨페), 홍채 뒤 유착, 굳기름각막침착물

6. 백내장

노년백내장 (피질백내장)	초기	쐐기모양백내장(수정체 주변부)
	팽대백내장	• 미숙기 • 수분흡수로 부피 최대 • 시력감퇴, 한 눈 복시
	성숙백내장	전체 혼탁, 수분 감소
	과숙백내장	• 혼탁한 수정체피질의 액화 • 모르가니백내장 : 액화된 피질 속, 수정체핵이 가라앉은 상태

7. 녹내장

개방각녹내장	• 앞방각 개방 • 말기까지는 자각증상이 없고 이후 시야결손 발생
폐쇄각녹내장	• 앞방각 폐쇄 • 급성 안압상승으로 급격한 시력저하, 달무리, 안통, 메스꺼움, 구토 증상

4 안경재료학

1. 관련용어

비중	기준 물질과 똑같은 부피를 가진 어떤 물질의 무게 비(재료의 무게)
강도	재료에 힘을 가했을 때 파괴될 때까지의 변형저항 : 내충격성(재료가 충격에 견디는 성질), 충격저항성
경도	물질의 단단하고 무른 정도 : 굳기, 내마모성, 긁힘저항성
탄성	외부 힘에 의해 변형된 물체가 힘이 제거되면 원래 상태로 돌아가는 성질(↔ 소성)
열팽창계수	온도가 상승할 때 팽창하는 길이 또는 체적율
내용제성	용제(물질을 녹이기 위해 사용하는 물질)에 대한 내구성
내부식성	부식 또는 침식을 잘 견디는 성질
전성	누르는 힘에 의해 물질이 얇게 퍼지는 성질
연성	당기는 힘에 의해 물질이 파괴되지 않고 길이 방향으로 늘어나는 성질

2. 열가소성 VS 열경화성

구분	열가소성	열경화성
상온에서의 상태	단단한 고체	액체 또는 말랑말랑한 상태
가열 → 냉각	유연 → 단단	단단해짐
냉각 후 재가열 시	유연해짐	유연해지지 않음
가공방식	사출 성형 (Injection Molding)	주입 성형(주형중합) (Cast Molding)
안경테 재료	셀룰로이드 셀룰로오스 아세테이트 셀룰로오스 프로피오네이트 폴리아미드 그릴아미드(TR-90) 울템	에폭시 옵틸
안경렌즈 재료	폴리카보네이트(PC) PMMA	ADC렌즈(CR-39) 우레탄계 렌즈 트라이벡스

3. 전해도금(습식도금) VS 이온도금(건식도금)

구분	전해도금(습식도금)	이온도금(건식도금)
도금방식	전기분해	진공증착
장치	저렴한 설치비	높은 설치비, 복잡한 조작
공해	폐수(중금속)처리 장치 필요	무공해 공정
피막의 밀착성	우수	매우 우수
피막의 성질	핀홀 발생으로 부식 가능성	핀홀 발생이 적음
피막의 경도	낮은 경도	초경질 피막
피막의 두께	1~10μm	0.5~5μm
바탕소재	금속	금속, 유리, 세라믹, 플라스틱
표기	1/20 18K GP	TiHP

4. 유리렌즈 VS 플라스틱렌즈

구분	유리렌즈	플라스틱렌즈
굴절률	플라스틱에 비해 높은 편	유리에 비해 낮은 편
두께	플라스틱보다 얇음	유리보다 두꺼움
무게	플라스틱보다 무거움	유리보다 가벼움
표면경도(긁힘저항성)	높음	낮음
내충격성	낮음	높음
착색	어려움	다양한 착색 가능

5 안경광학

1. 안광학계 이해하기

(1) 안광학계의 구조

각막	• 오목 메니스커스렌즈 형상 • 곡률반경 : 전면(+7.7mm) > 후면(+6.8mm) • 굴절력 : 총 +43.05D, 전면 +48.83D, 후면 −5.88D • 굴절률 : 1.376 • 두께 : 중심부(0.5mm) < 주변부(1.0mm)

방수	• 굴절률 : 1.335
	• 전방깊이 : 각막 후면~수정체 전면까지 길이(약 3mm)
	  − 근시는 깊고 원시는 얕음
	  − 조절을 할수록 수정체 전면 곡률이 커지면서 전방깊이는 얕아짐

수정체	• 양볼록렌즈 형상 • 곡률반경 : 전면(+10mm) > 후면(−6.0mm) • 굴절력 : 정적굴절상태(+19.11D), 최대동적굴절상태(+33.06D) • 조절력 : 약 14D • 굴절률 : 피질(1.386) < 핵층(1.406)
유리체	• 망막까지 빛의 투과 경로에서 마지막 투명체 • 굴절률 : 1.336(일정하지 않으며 중심부로 갈수록 작음)

(2) 안광학계의 주요점

주점 (H, H')	• 빛이 실제로 굴절되어지는 가상의 점 • 횡배율 : 1인 지점 • 거리표기의 기준점 • 전방깊이의 절반 거리에 위치(H : +1.348mm, H' : +1.602mm)
절점 (N, N')	• 빛이 굴절되어지지 않는 가상의 점 • 각배율 : 1인 지점 • 시각(시야각)과 정적 시야의 크기를 재는 기준점 • 수정체 후극부에 위치(N : +7.078mm, N' : +7.332mm)
초점 (F, F')	• 망막상 크기 및 비정시 종류를 구분할 때 적용 • F(물측초점) : 굴절 후 광축과 평행하게 되는 광축상의 물점 • F'(상측초점) : 광축과 평행하게 입사한 광선이 수렴되는 주시물점의 상점
회전점	• 안구회선(회전)의 중심점 • 대략 안구 중심에 위치(약 +13.5mm) • 동공간거리($P.D$)의 기준점 • 양안시 및 동적시야의 기준점

(3) 안광학계의 주요 선과 축

주요 선	• 광축 : 안구의 전극(각막정점)과 안구의 후극을 연결한 직선 • 동공중심선 : 각막면에 수직이고, 입사동점과 각막 전면의 곡률중심을 지나는 직선, 광축의 임상적 대용선 • 시선(시축) : 주시점과 중심와를 잇는 직선으로 절점을 지남 • 주시선(주시축) : 주시점과 안구회선점을 잇는 직선, 안구운동의 기준 • 조준선 : 시선과 주시선의 임상적 대용선, 주시점과 입사동점을 지나는 직선
카파각 종류	• 알파각(α) : 시축과 광축이 절점에서 이루는 각 • 감마각(γ) : 주시축과 광축이 회선점에서 이루는 각 • 카파각(κ) : 동공중심선과 조준선이 절점에서 이루는 각 • 람다각(λ) : 동공중심선과 조준선이 입사동점에서 이루는 각, 카파각(κ)의 임상적 대용각

카파각	• 측정 : 각막 전명의 반사상인 제푸르키네상을 이용한 안위의 측정, 안위의 종류와 그 정도를 측정 가능
	• 표준 위치 : 동공중심선에서 코 방향 약간 위
	  – 오른쪽 눈으로 시계문자판 중심을 볼 때 동공중심선 위치(귀방향 약간 아래 : 4시)
	  – 왼쪽 눈으로 시계문자판 중심을 볼 때 동공중심선 위치(귀방향 약간 아래 : 8시)
	• 단위 : Δ(프리즘디옵터), 도(°), mm(동공중심에서 각막반사상까지의 길이)
	• 표준값 : +1/4mm(3°)~1/2mm(6°)
	• 위사시(가성사시) : (+) 카파각이 너무 크면 외사시, (–) 카파각이 너무 크면 내사시처럼 보이는 눈(동공 가장자리 15°, 동공 가장자리와 각막 가장자리 사이 30°, 각막 가장자리 45°)

(4) 안광학계의 모형안

모형안	• 표준 정시의 굴절기능 및 조절기능과 관련된 각막, 수정체, 방수, 유리체 등의 굴절률과 각 면의 곡률, 굴절력 및 안광학계 각각의 주요점 위치 등에 대한 실험값과 계산된 수치를 정리한 것 • 제1굴절 요소 : 각 굴절면의 굴절률과 곡률반경 • 제2굴절 요소 : 1굴절 요소 이외의 것 • 굴절면은 모두 '구면'으로 취급
정식 모형안	• 굴절률 : 1개 • 굴절면 : 6개(각막 전·후면, 수정체 피질 전·후면, 수정체핵 전·후면) • 대표 : 굴스트란드(Gullstrand)
약식 모형안	• 굴절률 : 1개 • 굴절면 : 3개(각막, 수정체 전·후면) • 대표 : 굴스트란드(Gullstrand)

생략안	• 굴절률 : 1개
	• 굴절면 : 1개(단일 구면)
	• 대표 : 리스팅(Listing)
	• 물측주점(H)과 상측주점(H')을 1개의 주점으로 설정, 위치는 각막정점(V')
	  $H = H' = V'$
	• 물측절점(N)과 상측절점(N')을 1개의 절점으로 설정, 위치는 각막 곡률중심점(C)
	  $N = N' = C$

(5) 조리개

구경 조리개	• 눈에 입사되는 광선에 양을 제한하는 역할 또는 망막에 도달하는 빛의 양을 제한하는 조리개 • 눈에서는 홍채 : 구경 조리개 • 입사동 　– 각막에 의한 홍채 가장자리의 겉보기상(허상) : 동공 　– 위치는 홍채 전방 0.5mm 　– 크기는 홍채 가장자리보다 약 13% 큼 • 출사동 　– 수정체에 의한 홍채 가장자리의 겉보기상(허상)으로 망막에 닿은 유효광선속의 양을 결정 　– 위치는 홍채 후방 0.1mm 　– 크기는 홍채 가장자리보다 약간 큼 • 크기 비교 : 입사동 > 출사동(사출동) > 홍채 • 위치 비교 : 각막 – 입사동 – 홍채 – 출사동 – 수정체
시야 조리개	• 망막에 맺는 상의 범위를 제한하는 조리개 • 눈에서는 망막 또는 눈꺼풀(+안경테)
홍채 · 동공	• 크기 　– 어두운 곳 > 밝은 곳 　– 근시 > 정시 > 원시(조절 개입량과 관련) 　– 젊은 연령대 > 고 연령대 • 동공직경 변화 밤이 되면(선글라스 착용 시) → 동공 확대 → 구면수차 증가, 시력 저하 → 상측초점이 전방으로 이동 → 근시화(야간 근시) → 피사체심도 얕아짐 → 조절반응량 커짐 → 조절래그량 작아짐

(6) 피사체심도

해상력	시세포가 일정한 크기의 직경을 가지고 있어서 상이 이 직경의 크기를 벗어나지 않는 범위에서는 동일한 선명도로 보이는 정도

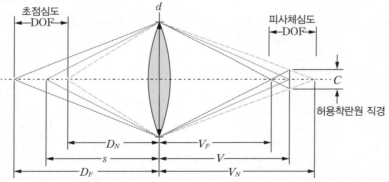

초점심도	• 눈으로 선명하게 인식할 수 있는 상면의 전후 범위 • 망막의 위치를 전후로 이동시켜도 상의 선명도가 변하지 않는 범위 • 피사체 심도 범위 내의 물점들에 대응하는 상공간의 범위

피사체 심도	• 눈으로 선명하게 인식되는 물체거리의 허용범위 • 허용최대착란원 직경보다 작은 착란원을 만드는 물점거리의 허용값 범위 • 공식 : 피사체심도 = $\dfrac{\rho_0}{\kappa p}\,(\kappa D' + S)$ 　(κ : 동경배율, ρ : 입사동 직경, ρ_0 : 허용착란원 직경, D' : 눈의 굴절력, S : 물체버전스) • 피사체심도의 결정 요소 　– 허용최대착란원 직경(ρ_0)의 크기에 비례 　– 안광학계(눈) 굴절력에 비례 　– 물체버전스의 크기에 반비례(물체거리에 비례) 　– 동공(입사동) 직경의 크기에 반비례

(7) 근시화 현상

조절안정위 상태	• 조절자극이 없는 시공간에 놓인 안광학계의 상태 • 물체를 인식할 수 없는 캄캄한 공간 : 암소시 초점조절상태
야간 근시	밤이 되면 동공이 확대되고 구면수차의 영향으로 초점이 전방으로 이동되면서 나타나는 근시화 현상
구면 수차	입사광선의 입사고가 높을수록 초점이 전방에 맺히게 되어 나타나는 근시화 현상
기계 근시	렌즈미터, 포롭터 등 광학기기를 통해 물체를 볼 때 실제 무한대에 있는 물체를 보는 것이 아니라 시준기에 의한 평행광선이 만드는 무한대 상을 보게 되어 조절력이 개입되어 나타나는 근시화 현상
공간 근시	구름 한 점 없는 하늘, 밝은 공간 주위에 특별하게 주시할 것이 없을 때 나타나는 근시화 현상
멘델바움 효과	눈에 가까운 위치에 일부 장애가 되는 물체(예 철망, 모기장, 지문 찍힌 안경렌즈 등)를 통해서 무한대의 물체를 볼 때 조절력이 개입되어 나타나는 근시화 현상

(8) 색수차와 적록검사

색수차	• 파장에 따른 빛의 속도차로 인해 굴절의 정도가 달라 파장별 초점이 다르게 맺히는 현상 • 파장별 초점거리 : 보라(단파장) < 초록 < 빨강(장파장) • 우리 눈의 (종)색수차량 : 약 1.04(D) 　참고 단색광 5 수차 : 구면 수차, 코마 수차, 왜곡 수차, 비점 수차, 상면만곡 수차
적 · 녹 검사	• 눈의 종색수차를 이용하여 비정시의 보다 정확한 교정 굴절력을 구하는 검사법 • 적 · 녹색 바탕의 검은 원을 주시하면서 선명도를 비교 　– **적색바탕**의 시표가 더 선명할 때 　　㉠ 눈의 교정상태가 모두 근시성 상태 　　㉡ (−)굴절력이 부족한 상태 : (+)굴절력이 강한 상태 　　㉢ 근시 : 저교정, 원시 : 과교정 상태 　– **녹색바탕**의 시표가 더 선명할 때 　　㉠ 눈의 교정상태가 모두 원시성 상태 　　㉡ (−)굴절력이 강한 상태 : (+)굴절력이 부족한 상태 　　㉢ 근시 : 과교정, 원시 : 저교정 상태

(9) 비점수차와 체르닝타원식

비점수차	• 렌즈의 광축에 비스듬히 입사된 사광선의 수직방향(자오선면) 성분과 수평방향(구결상면) 성분이 각각 다른 지점에 상을 맺는 현상
	• 전초선과 후초선으로 결상
	• 전초선
	   – 굴절력이 강한 경선(강주경선)에 의해 전방에 맺는 초선
	   – 전초선과 강주경선은 수직
	• 후초선
	   – 굴절력이 약한 경선(약주경선)에 의해 후방에 맺는 초선
	   – 후초선과 약주경선은 수직
	• 스텀 간격(비점격차, 비점수차, 난시량, 교정실린더렌즈 굴절력)
	• 전초선과 후초선 사이의 간격
	• 최소착란원 : 크기가 가장 작은 착란원 = 난시안에서 시력이 가장 좋은 지점

비점수차량	• 안경렌즈의 광학적 중심을 지나난 사광선속의 비점수차량
	• 마틴(Martin)식 적용
	$$D_t{}' - D_s{}' = D'\sin^2\theta = C$$
	$$S\left(D' + \frac{D'\sin^2}{2n}\right)D \backsim C(D'\sin^2\theta)D, \ Ax(\ )$$
	• 비점수차량에 영향을 미치는 요소들
	   – 강주경선 굴절력($D_t{}'$)
	   – 약주경선 굴절력($D_s{}'$)
	   – 안경렌즈 굴절력(D')
	   – 광축과 시축이 이루는 각(θ)

체르닝
타원식
	• 일반 렌즈의 비점수차 제거 조건 : 진켄 * 좀머 조건식
	• 안경렌즈의 비점수차 제거 조건 : 체르닝타원식
	• 횡축(x축 또는 가로축) : 비점수차가 없을 안경렌즈 굴절력
	• 종축(y축 또는 세로축) : 비점수차가 없을 안경렌즈 전면(1면)의 면굴절력
	• 일반적으로 곡률이 작은 오스트발트 곡선부를 기준으로 안경렌즈를 제작
	• 비점수차 제거 관련요소
	   – 안경렌즈의 굴절률(n)
	   – 안경렌즈의 굴절력(D')
	   – 안경렌즈의 전면 면굴절력($D_1{}'$)
	   – 물점까지의 거리(s)
	   – 렌즈에서 회선점간거리

2. 비정시 교정원리 이해하기

(1) 광학적 개념

광학적 개념	• 원점 : 정절굴절상태에서 상측초점(F')이 망막(중심와)에 결상되게 하는 외계의 물점 위치 – 정시 : 무한대(원)에 위치 – 근시 : 원점이 눈앞 유한거리에 위치 – 원시 : 원점이 눈 뒤 유한거리에 위치 • 원점굴절도(D) : 원점거리의 역수, 근시 '–' 부호, 원시 '+' 부호로 표기 • 굴절이상도(D) : 원점굴절도와 절댓값은 같고 부호가 반대인 수, 근시 '+' 부호, 원시 '–' 부호로 표기
근시	• 교정원리 : 비정시의 원점(a)과 교정렌즈의 상측초점(F')을 일치시킴 • 원점 : 눈앞 유한거리에 위치 • 상측초점 : 망막 앞 유한거리에 위치 • 근시가 되기 위한 조건 – 안축이 길어짐(24mm 초과) : 축성 근시 – 눈의 굴절력 증가(+60D 초과) : 굴절성 근시 – 수정체 전방 편위(앞쪽으로 이동) : 굴절성 근시 – 안 매질의 굴절률 증가 : 굴절성 근시
원시	• 교정원리 : 비정시의 원점(a)과 교정렌즈의 상측초점(F')을 일치시킴 • 원점 : 눈 뒤 유한거리에 위치 • 상측초점 : 망막 뒤 유한거리에 위치 • 원시가 되기 위한 조건 – 안축이 짧아짐(24mm 미만) : 축성 원시 – 눈의 굴절력 감소(+60D 미만) : 굴절성 원시 – 수정체 후방 편위(뒤쪽으로 이동) : 굴절성 원시 – 안 매질의 굴절률 감소 : 굴절성 원시

(2) 원시의 종류

원시의 종류	조절이 관여된 상태에서 원거리 및 근거리의 나안시력에 따른 분류 • 수의성 원시 : 풍부한 조절력으로 원·근거리 나안시력이 모두 양호한 원시(대조절력 > 원점굴절도) • 상대성 원시 : 조절력의 도움으로 원거리 시력은 양호하지만, 근거리 시력이 좋지 못한 원시(대조절력 ≥ 원점굴절도) • 절대성 원시 : 조절력이 약해 원·근거리 나안시력이 모두 좋지 않은 원시(대조절력 < 원점굴절도)
원시량의 종류	한 사람의 원시량의 구성에 대한 분류 • 전(총) 원시량 : 조절마비제를 점안하여 조절을 완전히 배제한 상태에서 측정한 순수한 원시량(생리적·기능적 조절을 모두 배제한 원시량 = CR 값) • 현성 원시량 : 일부 조절력(생리적 조절)이 개입된 상태(운무법 적용 후 양호한 원거리 시력이 나오는 처방 값 = MR 값) • 잠복 원시량 : 생리적 조절량으로 볼 수 있음(전 원시량 – 현성 원시량 = 잠복 원시량) • 수의 원시량 : 개입된 모든 조절량(생리적 + 기능적 조절량 = 허용 원시량) • 절대 원시량 : 좋은 시력(목표 시력)을 얻기 위한 최소한의 (+) 렌즈 굴절력 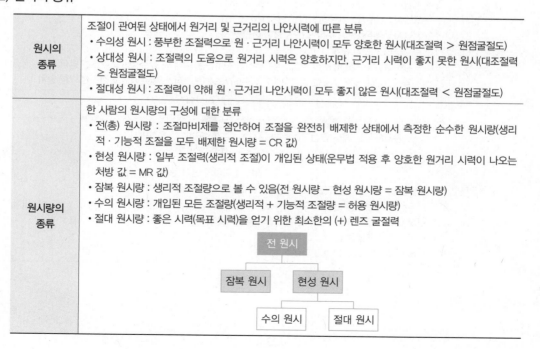

(3) 정점간거리 변화에 따른 교정렌즈 굴절력

교정 굴절력	공식 : $D_v' + \dfrac{1}{a-l} = \dfrac{A}{1-lA}$ (a : 원점거리, l : 정점간거리, A : 원점굴절도, D_v' : 교정렌즈의 상측정점 굴절력)
VD 길어질 때	콘택트렌즈 착용 → 안경 착용의 경우 • 초점(착란원)이 망막 앞에 위치 : 근시화 • 근시 : 저교정, 원시 : 과교정 상태 • (−)구면 굴절력 증가 또는 (+)구면 굴절력 감소 • 근시 : |안경렌즈 굴절력| > |콘택트렌즈 굴절력| • 원시 : |안경렌즈 굴절력| < |콘택트렌즈 굴절력|
VD 짧아질 때	안경 착용 → 콘택트렌즈 착용의 경우 • 초점(착란원)이 망막 뒤에 위치 : 원시화 • 근시 : 과교정, 원시 : 저교정 상태 • (−)구면 굴절력 감소 또는 (+)구면 굴절력 증가 • 근시 : |안경렌즈 굴절력| > |콘택트렌즈 굴절력| • 원시 : |안경렌즈 굴절력| < |콘택트렌즈 굴절력| VD 길어짐 VD 짧아짐

(4) 난시와 방사선 시표

난시	• 정난시 : 강주경선과 약주경선이 수직인 난시
	• 부정난시(불규칙난시) : 강주경선과 약주경선이 수직이 아닌 난시, 또는 각막표면이 광학적으로 불규칙한 요철이 있는 난시
	• 직난시 : 강주경선이 수직방향인 난시(90 ± 15°)
	• 도난시 : 강주경선이 수평방향인 난시(180 ± 15°)
	• 사난시 : 강주경선이 수직 또는 수평이 아닌 난시
	• 주경선과 초선의 관계
	  − 강주경선에 의해 전초선 형성 : 강주경선과 전초선은 수직 → 강주경선과 후초선 방향 일치
	  − 약주경선에 의해 후초선 형성 : 약주경선과 후초선은 수직 → 약주경선과 전초선 방향 일치

난시 구분	전초선 최소착란원 후초선 원시복성 원시단성 혼합난시 주경선균형 혼합난시 근시단성 근시복성 혼합난시 〈망막의 위치와 난시 종류〉 처방전 표기와 난시 종류($S-C$ 또는 $S+C$ 표기 기준) • |S|=|C| : 원주(실린더)렌즈(S의 부호 : 비정시 종류) • |S|>|C| : 근시 또는 원시복성렌즈(S의 부호 : 비정시 종류) • |S|<|C| : 혼합성 난시 • |S|=|$2 \times C$| : 크로스실린더렌즈

방사선 시표	• 근시 나안 또는 운무 된 비정시 　– 후초선이 망막에 가까움 　– 후초선 방향 : 강주경선 방향 　– 잘 보이는 방향 × 30 → 교정(−)원주렌즈 축 방향 • 원시 나안 　– 전초선이 망막에 가까움 　– 전초선 방향 : 약주경선 방향 　– 잘 보이는 방향 × 30 → 교정(+)원주렌즈 축 방향

3. 조절 및 근용안경 이해하기

(1) 조절

조절력 & 선명시역	• 원점 : 정적굴절상태에서 망막(중심와)에 초점을 맺기 위한 외계의 물점 • 원점굴절도 : 1/원점거리, 원점거리의 굴절력 표현 • 근점 : 최대동적굴절상태에서 망막(중심와)에 초점을 맺기 위한 외계의 물점 • 근점굴절도 : 1/근점거리, 근점거리의 굴절력 표현 • 조절력(D) = 원점굴절도(A) − 근점굴절도(B) $$Ac = \frac{1}{a} - \frac{1}{b} = A - B$$ • 조절범위 = 선명시역 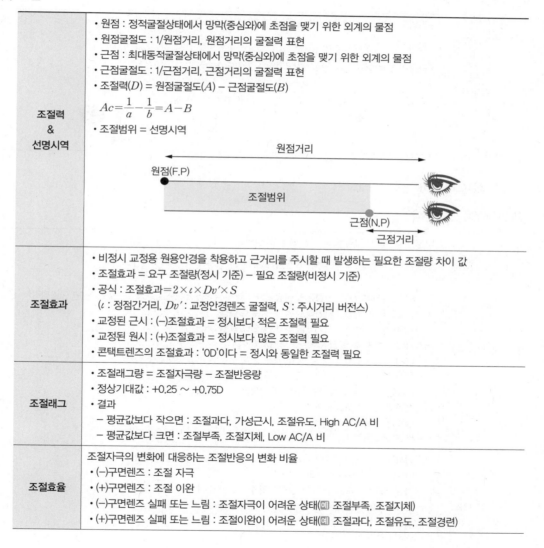
조절효과	• 비정시 교정용 원용안경을 착용하고 근거리를 주시할 때 발생하는 필요한 조절량 차이 값 • 조절효과 = 요구 조절량(정시 기준) − 필요 조절량(비정시 기준) • 공식 : 조절효과 $= 2 \times \iota \times Dv' \times S$ 　(ι : 정점간거리, Dv' : 교정안경렌즈 굴절력, S : 주시거리 버전스) • 교정된 근시 : (−)조절효과 = 정시보다 적은 조절력 필요 • 교정된 원시 : (+)조절효과 = 정시보다 많은 조절력 필요 • 콘택트렌즈의 조절효과 : '0D'이다 = 정시와 동일한 조절력 필요
조절래그	• 조절래그량 = 조절자극량 − 조절반응량 • 정상기대값 : +0.25 ~ +0.75D • 결과 　– 평균값보다 작으면 : 조절과다, 가성근시, 조절유도, High AC/A 비 　– 평균값보다 크면 : 조절부족, 조절지체, Low AC/A 비
조절효율	조절자극의 변화에 대응하는 조절반응의 변화 비율 • (−)구면렌즈 : 조절 자극 • (+)구면렌즈 : 조절 이완 • (−)구면렌즈 실패 또는 느림 : 조절자극이 어려운 상태(예 조절부족, 조절지체) • (+)구면렌즈 실패 또는 느림 : 조절이완이 어려운 상태(예 조절과다, 조절유도, 조절경련)

합성광학 중심점	• 원용부 근시인 경우 → |S|>|Add| : 모렌즈 광학중심점 위쪽(a) → |S|<|Add| : 자렌즈 광학중심점 아래쪽(e) → |S|=|Add| : 합성광학중심점 존재하지 않음 • 원용부 원시인 경우 → 모렌즈와 자렌즈 사이에 존재(c) • 원용부 정시인 경우 → 자렌즈 광학중심점 위치(d)	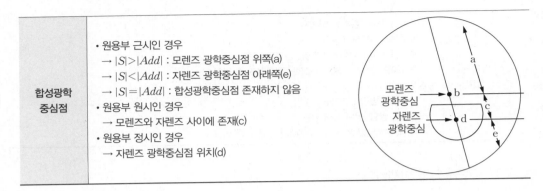

(2) 근용안경 굴절력

유용 조절력	• 가입도 처방 시 조절력의 여유분을 남겨 피로도를 최소한으로 하기 위한 처방 • 공식 : $D_{\text{근}}'=D_{\text{원}}'-\left(\dfrac{1}{2}AC+S\right)$ • 근용안경 굴절력(D) = 원용안경 굴절력 + 가입도(Add) 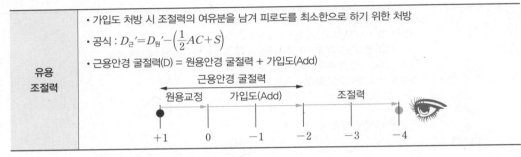

4. 안경배율과 시야 변화 이해하기

(1) 안경배율

안경배율 (자기배율)	비정시 나안에서 망막상 크기 vs 교정 후 망막상 크기 • 공식 : 자기배율=굴절력계수×형상계수=$\left(\dfrac{1}{1+\iota D_V'}\right)\times\left(\dfrac{1}{1+\dfrac{t}{n}D_1'}\right)$ (ι : 정점간거리, D_V' : 안경렌즈 굴절력, n : 렌즈 굴절률, t : 렌즈 중심두께, D_1' : 전면 면굴절력) • 근시교정용 (−)렌즈 : 자기배율 < 1 → 축소 배율 • 원시교정용 (+)렌즈 : 자기배율 > 1 → 확대 배율 • 자기배율 증가 및 굴절력계수를 증가시키려면 　− 근시 교정용 (−)렌즈 : 정점간거리를 짧게 → 안경렌즈 굴절력을 작게 　− 원시 교정용 (+)렌즈 : 정점간거리를 길게 → 안경렌즈 굴절력을 크게 • 자기배율 증가 및 형상계수를 증가시키려면(−, + 렌즈 모두 동일하게) 　− 전면의 면굴절력을 크게 　− 렌즈 중심두께를 두껍게 　− 렌즈 굴절률이 작은 소재를 사용
상대배율	표준정시가 나안으로 본 망막상의 크기 vs 교정된 비정시 망막상의 크기 • 상대배율 = 1이 되기 위한 조건 　− 축성 비정시 : 교정안경을 표준정시의 물측초점에 위치 　− 굴절성 비정시 : 교정안경을 비정시의 물측주점에 위치 • 안경렌즈와 콘택트렌즈 비교 　− 원시 : 안경렌즈 > 콘택트렌즈 　− 근시 : 안경렌즈 < 콘택트렌즈

(2) 시야 변화

시야 변화	• 안경테의 시야 – 전면삽입부 림에 의해 시야 범위의 변화가 나타남 – 정점간거리(VD) 1mm 증감 = 안경테 삽입부 크기 2mm 변화 → 시야 약 2°의 증감 발생 • 안경렌즈의 시야 – 안경렌즈의 가장자리로 통과하는 광선이 굴절되면서 발생하는 시야의 변화 – 안경렌즈 굴절력 1D 변화 = 시야 2.5%씩 변화 　(−)1.00D 증가 = 시야 2.5% 증가 　(+)1.00D 증가 = 시야 2.5% 감소
광학적 복시 · 암점	• 광학적 복시 – (−)안경렌즈를 착용할 때 – 가장자리를 통해서 물체를 볼 때 굴절된 것과 굴절되지 않은 상이 동시에 보이는 현상 – (−)안경렌즈 굴절력이 높을수록 뚜렷하게 나타남 • 광학적 암점 – (+)안경렌즈를 착용할 때 – 렌즈 외부와 내부 가장자리 시야 사이에 단락이 생겨 물체가 보이지 않는 영역 – Jack In the Box 현상(시야 축소 현상) – 굴절력이 강한 (+)렌즈에서 발생 • 콘택트렌즈는 광학적 복시 · 광학적 암점 모두 발생하지 않음

6 기하광학

1. 빛의 기본 성질

(1) 광학적 거리와 축소 거리

광학적 거리	• 빛이 매질 내에서 진행한 시간동안 진공 중에서 진행한 거리 • 공식 : 광학적 거리$(X) = \dfrac{C}{V} \times s = n \times s$
축소 거리	• 환산거리 = 보이는 관점 • 진공 중에서 빛의 진행거리를 같은 시간동안 굴절률이 n인 매질 중 빛의 진행거리 • 공식 : 축소 거리$(s') = \dfrac{s}{n}$

(2) 버전스(Vergence)

버전스	• 빛의 경로가 발산(개산) 또는 수렴(수속)되는 정도 = 빛의 집산도 • 단위 : D(디옵터), 거리는 m 단위 • 발산광선속 : (−) 부호, 곡률중심이 광선의 진행방향과 반대 방향 • 수렴광선속 : (+) 부호, 곡률중심이 광선의 진행방향과 같은 방향 • 공식 : $V(D) = \dfrac{n}{s(m)}$ 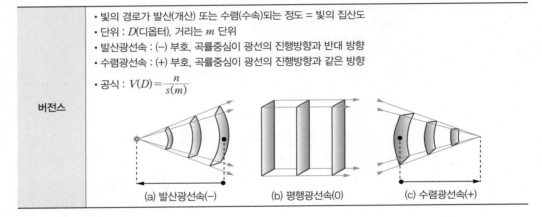 (a) 발산광선속(−)　　(b) 평행광선속(0)　　(c) 수렴광선속(+)

2. 평면에서 빛의 반사와 굴절

(1) 빛의 반사와 굴절

스넬의 법칙	• 스넬의 법칙 $n \sin i = n' \sin i' \rightarrow \dfrac{n'}{n} = \dfrac{\sin i}{\sin i'}$ • 반사의 법칙 　− 반사광선은 입사광선, 법선과 같은 평면 내에 있음 　− 입사각과 반사각의 크기는 항상 같음($i = -i$) • 굴절의 법칙 　− 입사광선, 굴절광선 그리고 입사점에서 세운 법선은 　　동일 평면 내에 있음 　− 입사각의 정현과 굴절각의 정현비는 항상 일정함	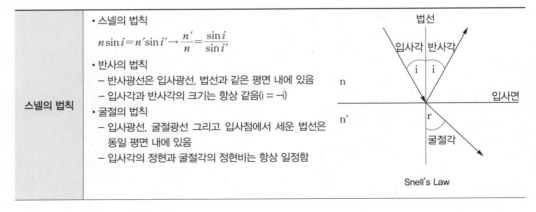

광학적 거리	• 실제 거리 : 일반적으로 공기 중에서의 빛이 진행한 거리 • 광학적 거리 : 일정 시간 동안 진공 중에서 빛이 진행한 거리 $n \times s = n' \times s'$ $\therefore s = \dfrac{n'}{n} s'$ (n이 공기일 경우)　　$\therefore s = n' \times s'$ • 축소 거리 : 매질이 공기 또는 진공이 아닐 때 일정 시간동안 매질 내에서 빛이 진행한 거리 $n \times s = n' \times s'$ $\therefore s' = \dfrac{n}{n'} s$ (n이 공기일 경우)　　$\therefore s' = \dfrac{s}{n'}$ • 떠 보이는 거리 계산 $\iota = \left(\dfrac{n-1}{n} \right) \times t$ (t : 유리판 두께, n : 유리 굴절률)
전반사 & 임계각	• 전반사 　– 빛이 밀한 매질(n, 큰 매질)에서 소한 매질(n, 작은 매질)로 입사할 때, 전체 입사광선속이 반사하는 현상 　– 이때 굴절각은 항상 입사각보다 큼 　– 입사각 > 임계각일 경우에만 발생 • 임계각(i_c) 　– 굴절각이 90°일 때의 입사각 　– $n > n'$일 때만 발생 　– $n \sin i_c = n' \sin 90°$ $\therefore i_c = \sin^{-1} \left(\dfrac{n'}{n} \right)$
빛의 진행	빛이 소한 매질(n, 작은 매질) → 밀한 매질(n, 큰 매질)로 진행할 때 • 입사각 > 굴절각 • 빛의 속도는 느려짐 • 빛의 파장 길이는 짧아짐

(2) 평면거울에서의 빛의 반사

평면거울	• 평면거울의 반사상 　– 상의 위치 : 물체거리(s) = 상거리(s') 　– 상의 종류 : 정리 허상 　– 상의 크기 : 동일 크기(횡배율 = 1) • 평면거울의 평행이동 　거울 이동량 × 2 = 상 이동량 • 평면거울의 회전이동 　거울 회전각 × 2 = 상 회전각
2매 평면거울	• 두 매 평면거울에 의한 꺾임각 　공식 : $\delta = 360° - 2\theta$(단, θ는 2매 거울의 사잇각) 　→ 꺾임각은 제1면의 입사각에 관계없이 2매 거울이 이루는 각(θ)에 의해 결정 • 두 매 평면거울에 의한 상의 수 　공식 : $n = \dfrac{360°}{\theta}$ (단, θ는 2매 거울의 사잇각) 　– n = 짝수 : $(n-1)$개 　– n = 홀수 : n개 　– n = 정수와 소수 : 정수개

3. 프리즘

프리즘
종류
	• 빛은 프리즘 통과 후 '기저방향'으로 굴절
	• 상은 프리즘의 '정점 = 꼭짓점' 방향으로 이동
	• 눈의 회전은 프리즘의 '정점 = 꼭짓점' 방향으로 나타남
	  – 반사 프리즘
	    내부전반사를 이용하여 광학적 거리를 길게 하여 배율을 확대, 위치 변화를 목적으로 사용
	    (例 직각 프리즘, 지붕형 프리즘, 포로 프리즘, 도브 프리즘 등)
	  – 분산 프리즘
	    ⊙ 입사광의 파장에 따라 꺾임각이 변하는 프리즘
	    ⓒ 응용 범위가 제한됨(분산 성능은 굴절률에만 의존)

프리즘
꺾임각
	• 최소꺾임각(δm) (정각이 매우 작은 경우)
	  공식 : $\delta m = (n-1) \times \alpha$
	• 프리즘의 최소 꺾임각의 조건
	  – 제1면의 입사각과 제2면의 굴절각이 같을 때($i_1 = i_2'$)
	  – 제1면의 굴절각과 제2면의 입사각이 같을 때($i_1' = i_2$)
	  – 정각의 2등분선에 대해 대칭적으로 통과할 때
	  – 프리즘 내의 굴절광선이 기저와 평행일 때

색분산과
아베수
	분산능(분산력) : 기준파장인 황색광선에 대한 각분산
	• 공식 : 분산능 $= \dfrac{\delta_F - \delta_c}{\delta_d} = \dfrac{n_F - n_c}{n_d - 1}$
	  분산능이 큼 → 색수차가 큼 → 상의 질이 나쁨 → 가격이 저렴
	• 공식 : 아베수 $= \dfrac{1}{\text{분산능}} = \dfrac{n_d - 1}{n_F - n_c}$
	  아베수가 큼 → 색수차가 작음 → 상의 질이 좋음 → 가격이 비쌈

4. 단일구면

(1) 단일구면의 Gauss 결상식

결상식	• 단일구면 전방의 매질 ≠ 공기일 때
	  $\dfrac{n'}{s'} = \dfrac{n}{s} + \dfrac{n'-n}{r}$
	  (s' : 상거리, n' : 전방매질 굴절률, n : 구면 굴절률, s : 물체거리, r : 단일구면 곡률반경)
	• 단일구면 전방의 매질 = 공기일 때
	  공식 : $\dfrac{n}{s'} = \dfrac{1}{s} + \dfrac{n-1}{r}$
	  (s' : 상거리, n : 구면 굴절률, s : 물체거리, r : 단일구면 곡률반경)

버전스형
결상식
	버전스형 결상식
	공식 : $S' = S + D'$
	• 단일구면 전방의 매질 ≠ 공기일 때
	  물체버전스 : $S = \dfrac{n}{s}$, 상버전스 : $S' = \dfrac{n'}{s'}$, 면굴절력 : $D' = \dfrac{n'-n}{r}$
	• 단일구면 전방의 매질 = 공기일 때
	  물체버전스 : $S = \dfrac{1}{s}$, 상버전스 : $S' = \dfrac{n}{s'}$, 면굴절력 : $D' = \dfrac{n-1}{r}$

(2) 결상식

작도법	・광축에 평행하게 입사된 광선 → 반사광 또는 그 연장선이 초점(F)을 지남 ・거울의 초점(F)을 지나서 입사한 광선 → 반사광은 광축에 대해 평행이 됨 ・거울의 중심(V)에서 반사된 광선 → 광축에 대해 대칭(입사각 = 반사각) ・거울의 곡률중심(C)를 지나는 입사광선 → 반사광은 입사한 경로를 따라 되돌아감	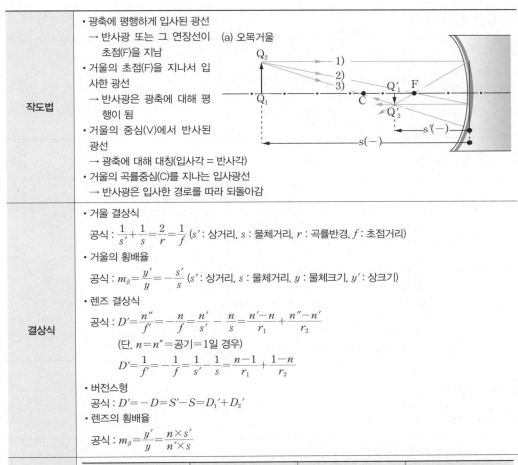 (a) 오목거울

결상식	・거울 결상식 공식 : $\dfrac{1}{s'}+\dfrac{1}{s}=\dfrac{2}{r}=\dfrac{1}{f}$ (s' : 상거리, s : 물체거리, r : 곡률반경, f : 초점거리) ・거울의 횡배율 공식 : $m_\beta=\dfrac{y'}{y}=-\dfrac{s'}{s}$ (s' : 상거리, s : 물체거리, y : 물체크기, y' : 상크기) ・렌즈 결상식 공식 : $D'=\dfrac{n''}{f'}=-\dfrac{n}{f}=\dfrac{n'}{s'}-\dfrac{n}{s}=\dfrac{n'-n}{r_1}+\dfrac{n''-n'}{r_2}$ (단, $n=n''=$공기$=1$일 경우) $D'=\dfrac{1}{f'}=-\dfrac{1}{f}=\dfrac{1}{s'}-\dfrac{1}{s}=\dfrac{n-1}{r_1}+\dfrac{1-n}{r_2}$ ・버전스형 공식 : $D'=-D=S'-S=D_1'+D_2'$ ・렌즈의 횡배율 공식 : $m_\beta=\dfrac{y'}{y}=\dfrac{n\times s'}{n'\times s}$

<table>
<tr><th>물체의 위치</th><th>상의 위치</th><th>상의 위치</th><th>상의 크기</th></tr>
<tr><td>$-\infty$</td><td>F'</td><td>점</td><td>도립 실상</td></tr>
<tr><td>$-\infty \to C(2F)$</td><td>$F' \to C'(2F')$</td><td>축소</td><td>도립 실상</td></tr>
<tr><td>$C(2F)$</td><td>$C'(2F')$</td><td>같은 크기</td><td>도립 실상</td></tr>
<tr><td>$C \to F$</td><td>$C' \to +\infty$</td><td>확대</td><td>도립 실상</td></tr>
<tr><td>F</td><td>생기지 않음($\pm\infty$)</td><td>X</td><td>X</td></tr>
<tr><td>$F \to$ 렌즈중심(V)</td><td>$-\infty \to$ 렌즈중심(V)</td><td>확대</td><td>정립 허상</td></tr>
</table>

오목거울 & 볼록렌즈

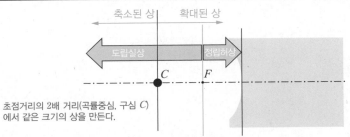

초점거리의 2배 거리(곡률중심, 구심 C)에서 같은 크기의 상을 만든다.

5. 얇은 렌즈

(1) 얇은 렌즈의 밀착

밀착 렌즈	• 2매 얇은 렌즈가 밀착 된 경우 공식 : $D'=D_1'+D_2'$ • 2매 얇은 렌즈가 공기 중에서 d 거리만큼 떨어져 있는 경우 공식 : $D'=D_1'+D_2'-d \times D_1' \times D_2'$ • 2매 얇은 렌즈 사이의 매질이 n일 경우 공식 : $D'=D_1'+D_2'-d/n \times D_1' \times D_2'$

(2) 얇은 렌즈의 종류

렌즈 형상	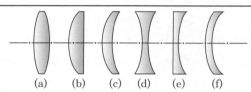 (a) 양볼록렌즈 : $r1 > 0,\ r2 < 0$ (b) 평볼록렌즈 : $r1 > 0,\ r2 = \infty$ (c) (좌측)볼록 메니스커스렌즈 : $r1 > 0,\ r2 > 0$(단, $r1 < r2$) (d) 양오목 렌즈 : $r1 < 0,\ r2 > 0$ (e) 양오목 렌즈 : $r1 = \infty,\ r2 > 0$ (f) (좌측)오목 메니스커스렌즈 : $r1 > 0,\ r2 > 0$(단, $r1 > r2$)

6. 두꺼운 렌즈

(1) 두꺼운 렌즈 공식

두꺼운 렌즈 공식	• 상측주점 굴절력 $D'=D_1'+D_2'-t/n' \times D_1' \times D_2'$ • 상측정점 굴절력(D_V') $D_V'=\dfrac{D'}{1-\dfrac{t}{n'}D_1'}=\left[\dfrac{1}{1-\dfrac{t}{n}D_1'}\right]D_1'+D_2'=D_N'+D_2'$ • 호칭면 굴절력(D_N') $D_N'=\dfrac{1}{1-\dfrac{t}{n'}D_1'}D_1'=F_S+D_1'$ 호칭면 굴절력(D_N') > 전면의 면굴절력(D_1')

(2) 주점의 위치

렌즈 형상에 따른 주점의 위치	• 양볼록 & 양오목렌즈 : 양 주점(H 또는 H') 모두 렌즈 내부에 존재 • 평볼록 & 평오목렌즈 : 주점 1개는 렌즈 내부, 주점 1개는 커브면과 일치된 렌즈 정점 • 메니스커스렌즈 : 양 주점(H 또는 H') 모두 렌즈 외부에 존재. 커브면 쪽으로 쏠림 현상

7. 조리개

구경 · 시야 조리개	• 구경 조리개 : 광학계를 통과하는 빛의 양을 제한하는 조리개 → 상의 밝기를 결정하는 역할(예 홍채) • 시야 조리개 : 구경 조리개를 통과한 광선속의 기울기를 제한하고 화학을 제한하는 조리개 → 상을 볼 수 있는 범위(시야)를 결정(예 망막, 눈꺼풀, 안경테 림 등)

텔리센트릭
광학계
	• 텔리센트릭 광학계 : 입사동 또는 출사동이 무한원에 있는 광학계
	• 물측 텔리센트릭 광학계
	  – 구경 조리개(또는 출사동) → 상측초점에 위치
	  – 입사동 → 전방 무한원
	• 상측 텔리센트릭 광학계
	  – 구경 조리개(또는 입사동) → 물측초점에 위치
	  – 출사동 → 후방 무한원

8. 수차

(1) 색수차

색수차	• 빛이 진공이 아닌 매질을 통과할 때 파장에 따른 빛의 속도차로 인해 굴절의 정도가 달라 파장별 초점이 다르게 맺히는 현상 • 파장이 짧을수록(보라색에 가까워질수록) 매질 속의 광속도는 느려지고, 굴절률은 커짐
색수차 제거 광학계	• 몰색프리즘 　– 분산 = 0으로 하여 색수차를 보정한 프리즘 　– 재질이 다른 두 장의 얇은 프리즘을 기저가 서로 반대 방향이 되게 합성 • 색수차 제거 렌즈(재질 다를 때) : 재질이 서로 다른 볼록렌즈와 오목렌즈를 서로 밀착시켜 색수차를 제거 • 색수차 제거 렌즈(재질이 동일할 때) 　$d(떨어진 거리) = \dfrac{f_1' + f_2'}{2}$ • 애크로매트(Achromat) : 1차 색수차(C, F, d line 색수차)를 제거한 몰색 렌즈 • 애퍼크로매트(Apochromat) : 2차 스펙트럼을 제거한 몰색 렌즈

(2) 단색광 수차

종류	단색광 수차(자이델 5수차) : 단일 파장에 의해 생기는 수차 • 구면 수차 • 코마 수차 • 비점 수차 • 상면만곡 수차 • 왜곡 수차

	수차 종류	발생 원인	보정 방법	보정 렌즈의 명칭
수차 제거 광학계	구면 수차	물점이 광축상에 있을 때	벤딩, 비구면, 접착렌즈	애플러내트 (Aplanat) 아베의 정현조건
	코마 수차	광축 외 물점	벤딩, 조리개	
	비점 수차	광축 외 물점	떨어진 2개 렌즈의 간격과 조리개 위치 변화	언애스티그매트 (Anastigmat)
	상면만곡 수차			
	왜곡 수차	광축 외 물점	떨어진 2개 렌즈와 조리개	정상조건

7 물리광학

1. 빛의 기본 성질

(1) 입자성 vs 파동성

입자성	빛은 입자와 같은 성질을 가지고 있음 → 눈에 보이지 않는 작은 입자 = 광자(Photon) • 뉴턴 : 빛은 입자이지만 질량이 매우 작아 측정할 수 없음 • 아인슈타인 : 광전 효과(Photoelectric Effect) • 콤프턴 : 콤프턴 효과(Compton Effect)
파동성	빛은 파동의 성질을 가지고 있음 • 호이겐스 : 빛은 파동의 성질을 가지고 있어서 휘어짐 • 영 : 이중슬릿실험을 통한 간섭무늬 현상 • 스넬 : 빛의 굴절 관계를 증명 • 스넬의 법칙 $n_1 \sin \theta_1 = n_2 \sin \theta_2$
이중성	빛은 입자성과 파동성 두 가지 성질을 가지고 있음 • 입자성 : 빛의 직진, 반사, 광전효과, 콤프턴(Compton)효과(예 뉴턴, 아인슈타인, 콤프턴) • 파동성 : 반사, 굴절, 간섭, 회절, 편광, 전가기파(예 호이겐스, 영, 스넬, 맥스웰) → 빛은 이중성이 있음 = 아인슈타인

(2) 파동의 표현

파동의 요소	• 진동수(f) : 1초 동안 진동한 횟수 • 주기(T) : 1번 진동하는 데 걸리는 시간 • 파장(λ) : 동일한 위상간거리 • 진폭(A) : 진동의 폭, 평형점부터 최고점 또는 최저점까지의 수직 길이 • 속도(V) : 파장(λ) × 진동수(f) 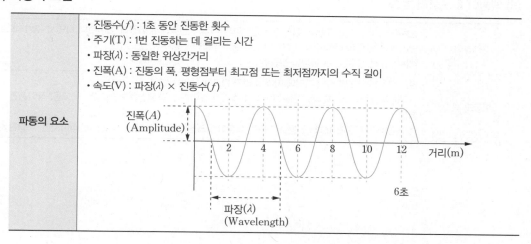

(3) 파동의 종류

횡파	• 파동의 진동방향과 파동의 진행방향이 수직인 파동 • 빛, 전자기파, 지진파의 s파, 줄 운동, 수면파 등	
종파	• 파동의 진동방향과 파동의 진행방향이 나란한(평행) 파동 • 소리, 지진파의 p파, 용수철 진동, 수면파 등(수면파 : 횡파 + 종파 성질 모두를 가짐)	

(4) 반사파의 위상 변화

고정단 반사	• 소한 매질(n, 작음)에서 밀한 매질(n, 큼)로 빛이 진행할 때 경계면에서 반사하는 빛 • 반사파 : 180° 위상 변화 발생, 투과파 : 그대로 진행
자유단 반사	• 밀한 매질(n, 큼)에서 소한 매질(n, 작음)로 빛이 진행할 때 경계면에서 반사하는 빛 • 반사파 : 그대로 진행, 투과파 : 그대로 진행

(5) 맥놀이 & 도플러 효과

맥놀이	• 진동수가 비슷한 두 파동이 합성되어 합성파의 세기가 반복해서 커졌다 작아졌다 하면서 주기적으로 변하게 되는 현상(합성파 세기 변화의 진동수 = 맥놀이 진동수) • 맥놀이 수(진동수) = 두 파동의 진동수 차이
도플러 효과	• 발음체(음원)와 관측자의 거리에 따라 소리가 다르게 들리는 현상 • 소리(음파)의 도플러 효과 : 진동수에 따라 소리 높낮이가 달라짐(진동수 커지면 → 고음, 작아지면 → 저음) • 별빛(광파)의 도플러 효과 : 진동수에 따라 색상이 달라짐(진동수 커지면 → 보라색, 작아지면 → 빨간색)

2. 빛의 간섭

영의
이중슬릿
	• 간섭 : 동일한 2개의 파동이 하나의 매질에서 전파되어 중첩될 때
	  – 같은 위상으로 중첩 → 합성파의 변위가 2배가 됨
	  – 서로 반대 위상으로 중첩 → 합성파의 변위가 상쇄되는 현상
	• 보강 간섭(밝은 무늬)
	$$\triangle(경로차)=m\lambda=\frac{\lambda}{2}\times 2m$$
	• 상쇄 간섭(어두운 무늬)
	$$\triangle(경로차)=\frac{\lambda}{2}\times(2m+1)$$
	• 파장(λ) 구하기
	$$\lambda(파장)=\frac{d\times y}{m\times L}$$
	• 무늬 간 간격 구하기
	$$y(무늬간격)=\frac{m\times L\times \lambda}{d}$$
	(d : 슬릿 간 간격, m : 무늬 번호, L : 슬릿~스크린까지 거리)

얇은 막
간섭
	• 기름막, 비눗방울에 의한 간섭
	• 고정단 반사 1회
	  – 반사광을 최소로 하는 막의 두께 : 보강 간섭
	$$\triangle(경로차)=2nd=\frac{\lambda}{2}\times 2m$$
	$$d=\frac{\lambda}{4n}\times 2m$$
	  – 반사광을 최대로 하는 막의 두께 : 상쇄 간섭
	$$\triangle(경로차)=2nd=\frac{\lambda}{2}\times(2m+1)$$
	$$d=\frac{\lambda}{4n}\times(2m+1)$$

코팅렌즈	• 안경렌즈 코팅
	• 고정단 반사 2회(제자리로 회복)
	  – 반사광을 최소로 하는 막의 두께 : 상쇄 간섭
	$$\triangle(경로차)=2nd=\frac{\lambda}{2}\times 2m$$
	$$d=\frac{\lambda}{4n}\times 2m$$
	  – 반사광을 최대로 하는 막의 두께 : 보강 간섭
	$$\triangle(경로차)=2nd=\frac{\lambda}{2}\times(2m+1)$$
	$$d=\frac{\lambda}{4n}\times(2m+1)$$

뉴턴의 원무늬	고정단 반사 1회 • 보강 간섭 $$\triangle(경로차) = 2nd = \frac{\lambda}{2} \times 2m$$ $$d = \frac{\lambda}{4} \times 2m$$ (n = 공기 = 1) • 상쇄 간섭 $$\triangle(경로차) = 2nd = \frac{\lambda}{2} \times (2m+1)$$ $$d = \frac{\lambda}{4} \times (2m+1)$$

3. 빛의 회절

회절	• 회절 : 현재 파면상의 모든 점들은 새로운 파동을 만듦
	• 호이겐스 원리
	• 회절무늬의 간격
	  – 슬릿의 폭(d)에 반비례
	  – 입사광의 파장(λ)에 비례
	  – 슬릿과 스크린 사이의 간격(L)에 비례
	• 소리(음파)의 회절이 잘 나타나는 이유 : 파장이 빛보다 긺(cm~m 단위에 해당)
	• 망원경 또는 현미경 배율을 한계 : 빛의 회절로 인한 상의 분리(분해능)의 한계 때문

회절의 종류	회절	틈과의 거리	입사파 형태	상의 크기	상의 모양	구조
	프레넬	근거리	구면파	커짐	변형 ○	복잡
	프라운호퍼	원거리	평면파	커짐	변형 ×	간단

분해능	• 아주 가까이 있는 두 물체의 상을 분리하는 능력
	• 최소분리각(θ)으로 표현
	• 레일리 기준(Rayleigh Criterion) 적용
	  – 직선 슬릿 개구의 분해능
	
	$$\sin\theta = \frac{\lambda}{d}$$
	
	  θ가 미소각일 때 → $\theta = \frac{\lambda}{d}$
	
	  – 원형 슬릿 개구의 분해능
	
	$$\sin\theta = 1.22 \times \frac{\lambda}{d}$$
	
	  θ가 미소각일 때 → $\theta = 1.22 \times \frac{\lambda}{d}$
	
	• 최소분리각과 분해능의 관계
	  – 최소분리각(θ)이 작음 : 구분 능력이 좋음 → 분해능이 좋음 → 시력이 좋음
	  – 슬릿의 직경(D)이 큼 : 최소분리각(θ)이 작음 → 분해능이 좋음 → 시력이 좋음
	  – 입사광의 파장(λ)이 큼 : 최소분리각(θ)이 큼 → 회절현상이 심함 → 분해능이 나쁨

4. 빛의 편광

흡수 편광	• 횡파만 편광현상이 일어남
	• 2장의 편광판을 통과하는 광선은 한쪽 편광
	  판을 회전시키면 밝아졌다 어두워졌다 함
	• 말류스(Malus)의 법칙
	
	  투과광의 세기 $I = \dfrac{1}{2} \times I_0 \times \cos^2\theta$
		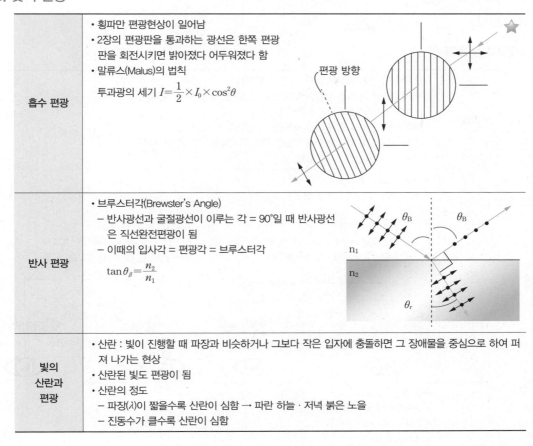

반사 편광	• 브루스터각(Brewster's Angle)
	 – 반사광선과 굴절광선이 이루는 각 = 90°일 때 반사광선
	   은 직선완전편광이 됨
	 – 이때의 입사각 = 편광각 = 브루스터각
	
	  $\tan\theta_\beta = \dfrac{n_2}{n_1}$	

빛의 산란과 편광	• 산란 : 빛이 진행할 때 파장과 비슷하거나 그보다 작은 입자에 충돌하면 그 장애물을 중심으로 하여 퍼 져 나가는 현상 • 산란된 빛도 편광이 됨 • 산란의 정도 – 파장(λ)이 짧을수록 산란이 심함 → 파란 하늘 · 저녁 붉은 노을 – 진동수가 클수록 산란이 심함	

8 조제 및 가공

1. 설계점

(1) 프리즘 효과

안경렌즈	• 오목렌즈 : 근시 교정용 렌즈, (−)렌즈, 발산렌즈
	  − 2매 프리즘이 정점 방향이 맞닿은 형태, 기저방향은 주변부에 위치
	  − 렌즈 기하중심점 : 정점 방향
	• 볼록렌즈 : 원시 교정용 렌즈, (+)렌즈, 수렴렌즈
	  − 2매 프리즘이 기저 방향이 맞닿은 형태, 기저방향은 중심부에 위치
	  − 렌즈 기하중심점 : 기저 방향

PD	• 좌우 동공간거리
	• 수평방향 굴절력에 영향을 받음
	• 프리즘 효과
	  − 기준 PD > 조가 PD
	    → (−)렌즈일 경우(B.O 프리즘 효과)
	    → (+)렌즈일 경우(B.I 프리즘 효과)
	  − 기준 PD < 조가 PD
	    → (−)렌즈일 경우(B.I 프리즘 효과)
	    → (+)렌즈일 경우(B.O 프리즘 효과)
	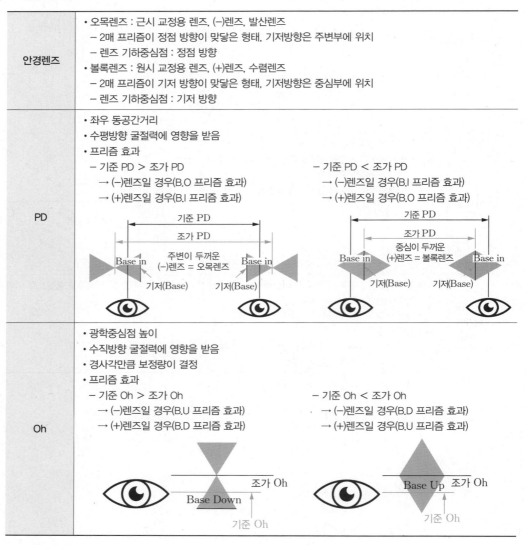

Oh	• 광학중심점 높이
	• 수직방향 굴절력에 영향을 받음
	• 경사각만큼 보정량이 결정
	• 프리즘 효과
	  − 기준 Oh > 조가 Oh
	    → (−)렌즈일 경우(B.U 프리즘 효과)
	    → (+)렌즈일 경우(B.D 프리즘 효과)
	  − 기준 Oh < 조가 Oh
	    → (−)렌즈일 경우(B.D 프리즘 효과)
	    → (+)렌즈일 경우(B.U 프리즘 효과)

(2) 유발 사위

Base In	• 오목렌즈 : 기준 PD < 조가 PD, 볼록렌즈 : 기준 PD > 조가 PD • 교정 : 외편위(Exo), 폭주 부담을 줄여주기 위한 교정 유발 : 내사위(Eso), 융합하기 위해 개산(외전)하는 눈
Base Out	• 오목렌즈 : 기준 PD > 조가 PD, 볼록렌즈 : 기준 PD < 조가 PD • 교정 : 내편위(Eso), 개산 부담을 줄여주기 위한 교정 유발 : 외사위(Exo), 융합하기 위해 폭주(내전)하는 눈

(3) 허용오차

광학적 요소	• 양안시에 영향을 주는 프리즘값 관련 요소 • 렌즈의 굴절력(D') • 조가 PD(mm) • 조가 Oh(mm) • 기준경선의 방향(Axis) • 프리즘 굴절력(△)과 기저방향(Base)
허용오차	• 원용 　– 오차 큰 방향 : 폭주 강요 오차(B.O 프리즘) 　– 오차 작은 방향 : 개산 강요 오차(B.I 프리즘) • 근용 　– 오차 큰 방향 : 개산 강요 오차(B.I 프리즘) 　– 오차 작은 방향 : 폭주 강요 오차(B.O 프리즘)

2. 설계차트

Box-O Graph	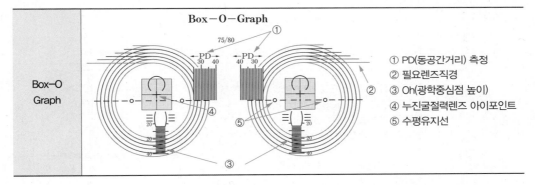

Box-O-Graph

75/80

① PD(동공간거리) 측정
② 필요렌즈직경
③ Oh(광학중심점 높이)
④ 누진굴절력렌즈 아이포인트
⑤ 수평유지선

3. 정점 굴절력계(Lens Meter)

측정 요소	• 구면렌즈 상측정점 굴절력(S) • 원주 또는 토릭렌즈 상측정점 굴절력(C) • 원주 또는 토릭렌즈 축 경선 방향(Axis) • 프리즘 굴절력(△)과 기저방향(Base) • 투영식일 경우 • 누진굴절력렌즈 가입도(Add) • U.V 투과율

구조	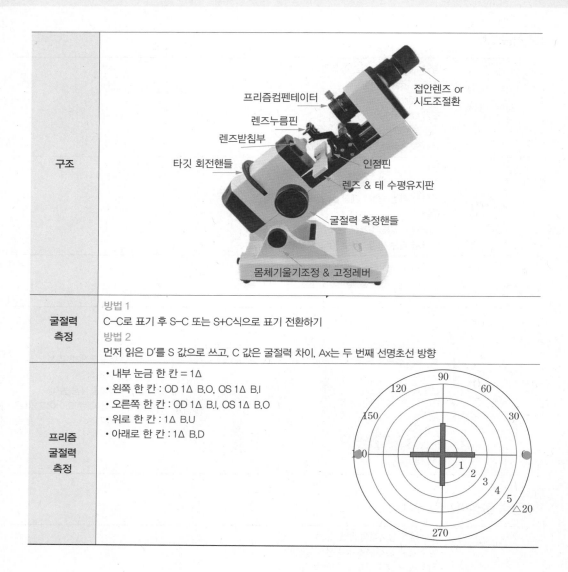 프리즘컴펜테이터 접안렌즈 or 시도조절환 렌즈누름핀 렌즈받침부 타깃 회전핸들 인점핀 렌즈 & 테 수평유지판 굴절력 측정핸들 몸체기울기조정 & 고정레버
굴절력 측정	방법 1 C–C로 표기 후 S–C 또는 S+C식으로 표기 전환하기 방법 2 먼저 읽은 D′를 S 값으로 쓰고, C 값은 굴절력 차이, Ax는 두 번째 선명초선 방향
프리즘 굴절력 측정	• 내부 눈금 한 칸 = 1△ • 왼쪽 한 칸 : OD 1△ B.O, OS 1△ B.I • 오른쪽 한 칸 : OD 1△ B.I, OS 1△ B.O • 위로 한 칸 : 1△ B.U • 아래로 한 칸 : 1△ B.D

4. 누진굴절력렌즈

특 징	• 경계선이 보이지 않음 • 원용에서 근용까지 굴절력이 연속적으로 분포되어 있음 • 상의 도약이 없음 • 불명시역이 없음 • 색수차가 없음 • 설계상 수차부가 존재
설계 구조	ⓐ 원용부 굴절력 측정부 ⓑ 아이포인트 ⓒ 근용부 굴절력 측정부 ⓓ 가입도 ⓔ 수평유지점 ⓕ 기하중심점(프리즘 측정부)

거울검사	• 동공중심이 코쪽으로 몰린 경우
	  – 원인 : 정점간거리(VD)가 긴 경우
	  – 해결 : 정점간거리를 짧게 하고, 코받침 간격을 넓혀 경사각을 크게 함
	• 동공중심이 위로 몰린 경우
	  – 원인 : 안경테가 전반적으로 내려간 경우
	  – 해결 : 코받침 위치를 아래로 내리고 경사각을 작게 만듦
	• 동공중심이 좌우 한쪽 방향으로 쏠린 경우
	  – 원인 : 다리벌림각이 틀어진 경우
	  – 해결 : 오른쪽 다리벌림각을 작게 하고 왼쪽 다리벌림각은 크게 함. 단, 피팅이 정상이고 폭주 이상인 경우는 아이포인트 위치를 이동시킴

9 굴절검사

1. 굴절검사 과정

(1) 예비검사

예비검사 종류	• 나안시력 검사 : 나안시력, 비정시 구분을 위한 검사 • 우세안 검사 : 우세안을 확인하기 위한 검사 • 조절근점(NPA) 검사 : 단안과 양안의 최대조절력을 측정하기 위한 검사 • 폭주근점(NPC) 검사 : 최대폭주력을 측정하기 위한 검사 • 입체시 검사 : 입체시 유무 및 입체시력 검사 • 색각 검사 : 색각이상 유무 및 종류 검사 • 가림 검사 : 편위 유무 및 종류 검사 • 안구운동 검사 : 안구운동 능력치 검사

(2) 타각적 굴절검사

검영법	총검영값 = 중화 굴절력, 순검영값 = 교정 굴절력 • 정적검영법 : 정적굴절상태(원거리)에서의 교정값 찾기(50cm, 발산광선으로 검영할 때) 　－ 중화 : −2.00D 근시, 판부렌즈 추가 없음 　－ 역행 : −2.00D 초과 근시, (−)D 판부렌즈 필요 　－ 동행 : −2.00D 미만 근시, 정시, 원시 : (+)D 판부렌즈 필요 　※ 포롭터에서 검영 시 'R' 또는 검사거리 보정렌즈 사용할 경우 : 총(중화)검영값 = 순(교정)검영값 • 동적검영법 : 최대동적굴절상태(근거리)에서의 교정값 찾기 　－ MEM 법 : 고정식 검영법 　－ Nott 법 : 이동식 검영법, 검영기의 위치를 변화 　－ Bell 법 : 이동식 검영법, 시표의 위치를 변화 • 모형안 검영 　－ 뒷통의 눈금 = 교정값 'S' 　－ 렌즈받침부 추가렌즈 = 부호만 반대로 값은 그대로 기록 　→ 모형안 세팅값 = 순검영값 = 교정 굴절력

안굴절력계	Auto Refractometer(AR)
	• VD : 정점간거리
	• S : 구면 굴절력, 근시 또는 원시량
	• C : 난시 굴절력, 굴절난시량
	• A : 난시교정 축 방향
	• S.E : 등가구면 굴절력, S+C/2
	• PD : 동공간거리
	• KRT = KER : 각막 굴절력
	• H : 수평경선 굴절력
	• V : 수직경선 굴절력
	• CYL : 각막난시량
		VD : 13.75
		CYL : MIX
		
		      \<R\> S C A
		           −3.25 −2.00 4
		      S.E. −4.25
		      \<L\> S C A
		           −3.00 −1.00 176
		      S.E. −3.50
		      PD=68mm
		
		  KRT. DATA
		  \<R\> D MM A
		   H 42.75 7.90 10
		   V 44.75 7.55 100
		
		  AVE 43.75 7.73
		
		      CYL −2.00 10

(3) 자각적 굴절검사

최초장입 굴절력	• 운무법 　－ S.E(등가구면 굴절력) + 3.00D 　－ 강한근시로 운무 　－ 운무렌즈 장입 후 S－0.25D씩 올리면서 BVS(최적구면 굴절력) 찾기 • BVS 측정 　－ 근시 : 가장 시력이 좋은 가장 낮은 '－S' 　－ 원시 : 가장 시력이 좋은 가장 높은 '+S' • 난시 검사를 위한 운무(방사선 시표 사용) 　－ 근시성 복성 난시로 만들기 　－ $BVS+\dfrac{\lvert 예상난시도 \rvert}{2}+(+0.50D)$
방사선 시표	난시 유무 및 난시교정 축, 굴절력 검사 • 근시성 난시안(나안, 운무 상태 모두) 　－ S－C식, Ax 약주경선(Ax/30 : 시간, 시간 × 30 = Ax) 　－ 망막에 가까운 초선 = 후초선(강주경선 방향을 알려줌) • 원시성 난시안(나안) 　－ S+C식, Ax 강주경선(Ax/30 : 시간, 시간 × 30 = Ax) 　－ 망막에 가까운 초선 = 전초선(약주경선 방향을 알려줌) • 원시성 난시안(운무 상태 = 근시와 동일) 　－ S－C식, Ax 약주경선(Ax/30 : 시간, 시간 × 30 = Ax) 　－ 망막에 가까운 초선 = 후초선(강주경선 방향을 알려줌)
적록이색 검사	• 구면 굴절력의 과교정과 저교정을 판단하기 위한 검사 • 녹색(단파장－짧게), 적색(장파장－길게) 　－ 적색바탕이 선명 　　㉠ 초점이 전반적으로 망막 앞(근시 상태) 　　㉡ (－)구면 굴절력을 증가 　　㉢ 근시안은 저교정, 원시안은 과교정 상태 　－ 녹색바탕이 선명 　　㉠ 초점이 전반적으로 망막 뒤(원시 상태) 　　㉡ (+)구면 굴절력을 증가 　　㉢ 근시안은 과교정, 원시안은 저교정 상태
난시정밀 검사	• 난시 축 & 굴절력 정밀검사 • 검사전 S－0.50D 추가 장입 또는 녹색바탕 시표가 잘 보이게 세팅함 = 약한 원시 상태 　－ 난시 축 정밀검사 　　㉠ 난시교정 축 방향 = 중간기준축 또는 A 　　㉡ 반전 선명도가 동일할 때까지 축 방향을 적색점 쪽으로 회전 　－ 난시 굴절력 정밀검사 　　㉠ 난시교정 축 방향 = P 또는 적색점·흰점 　　㉡ 반전 선명도가 동일할 때까지 적색점이 일치될 때 선명하면 C－0.25D 추가 　　　　　　　　　　　　　흰점이 일치될 때 선명하면 C－0.25D 감소 　　단, C－0.50D 증가 또는 감소와 같이 동일 방향으로 2단계 연속 조정 시 　　S±0.25D를 반대 값으로 하여 추가(C－0.50D 추가 → S+0.25D 추가)
양안조절 균형검사	• 단안검사 종료 후 양안시력균형을 위한 검사 • 보조렌즈의 P 또는 로타리프리즘을 이용하여 상을 분리시킴 • 단안검사 종료 값 +0.75D 장입으로 0.6~0.7 시력으로 운무시킴 • 더 선명하게 보이는 눈에 S+0.25D를 추가하면서 균형을 맞춤 • 균형이 맞지 않을 경우에는 '우세안' 방향이 잘 보이도록 함

🔟 시기능이상

1. 사위와 융합여력

(1) 사위와 융합여력

사위	사위 ≠ 사시 → 융합 가능 여부, 양안시 기능 가능 여부로 구분 • 내사위(Eso) : 융합하기 위해 '외전(개산)'하는 눈 • 외사위(Exo) : 융합하기 위해 '내전(폭주)'하는 눈 • 상사위(Hyper) : 융합하기 위해 '하전'하는 눈 • 하사위(Hypo) : 융합하기 위해 '상전'하는 눈

융합여력	• 융합여력 : 사위를 이겨내고 융합할 수 있는 운동성 융합력
	• 수평방향 융합여력 > 수직방향 융합여력
	  – 내사위(Eso) : 항상 개산부담을 가짐 → 개산여력(B.I 버전스)값 필요
	  – 외사위(Exo) : 항상 폭주부담을 가짐 → 폭주여력(B.O 버전스)값 필요
	  – 상사위(Hyper) : 항상 하전부담을 가짐 → 하전여력(B.U 버전스)값 필요
	  – 하사위(Hypo) : 항상 상전부담을 가짐 → 상전여력(B.D 버전스)값 필요

(2) 사위검사

폰 그라페법	• 완전융합제거 사위검사 • 프리즘 분리법 적용 • 수평사위검사 : OD. 분리 프리즘(보조렌즈 6△U 장입), OS. 측정 프리즘, 세로줄 시표 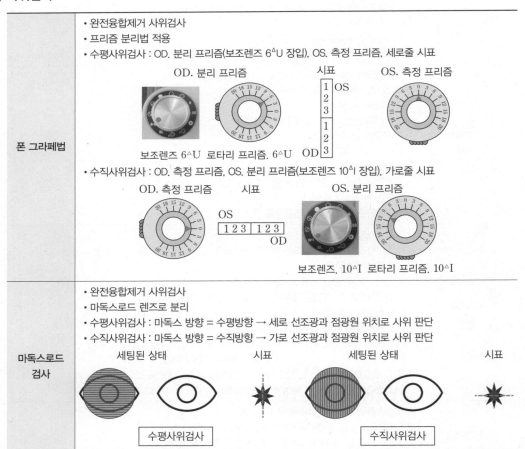
마독스로드 검사	• 완전융합제거 사위검사 • 마독스로드 렌즈로 분리 • 수평사위검사 : 마독스 방향 = 수평방향 → 세로 선조광과 점광원 위치로 사위 판단 • 수직사위검사 : 마독스 방향 = 수직방향 → 가로 선조광과 점광원 위치로 사위 판단

편광 십자시표	• 일부(부분)융합제거 사위검사 • 편광렌즈로 분리 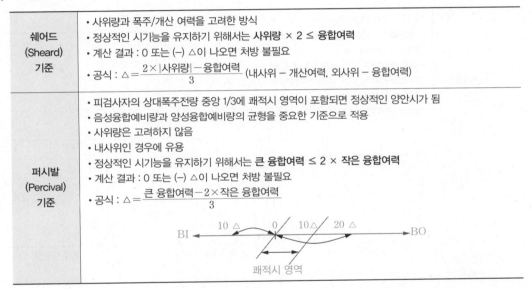

2. 여러 가지 공식들

(1) 프리즘 처방

쉐어드 (Sheard) 기준	• 사위량과 폭주/개산 여력을 고려한 방식 • 정상적인 시기능을 유지하기 위해서는 **사위량 × 2 ≤ 융합여력** • 계산 결과 : 0 또는 (−) △이 나오면 처방 불필요 • 공식 : $\triangle = \dfrac{2 \times \lvert \text{사위량} \rvert - \text{융합여력}}{3}$ (내사위 − 개산여력, 외사위 − 융합여력)
퍼시발 (Percival) 기준	• 피검사자의 상대폭주전량 중앙 1/3에 쾌적시 영역이 포함되면 정상적인 양안시가 됨 • 음성융합예비량과 양성융합예비량의 균형을 중요한 기준으로 적용 • 사위량은 고려하지 않음 • 내사위인 경우에 유용 • 정상적인 시기능을 유지하기 위해서는 **큰 융합여력 ≤ 2 × 작은 융합여력** • 계산 결과 : 0 또는 (−) △이 나오면 처방 불필요 • 공식 : $\triangle = \dfrac{\text{큰 융합여력} - 2 \times \text{작은 융합여력}}{3}$

(2) AC/A ratio

AC/A 비	• 조절(A)에 대한 조절성 폭주(AC)의 비율
	• 주의 : 내사위 +, 외사위 − 부호 확인
	• 정상기대값 : 4 ~ 6△ / 1D
	  − High : 6△/1D 초과 → 폭주과다(근거리 내사위)·개산과다(원거리 외사위)
	  − Normal : 4~6△/1D → 기본 내사위(원·근 모두 내사위)·기본 외사위(원·근 모두 외사위)
	  − Low : 4△/1D 미만 → 폭주부족(근거리 외사위)·개산부족(원거리 내사위)

계산 AC/A 비	• **헤테로포리아 AC/A** • 조절(A)에 대한 조절성 폭주(AC)의 비율 • 원·근거리 사위를 이용한 방법 • 주의 : 내사위 +, 외사위 − 부호 확인, 근거리 검사거리 확인 • 공식 : $AC/A = PD(cm) + \dfrac{\text{근거리 사위량} - \text{원거리 사위량}}{\text{근거리 조절자극량}(D)}$

경사 AC/A 비	• 그래디언트 AC/A • 원/근 중에서 문제가 될 수 있는 부분만 이용 • 조절 반응 또는 이완 자극에 대한 변화를 이용한 방법 • 주의 : 내사위 +, 외사위 − 부호 확인, 조절 자극량(D) 확인 • 공식 : $AC/A = \dfrac{\text{자극 전 사위량} - \text{자극 후 사위량}}{\text{조절자극렌즈 굴절력}(D)}$

AC/A 비
활용
	• 사위 교정을 구면 굴절력 처방(Add)로 할 경우
	  − (+)굴절력 감소 & (−)굴절력 증가 → 조절 증가 → 조절성 폭주 증가 → 외사위 교정
	  − (+)굴절력 증가 & (−)굴절력 감소 → 조절 감소 → 조절성 폭주 감소 → 내사위 교정
	• 공식 : $S(Add) = \dfrac{Prism}{AC/A}$ (Prism : 사위 교정에 필요한 프리즘양, B.I (−), B.O (+))

(3) 그래프 분석

그래프	• D.L = Donder's Line
	  원거리 정위(0△)와 근거리 정위(0△)를 이은 선 = 기준선
	• P.L = Phoria Line
	• 조절자극량 '0D' = 정적굴절상태, 원거리
	  조절자극량 '2.50D' = 동적굴절상태, 근거리(40cm)
	• B.O = 양성융합력(폭주)
	  B.I = 음성융합력(개산)

시기능 이상별	

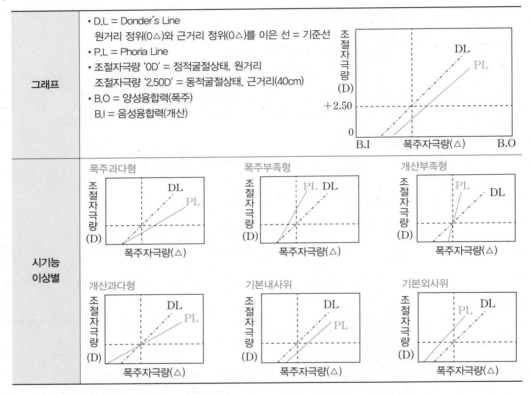

(4) 시기능이상 분석

타각적 증상	**폭주과다** • 원거리 정위, 근거리 내사위 • 높은 AC/A 비 • NPC 정상 또는 눈에 가까움 • 근거리에서 P.L이 D.L보다 오른쪽으로 그려짐 • 근거리 B.I 버전스값 낮음 • NRA 정상 또는 낮음	**폭주부족** • 원거리 정위, 근거리 외사위 • 낮은 AC/A 비 • NPC 멂 • 근거리에서 P.L이 D.L보다 왼쪽으로 그려짐 • 근거리 B.O 버전스값 낮음 • PRA 정상 또는 높음
	개산부족 • 원거리 내사위, 근거리 정위 • 낮은 AC/A 비 • NPC 정상 범위 • 원거리에서 P.L이 D.L보다 오른쪽으로 그려짐 • 원거리 B.I 버전스값 낮음	**개산과다** • 원거리 외사위, 근거리 정위 • 높은 AC/A 비 • NPC 정상 또는 멂 • 원거리에서 P.L이 D.L보다 왼쪽으로 그려짐 • 원거리에서 B.O 버전스값 낮음
	조절과다(조절유도) • 조절이완이 문제가 있을 경우 • 조절경련(Spasm)이 동반되면 '가성근시' 유발 • NPA(조절근점) 정상 또는 가까움 • 조절효율검사, (+)렌즈에서 느림 또는 실패 • NRA 낮음 • 조절래그값 작음	**조절부족(조절쇠약, 조절지연)** • 조절자극에 대한 반응이 늦는 경우 • NPA(조절근점) 눈에서 멂 • 조절효율검사, (−)렌즈에서 느림 또는 실패 • PRA 낮음 • 조절래그값 큼

11 콘택트렌즈

1. RGP렌즈와 소프트(하이드로겔) 콘택트렌즈의 비교

구분	RGP렌즈	소프트(하이드로겔) 콘택트렌즈
재질의 함수	물이 거의 없음	물을 함유하고 있음
재질의 강도	강함	약함
재질의 수명	긺	짧음
산소투과율	높음	낮음
초기 착용감	좋지 않음	좋음
적응	오래 걸림	빠름
각막난시의 교정	가능	불가능(토릭렌즈 필요)
이물감	많음	적음
눈물의 순환	좋음	좋지 않음
침착물	적음	많음

2. 함수율에 따른 비교

구분	저함수 렌즈	고함수 렌즈
재질의 강도	양호함	약함(쉽게 파손)
렌즈 사용기간	장시간 사용 가능	단시간 사용 후 교체
산소투과율	낮음	높음
착용감과 적응	좋음	좋음
각막부종	가능성 높음	가능성 낮음
침전물	상대적으로 적음	많음
관리	열, 화학소독 가능	열, 화학소독 시 변성

3. 눈물렌즈

평면렌즈	마이너스렌즈	플러스렌즈
렌즈 B.C = 각막 B.C	렌즈 B.C > 각막 B.C	렌즈 B.C < 각막 B.C
–	• 근시 교정 효과 • 원시량 증가 효과 • 착용할 렌즈의 굴절력은 (+)방향으로 증가시켜야 함	• 원시 교정 효과 • 근시량 증가 효과 • 착용할 렌즈의 굴절력은 (–)방향으로 증가시켜야 함

(1) 각막의 B.C = 8.00mm일 때

① B.C 8.00mm의 콘택트렌즈 착용 시 : 0D의 눈물렌즈

② B.C 8.10mm의 콘택트렌즈 착용 시(Flat) : (–)굴절력의 눈물렌즈

③ B.C 7.90mm의 콘택트렌즈 착용 시(Steep) : (+)굴절력의 눈물렌즈

(2) B.C가 0.05mm 변화할 때 곡률은 0.25D의 변화

예 완전교정 안경의 굴절력 = S–2.00D, 각막의 B.C 7.85mm, 콘택트렌즈의 B.C 7.75mm일 때

① 눈물렌즈의 굴절력 = S+0.50D

② 최종처방 콘택트렌즈의 굴절력 = S–2.50D

4. 새그깊이

(1) 같은 직경이고 베이스커브가 다를 때

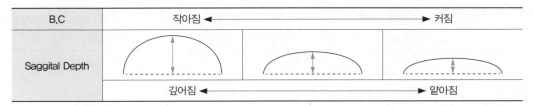

(2) 같은 곡률반경이고 직경이 다를 때

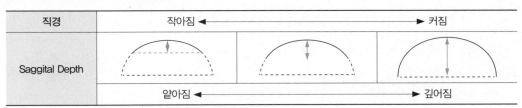

① 새그깊이가 깊어질수록 Steep fitting

② 새그깊이가 얕아질수록 Flat fitting

5. 중력중심 위치의 비교

	중력중심이 전면으로 위치하는 경우	중력중심이 후면으로 위치하는 경우
굴절력	(+)렌즈의 굴절력 증가 시	(−)렌즈의 굴절력 증가 시
렌즈의 직경	(+)렌즈의 직경 감소 시	(−)렌즈의 직경 증가 시
렌즈의 두께	(+)렌즈의 두께 증가 시	(−)렌즈의 두께 감소 시
베이스커브	Flat할 때	Steep할 때
중력중심의 위치		

6. 소프트 토릭렌즈의 축방향 수정

① 토릭렌즈 피팅 시 토릭렌즈의 기준마크가 회전되었을 때, 축방향 수정 후 피팅

② LARS rule : Left − Add / Right − Subtract(회전방향의 기준은 6시 방향)

처방 콘택트렌즈의 굴절력 : S−2.25D ◠ C−1.00D, Ax90°		
이상적인 상태	20° 왼쪽으로 회전	20° 오른쪽으로 회전
S−2.25D ◠ C−1.00D, Ax90°	S−2.25D ◠ C−1.00D, Ax110°	S−2.25D ◠ C−1.00D, Ax70°
수정 필요없음	축방향에서 +20°로 수정	축방향에서 −20°로 수정

최종모의고사
제1회

제1교시   시광학이론

제2교시   1과목 의료관계법규
          2과목 시광학응용

제3교시   시광학실무

1교시 | 시광학이론

01 다음 중 공막을 바르게 설명한 것은?

① 혈관과 신경이 존재하지 않는다.

② 각막보다 공막의 곡률반경이 더 작다.

③ 공막의 부위 중 가장 두꺼운 곳은 곧은근 부착 부위이다.

④ 질기고 치밀한 구조로 눈알의 형태를 유지한다.

⑤ 투명하여 빛을 잘 투과시킨다.

02 다음에서 설명하는 각막 층의 이름은?

- 단단하며 탄력 있는 막이다.
- 세균은 강하게 방어하지만 진균에는 약하다.
- 각막 가장자리에서 다른 곳으로 이행하지 않는다.

① 데스메막

② 각막내피

③ 각막실질

④ 보우만층

⑤ 각막상피

03 다음 섬모체에 대한 설명 중 옳은 것은?

① 앞쪽으로 맥락막, 뒤쪽으로 홍채와 연속된다.

② 뒤쪽 약 2mm 폭의 평면부에 섬모체소대가 연결되어 있다.

③ 섬모체의 혈액은 또아리정맥을 통해서 공급된다.

④ 세로섬유가 수축할 때 수정체의 두께가 두꺼워진다.

⑤ 바깥쪽상피에서 방수를 생성한다.

04 맥락막위공간을 지나 앞쪽에서 앞섬모체동맥과 함께 홍채큰동맥고리를 형성하는 혈관은?

① 짧은뒤섬모체동맥

② 긴뒤섬모체동맥

③ 또아리정맥

④ 망막중심동맥

⑤ 맥락막모세혈관

05 다음 망막에 대한 설명 중 옳은 것은?

① 두께가 가장 얇은 곳은 시신경원판 부위이다.

② 뒤쪽에서 시신경과 연속되고 앞쪽에서 각막과 연속된다.

③ 안구 뒤쪽에서 맥락막 안쪽을 감싸는 투명한 신경층이다.

④ 망막의 가장 뒤쪽 경계는 톱니둘레이다.

⑤ 망막을 이루는 모든 세포는 신경세포이다.

06 다음에서 설명하는 망막의 세포는?

> - 육각형 모양의 단층으로 이루어져 있다.
> - 멜라닌 과립을 함유하고 있다.
> - 비타민 A를 저장, 방출하는 기능을 가지고 있다.

① 시세포
② 두극세포
③ 신경절세포
④ 색소상피세포
⑤ 수평세포

07 다음 안구내용물에 대한 설명 중 옳은 것은?

① 수정체는 안구내용물 중 가장 부피가 크다.
② 방수를 통해 홍채에 영양이 공급된다.
③ 안구내용물에는 혈관과 신경이 발달되어 있다.
④ 유리체의 부피에 따라 안압이 조절된다.
⑤ 수정체앞상피가 분열하여 수정체섬유가 된다.

08 방수의 생산 및 배출경로를 바르게 배열한 것은?

① 뒷방 – 동공 – 앞방 – 앞방각 – 섬유주 – 쉴렘관 – 방수정맥
② 뒷방 – 동공 – 앞방 – 앞방각 – 쉴렘관 – 섬유주 – 방수정맥
③ 앞방 – 앞방각 – 동공 – 뒷방 – 쉴렘관 – 섬유주 – 방수정맥
④ 앞방 – 앞방각 – 동공 – 뒷방 – 방수정맥 – 섬유주 – 쉴렘관
⑤ 앞방각 – 앞방 – 동공 – 뒷방 – 섬유주 – 방수정맥 – 쉴렘관

09 다음에서 설명하는 것은?

> - 외부 충격으로부터 안구를 보호한다.
> - 여러 개의 개구부는 신경과 혈관이 지나가는 통로가 된다.
> - 안구 부피의 약 5배 부피를 가진다.

① 눈꺼풀
② 안와
③ 공막
④ 각막
⑤ 유리체

10 눈을 뜰 때 작용하는 신경으로 옳은 것은?

① 교감신경
② 얼굴신경
③ 부교감신경
④ 도르래신경
⑤ 삼차신경

11 눈물의 점액질을 생산하는 곳은?

① 술잔세포
② 크라우제샘
③ 마이봄샘
④ 볼프링샘
⑤ 몰샘

12 다음 외안근을 설명한 내용으로 옳은 것은?

① 각막 가장자리로부터 가장 가까운 것은 가쪽곧은근이다.
② 아래빗근은 공동힘줄고리에 속하지 않는다.
③ 안쪽곧은근의 보조작용은 안쪽돌림과 외회선이다.
④ 위빗근을 지배하는 신경은 눈돌림신경이다.
⑤ 위곧은근은 외안근 중 가장 길이가 길다.

13 다음 시신경과 관련된 설명 중 옳은 것은?

① 시신경은 1개의 막으로 둘러싸여 있다.
② 시신경의 중앙에는 망막중심동맥이 위치한다.
③ 안와 속에서 시신경은 시신경구멍까지 곧게 뻗어있다.
④ 안구에서 나온 시신경은 시신경교차를 지나 안와의 구멍을 통과한다.
⑤ 시신경섬유는 시각섬유 50%와 동공섬유 50%로 이루어져 있다.

14 5m 거리에서 전체 직경 15mm의 란돌트 고리시표의 끊어진 방향을 판별했을 때 이때의 시력은?

① 2.0
② 1.5
③ 1.0
④ 0.5
⑤ 0.1

15 시야검사에 대한 설명 중 옳은 것은?

① 정적시야검사는 시표를 이동시키면서 검사한다.
② 동적시야검사는 시표의 강도를 증가시키면서 검사한다.
③ 시야검사는 양안으로 진행한다.
④ 대면법을 통해 중심시야의 상태를 정확히 측정할 수 있다.
⑤ 시야검사가 진행되는 동안 피검사자의 주시는 한곳에 고정해야 한다.

16 저시력에 대해 설명한 내용으로 옳은 것은?

① 최종 교정시력이 0.7 이하일 때 저시력이라 한다.
② 후천적인 눈 질환과 저시력은 관련이 없다.
③ 저시력에서의 보조도구는 시력교정보다 망막상의 확대가 목적이다.
④ 망원경을 사용하여 근거리를 볼 수 있다.
⑤ 확대경을 처방할 때 배율은 고려할 필요가 없다.

17 다음에서 설명하는 약시의 종류는?

- 4세 이전에 주로 발생
- 사시로 인해 생긴 복시를 피하기 위한 억제 반응으로 발생
- 4세 이전에 치료하면 예후가 좋다.

① 시각차단약시
② 굴절부등약시
③ 사시약시
④ 굴절이상약시
⑤ 기질약시

18 다음 명소시에 대한 설명 중 옳은 것은?

① 막대세포가 지배적인 역할을 한다.
② 색을 구분할 수 없다.
③ 황록색의 파장에서 가장 감도가 높다.
④ 동공이 확대되어 있다.
⑤ 주변시력보다 중심시력이 저하되어 있다.

19 다음에서 설명하는 것은?

> • 색각이상을 판별하기 위한 검사
> • 여러 가지 다른 색채를 비슷한 순서대로 배열하는 검사
> • 색각이상의 종류를 구별할 수 있음

① 이시하라 검사
② 판스워스-먼셀 100색상 검사
③ 나겔의 색각경 검사
④ 색각등 검사
⑤ 하디-란드-리틀러 검사

20 다음에서 설명하는 것은?

> • 두 눈의 굴절력 차이가 2.00D 이상이다.
> • 정도가 약한 경우 큰 증상은 없다.
> • 정도가 심한 경우 사시 또는 약시를 유발할 수 있다.

① 근시
② 원시
③ 부등시
④ 수정체없음증
⑤ 난시

21 조절에 대한 설명 중 옳은 것은?

① 근거리를 주시할 때 수정체의 곡률이 작아진다.
② 원시는 원거리를 주시할 때에도 조절을 한다.
③ 40세 이후의 조절력은 변동이 없다.
④ 나이가 들면서 근점거리는 점점 가까워진다.
⑤ 조절력은 20세경에 가장 높게 나타난다.

22 수정체없음증을 설명한 내용으로 옳은 것은?

① 적색과 녹색의 구분을 어려워한다.
② 근거리 시력은 정상이다.
③ 안경으로 교정 시 상이 확대되어 보인다.
④ 안경보다 콘택트렌즈 착용 시에 상의 확대가 더 크게 나타난다.
⑤ 반대쪽 눈이 정상일 경우 인공수정체 삽입이 불가능하다.

23 원거리 주시 상태에서 오른쪽 눈을 가릴 때 왼쪽 눈의 움직임은 없었고 왼쪽 눈을 가릴 때 오른쪽 눈이 코 방향으로 움직이는 것이 관찰되었다면 이때 편위의 종류는?

① 우안 외사시
② 좌안 외사시
③ 우안 내사시
④ 좌안 내사시
⑤ 교대성사시

24 주변시야에 있는 물체를 주시하고자 할 때 빠른 속도로 일어나는 눈의 운동은?

① 동향 운동
② 이향 운동
③ 홱보기 운동
④ 따라보기 운동
⑤ 자세반사 운동

25 왼쪽 눈 망막질환으로 인해 왼쪽 눈의 직접대광반사가 소실되고 간접대광반사는 정상 반응하는 이상동공의 종류는?

① 구심동공운동장애
② 원심동공운동장애
③ 긴장동공
④ 아르길-로버트슨동공
⑤ 호너증후군

26 눈에 빛을 비추었을 때 축동이 일어나는 경로의
순서로 옳은 것은?

① 동안신경핵 – 섬모체신경절 – 짧은뒤섬모
체신경 – 동공확대근 수축
② 동안신경핵 – 시각로 – 섬모체신경절 – 동
공조임근 수축
③ E–W핵 – 섬모체신경절 – 짧은뒤섬모체신
경 – 동공확대근 수축
④ E–W핵 – 섬모체신경절 – 짧은뒤섬모체신
경 – 동공조임근 수축
⑤ E–W핵 – 짧은뒤섬모체신경 – 섬모체신경
절 – 동공조임근 수축

27 망막이 시각자극을 받을 때 대뇌 시피질에서 일
어나는 전위변화를 확인하여 시각자극이 눈에
서 시피질로 전달되는 과정에서의 이상을 파악
하기 위한 검사는?

① A–scan
② 망막전위도검사
③ 눈전위도검사
④ 시유발전위검사
⑤ 빛간섭단층촬영

28 플릭텐각결막염을 설명한 내용으로 옳은 것은?

① 각막중심부에 결절을 형성한다.
② 대개 중년 여성에게 발생하는 즉시형 과민
반응이다.
③ 급격한 통증을 호소한다.
④ 플릭텐 발생이 계속되면 각막에 혈관이 만
들어진다.
⑤ 예후가 좋지 않아 실명할 수 있다.

29 노출각막염의 원인으로 옳은 것은?

① 비타민 A 결핍
② 눈둘레근 마비
③ 눈돌림신경 마비
④ 눈꺼풀속말림
⑤ 삼차신경 마비

30 노년백내장의 진행과정에서 수정체 혼탁을 오
래 방치하여 수정체피질이 액화되는 단계는?

① 초기백내장
② 팽대백내장
③ 성숙백내장
④ 모르가니백내장
⑤ 쐐기모양백내장

31 날파리증이 나타나는 경우로 옳은 것은?

① 외상백내장
② 당뇨백내장
③ 무수정체안
④ 유리체출혈
⑤ 원추각막

32 급성출혈결막염에 대한 설명 중 옳은 것은?

① 세균성 감염질환이다.
② 항생제로 빠르게 치료가 가능하다.
③ '아폴로눈병'이라고도 불린다.
④ 잠복기간이 긴 편이다.
⑤ 결막에서의 특징적인 증상은 없다.

33 자외선, 바람, 먼지의 자극 등으로 결막에 결절이 발생, 증식하여 각막을 침범하게 되면 시력에 영향을 미칠 수 있는 질환은?

① 봄철각결막염
② 계절알레르기결막염
③ 군날개
④ 거대유두결막염
⑤ 플릭텐각결막염

34 뒤포도막염의 주요 증상으로 옳은 것은?

① 쾨페결절
② 섬모체충혈
③ 앞방축농
④ 유리체혼탁
⑤ 동공수축

35 다음에서 설명하는 질환은?

- 위눈꺼풀올림근 또는 눈돌림신경의 이상으로 발생
- 머리를 뒤로 젖히고 보는 습관
- 한쪽 눈에만 이상이 있을 경우 약시가 발생될 가능성 있음

① 다래끼
② 눈꺼풀테염
③ 속눈썹증
④ 눈꺼풀겉말림
⑤ 눈꺼풀처짐

36 각막 주변부의 궤양으로 심한 통증과 눈부심을 호소하며 각막 주변부의 침윤이 중심부 궤양으로 확대되는 이 질환은?

① 무렌각막궤양
② 비타민 A 결핍증 각막궤양
③ 대상포진각막염
④ 플릭텐각결막염
⑤ 노출각막염

37 다음에서 설명하는 질환은?

- 공막 상층부의 염증질환
- 가벼운 통증과 눈물흘림, 압통, 충혈 증상
- 대개 1~2주 이내 자연소실되나 재발이 흔함

① 상공막염
② 광범위공막염
③ 결절공막염
④ 괴사공막염
⑤ 뒤공막염

38 폐쇄각녹내장에 대한 설명 중 옳은 것은?

① 서서히 진행하여 자각증상이 없다.
② 시력은 정상이다.
③ 통증이 없다.
④ 급성기에 구역 또는 구토 증상이 있다.
⑤ 앞방이 깊은 경우에 쉽게 발생할 수 있다.

39 다음에서 설명하는 질환은?

> • 사상판 부근의 혈관 막힘
> • 고혈압, 당뇨병, 동맥경화로 인한 발병
> • 망막 전반에서 출혈과 황반부종 등이 관찰됨

① 망막중심동맥폐쇄
② 망막중심정맥폐쇄
③ 망막분지정맥폐쇄
④ 당뇨망막병증
⑤ 망막주위혈관염

40 자외선이나 적외선 등에 오래 노출되어 각막이나 결막에 염증을 일으키고 통증과 눈부심 등의 증상을 보이는 질환은?

① 백내장
② 노출각막염
③ 열화상
④ 광선상해
⑤ 검열반

41 금속안경테에서 코받침과 함께 안경의 무게를 지지해주는 기능이 있으며, 탄성과 착용감이 양호한 소재로 만들어져야 하는 부품의 명칭은?

① 연결부(Bridge)
② 엔드피스(Endpiece)
③ 경첩(Hinge)
④ 템플(Temple)
⑤ 림(Rim)

42 옵틸(Optyl) 안경테에 대한 설명 중 옳은 것은?

① 주입성형가공으로 제작한다.
② 다른 합성수지에 비해 무겁다.
③ 동물성 소재로 만들어진 안경테이다.
④ 화장품 등의 약품에 약하다.
⑤ 자외선에 변색의 위험도가 높다.

43 금속안경테의 납땜에 사용되는 융제(Flux)의 종류로 옳은 것은?

① 불화마그네슘
② 염화나트륨
③ 이산화티타늄
④ 붕산
⑤ 불화칼슘

44 안경렌즈의 광학적 구비요건에 관한 설명 중 옳은 것은?

① 색수차가 클수록 좋다.
② 아베수가 높을수록 색수차가 감소한다.
③ 아베수는 작을수록 좋다.
④ 굴절률이 클수록 아베수가 높아진다.
⑤ 렌즈 표면반사율은 높아야 한다.

45 CR-39(ADC 렌즈)와 비교한 크라운(Crown) 유리렌즈의 특성으로 옳은 것은?

① 내충격성이 좋아서 잘 깨지지 않는다.
② 표면경도가 낮아서 흠집이 잘 생긴다.
③ 비중이 커서 무겁다.
④ 투과율이 떨어진다.
⑤ 염색성이 우수하다.

46 다음과 같은 렌즈 중에서 색분산이 가장 큰 렌즈로 옳은 것은?

① ACD(CR-39), n_d, 1.498, Abbe 58.0
② 플린트 유리, n_d, 1.700, Abbe 37.0
③ PC 렌즈, n_d, 1.586, Abbe 30.0
④ 크라운 유리, n_d, 1.523, Abbe 59.0
⑤ 고굴절 플라스틱렌즈, n_d, 1.610, Abbe 36.0

47 이중초점렌즈 중에서 근용시야가 가장 넓고 상의 도약이 없다는 장점을 가지고 있지만 원·근용부의 경계선이 뚜렷하게 보이는 단점을 가진 렌즈는?

① Ex(Excutive)형
② 플랫탑(Flat Top)형
③ 커브드탑(Curved Top)형
④ 클립톡(Kryp Tok)형
⑤ 심리스(Seamless)형

48 형상기억합금의 특성을 바르게 설명한 것은?

① 가볍고 녹슬지 않는다.
② 니켈(Ni)과 구리(Cu)의 합금이다.
③ 코받침 패드용으로 주로 사용한다.
④ 니켈(Ni)과 티타늄(Ti)의 합금비는 55% : 45%이다.
⑤ 파손될 경우, 땜질하기 쉽다.

49 S-10.00D 처방 시 기존 렌즈보다 굴절률이 높은 렌즈를 선택할 경우 나타나는 현상은?

① 색분산이 감소한다.
② 아베수가 증가한다.
③ 렌즈 중심부 두께가 증가한다.
④ 무게가 증가한다.
⑤ 표면반사율이 증가한다.

50 금속테 합금의 조성성분의 조합으로 옳은 것은?

① 블랑카-Z : 구리(Cu)+니켈(Ni)+아연(Zn)
② 청동 : 구리(Cu)+아연(Zn)
③ 황동 : 구리(Cu)+주석(Sn)+인(P)
④ 모넬 : 니켈(Ni)+구리(Cu)+철(Fe)+망간(Mn)
⑤ 하이니켈 : 니켈(Ni)+티타늄(Ti)

51 안광학계에 관한 설명 중 옳은 것은?

① 안광학계에 입사하는 빛은 각막에서만 굴절된다.
② 수정체의 굴절률은 피질층에서 핵층으로 갈수록 더 증가한다.
③ 각막의 굴절률은 수정체 핵층의 굴절률보다 크다.
④ 조절할 때 수정체의 직경은 증가하고 두께는 감소한다.
⑤ 조절할 때 각막의 굴절력은 증가한다.

52 안광학계에서 안경으로 교정 후 망막상의 크기를 표현할 때 중요한 점은?

① 안구회선점
② 주점
③ 절점
④ 초점
⑤ 정점

53 안광학계에서 광축의 임상적 대용축에 해당하며 각막면에 수직이고 입사동점과 각막 전면의 곡률중심을 지나는 직선에 해당하는 것은?

① 광축
② 시선
③ 주시선
④ 동공중심선
⑤ 조준선

54 임상적으로 측정 가능한 안광학계의 카파각이란?

① 동공중심선과 조준선이 입사동점에서 이루는 각
② 동공중심선과 조준선이 절점에서 이루는 각
③ 광축과 시축이 절점에서 이루는 각
④ 광축과 주시축이 회전점에서 이루는 각
⑤ 동공중심선과 시축이 회전점에서 이루는 각

55 굴스트란드(Gullstrand)의 정식 모형안에서 정적굴절상태에서 최대동적굴절상태로의 변화에서 수정체의 굴절력 변화의 폭은?

① 약 +19D에서 약 +33D까지
② 약 +19D에서 약 +59D까지
③ 약 +33D에서 약 +59D까지
④ 약 +43D에서 약 +59D까지
⑤ 약 +59D에서 약 +73D까지

56 안광학계의 입사동, 홍채, 출사동의 크기 비교에 대한 다음 내용 중 옳은 것은?

① 입사동 > 홍채 > 출사동
② 출사동 > 홍채 > 입사동
③ 입사동 > 출사동 > 홍채
④ 출사동 > 입사동 > 홍채
⑤ 입사동 = 출사동 > 홍채

57 안광학계의 초점심도와 피사체심도가 깊어지기 위한 조건으로 옳은 것은?

① 동공(입사동)의 직경의 크기에 비례한다.
② 안광학계의 굴절력에 비례한다.
③ 물체버전스의 크기에 비례한다.
④ 물체거리의 크기에 반비례한다.
⑤ 허용최대착란원 직경의 크기에 반비례한다.

58 안과를 내원하여 조절마비제 점안 후의 굴절검사 결과이다. 이 원시안의 잠복원시량은?

- 조절마비 굴절검사 : +4.50D
- 운무법에 의한 굴절검사 : +3.00D
- 교정시력 1.0을 유지하기 위한 최소 굴절검사 : +1.75D

① +1.25D
② +1.50D
③ +1.75D
④ +3.00D
⑤ +4.50D

59 철조망을 눈앞에 두고 먼 곳을 보거나 지문이 찍혀있는 안경을 착용하고 먼 곳을 볼 때와 같이 눈앞에 있는 흐림을 유발할 수 있는 장애물의 영향을 받아 나타날 수 있는 근시화 현상은?

① 야간 근시
② 공간 근시
③ 암소시 초점 조절상태
④ 조절안정위 상태
⑤ 멘델바움 효과

60 정시안과 비교할 때 원시 상태가 될 수 있는 경우는?

① 눈의 총 굴절력이 정시보다 높은 경우
② 수정체가 정시보다 후방 편위가 된 경우
③ 눈 매질의 굴절률이 커진 경우
④ 안축장의 길이가 정시보다 길어진 경우
⑤ 각막 전면의 곡률반경이 짧아진 경우

61 근시성 복성 도난시에 대한 설명 중 옳은 것은?

① 약주경선의 타보각(T.A.B.O.) 180°에 위치한다.
② 나안으로 볼 때 전초선은 망막 앞, 후초선은 망막에 위치한다.
③ 강주경선의 타보각(T.A.B.O.) 180°에 위치한다.
④ 나안으로 방사선 시표를 보게 되면 전초선 방향인 수평(3-9시) 방향이 선명하게 보인다.
⑤ 운무를 실시하고 방사선 시표를 보게 되면 전초선 방향이 선명하게 보인다.

62 비정시안에서 원용안경 교정에 따른 조절효과에 관한 설명으로 옳은 것은?

① 근시와 원시 모두 안경 착용자는 조절효과의 영향을 받지 않는다.
② 완전교정된 안경을 착용한 근시는 정시와 동일한 조절력이 필요하다.
③ 완전교정된 안경을 착용한 근시는 정시보다 더 작은 조절력이 필요하다.
④ 완전교정된 안경을 착용한 원시는 정시보다 더 작은 조절력이 필요하다.
⑤ 근시는 콘택트렌즈를 착용 시보다 완전교정된 안경을 착용할 때 더 많은 조절력이 필요하다.

63 정점간거리(VD) 10mm로 측정된 굴절력 −10.00D인 원용안경을 착용한 고객이 일회용 콘택트렌즈를 주문할 때, 처방해야 할 콘택트렌즈 굴절력은 몇 D인가?

① 약 −8.50D
② 약 −9.00D
③ 약 −9.50D
④ 약 −10.00D
⑤ 약 −11.00D

64 정시인 40대 고객의 작업거리는 눈앞 20cm이다. 최대 조절력은 4.50D로 측정될 때 이 고객에게 필요한 근용안경의 굴절력은 몇 D인가? (단, 유용 조절력은 최대조절력의 2/3으로 한다)

① +5.00D
② +4.00D
③ +3.00D
④ +2.00D
⑤ +1.00D

65 플랫탑(Flat Top)형 이중초점렌즈에서 근용부 합성광학중심점이 원용부와 근용부 광학중심점 사이에 존재하는 처방은?

① S+3.00D, Add 3.00D
② S−3.00D, Add 2.00D
③ S−2.00D, Add 2.00D
④ S−2.00D, Add 3.00D
⑤ S 0.00D, Add 2.00D

66 O.D : S-2.00D ◯ C-1.00D, Ax 180°의 처방에서 2△, B.O ◯ 1.5△, B.U 효과를 내고자 할 때, 동공중심을 기준으로 렌즈의 광학중심점의 편심량으로 옳은 것은?

① 코 방향 1cm, 아래로 1cm
② 귀 방향 1cm, 아래로 0.5cm
③ 코 방향 1cm, 위로 0.5cm
④ 귀 방향 1cm, 위로 0.5cm
⑤ 코 방향 1cm, 아래로 0.5cm

67 근시 교정용 렌즈의 자기배율(안경배율)에 관한 설명 중 옳은 것은?

① 두꺼운 렌즈의 자기배율은 (형상계수)×(굴절력계수)로 구한다.
② 비정시안이 교정했을 때와 정시안의 망막상 크기의 비를 자기배율이라 한다.
③ 안경렌즈의 자기배율이 콘택트렌즈의 배율보다 크다.
④ 자기배율의 절댓값의 크기는 정점간거리(VD)가 길수록 커진다.
⑤ 자기배율의 절댓값의 크기는 두께가 얇을수록 커진다.

68 저시력용 보조기구인 망원안경 처방 시 고려할 핵심요소의 조합으로 옳은 것은?

① 배율, 시야, 무게
② 배율, 시야, 작업거리
③ 시야, 무게, 가격
④ 배율, 작업거리, 길이
⑤ 작업거리, 무게, 길이

69 빛이 공기 중에서 물속으로 진행할 때 경로 변화로 옳은 것은? (단, 물의 굴절률 4/3)

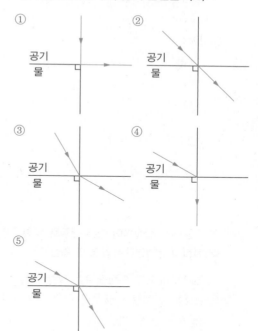

70 광선속의 버전스(Vergence)에 관한 설명으로 옳은 것은?

① 버전스의 크기는 고유의 값이라 매질의 굴절률 변화에 의존하지 않는다.
② 버전스는 매질에 의한 광선의 꺾임각의 크기를 표현한 값이다.
③ 발산 버전스를 표현할 때는 "+ 부호" 값을 사용한다.
④ 버전스의 단위는 디옵터(D)이다.
⑤ 버전스를 구하는 공식은 Vergence(D) = 거리(m)/굴절률(n)이다.

71 평면거울에 의한 반사상이 40cm만큼 이동되었을 때 평면거울의 이동량은 몇 cm인가?

① 40cm

② 30cm

③ 20cm

④ 10cm

⑤ 0cm

72 공기 중에서 굴절률이 다른 매질로 빛이 진행할 때 매질의 경계면에서의 빛의 속성은?

① 입사각이 클수록 반사각은 작아진다.

② 매질의 굴절률이 클수록 매질 속에서의 빛의 속도는 빠르다.

③ 입사각이 클수록 굴절각은 작아진다.

④ 매질의 굴절률이 클수록 매질 속에서의 빛의 파장은 길다.

⑤ 입사각과 굴절각은 같다.

73 빛의 전반사에 관한 설명으로 옳은 것은?

① 전반사가 일어나는 조건에서 반사광선은 180°만큼의 위상변화가 발생한다.

② 빛이 소한 매질에서 밀한 매질로 진행할 때에 일어난다.

③ 반사광선과 굴절광선이 90°를 이룰 때의 입사각의 크기를 의미한다.

④ 굴절각이 90°가 될 때의 입사각의 크기를 의미한다.

⑤ 입사각의 크기가 임계각보다 큰 경우에만 발생한다.

74 아베수(v_d)에 대한 식으로 옳은 것은? (단, n_c, n_d, n_f는 각각 C선, d선, F선에 대한 굴절률이다)

① $v_d = \dfrac{n_d - 1}{n_f - n_c}$

② $v_d = \dfrac{n_f - n_c}{n_d - 1}$

③ $v_d = \dfrac{n_d - n_c}{n_f}$

④ $v_d = \dfrac{n_d + 1}{n_f - n_c}$

⑤ $v_d = \dfrac{n_d}{n_f - n_c}$

75 정각이 6°이고, 굴절률이 1.6인 얇은 프리즘의 최소꺾임각은 몇 프리즘디옵터(△)인가?

① 1.0△

② 1.6△

③ 2.6△

④ 3.0△

⑤ 3.6△

76 다음 그림의 오목구면거울에서 '확대된 정립허상'이 결상될 수 있는 물체의 위치로 옳은 것은?

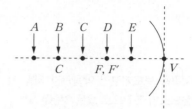

① A

② B

③ C

④ D

⑤ E

77 굴절력이 +10D인 렌즈와 +30D인 2매 렌즈가 공축으로 d만큼 떨어져 있을 때, 합성렌즈계의 상측주점 굴절력이 +10D이다. 이때 렌즈 사이의 거리(d)는 몇 cm인가?

① 0cm

② 10cm

③ 20cm

④ 30cm

⑤ 40cm

78 우측으로 볼록한 원시용 안경렌즈의 물측주점 (H)의 대략적인 위치는?

① 물측정점(V) 앞(=왼쪽)

② 물측정점(V)과 동일한 위치

③ 상측정점(V')과 동일한 위치

④ 상측정점(V') 뒤(=오른쪽)

⑤ 렌즈 내부에 위치

79 상측이 텔리센트릭(Telecentric)인 광학계에 해당하는 것은?

① 입사동이 전방 무한원에 있는 광학계

② 입사동이 후방 무한원에 있는 광학계

③ 출사동이 전방 무한원에 있는 광학계

④ 구경조리개(입사동)가 물측초점(F)에 위치하는 광학계

⑤ 구경조리개(입사동)가 상측초점(F')에 위치하는 광학계

80 물체가 광학계를 통과할 때 중심부와 주변부의 배율이 달라서 상의 주변부가 휘어지는 현상을 (ⓐ)수차라 부른다. 그중에서 특히 (+)구면렌즈에 의해 발생하는 현상을 (ⓑ)라 한다. 이때 ( ) 안에 들어갈 말의 조합으로 옳은 것은?

	ⓐ	ⓑ
①	왜곡수차	술통형 왜곡
②	왜곡수차	실패형 왜곡
③	구면수차	실패형 왜곡
④	구면수차	술통형 왜곡
⑤	비점수차	술통형 왜곡

81 빛이 공기 중에서 물로 임의로 각도로 진행할 때 다음 요소들 중에서 변하지 않는 것은?

① 진행 방향

② 전파 속도

③ 파장

④ 진동수

⑤ 굴절각

82 파동함수가 $y = 10\sin(4x - 8t)$인 조화파에서 각진동수는?

① 10

② 4

③ 8

④ 40

⑤ 80

83 아래 그림과 같이 빛이 공기 중에서 굴절률이 서로 다른 3개의 얇은 막을 지난다고 할 때 반사파(반사광선)의 위상이 180° 변하는 곳의 조합으로 옳은 것은?

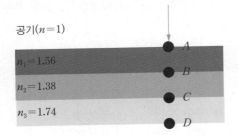

공기($n=1$)

$n_1=1.56$ A

  B

$n_2=1.38$ C

$n_3=1.74$ D

① A & B
② A & C
③ B & C
④ B & D
⑤ C & D

84 매질을 진행하던 평면파가 작은 틈새를 통과한 후 구면파가 되었다. 이러한 현상을 가장 잘 설명해주는 것은?

① 도플러 효과
② 호이겐스의 법칙
③ 브루스터 법칙
④ 레일리 법칙
⑤ 빛의 간섭 효과

85 파동이 진행해 나갈 때 파동의 크기 또는 그보다 작은 장애물을 만나면 파동은 그 장애물을 중심으로 하여 사방으로 퍼져 나가는 현상을 무엇이라 하는가?

① 분해능
② 굴절
③ 회절
④ 간섭
⑤ 산란

2교시 | 1과목 의료관계법규

01 「의료법」상 의료법의 목적에 관한 다음 내용 중 ( ) 안에 들어갈 말로 올바른 것은?

> 이 법은 모든 국민이 수준 높은 의료혜택을 받을 수 있도록 국민의료에 필요한 사항을 규정함으로써 국민의 ( )함을 목적으로 한다.

① 의료를 향상
② 생활을 보호
③ 건강을 보호, 증진
④ 양호지도
⑤ 의료향상에 이바지

02 「의료법」상 의료인에 해당하지 않는 자는?

① 의사
② 한의사
③ 간호사
④ 조산사
⑤ 방사선사

03 「의료법」상 의료인의 임무에 대한 설명 중 옳지 않은 것은?

① 의사는 의료와 신생아에 대한 양호지도를 임무로 한다.
② 한의사는 한방 의료와 한방 보건지도를 임무로 한다.
③ 치과의사는 치과 의료와 구강 보건지도를 임무로 한다.
④ 조산사는 조산과 임산부 및 신생아에 대한 보건과 양호지도를 임무로 한다.
⑤ 간호사는 의사, 치과의사, 한의사의 지도하에 시행하는 진료의 보조를 임무로 한다.

04 「의료법」상 보건복지부령으로 정하는 의료행위의 범위에 해당하지 않는 것은?

① 간호학을 전공하는 학생이 지도교수의 지도·감독을 받는 전공관련 실습

② 외국의 의료인 면허를 가진 자로서 국제의료봉사단의 의료봉사업무

③ 의학을 전공하는 학생이 의료인의 지도·감독을 받아 국민에 대한 의료봉사활동을 위한 의료행위

④ 외국에서 의학을 전공하는 학생이 교환학생 신분으로 국내에서 행하는 의료봉사활동

⑤ 의료인으로서 의학전문대학원의 연구 및 시범사업을 위한 의료행위

05 「의료법」상 일회용 주사용품을 재사용하여 환자의 신체에 중대한 위해를 발생하게 하여 면허가 취소된 경우 재교부 기간으로 옳은 것은?

① 면허 취소 후 1년 후에 재교부받을 수 있다.

② 면허 취소 후 2년 후에 재교부받을 수 있다.

③ 면허 취소 후 3년 후에 재교부받을 수 있다.

④ 면허 취소 후 5년 후에 재교부받을 수 있다.

⑤ 위의 사유로 취소되면 재교부받을 수 없다.

06 「의료법」상 의료기관에서 발생되는 세탁물을 처리할 수 있는 자는?

① 간호조무사

② 물리치료사

③ 안경사

④ 치과위생사

⑤ 의료기관에 신고한 자

07 「의료법」상 의료기관 개설자가 진단으로 장기간 휴업을 하여 환자 진료에 막대한 지장을 초래하여 시·도지사가 업무개시 명령을 내렸는데 이를 거부하였을 때의 벌칙은?

① 5년 이하의 징역 또는 5천만 원 이하의 벌금

② 3년 이하의 징역 또는 3천만 원 이하의 벌금

③ 2년 이하의 징역 또는 2천만 원 이하의 벌금

④ 1년 이하의 징역 또는 1천만 원 이하의 벌금

⑤ 500만 원 이하의 벌금

08 「의료법」상 임신 26주에 태아 성 감별을 위한 의료행위를 하였다. 이에 대한 벌칙은?

① 500만 원 이하의 벌금

② 2년 이하의 징역 또는 2천만 원 이하의 벌금

③ 5년 이하의 징역 또는 5천만 원 이하의 벌금

④ 7년 이하의 징역 또는 1천만 원 이상 7천만 원 이하의 벌금

⑤ 3년 이상 10년 이하의 징역

09 「의료기사 등에 관한 법률」상 이 법의 목적에 대한 설명 중 옳은 것은?

① 국민의 건강을 보호하고 증진함

② 국민의료에 필요한 사항을 규정함

③ 수준 높은 의료행위를 받도록 함

④ 국민의 보건 및 의료향상에 이바지함

⑤ 국민의 보건 및 양호지도 함

10 「의료기사 등에 관한 법률」상 의료기사에 해당하는 자는?

① 안경사

② 치과위생사

③ 간호사

④ 조산사

⑤ 보건의료정보관리사

11 「의료기사 등에 관한 법률」상 의료기사 등의 업무 범위와 한계에 대한 설명 중 옳은 것은?

① 물리치료사 : 신체적 · 정신적 기능장애를 회복시키기 위한 작업요법적 치료
② 작업치료사 : 신체의 교정 및 재활을 위한 물리요법적 치료
③ 안경사 : 시력교정용 콘택트렌즈의 조제 및 판매
④ 치과기공사 : 치아 및 구강질환의 예방과 위생 관리 등
⑤ 임상병리사 : 각종 화학적 또는 생리학적 검사

12 「의료기사 등에 관한 법률」상 실태와 취업상황은 몇 년마다 누구에게 신고해야 하는가?

① 1년마다, 시장 · 군수 · 구청장
② 2년마다, 중앙회장
③ 3년마다, 보건복지부장관
④ 3년마다, 시 · 도지사
⑤ 5년마다, 보건복지부장관

13 「의료기사 등에 관한 법률」상 의료기사 등의 결격사유에 해당하는 경우는?

① 피한정후견인 선고를 받은 자
② 코로나 등의 감염병 환자
③ 시각 장애인
④ 정신질환자(단, 정신과 전문의의 의료기사 업무 적합성 인정을 받은 자)
⑤ 의료법 위반으로 금고 이상의 실형을 선고받고 집행이 종료된 자

14 「의료기사 등에 관한 법률」상 의료기사 등의 국가시험 응시자격의 제한에 대한 설명 중 옳은 것은?

① 마약류 중독자는 국가시험에 응시할 수 있다.
② 정신질환자는 국가시험에 응시할 수 있다.
③ 국민건강보험법을 위반하여 금고 이상의 실형을 선고받고 면제된 자는 이후 3년간 국가시험에 응시할 수 없다.
④ 대리시험을 치르거나 치르게 하는 행위가 발각되면 1회에 한해 응시자격을 제한한다.
⑤ 답안지를 다른 응시한 사람과 교환하는 행위를 하다가 발각되면 합격이 무효화되며, 이후 2회에 한해 응시자격을 제한한다.

15 「의료기사 등에 관한 법률」상 안경업소를 개설하려고 하는 자는 누구에게 등록을 하여야 하는가?

① 특별자치시장 · 특별자치도지사 · 시장 · 군수 · 구청장에게 개설등록을 한다.
② 특별자치시장 · 특별자치도지사 · 시장 · 군수 · 구청장에게 허가를 받는다.
③ 시 · 도지사에게 개설등록을 한다.
④ 보건복지부장관에게 개설등록을 한다.
⑤ 보건복지부장관에게 개설신고를 한다.

16 「의료기사 등에 관한 법률」상 의료기사의 품위손상 행위에 해당하는 것은?

① 물리치료사가 신체의 재활을 위한 물리요법적 치료를 한 행위
② 안경사가 6세 이하의 아동의 자각적 굴절검사를 실시한 행위
③ 치과의사의 지도에 따라 치과위생사의 업무를 한 행위
④ 학문적으로 인정된 검사법에 의한 안경사의 자각적 굴절검사 행위
⑤ 검사 결과를 사실적으로 기록한 행위

17 「의료기사 등에 관한 법률」상 청문 사유에 해당하는 것은?

① 면허 정지 처분
② 품위손상행위 위반
③ 면허 취소 처분
④ 보수교육 면제 신청
⑤ 시정명령 위반에 따른 처분

18 「의료기사 등에 관한 법률」상 보건복지부장관의 권한을 위임받을 수 없는 사람은?

① 소속 기관의 장
② 시 · 도지사
③ 시장 · 군수 · 구청장
④ 보건소장
⑤ 안경사 협회장

19 「의료기사 등에 관한 법률」상 2개 이상의 안경업소를 개설한 자에 대한 벌칙은?

① 3년 이하 또는 3천만 원 이하의 벌금
② 1년 이하 또는 1천만 원 이하의 벌금
③ 500만 원 이하의 과태료
④ 500만 원 이하의 벌금
⑤ 100만 원 이하의 벌금

20 「의료기사 등에 관한 법률」상 영리를 목적으로 안경업소에 외국의 단체 관광객을 알선 · 또는 소개한 자와 그 안경업소에 대한 벌칙에 해당하는 것은?

① 100만 원 이하의 벌금
② 500만 원 이하의 벌금
③ 500만 원 이하의 과태료
④ 1년 이하 또는 1천만 원 이하의 벌금
⑤ 3년 이하 또는 3천만 원 이하의 벌금

21 다음 중 안경사 윤리강령으로 옳은 것은?

① 안경사는 국가면허를 소지한 전문인으로서 국민안보건 향상에 이바지하여야 한다.
② 안경사는 안경광학에 관한 새로운 지식습득만을 추구하여야 한다.
③ 안경사는 국민에게 신뢰감을 주기 위해서는 유통질서를 파괴하여도 된다.
④ 안경사는 국제교류 증진과 안경산업의 세계화 진전에는 참여하지 않는다.
⑤ 안경사는 의료기사로서 항상 품위를 유지하여 타의 모범이 되어야 한다.

22 근시(Myopia)에 관한 설명 중 옳은 것은?

① 정적굴절상태에서 원점의 위치는 눈앞 무한대이다.
② 정적굴절상태에서 상측초점의 위치는 망막(중심와)이다.
③ 가성근시는 노안처럼 조절력이 부족해지면 나타나는 현상이다.
④ 원시에 비해 근업을 할 때 요구되는 조절량이 적은 편이다.
⑤ 근시안은 일반적으로 과교정 처방을 한다.

23 S-2.00D ○ C+1.00D, Ax 90° 렌즈로 교정되는 눈에서 망막에 더 가까운 초선의 방향은?

① 30°
② 60°
③ 90°
④ 120°
⑤ 180°

24 다음 양안의 굴절력 조합 중에서 "굴절부등시"에 해당하는 것은?

① OD : S−4.00D ⊃ OS : S−2.50D
② OD : S+2.00D ⊃ OS : S+3.00D
③ OD : S−0.50D ⊃ OS : S+0.50D
④ OD : S−1.00D ⊃ OS : S 0.00D
⑤ OD : S−2.00D ⊃ OS : S+2.00D

25 피검사자의 나안시력이 1.0 이상일 경우 (+)구면렌즈를 추가하여 구분해야 하는 것은?

① 원시와 난시
② 정시와 근시
③ 원시와 근시
④ 원시와 정시
⑤ 원시와 노안

26 나안시력이 0.5 이상 나오지 않아, 그 원인이 안질환에 의한 것인지 단순 굴절이상 미교정에 의한 것인지를 구분하고자 할 때, 사용해 볼 수 있는 검사 방법은?

① 적록이색 검사
② 핀홀 검사
③ 조절마비 굴절검사
④ 운무법 굴절검사
⑤ 우세안 검사

27 아래 시표의 검사 목적으로 옳은 것은?

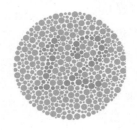

① 색각 검사
② 우세안 검사
③ 조절력 검사
④ 폭주근점 검사
⑤ 난시유무 검사

28 최대폭주력을 측정할 수 있는 폭주근점검사(NPC)의 분리점에 대한 정상 기댓값은 몇 cm인가?

① 코 끝에 닿음
② 3~5cm
③ 5~8cm
④ 10~15cm
⑤ 15cm 이상

29 검사거리 40cm에서 정적검영법을 실시할 때, 사용 가능한 검사거리 보정렌즈로 옳은 것은?

① −2.50D
② −1.50D
③ 0.00D
④ +1.50D
⑤ +2.50D

30 수렴광선을 이용하여 40cm 거리에서 검영법을 실시하였다. 반사광의 움직임이 동행으로 보였을 때, 피검사자의 예상할 수 있는 굴절이상으로 옳은 것은?

① S-3.50D 근시
② S-2.50D 근시
③ S-1.50D 근시
④ S 0.00D 정시
⑤ S+0.50D 원시

31 정적굴절상태에서 전초선이 중심오목에 위치하는 난시안은?

① 양주경선 균형상태의 혼합난시
② 근시성 단성난시
③ 원시성 단성난시
④ 원시성 복성난시
⑤ 근시성 복성난시

32 각막곡률계 측정 결과가 H : 43.50D, @ 180°, V : 44.25D, @ 90°일 때 해석으로 옳은 것은?

① 수평(180°)경선의 각막 굴절력은 44.25D이다.
② 수직(90°)경선의 각막 굴절력은 43.50D이다.
③ 각막난시는 C-0.75D, Ax 90°이다.
④ 각막난시는 C-0.75D, Ax 180°이다.
⑤ 각막 약주경선은 수직방향이다.

33 다음 중 시력(Visual Acuity)을 가장 정확하게 설명한 것은?

① 정적굴절상태에서 망막(중심와)에 초점을 형성하게 하는 눈의 능력
② 조절력이 충분하여 근업에 어려움이 없는 눈의 능력
③ 물체의 형태와 크기를 구분하는 눈의 능력
④ 물체의 속도와 거리를 판단하는 눈의 능력
⑤ 물체의 존재 및 형태를 인식하는 눈의 능력

34 자각적 굴절검사를 위해 피검사자를 다음과 같이 운무했을 때, 검사 시작 굴절력은?

- 자동안굴절력계 측정값 : S-2.00D
- 정적검영법 검사값 : S-2.00D
- 운무렌즈 굴절력 : S+3.00D

① S-2.00D
② S-1.00D
③ S 0.00D
④ S+1.00D
⑤ S+3.00D

35 피검사자에게 방사선 시표를 통한 난시검사를 할 때 주의해야 할 점은?

① 집중력 향상을 위해 시표를 어둡게 조정한다.
② 눈 깜빡임을 멈추고 주시하게 하여 최종적으로 가장 선명한 선을 응답하게 한다.
③ 편한 자세를 위해 고개의 기울임은 신경쓰지 않는다.
④ 전체적인 선명도가 비슷하더라도 그중에서 가장 선명한 선 하나를 반드시 찾는다.
⑤ 조절개입을 막기 위해 눈을 감았다가 뜨는 순간 보이는 선명도로 판정한다.

36 근시성 단성 도난시인 피검사자에게 나안상태에서 방사선 시표를 보여주었을 때 가장 선명하게 보이는 선의 방향은?

① 1-7시
② 2-8시
③ 3-9시
④ 5-11시
⑤ 6-12시

37 구면굴절력 정밀검사를 위해 적록이색검사를 실시하였다. 적색바탕의 숫자보다 녹색바탕의 숫자가 더 선명하다고 응답할 경우 취해야 할 다음 조작은? (단, 근시안이다)

① 우세안을 검사한다.
② (-)원주렌즈 굴절력을 추가한다.
③ (-)원주렌즈 굴절력을 감소한다.
④ (-)구면렌즈 굴절력을 추가한다.
⑤ (-)구면렌즈 굴절력을 감소한다.

38 크로스실린더를 활용한 난시정밀검사를 하려고 한다. 이때 사용할 시표로 옳은 것은?

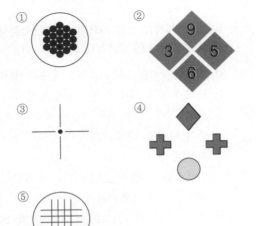

39 프리즘 분리법에 의한 양안조절균형검사를 실시하려고 한다. 좌우안에 장입해야 할 프리즘의 조합으로 옳은 것은?

① OD 3△ B.D ⊃ OS 3△ B.D
② OD 3△ B.D ⊃ OS 3△ B.U
③ OD 3△ B.I ⊃ OS 3△ B.O
④ OD 3△ B.O ⊃ OS 3△ B.O
⑤ OD 3△ B.D ⊃ OS 3△ B.I

40 Push-up 법을 이용한 조절력을 검사를 한 결과, 눈앞 8cm까지 주시시표가 다가왔을 때 '지속적으로 흐려 보인다'라고 응답을 하였다. 이 피검사자의 최대조절력은 몇 D인가?

① 8.00D
② 10.00D
③ 12.50D
④ 15.00D
⑤ 20.00D

41 Nott법에 의한 동적검영법을 실시하여 검사한 결과가 아래와 같다. 조절래그량은?

> • 주시시표까지의 거리 : 눈앞 33cm
> • 중화가 관찰된 검영기까지의 거리 : 눈앞 40cm

① +3.00D
② +2.50D
③ +1.50D
④ +0.50D
⑤ -0.50D

42 가입도(Add)에 대한 설명 중 옳은 것은?

① 근거리를 선명하게 보기 위해 원주굴절력에
추가해주는 굴절력
② 근거리를 선명하게 보기 위해 구면굴절력에
추가해주는 굴절력
③ 난시굴절력 절반만큼을 구면굴절력에 추가
해주는 굴절력
④ 구면굴절력과 원주굴절력 합에 해당하는 굴
절력
⑤ 근거리를 선명하게 보기 위해 필요한 값 중
에서 최댓값으로 추가해주는 굴절력

43 굴절검사 후 조제 및 가공을 위한 안경처방전에
필수로 기록해야 하는 사항은?

① 필요렌즈 최소직경($\varnothing$)
② 안경테 재질
③ 피팅 요소
④ 용도 및 기준 PD
⑤ 렌즈 굴절률

44 OU : 2△ B.I을 단안으로 나누어서 표기하고,
기저 방향은 T.A.B.O. 각으로 표기하였다. 표기
중 옳은 것은?

① OD 2△, Base 0° ⊃ OS 2△, Base 0°
② OD 2△, Base 180° ⊃ OS 2△, Base 0°
③ OD 2△, Base 0° ⊃ OS 2△, Base 180°
④ OD 1△, Base 0° ⊃ OS 1△, Base 180°
⑤ OD 1△, Base 180° ⊃ OS 1△, Base 0°

45 안경처방전에 사용되는 영문약호와 뜻의 연결
이 옳은 것은?

① S 또는 Sph : 원주렌즈 굴절력
② C 또는 Cyl : 구면렌즈 굴절력
③ Oh : 동공간거리
④ Base : 원주렌즈 축 방향
⑤ VD : 정점간거리

46 다음 처방에 따라 안경렌즈를 주문하려고 한다.
필요 렌즈의 최소 직경은?

⟨이름 : 복쌤 / 나이 : 8세⟩

구분	Sph	Cyl	Axis	PD
OD	S+4.00	C+1.00	100	24
OS	S+4.00	C+1.00	90	24

• 선택한 안경테 표기 : 40 □ 14 125
• 렌즈삽입부 최장길이 : 42mm
• 작업 여유분 : 2mm

① 42mm
② 46mm
③ 50mm
④ 54mm
⑤ 58mm

47 좌우안의 안구회전점 간 수평거리에 해당하는
것은?

① 기준 PD
② 조가 PD
③ 기준 Oh
④ 조가 Oh
⑤ 주시거리 PD

48 안경원에서 신규로 구입한 안경테의 전반적인 균형 상태를 조정하는 피팅 단계는?

① 표준상태 피팅
② 기본 피팅
③ 미세부분 피팅
④ 응용 피팅
⑤ 사용 중 피팅

49 다음 그림과 같은 플라스틱 형판에 대한 설명 중 옳은 것은?

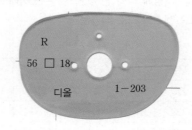

① 왼쪽 렌즈용 형판이다.
② 오른쪽 렌즈용 형판이다.
③ 이 테의 FPD는 56mm이다.
④ 1-203은 테의 메이커명이다.
⑤ 디올은 테의 색상 번호이다.

50 정식계측방법에 의한 기준점과 설계점에 대한 결과가 아래와 같을 때 좌우 안경테의 기준점에서 설계점까지의 이동량은?

> • R.PD : 35mm, L.PD : 33mm
> • 안경테 크기 : 52 □ 16 136

① OD 코 방향 1mm, OS 귀 방향 1mm
② OD 귀 방향 1mm, OS 코 방향 1mm
③ OD 코 방향 1mm, OS 코 방향 1mm
④ OD 귀 방향 1mm, OS 귀 방향 1mm
⑤ OD 귀 방향 2mm, OS 코 방향 2mm

51 다음 그림과 같은 피팅 플라이어의 용도는?

① 렌즈 회전용
② 무테 나사 절단
③ 플라스틱테 엔드피스 뒤틀림 수정
④ 코받침 피팅
⑤ 림 커브 피팅

52 안경테 왼쪽 다리벌림각이 큰 경우, 나타날 수 있는 피팅 효과는? (단, 오른쪽 다리벌림각은 정상이다)

① 왼쪽 귓바퀴 부분이 당겨진다.
② 왼쪽 코받침이 눌린다.
③ 왼쪽 렌즈 삽입부가 앞으로 돌출된다.
④ 오른쪽 다리경사각이 커진다.
⑤ 오른쪽 정점간거리가 짧아진다.

53 S-2.00D ⊂ C+1.00D, Ax 105°와 굴절력이 동일한 렌즈는?

① C-2.00D, Ax 105° ⊂ C-1.00 D, Ax 15°
② S+1.00D ⊂ C-1.00D, Ax 105°
③ S-3.00D ⊂ C-1.00D, Ax 15°
④ S-2.00D ⊂ C-1.00D, Ax 15°
⑤ S-1.00D ⊂ C-1.00D, Ax 15°

54 안경렌즈의 산각줄기에 대한 설명 중 옳은 것은?

① (−)렌즈는 일반적으로 (+)면과 평행하게 산각줄기를 세운다.

② (+)렌즈와 내면 토릭렌즈는 (−)면과 평행하게 산각줄기를 세운다.

③ 강도(−6.00D 이상)의 (−)렌즈는 수차 경감을 위한 산각줄기를 세운다.

④ 근용안경에서 B.I 처방일 경우, (+)렌즈는 (−)면과 평행하게 산각줄기를 세운다.

⑤ 근용안경에서 B.I 처방일 경우, (−)렌즈는 (−)면과 평행하게 산각줄기를 세운다.

55 자동기기병행 형식의 조제가공 가공에서 형판의 설계점과 렌즈의 광학중심점을 일치시킨 다음 옥습기 가공을 위한 고무석션을 부착할 수 있는 기기는?

① 취형기

② 옥습기

③ 렌즈미터

④ 축출기

⑤ 왜곡검사기

56 다음과 같은 처방으로 완성된 안경을 착용했을 때 양안시에 미치는 영향은?

> • 정위
> • 원용 OU : S−1.00D $\bigcirc$ C+1.00D, Ax 90°
> • PD : 65mm
> • 조제가공 PD : 61mm
> • 광학중심점 높이(Oh)는 정확하게 조제가공됨

① 수평프리즘 효과가 발생하지 않는다.

② 기저내방 프리즘 효과가 발생한다.

③ 기저외방 프리즘 효과가 발생한다.

④ 기저하방 프리즘 효과가 발생한다.

⑤ 기저상방 프리즘 효과가 발생한다.

57 눈의 설계점과 안경렌즈의 광학중심점이 일치되지 않았을 때 발생하는 프리즘굴절력을 구할 수 있는 공식으로 옳은 것은? (단, D는 굴절력, h는 동공에서 광학중심점까지의 거리(cm)이다)

① $\triangle = |D| \times h$

② $\triangle = \dfrac{10}{|D| \times h}$

③ $\triangle = \dfrac{|D| \times h}{10}$

④ $\triangle = \dfrac{|D| \times h}{10} + 10$

⑤ $\triangle = |D| \times h + 10$

58 S−5.00D의 원용교정안경을 기준 PD 64mm로 조제 가공할 경우 독일(RAL−815)규정에 따른 허용오차 범위 안에 있는 조제 가공 PD는? (큰 범위 1△, 작은 범위 0.5△이다)

① 60mm

② 61mm

③ 63mm

④ 66mm

⑤ 67mm

59 S+2.00D $\bigcirc$ C−1.00D, Ax 180° 렌즈로 교정되는 눈의 강주경선 방향은?

① 90°

② 180°

③ 45°

④ 30°

⑤ 60°

60 투영식과 망원경식 렌즈미터의 비교에 대한 설명 중 옳은 것은?

① 두 방식 모두 사용 전에 시도조절을 해야 한다.

② 투영식은 렌즈 굴절력과 축 방향을 모두 직접 찾아야 한다.

③ 투영식은 (+)면을, 망원경식은 (−)면이 오도록 렌즈를 받침대에 놓은 다음 측정한다.

④ 망원경식은 접안렌즈를 돌려 검사자의 조절 개입을 방지한 다음 측정을 시작한다.

⑤ 토릭렌즈의 굴절력과 축방향은 망원경식이 투영식보다 빠르고 쉽게 측정할 수 있다.

61 망원경식 렌즈미터로 토릭렌즈를 측정한 결과가 아래와 같다. 토릭렌즈의 굴절력은?

> • 수평(180°) 초선이 선명할 때 : −2.50D
> • 수직(90°) 초선이 선명할 때 : −0.50D

① S−2.50D ⊃ C−0.50D, Ax 180°

② S−2.50D ⊃ C+0.50D, Ax 180°

③ S−2.50D ⊃ C+2.00D, Ax 90°

④ S−0.50D ⊃ C−2.00D, Ax 90°

⑤ S−0.50D ⊃ C−2.50D, Ax 180°

62 다음 그림과 같은 렌즈에서 색상이 연해지는 하프라인의 위치는?

① 광학중심점 위 3mm

② 광학중심점 위 7mm

③ 광학중심점

④ 광학중심점 아래 5mm

⑤ 광학중심점 아래 10mm

63 턱을 살짝 들어올려 안경테의 경사각이 0°가 되었을 때의 광학중심점 높이(Oh)가 20mm이었다. 조제 가공을 위한 광학중심점 높이는?

① 16mm

② 18mm

③ 20mm

④ 22mm

⑤ 24mm

64 다음과 같은 처방으로 융착형 이중초점렌즈를 착용할 때 좌우안의 수직방향 부등사위를 보정하기 위한 슬래브업(Slab off) 가공을 할 렌즈의 방향과 프리즘양은?

> • OD : S−4.00D, OS : S−1.00D
> • Add : +2.00D
> • 근용부 시점은 원용 광학중심점 아래 10mm 이다.

① OD, 4△

② OS, 1△

③ OS, 3△

④ OD, 3△

⑤ OU, 2△

65 다음은 복식알바이트안경에 대한 처방이다. 앞 렌즈의 굴절력(D)은?

> • OU : S−3.00D
> • Add : +2.00D
> • 원용 PD 64mm, 근용 PD 60mm
> • 뒷렌즈 = 근용, 앞 + 뒷렌즈 = 원용

① S−3.00D

② S−2.00D

③ S−1.00D

④ S+1.00D

⑤ S+2.00D

66 누진굴절력렌즈에서 원용부의 두께 줄임을 위한 가공 방법은?

① 프리즘디닝 가공
② 슬래브업 가공
③ 렌티큘러 가공
④ 나이프에징 가공
⑤ 사이즈렌즈 가공

67 누진굴절력안경의 착용을 위한 거울검사를 하려고 할 때, 동공중심이 일치되어야 하는 기준점의 위치로 옳은 것은?

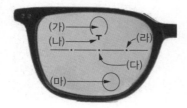

① (가)
② (나)
③ (다)
④ (라)
⑤ (마)

68 양안시의 최고 단계로 물체의 원근감, 부피감, 심시력 등이 포함되는 것은?

① 단일시
② 선명시
③ 동시시
④ 입체시
⑤ 복시

69 양안시 과정 중에서 단일시(융합)가 되지 않을 때 나타나는 시각적 현상은?

① 동시시
② 복시
③ 입체시
④ 억제
⑤ 단일선명시

70 근거리(40cm) 시표를 주시하게 한 다음 피검사자의 눈앞에 (−)구면렌즈를 단계적으로 추가하여 지속 흐림이 나타났을 때까지의 추가된 (−)구면렌즈 굴절력과 근거리 시표를 주시하기 위한 조절력을 더하는 최대조절력 검사법은?

① Push−up 법
② Push−away 법
③ (−)렌즈 추가법
④ 상대조절력법
⑤ NPC 법

71 다음은 상대조절력 검사의 결과이다. 이 결과에 대한 예측으로 옳은 것은?

- 양성상대조절력(PRA) : S−2.00D
- 음성상대조절력(NRA) : S+1.00D

① 기본형 내사위
② 조절 부족
③ 폭주 과다
④ 음성융합성폭주 부족
⑤ 양성융합성폭주 부족

72 폭주근점(NPC) 검사에 대한 설명 중 옳은 것은?

① 단안과 양안을 각각 검사한다.
② 시표는 조절자극을 일으킬 수 있는 문자 또
   는 숫자 시표로 한다.
③ 타각적 종료점은 주시 시표가 두 개(복시)로
   보이는 순간이 된다.
④ 두 개로 보이는 지점이 눈앞 15cm보다 멀
   경우 정상으로 판정한다.
⑤ 타각적 종료점은 물체를 주시하는 두 눈 중
   에서 한 눈의 안구 움직임이 멈추거나 바깥
   돌림이 나타나는 순간이 된다.

73 포롭터를 이용한 융합력을 측정하였다. 피검사
자가 흐린 점을 자각했을 때의 결과가 다음 그
림과 같을 때 검사한 융합력과 양은?

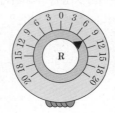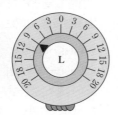

① 폭주여력, 9△
② 개산여력, 9△
③ 폭주여력, 18△
④ 개산여력, 18△
⑤ 수직여력, 18△

74 마독스렌즈(Maddox Lens)를 이용한 수평사위
검사를 하려고 할 때, 피검사자의 눈앞에 세팅
되어야 하는 양안의 포롭터 보조렌즈의 조합으
로 옳은 것은?

① R _ O(개방), L _ RMV(적색수직마독스)
② R _ RMH(적색수평마독스), L _ O(개방)
③ R _ RMH(적색수평마독스), L _ OC(가림)
④ R _ 6△U, L _ 12△I
⑤ R _ RMH(적색수평마독스), L _ RMV(적색
   수직마독스)

75 편광십자시표에 의한 사위검사의 결과가 다음
과 같을 때 사위의 종류는? (단, OD는 ─ 선,
OS는 ｜선을 본다)

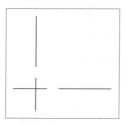

① 내사위 ⊃ 우안 상사위
② 내사위 ⊃ 우안 하사위
③ 외사위 ⊃ 좌안 상사위
④ 외사위 ⊃ 좌안 하사위
⑤ 내사위 ⊃ 수직은 정위

76 다음 설명에 해당하는 감각기능 검사법은?

· 억제유무 검사법
· 보조렌즈로 RF & GF 사용
· 4개 도형으로 구성
· 보조검사로 우세안 또는 사위 유무 확인
  가능

① 4△B.O 검사
② 우세안 검사
③ 폰 그라페 검사
④ 사위검사
⑤ 워쓰 4점 검사

77 양안시 검사 결과가 다음과 같을 때 예상해볼 수 있는 양안시 이상으로 옳은 것은?

- 근거리 사위 : 8△ B.O
- 근거리 양성융합력(B.O) : 16/21/18
- 근거리 음성융합력(B.I) : 6/10/7
- NPC : 5cm

① 폭주부족
② 폭주과다
③ 개산과다
④ 개산부족
⑤ 조절과다

78 양안시 검사 결과가 다음과 같을 때 퍼시발(Percival) 기준에 의한 프리즘 처방량은?

- 근거리 사위 : 6△ B.O
- 근거리 양성융합력(B.O) : 18/23/20
- 근거리 음성융합력(B.I) : 6/9/7

① 교정할 필요 없음
② 2△ B.I
③ 2△ B.O
④ 6△ B.O
⑤ 6△ B.I

79 PD가 70mm이고 정시, 정위인 사람이 정면 50cm 위치의 물체를 양안으로 주시할 때의 폭주량은? (단, 주시거리는 각막정점을 기준으로 한다)

① 5△
② 7△
③ 10△
④ 14△
⑤ 18△

80 조절력이 정상 범위이고, High AC/A 비인 폭주과다 피검사자에게 가장 효과적인 처방은?

① 원용안경 완전교정
② 프리즘 처방
③ 안과적 수술
④ 구면 가입도 처방
⑤ 시기능 훈련

81 눈물의 가장 안쪽 층으로 각막상피 표면의 소수성을 친수성으로 변화시키며, 결막의 술잔세포에 의해 형성되는 눈물층은?

① 상피층
② 지방층
③ 수성층
④ 점액층
⑤ 아데노이드층

82 다음 설명에 해당하는 눈 조직은?

- 위, 아래로 구분되어 있다.
- 눈을 감거나 뜰 때 사용한다.
- 가장 얇은 피부층으로, 쉽게 붓거나 찢어진다.
- 외부 충격으로부터 안구를 보호한다.

① 눈물
② 공막
③ 각막
④ 결막
⑤ 눈꺼풀

83 콘택트렌즈의 분류와 세부적인 종류의 연결로 옳은 것은?

① 하드 콘택트렌즈 : PMMA
② 소프트 콘택트렌즈 : CAB, 하이드로젤렌즈
③ RGP 콘택트렌즈 : FSA, 실리콘 하이드로 젤렌즈
④ 소프트 콘택트렌즈 : 연속착용렌즈, FSA
⑤ 역기하 콘택트렌즈 : PMMA, Orthokeratology Lens

84 렌즈에 의해 흡수된 수분의 양을 뜻하는 함수율(Water Content)을 구하는 공식으로 옳은 것은?

① 함수율(%)
$$= \frac{\text{탈수 상태의 렌즈 무게}}{\text{최대로 물을 흡수한 렌즈 무게}} \times 100\%$$

② 함수율(%)
$$= \frac{\text{최대로 물을 흡수한 렌즈 무게}}{\text{탈수 상태의 렌즈 무게}} \times 100\%$$

③ 함수율(%)
$$= \frac{\text{최대로 물을 흡수한 렌즈 무게} - \text{탈수 상태의 렌즈 무게}}{\text{최대로 물을 흡수한 렌즈 무게}} \times 100\%$$

④ 함수율(%)
$$= \frac{\text{최대로 물을 흡수한 렌즈 무게}}{\text{최대로 물을 흡수한 렌즈 무게} - \text{탈수 상태의 렌즈 무게}} \times 100\%$$

⑤ 함수율(%)
$$= \frac{\text{최대로 물을 흡수한 렌즈 직경} - \text{탈수 상태의 렌즈 직경}}{\text{최대로 물을 흡수한 렌즈 직경}} \times 100\%$$

85 미국 FDA의 콘택트렌즈 재질의 특성에 따른 4그룹 분류에서 그룹을 분류하는 기준에 해당하는 것은?

① 이온성 & 비이온성 - 산소침투성(DK)
② 이온성 & 비이온성 - 함수율
③ 함수율 - 습윤성
④ DK - DK/t
⑤ 소프트 & 하드 - 구면 & 토릭

86 곡률반경이 동일한 구면 하드 콘택트렌즈의 전체직경을 작게 할 때 나타나는 효과는?

① 플랫(Flat)한 피팅 상태
② 스팁(Steep)한 피팅 상태
③ 렌즈 움직임 감소
④ 교정시력이 일시적으로 좋아진다.
⑤ 각막 중심부 압박 감소

87 습윤성(Wettability)에 대한 설명 중 옳은 것은?

① 렌즈의 부드러운 정도를 뜻한다.
② 습윤성이 낮을수록 착용감이 좋다.
③ 각막에 녹아있는 산소량의 비율을 뜻한다.
④ 액체 표면과 고체 표면이 이루는 각을 접촉각이라 하고, 습윤성을 나타내는 값이다.
⑤ 접촉각과 습윤성은 비례이며, 접촉각이 낮을수록 소수성에 가깝다.

88 근시안이 안경에서 콘택트렌즈로 바꿔 교정하게 될 경우 나타날 수 있는 변화로 옳은 것은?

① 교정 굴절력 값이 증가한다.
② 조절요구량이 감소한다.
③ 폭주요구량이 증가한다.
④ 선명시야 범위가 좁아진다.
⑤ 교정에 따른 상의 크기 변화량이 증가한다.

89 다음 설명에 해당하는 콘택트렌즈 재질은?

> • 최초의 RGP 재질
> • 실리콘이 포함되지 않은 재질
> • 습윤성 낮음

① FFP(Flexible Fluoropolymer)
② FSA(Fluoro Silicone Acrylate)
③ Silicone
④ PMMA(Polymethyl Methaacrylate)
⑤ CAB(Cellulose Acetate Butyrate)

90 RGP 콘택트렌즈가 굴곡이 나타나는 원인으로 옳은 것은?

① 재질의 강도(Modulus)가 큰 경우
② 중심두께가 얇은 렌즈인 경우
③ 각막난시가 없는 구형각막인 경우
④ 광학부 직경이 작은 경우
⑤ 렌즈의 BCR가 각막보다 Flat한 경우

91 RGP 처방을 위한 검사의 결과가 다음과 같다. 덧댐굴절검사값은?

> • 안경교정굴절력 OU : S-2.50D
> • 각막곡률 측정값
>   : 43.50D, 7.75mm @ 180°
>   : 43.50D, 7.75mm @ 90°
> • 시험렌즈 : S-3.00D, 7.70mm

① +0.25D
② -0.25D
③ -2.50D
④ -2.75D
⑤ -3.25D

92 각막곡률계(Keratometer)로 측정한 각막의 수평경선(180°) 굴절력이 42.50D, 수직경선(90°) 굴절력이 43.25D일 때, 이 피검사자의 각막난시량은?

① C-0.25D, Ax 90°
② C-0.25D, Ax 180°
③ C-0.75D, Ax 90°
④ C-0.75D, Ax 180°
⑤ 각막난시 없음

93 RGP 처방을 위한 피팅 결과가 다음과 같다. 피팅 상태 평가를 위해 처음 장입한 시험렌즈의 베이스커브(BCR)는 몇 mm인가?

> • Flat K : 8.15mm
> • 눈물렌즈 : -0.75D
> • 피팅 평가 : 움직임이 많음
> • 플루레신 평가 : 주변부에 눈물 고임

① 8.00mm
② 8.05mm
③ 8.20mm
④ 8.25mm
⑤ 8.30mm

94 HEMA 재질의 소프트 콘택트렌즈의 탈수에 의한 결과로 옳은 것은?

① DK 증가
② 렌즈 침전물 감소
③ 착용감 저하
④ 안정적인 눈물막 형성
⑤ 렌즈 전체 직경 증가

95 HEMA 재질의 소프트 콘택트렌즈를 장시간 착용하여 건성안 증상을 호소하고, 각막난시가 없으며 착용주기가 불규칙적인 피검사자에게 권장해줄 수 있는 콘택트렌즈 재질은?

① 하이드로겔렌즈
② 실리콘 하이드로겔렌즈
③ FSA RGP렌즈
④ CAB RGP렌즈
⑤ PMMA 렌즈

96 RGP 콘택트렌즈의 정상적인 적응 증상으로 옳은 것은?

① 지속적인 달무리
② 교정시력 변화
③ 착용 초기 눈물 흘림
④ 렌즈 제거 후 지속적인 안경흐림(Spectacle Blur) 발생
⑤ 심한 충혈 및 착용감 저하

97 다음과 같은 특징을 가지는 콘택트렌즈의 재질로 옳은 것은?

- 산소침투성(DK)이 높은 재질
- 단백질 침전물이 주로 발생
- 착용감이 좋음

① 고함수 이온성 하이드로겔 렌즈
② 고함수 비이온성 하이드로겔 렌즈
③ 저함수 이온성 하이드로겔 렌즈
④ 실리콘 하이드로겔 렌즈
⑤ FSA RGP 렌즈

98 다음 설명에 해당하는 콘택트렌즈 제조법은?

- 대량 생산이 가능하다.
- 일회용 렌즈 생산에 사용된다.
- 제조 단가가 비교적 저렴하다.
- 회전 속도 증가 = 근시 굴절력 증가

① 회전 주조법
② 주형 주조법
③ 선반 절삭법
④ 플라즈마법
⑤ 사출 성형법

99 다이메드, 폴리쿼드, 솔베이트, 치메로살 등의 콘택트렌즈 관리용액의 공통적인 기능은?

① 용매
② 삼투압 조절제
③ 완충제
④ 방부제
⑤ 계면활성제

100 콘택트렌즈 관리용액 성분 중에서 마이셀(Micelle)을 형성하여 지방 침전물을 효과적으로 제거할 목적으로 사용하는 것은?

① 킬레이팅제
② 효소분해제
③ 염화나트륨
④ 계면활성제
⑤ 교차결합제

101 열공판에 대한 설명 중 옳은 것은?

① 사위검사를 할 수 있다.
② 우세안 검사를 할 수 있다.
③ 조절래그 검사를 할 수 있다.
④ 난시 유무 및 축 방향을 알 수 있다.
⑤ 타각적 굴절검사를 할 수 있다.

102 타각적 검사기기로, 각막의 전면 곡률반경과 굴절력을 측정할 수 있는 기기는?

① 검영기(Retinoscope)
② 각막곡률계(Keratometer)
③ 포롭터(Phoropter)
④ 검안경(Ophthalmoscope)
⑤ 세극등현미경(Slit Lamp)

103 검영법에서 검사거리를 보정해 줄 목적으로 사용되는 포롭터 보조렌즈의 명칭은?

① PH
② P
③ RL
④ RMH
⑤ R

104 투영식 렌즈미터에는 없지만, 망원경식 렌즈미터에만 존재하는 구조는?

① 접안렌즈
② 대물렌즈
③ 표준렌즈
④ 측정렌즈
⑤ 타깃

105 40cm 거리에서 노인성 황반변성을 검사할 수 있는 시표의 명칭은?

① 탄젠트 스케일
② 란돌트 고리 시표
③ 암슬러 그리드 차트
④ 스넬렌 차트
⑤ 방사선 시표

01 원거리 나안시력이 0.7이었다. 다음으로 실시해야 할 검사로 옳은 것은?

① (+)구면렌즈를 추가하여 시력 변화가 없으면 원시 검사를 진행한다.
② 억제 유무 검사를 진행한다.
③ 사위검사를 진행한다.
④ (−)구면렌즈를 추가하여 시력이 향상되면 근시 검사를 진행한다.
⑤ 교정이 불필요하므로 검사를 종료한다.

02 가림검사를 실시하였다. 좌안을 가렸을 때 우안이 귀 방향으로 움직였고, 우안을 가렸을 때 좌안이 귀 방향으로 움직였다. 이 피검사자의 안위이상은?

① 좌안 외사시
② 우안 외사시
③ 교대성 내사시
④ 교대성 외사시
⑤ 간헐성 외사시

03 검사거리 50cm에서 발산광선으로 검영법을 시행하였다. 선조광과 반사광의 움직임이 다음 그림과 같을 때, 다음 조작으로 옳은 것은?

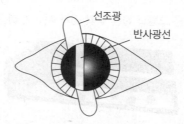

선조광
반사광선

① 슬리브를 회전하여 난시 축을 맞춘다.
② (+)구면렌즈로 중화값을 찾는다.
③ (−)구면렌즈로 중화값을 찾는다.
④ 수렴광선으로 변경 후 중화값을 찾는다.
⑤ 동적검영법을 실시한다.

04 검사거리 보정렌즈를 장입하고 포롭터에서 검영법을 시행하였다. 선조광 방향이 수직(90°)일 때 S−1.00D로 중화되었고, 수평(180°)일 때 +0.50D로 중화가 되었을 때 교정렌즈 굴절력은?

① S+0.50D ⊃ C−1.50D, Ax 180°
② S+0.50D ⊃ C−1.50D, Ax 90°
③ S−1.00D ⊃ C+1.50D, Ax 90°
④ S+0.50D ⊃ C−1.00D, Ax 90°
⑤ C−1.00D, Ax 180° ⊃ C+0.50D, Ax 90°

05 원거리와 근거리 시력이 모두 좋지 않으며, 안경 착용이 필수인 원시는?

① 현성 원시
② 수의 원시
③ 상대 원시
④ 절대 원시
⑤ 잠복 원시

06 다음 그림과 같은 색각 검사 시표의 이름은?

① 가성동색표
② D−15 Test
③ 색등 검사
④ 색각경 검사
⑤ 색실 검사

07 나안인 피검사자에게 방사선 시표를 보여주었더니 6시 방향 선이 선명하다고 응답하였다. 피검사자의 난시 종류는?

① 근시성 단성 직난시
② 근시성 복성 도난시
③ 주경선균형혼합난시
④ 원시성 복성 직난시
⑤ 원시성 단성 사난시

08 적록이색시표를 이용하여 구면굴절력 정밀검사를 실시하였다. 적색바탕의 검은 원이 녹색바탕의 검은 원보다 더 선명하다고 응답한 경우 다음 조작으로 옳은 것은?

① (−)원주렌즈 굴절력을 올려준다.
② (−)원주렌즈 굴절력을 내려준다.
③ (−)구면렌즈 굴절력을 내려준다.
④ (−)구면렌즈 굴절력을 올려준다.
⑤ 난시축 정밀검사로 넘어간다.

09 크로스실린더를 이용한 난시정밀검사를 실시하였다. 반전비교 결과, 그림 (가)보다 그림 (나)에서 더 선명하다고 응답할 경우 다음 조작으로 옳은 것은? (단, 포롭터에는 S−3.75D ⊃ C−1.25D, Ax 180°가 세팅되어 있다)

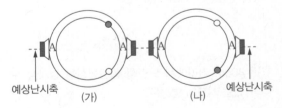

① S−3.75D ⊃ C−1.25D, Ax 170°
② S−3.75D ⊃ C−1.25D, Ax 10°
③ S−3.75D ⊃ C−1.50D, Ax 180°
④ S−3.75D ⊃ C−1.00D, Ax 180°
⑤ S−3.75D ⊃ C−1.00D, Ax 170°

10 편광렌즈를 이용한 양안조절균형검사를 실시하였다. 시표의 비교선명도에서 위쪽 시표가 아래쪽 시표보다 더 선명하다고 응답하였다. 이에 대한 설명 중 옳은 것은? (단, 중간과 위쪽 시표는 OD, 중간과 아래쪽 시표는 OS에서 인식함)

① 우세안 검사를 추가로 진행한다.
② 양안조절균형이 이루어진 결과이다.
③ 조절 개입의 가능성은 없다.
④ 우안에 S+0.25D를 추가한 다음 비교선명도를 다시 물어본다.
⑤ 좌안에 S+0.25D를 추가한 다음 비교선명도를 다시 물어본다.

11 원용안경 굴절검사 종료 후 근용 가입도를 검사하려고 한다. 포롭터의 보조렌즈와 사용 시표의 조합으로 옳은 것은?

① 적녹 필터렌즈 – 가성동색표
② 편광렌즈 – 쌍디근자시표
③ ±0.50 – 격자시표
④ 핀홀렌즈 – 점군 시표
⑤ $6^{\triangle}U$ – 세로 줄 시표

12 원용 완전교정 상태에서 상대조절력 검사를 하였다. PRA는 −1.50D, NRA는 +2.50D일 때, 이론적 가입도는?

① −1.50D
② −0.50D
③ +0.50D
④ +1.50D
⑤ +2.50D

13 안경테 하부 림에서 동공중심까지의 높이를 뜻하며, 안경테가 선택된 후 결정되는 것은?

① 동공간거리(P.D)
② 기준점간거리(FPD)
③ 경사각
④ 광학중심점 높이(Oh)
⑤ 앞수평면휨각

14 주시거리별 동공간거리를 측정할 수 있으며, 추가적으로 정점간거리도 측정 가능한 기기는?

① 정점굴절력계
② 각막곡률계
③ 안굴절력계
④ 옥습기
⑤ P.D 미터

15 안경의 조제가공을 하기 전에 기본 피팅을 먼저 실시하는 이유로 적절한 것은?

① 설계점 설정 시 정확한 광학중심점 높이를 측정하기 위해
② 조제가공 후 피팅을 추가로 하지 않기 위해
③ 조제가공 시간을 줄이기 위해
④ 고객에게 편안함을 주기 위해
⑤ 렌즈를 끼워 넣은 후에는 피팅할 때 어려움이 발생하므로

16 안경의 크기 요소와 기준 PD가 아래와 같을 때 형판의 기준점에서 설계점까지의 위치는?

> • R.PD : 33mm, L.PD : 31mm
> • 안경테 크기 : 50 □ 14 135

	R	L
①	코 쪽 1mm	코 쪽 1mm
②	귀 쪽 1mm	귀 쪽 1mm
③	귀 쪽 1mm	코 쪽 1mm
④	코 쪽 1mm	귀 쪽 1mm
⑤	귀 쪽 0.5mm	코 쪽 0.5mm

17 정식계측방법에 대한 설명이다. 해당하는 계측방법과 계측내용으로 옳은 것은?

> 안경테의 렌즈삽입부 가장자리 곡선의 상하 최고 돌출부에서 접선을 긋고, 상하수평 접선 간 높이의 2등분선이 렌즈 좌우 림의 가장자리 선과 만나는 좌우 교점간 거리로 정한다.

① 데이텀라인시스템, 연결부 크기
② 데이텀라인시스템, 렌즈삽입부 크기
③ 박싱시스템, 렌즈삽입부 크기
④ 박싱시스템, 연결부 크기
⑤ 데이텀라인시스템, 기준점간 거리

18 광학중심점 높이(Oh)는 경사각에 의한 보정 값을 적용하여 구한다. 수평시 상태에서 측정한 광학중심점 높이에 대한 경사각 보정거리를 구하는 공식으로 옳은 것은? (단, d = 보정길이, θ = 경사각 크기)

① $d = 25 \times \text{Sin}\,\theta$
② $d = 25 \times \text{Cos}\,\theta$
③ $d = 25 - \text{Sin}\,\theta$
④ $d = 25 + \text{Sin}\,\theta$
⑤ $d = 25\,/\,\text{Sin}\,\theta$

19 강주경선의 굴절력은 −4.00D, 약주경선은 −2.50D이고 약주경선의 위치는 T.A.B.O. 각 30°에 위치하는 토릭렌즈의 굴절력 표기로 옳은 것은?

① C−4.00D, Ax 120° ⊃ C−2.50D, Ax 30°
② S−2.50D ⊃ C−4.00D, Ax 30°
③ S−4.00D ⊃ C+1.50D, Ax 30°
④ S−2.50D ⊃ C−1.50D, Ax 30°
⑤ S−2.50D ⊃ C−1.50D, Ax 120°

20 정식계측방법으로 측정한 안경테 크기가 아래와 같을 때 조제가공에 필요한 최소렌즈직경은?

> • 기준 PD : 66mm
> • 안경테 크기 : 54 □ 18 140
> • 렌즈삽입부 최장길이 : 56mm
> • 작업여유분 : 2mm(고려해야 함)
> • 홈 깊이 : 1mm(고려해야 함)

① 69∅
② 67∅
③ 65∅
④ 63∅
⑤ 61∅

21 망원경식 렌즈미터에서 코로나 타깃(Corona target)과 크로스라인 타깃(Cross-line target)의 비교 설명으로 옳은 것은?

① 크로스라인 타깃은 방향성이 없다.
② 크로스라인 타깃은 축 맞춤의 정확도가 낮다.
③ 크로스라인 타깃은 타깃의 회전조작이 간단하다.
④ 크로스라인 타깃의 형태는 점원 모양이다.
⑤ 크로스라인 타깃은 굴절력이 약한 토릭렌즈에 대한 측정 정밀도가 높다.

22 O.U : S+1.00D ◠ 1.50△ B.O의 처방을 단안 처방으로 올바르게 분류한 것은?

① OD : S+1.00D ◠ 1.50△ Base 180°,
   OS : S+1.00D ◠ 1.50△ Base 0°
② OD : S+1.00D ◠ 1.50△ Base 0°,
   OS : S+1.00D ◠ 1.50△ Base 180°
③ OD : S+1.00D ◠ 0.75△ Base 180°,
   OS : S+1.00D ◠ 0.75△ Base 0°
④ OD : S+1.00D ◠ 0.75△ B.O,
   OS : S+1.00D ◠ 0.75△ B.O
⑤ OD : S+1.00D ◠ 1.50△ B.I,
   OS : S+1.00D ◠ 1.50△ B.I

23 사시안에 대한 P.D.를 측정하는 방법으로 옳은 것은?

① 마비사시인 경우 정상안을 가리고 측정한다.
② 피검사자의 좌안을 가리고 우안의 P.D.를 측정한다.
③ P.D.미터를 이용하여 측정할 경우 양안 모두 개방상태에서 측정한다.
④ 좌안의 귀쪽 각막 가장자리에서 우안의 귀쪽 각막 가장자리까지의 거리를 측정한다.
⑤ 단안 PD를 측정할 경우에는 코 중심에서 단안의 귀쪽 각막 가장자리까지의 거리를 측정한다.

24 아래 그림과 같은 이중초점렌즈의 형상과 좌우 구분은?

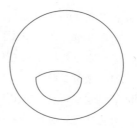

① OD, Flat Top
② OD, Curved Top
③ OS, Flat Top
④ OS, Curved Top
⑤ OS, Kryp-tok

25 기준 PD와 조가 PD의 관계에 따른 안경렌즈의 프리즘 효과에 대한 설명 중 옳은 것은?

① 근시 교정용 렌즈는 기준 PD > 조가 PD일 경우, B.I 효과가 발생한다.
② 원시 교정용 렌즈는 기준 PD > 조가 PD일 경우, B.O 효과가 발생한다.
③ 원시 교정용 렌즈는 기준 PD < 조가 PD일 경우, B.I 효과가 발생한다.
④ 근시 교정용 렌즈는 기준 PD < 조가 PD일 경우, B.I 효과가 발생한다.
⑤ 안경렌즈는 프리즘렌즈가 아니므로 프리즘 효과가 발생하지 않는다.

26 안경의 사용 용도에 따른 허용오차 범위에 대한 설명 중 옳은 것은?

① (원용) 큰 방향 : 개산 강요(B.I) 방향,
　　　　　 작은 방향 : 폭주 강요(B.O) 방향
② (원용) 큰 방향 : 폭주 강요(B.I) 방향,
　　　　　 작은 방향 : 하전 강요(B.D) 방향
③ (근용) 큰 방향 : 하전 강요(B.D) 방향,
　　　　　 작은 방향 : 상전 강요(B.U) 방향
④ (근용) 큰 방향 : 폭주 강요(B.O) 방향,
　　　　　 작은 방향 : 개산 강요(B.I) 방향
⑤ (원용) 큰 방향 : 폭주 강요(B.O) 방향,
　　　　　 작은 방향 : 개산 강요(B.I) 방향

27 망원경식 렌즈미터의 굴절력 눈금이 렌즈가 없는 상태에서 +0.50D를 나타내고 있다. 이것을 수정하지 않고 임의의 렌즈의 굴절력을 측정하였더니 −2.00D였다. 이 렌즈의 실제 굴절력은?

① S−3.00D
② S−2.50D
③ S−2.00D
④ S−1.50D
⑤ S+0.50D

28 복식알바이트안경의 처방이 아래와 같을 때 뒷렌즈의 굴절력으로 옳은 것은?

- OU : S−1.00D
- Add : +1.00D
- 원용 PD 66mm, 근용 PD 62mm
- 뒷렌즈 = 근용, 앞 + 뒷렌즈 = 원용

① +1.00D
② 0.00D
③ −0.50D
④ −1.00D
⑤ −2.00D

29 안경테의 전면부를 올리기 위한 피팅 조정 방법으로 옳은 것은?

① 좌우 코받침 간격을 좁게 한다.
② 좌우 코받침 간격을 넓게 한다.
③ 좌우 코받침 위치를 위로 올린다.
④ 연결부를 플라이어를 이용하여 커브를 만들어준다.
⑤ 경사각을 크게 한다.

30 하프림테를 위한 역산각 홈의 깊이와 폭은? (단, 나일론 줄의 직경은 0.6mm이다)

① 홈 깊이 : 0.5~0.6mm
　 홈의 폭 : 0.3~0.4mm
② 홈 깊이 : 0.3~0.4mm
　 홈의 폭 : 0.5~0.6mm
③ 홈 깊이 : 0.5~0.6mm
　 홈의 폭 : 0.5~0.6mm
④ 홈 깊이 : 0.3~0.4mm
　 홈의 폭 : 0.3~0.4mm
⑤ 홈 깊이 : 0.5 ~ 0.6mm
　 홈의 폭 : 0.7 ~ 0.8mm

31 다음 설명에 해당되는 안구운동 검사는?

- 양안 안구운동 검사
- 물체를 빠르게 인식하기 위한 안구운동
- 가장 빠른 안구운동
- 좌우에 막대시표를 두고 교대로 보기를 통한 검사 진행

① 대면안구운동 검사
② Broad H Test
③ 추종안구운동 검사
④ 충동안구운동 검사
⑤ 동체시력 검사

32 폰 그라페(Von Graefe)법으로 사위검사를 하고 있다. 피검사자의 눈앞에 다음과 같이 세팅되었을 경우 사위의 종류와 양은? (단, OD _ 측정 프리즘, OS _ 분리 프리즘)

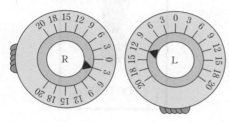

① 3△ 우안 상사위
② 3△ 우안 하사위
③ 3△ 좌안 상사위
④ 12△ 외사위
⑤ 12△ 내사위

33 허쉬버그 검사를 이용하여 사시각을 측정하였다. 검사 결과 좌안의 각막반사점 위치가 귀 방향으로 이동되어 각막 가장자리에 위치했다. 이 피검사자의 사시의 종류와 양은?

① 좌안 외사시, 45°
② 좌안 내사시, 45°
③ 좌안 외사시, 30°
④ 좌안 내사시, 30°
⑤ 좌안 내사시, 15°

34 포롭터를 이용한 상대조절력 검사의 결과이다. 양성상대조절력(PRA) 값은?

> • 원용교정 굴절력
>   : S+1.50D ◯ C−1.00D, Ax 180°
> • (−)구면렌즈를 추가하여 최초 흐림이 나타났을 때
>   : S−0.50D ◯ C−1.00D, Ax 180°
> • (+)구면렌즈를 추가하여 최초 흐림이 나타났을 때
>   : S+3.50D ◯ C−1.00D, Ax 180°

① +3.50D
② +2.00D
③ +1.50D
④ −0.50D
⑤ −2.00D

35 Push−up법과 (−)렌즈 부가법을 이용해 측정한 최대조절력에 대한 설명 중 옳은 것은?

① 노안이 아닌 젊은 연령층에서는 두 방법에 의한 최대조절력 측정값이 동일하다.
② Push−up 방법은 주시 시표를 눈 가까이 이동하면서 시표가 지속적으로 흐려질 때, 시표의 이동거리를 측정하여 D단위로 환산 후 표현한다.
③ (−)렌즈 부가법은 폭주를 고정시킨 상태에서 추가되는 (−)렌즈에 반응하여 지속 흐림이 나타날 때, 그때까지 추가된 (−)렌즈 굴절력을 조절력으로 표현한다.
④ 일반적으로 최대조절력은 Push−up법보다 (−)렌즈 부가법에서 더 크게 측정된다.
⑤ (−)렌즈 부가법은 배율의 영향을 받기 때문에 Push−up법보다 크게 측정된다.

36 양성융합버전스 검사 결과 피검사자가 시표가 흐림을 응답했을 때 10△, 복시를 응답했을 때 16△, 다시 하나의 상이 보일 때 13△이었다. 이를 기록하는 방법으로 옳은 것은?

① 융합버전스(B.O) : 10/16/13
② 융합버전스(B.O) : 10/13/16
③ 융합버전스(B.O) : 16/13/10
④ 융합버전스(B.O) : 13/16/10
⑤ 융합버전스(B.I) : 10/16/13

37 근거리 양안시 검사 결과가 다음과 같다. 이 피검사자의 음성융합성폭주량(NFC)은?

> • 근거리 사위 : 4△ Eso
> • 근거리 양성융합력(B.O) : 15/20/17
> • 근거리 음성융합력(B.I) : 6/10/8
> • AC/A 비 : 3/1 (△/D)

① 2△
② 4△
③ 6△
④ 10△
⑤ 15△

38 4△ B.O Test에서 헤링의 법칙이 정상 작용하고, 두 눈에 억제가 없는 정상안일 때 양안의 안구 움직임의 순서로 옳은 것은? (단, 프리즘은 OD에 장입)

① OD 내전, OS 내전 → 외전하면서 다시 제자리로 복귀
② OD 외전, OS 내전 → 외전하면서 다시 제자리로 복귀
③ OD 내전, OS 외전 → 안구 움직임 멈춤
④ OD 움직임 없음, OS 움직임 없음
⑤ OD 내전, OS 외전 → 내전하면서 다시 제자리로 복귀

39 아래 그림과 같은 시표를 이용하여 입체시 검사를 하려고 할 때 필요한 보조렌즈는?

① 적색&녹색 필터렌즈
② 조광렌즈
③ 편광렌즈
④ 핀홀렌즈
⑤ 프리즘렌즈

40 근용처방 OU : S−1.50D를 착용하는 피검사자가 근거리 사위를 구면가입도 처방으로 교정하려고 할 때 최종 교정 구면굴절력은? (단, 프리즘 처방은 쉐어드 기준을 적용한다)

> • 근거리 사위 : 9△ Eso
> • 근거리 양성융합력(B.O) : 14/20/18
> • 근거리 음성융합력(B.I) : 6/11/8
> • AC/A 비 : 8/1 (△/D)

① S−0.50D
② S−1.00D
③ S−1.50D
④ S−2.00D
⑤ S−2.50D

41 결막, 눈꺼풀 등 외안부를 빠르게 확인하기 위한 세극등 현미경에서 조명법은?

① 확산 조명법(Diffuse Illumination)
② 간접 조명법(Indirect Illumination)
③ 역 조명법(Retro Illumination)
④ 공막산란 조명법(Sclerotic scatter Illumination)
⑤ 경면반사 조명법(Specular reflection Illumination)

42 콘택트렌즈의 광학부 직경(OZD)을 결정하기 위해 눈에서 측정해야 하는 것은?

① 각막 전면의 곡률반경
② 각막 두께
③ 어두울 때 동공직경
④ 수평방향가시홍채직경
⑤ 눈꺼풀테 세로 길이

43 콘택트렌즈 표면에 눈물이 잘 묻고 잘 퍼지는 정도를 나타내는 것은?

① 습윤성
② 당량산소백분율
③ 함수율
④ 산소침투성
⑤ 산소투과율

44 콘택트렌즈 처방을 위한 검사 결과이다. 이 눈에 처방할 렌즈의 종류로 적절한 것은?

- 안경교정굴절력
  : S-2.00D
- 각막곡률 측정값
  : 43.50D @ 180˚, 44.50D @ 90˚

① 구면 소프트 콘택트렌즈
② 구면 하드 콘택트렌즈
③ 전면 토릭 소프트 렌즈
④ 후면 토릭 소프트 렌즈
⑤ 비구면 하드 콘택트렌즈

45 수평방향가시홍채직경(HVID)의 측정 결과 11.5mm로 나왔다. 이를 활용한 RGP 콘택트렌즈의 전체 직경(TD)로 적절한 것은?

① 8.5mm
② 9.5mm
③ 10.5mm
④ 11.5mm
⑤ 13.5mm

46 수분함량이 높은 고함수 소프트 콘택트렌즈의 장점에 대한 설명 중 옳은 것은?

① 파손의 위험률이 낮다.
② 다양한 용액에 대한 적응력이 높다.
③ 저함수보다 탈수 가능성이 낮은 편이다.
④ 건조안을 가진 경우 적극 추천할 수 있다.
⑤ 초기 착용감이 좋은 편이다.

47 장용안경굴절력과 각막에 대한 결과가 다음과 같다. 피검사자에게 S-3.00D, BC(R) 8.00mm의 RGP 구면 시험렌즈를 착용시켰을 때, 발생할 수 있는 눈물렌즈의 굴절력은?

> • 안경교정굴절력
>   : S-3.00D ◠ C-0.50D, Ax 180°
> • 각막곡률 측정값
>   : 42.00D, 8.05mm @ 180°
>   : 42.00D, 8.05mm @ 90°

① -0.50D
② -0.25D
③ 0.00D
④ +0.25D
⑤ +0.50D

48 자각적굴절검사 결과 S-2.50D ◠ C-1.25D, Ax 180°의 처방이 필요한 난시안을 토릭 콘택트렌즈로 교정하기 위해 축 회전 피팅 평가를 실시하였더니, 축경선 방향 기준선 표시가 오른쪽으로 10°만큼 회전되어 안정화되었다. 처방할 토릭 콘택트렌즈는?

① S-2.50D ◠ C-1.25D, Ax 180°
② S-2.50D ◠ C-1.25D, Ax 170°
③ S-2.50D ◠ C-1.25D, Ax 10°
④ S-2.50D ◠ C-1.50D, Ax 180°
⑤ S-2.50D ◠ C-1.00D, Ax 180°

49 아래 설명에 해당하는 노안교정 방법은?

> • 우세안과 비우세안에 다른 처방을 실시
> • 우세안 = 원용 처방
> • 비우세안 = 근용 처방
> • 입체감 감소의 단점을 지님

① 단안시(Monovision)
② 다초점(Multifocal) 콘택트렌즈
③ 이중초점렌즈
④ 누진굴절력렌즈
⑤ 단초점 근용렌즈

50 소프트 콘택트렌즈에서 주로 발견할 수 있으며 눈물에 있는 라이소자임(Lysozyme)에 의해 대부분 형성되는 침착물의 종류는?

① 칼슘
② 지방
③ 단백질
④ 칼륨
⑤ 점액질

51 티타늄(Ti)합금 안경테의 장단점에 대한 설명 중 옳은 것은?

① 강도가 약하다.
② 내부식성이 좋지 않다.
③ 생체적합성이 우수하다.
④ 테 파손 시 공기 중에서도 쉽게 땜질할 수 있다.
⑤ 금속 합금테 중에서 비중이 가장 가볍다.

52 아세테이트 재질의 안경테 제조과정에서 촉매로 사용되는 물질은?

① 디메틸프탈레이트
② 빙초산
③ 질산
④ 황산
⑤ 장뇌

53 플라스틱 안경테가 갖추어야 할 조건으로 옳은 것은?

① 파손 시 땜질성이 좋아야 한다.
② 부식에 대한 내구성이 좋아야 한다.
③ 기계적 가공성, 열에 대한 저항성 등은 신경 쓰지 않아도 된다.
④ 가볍고 화학 약품에 대한 저항성이 좋아야 한다.
⑤ 탄력성은 낮아도 상관 없다.

54 다음 중 굽힘 강도, 내약품성이 높고, 아세테이트보다 경량이며, 제작 시 가소제가 불필요한 열가소성 플라스틱에 속하는 것은?

① 셀룰로이드 아세테이트(Cellulose Acetate)
② 그릴아미드 TR 90(Grilamid TR 90)
③ 폴리아미드(Polyamide)
④ 울템(Ultem)
⑤ 에폭시(Epoxy resin)

55 플라스틱렌즈를 착색하기 위한 염색액의 적정 온도는?

① 40~50℃
② 60~70℃
③ 80~90℃
④ 100~110℃
⑤ 120~130℃

56 유리안경렌즈의 굴절률과 아베수를 함께 증가하고자 할 때 첨가하는 물질은?

① 산화납(PbO)
② 산화철(Fe_2O_3)
③ 이산화티탄(TiO_2)
④ 이산화세륨(CeO_2)
⑤ 산화바륨(BaO)

57 무수정체안 교정 방법에 따른 상의 확대 배율을 비교한 것으로 옳은 것은?

① 안경렌즈 > 콘택트렌즈 > 안내렌즈(I.O.L)
② 안경렌즈 > 안내렌즈(I.O.L) > 콘택트렌즈
③ 콘택트렌즈 > 안내렌즈(I.O.L) > 안경렌즈
④ 안내렌즈 > 콘택트렌즈 > 안경렌즈(I.O.L)
⑤ 안경렌즈 > 콘택트렌즈 = 안내렌즈(I.O.L)

58 누진굴절력렌즈에서 기본 디자인일 경우 원용부와 근용부 PD 편심량에 해당하는 Inset량은?

① 4.0mm

② 3.5mm

③ 3.0mm

④ 2.5mm

⑤ 1.5mm

59 조광(감광)렌즈의 특성에 대한 설명 중 옳은 것은?

① 착색반응이 퇴색반응보다 빠르게 일어난다.

② 자외선이 강한 맑은 날에 퇴색반응이 빠르게 일어난다.

③ 자외선이 강한 맑은 날보다는 안개 낀 흐린 날에 더 진하게 착색된다.

④ 반사방지막코팅을 한 안경렌즈는 무코팅렌즈보다 더 진하게 착색된다.

⑤ 기온이 낮을 때보다 높을 때 더 진하게 착색된다.

60 유리렌즈에 비해 내마모성이 낮은 플라스틱렌즈에 필수로 해야 하는 코팅 종류는?

① 수막코팅

② 김서림방지코팅

③ 하드코팅

④ 반사방지막코팅

⑤ 편광코팅

최종모의고사
제2회

제1교시   시광학이론

제2교시   1과목 의료관계법규
          2과목 시광학응용

제3교시   시광학실무

지식에 대한 투자가 가장 이윤이 많이 남는 법이다.

– 벤자민 프랭클린 –

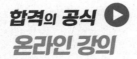

1교시 | 시광학이론

01 다음에서 설명하는 혈관의 이름은?

> • 곧은근을 따라 진행한다.
> • 눈알의 앞쪽에서 공막을 통과한다.
> • 긴뒤섬모체동맥과 함께 큰홍채동맥고리를 형성한다.

① 앞섬모체동맥
② 짧은뒤섬모체동맥
③ 또아리정맥
④ 망막중심동맥
⑤ 망막중심정맥

02 다음 각막에 대한 설명 중 옳은 것은?

① 두께는 중심부가 가장자리보다 두껍다.
② 무혈관, 무신경 구조이다.
③ 각막상피는 손상 시 재생이 가능하다.
④ 수직방향의 직경이 수평방향의 직경보다 크다.
⑤ 각막내피는 멜라닌세포의 단층구조로 되어 있다.

03 섬모체의 특징을 설명한 내용으로 옳은 것은?

① 섬모체근이 수축하면 쉴렘관이 열린다.
② 섬모체의 혈액공급에 긴뒤섬모체동맥은 관련이 없다.
③ 색소상피에서 방수를 생성한다.
④ 섬모체근이 이완하면 수정체가 두꺼워진다.
⑤ 2개의 상피 중 바깥쪽에 위치하는 상피에는 색소가 없다.

04 부교감신경의 영향을 받아 눈으로 들어오는 빛의 양을 조절하는 근육은?

① 섬모체근
② 뮐러근
③ 위눈꺼풀올림근
④ 동공확대근
⑤ 동공조임근

05 다음 광수용체세포(시세포)에 대한 설명 중 옳은 것은?

① 막대세포 바깥조각(외절)은 망막색소상피세포에 의해 제거된다.
② 막대세포는 중심오목에 밀집되어 있다.
③ 원뿔세포의 시색소는 로돕신(Rhodopsin)이다.
④ 원뿔세포의 축삭은 신경절세포와 연접한다.
⑤ 광수용체세포의 영양공급은 망막중심동맥이 담당한다.

06 다음에서 설명하고 있는 망막의 층은?

> • 두극세포의 핵으로 구성된다.
> • 수평세포, 뮐러세포의 핵이 위치한다.
> • 망막혈관이 지나가는 위치이다.

① 색소상피층
② 광수용체세포층
③ 바깥얼기층
④ 속핵층
⑤ 신경섬유층

07 다음 중 수정체의 노화현상과 관련된 옳은 설명은?

① 전체 직경이 서서히 작아진다.
② 수정체의 수분함량이 높아진다.
③ 가용성 단백질이 적어진다.
④ 글루타티온의 함량이 많아진다.
⑤ 산소 소모량이 증가한다.

08 다음에서 설명하는 것은?

> • 각막과 수정체에 영양을 공급한다.
> • 안압을 조절할 수 있다.
> • 섬모체 무색소상피에서 생산된다.

① 홍채
② 방수
③ 유리체
④ 눈물
⑤ 맥락막

09 다음 특징을 가지는 눈의 구조물은?

> • 빛의 양을 차단, 제한할 수 있다.
> • 눈물을 생산한다.
> • 안구 표면에 눈물을 고르게 퍼지게 한다.

① 안와
② 결막
③ 눈꺼풀
④ 홍채
⑤ 눈물샘

10 결막에 분포하는 신경은?

① 얼굴신경
② 눈돌림신경
③ 교감신경
④ 가돌림신경
⑤ 삼차신경

11 다음 눈물과 눈물기관에 대한 설명 중 옳은 것은?

① 덧눈물샘은 안와의 위벽 바깥방향에 위치한다.
② 눈물점은 바깥쪽 눈구석에서 약 5mm 떨어진 곳에 위치한다.
③ 눈물소관으로 빠져나간 눈물은 코눈물관을 지나 눈물주머니로 나간다.
④ 부교감신경에 의해 눈물 분비가 조절된다.
⑤ 주눈물샘에서 분비된 눈물은 평상시에 안구를 촉촉하게 유지한다.

12 외안근의 이름과 지배신경이 바르게 연결된 것은?

① 위곧은근 – 도르래신경
② 안쪽곧은근 – 가돌림신경
③ 아래곧은근 – 눈돌림신경
④ 가쪽곧은근 – 눈돌림신경
⑤ 위빗근 – 눈돌림신경

13 다음 시력에 대한 내용으로 옳은 것은?

① 최소가시력은 읽고 판단할 수 있는 형태의 최소크기를 말한다.
② 표준시력검사의 기준이 되는 것은 최소분리력이다.
③ 숫자시표로 최소분리력을 측정할 수 있다.
④ 최소가독력의 결과는 지식 또는 심리적 영향과 관련이 없다.
⑤ 판별시력은 떨어져 있는 2개의 점을 분리된 것으로 인식하는 시력이다.

14 정상 시야의 범위가 넓은 순서대로 나열된 것은?

① 위쪽 – 아래쪽 – 코쪽 – 귀쪽
② 위쪽 – 코쪽 – 아래쪽 – 귀쪽
③ 아래쪽 – 코쪽 – 위쪽 – 귀쪽
④ 귀쪽 – 아래쪽 – 코쪽 – 위쪽
⑤ 귀쪽 – 코쪽 – 위쪽 – 아래쪽

15 왼쪽 시신경 손상으로 나타날 수 있는 시야의 장애는?

① R : 완전맹, L : 완전맹
② R : 정상, L : 완전맹
③ R : 왼쪽반맹, L : 왼쪽반맹
④ R : 오른쪽반맹, L : 오른쪽반맹
⑤ R : 왼쪽반맹, L : 오른쪽반맹

16 근시, 원시, 난시가 심한 경우 시력저하가 있으면서 안경교정으로도 정상시력이 되지 않는 경우는?

① 기질약시
② 굴절이상약시
③ 사시약시
④ 중독성약시
⑤ 시각차단약시

17 광각에 대해 설명한 내용으로 옳은 것은?

① 암순응 상태에서 중심부보다 주변부 감각이 더 예민하다.
② 암순응 상태에서 가장 밝게 보이는 파장은 555nm이다.
③ 암순응 시 원뿔세포는 기능하지 않는다.
④ 명순응 상태에서 장파장보다 단파장쪽의 빛에 민감하다.
⑤ 명순응의 전체 과정은 서서히 진행되어 약 50분 정도 소요된다.

18 다음에 나열된 요인으로 인해 발생할 수 있는 눈의 장애는?

- 전색맹
- 수정체 중심부 혼탁
- 축성 시신경염

① 주간맹
② 야맹
③ 청색시증
④ 망막색소변성
⑤ 호르너증후군

19 색각이상에 대한 설명 중 옳은 것은?

① 선천성 색각이상의 발생비율은 남녀에서 비슷하다.
② 선천성 색각이상은 나이에 따라 진행된다.
③ 후천성 색각이상은 주로 남성에게 발생한다.
④ 단색형 색각일 때 시력장애를 동반한다.
⑤ 선천성 색각이상은 한쪽 눈에만 발생한다.

20 난시를 설명한 내용으로 옳은 것은?

① 눈의 굴절면이 토릭면을 이룬다.
② 근거리 시력은 양호하고 원거리 시력저하가 주 증상이다.
③ 구면렌즈로 교정이 가능하다.
④ 강주경선의 위치가 90°에 위치할 때 도난시로 판단한다.
⑤ 수정체의 조절로 선명한 상을 얻을 수 있다.

21 조절의 종류 중 흐림이나 근거리 자극이 없는 상태에서 작용하는 것은?

① 반사성조절
② 긴장성조절
③ 융합성조절
④ 근접성조절
⑤ 지속성조절

22 노안에 대한 설명 중 옳은 것은?

① 수정체의 수분이 증가한다.
② 원시일 경우 원거리 시력은 양호하다.
③ 근시일 경우 이중초점렌즈로 교정할 수 없다.
④ 근거리를 볼 때 흐림, 피로감 등의 증상을 느낄 수 있다.
⑤ 주시물체가 멀수록 흐림 증상이 심해진다.

23 다음에서 설명하는 것은?

- 보통 생후 6개월 이내 발생하는 사시
- 30△ 이상의 높은 사시각
- 굴절이상은 적은 편

① 영아내사시
② 조절내사시
③ 간헐외사시
④ 거짓사시
⑤ 마비사시

24 눈앞의 물체를 하나로 보기 위해 반사적으로 일어나는 눈의 운동은?

① 생리적눈모음
② 긴장성눈모음
③ 조절성눈모음
④ 융합성눈모음
⑤ 근접성눈모음

25 눈돌림신경핵이나 눈돌림신경의 마비로 인해 직접·간접대광반사가 모두 소실되는 이상동공의 종류는?

① 구심동공운동장애
② 원심동공운동장애
③ 긴장동공
④ 아르길–로버트슨동공
⑤ 호너증후군

26 다음 동공에 대한 설명 중 옳은 것은?

① 평상시 정상 동공의 크기는 6~10mm이다.
② 신생아 시기에 동공이 가장 크다.
③ 성장과정에서 동공은 점점 작아진다.
④ 부교감신경을 통해 동공이 확대된다.
⑤ 근거리를 주시할 때 동공이 작아진다.

27 정맥을 통해 플루오레세인나트륨을 주사하여 망막혈관의 이상을 관찰할 수 있는 검사는?

① 초음파검사
② 눈전위도검사
③ 형광안저혈관조영술
④ 빛간섭단층촬영
⑤ 자기공명영상

28 다음에서 설명하는 질환은?

> • 바이러스 감염으로 각막, 홍채, 섬모체를 침범
> • 삼차신경을 침범하면 삼차신경이 지배하는 얼굴 부위에 반점 발생
> • 각막지각 저하

① 녹농균각막궤양
② 가시아메바각막염
③ 플릭텐각결막염
④ 신경영양각막염
⑤ 대상포진각막염

29 양안에 발생하는 노인성 변화로 각막 가장자리에 흰색 혼탁이 고리 모양으로 발생하는데 특별한 증상이나 시력장애를 일으키지 않는 것은?

① 검열반
② 군날개
③ 노년환
④ 띠각막병증
⑤ 카이저-플라이셔고리

30 백내장 수술 후 눈의 상태에 대한 설명 중 옳은 것은?

① 인공수정체 삽입 시 조절능력이 정상이 된다.
② 안경으로 교정 시 10% 정도의 상 확대가 나타난다.
③ 수술 시의 절제 및 봉합 과정에서 난시가 유발될 수 있다.
④ 안경보다 콘택트렌즈를 착용했을 때 상의 확대가 더 크게 나타난다.
⑤ 수정체를 적출한 이후 심한 근시 상태가 된다.

31 양안에 황색의 콜레스테롤 결정체가 떠다님으로 인해 유리체에 혼탁을 보이는 질환은?

① 노년백내장
② 섬광유리체융해
③ 별모양유리체증
④ 뒤유리체박리
⑤ 해바라기백내장

32 유행각결막염에 대한 설명 중 옳은 것은?

① 엔테로바이러스 70형이 원인이다.
② 전염성이 강하다.
③ '핑크아이'라고 불린다.
④ 각막에는 영향이 없다.
⑤ 특별한 자각증상이 나타나지 않는다.

33 다음에서 설명하는 질환은?

> • 봄, 여름에 발생이 흔하다.
> • 심한 가려움증을 호소한다.
> • 점액성분비물, 위눈꺼풀결막에 거대유두가 발생한다.

① 계절알레르기결막염
② 아토피각결막염
③ 거대유두결막염
④ 진균결막염
⑤ 봄철각결막염

34 한쪽 눈의 외상 또는 수술 후 정상안이나 외상안에 나타나는 질환으로 전체포도막염에 속하는 것은?

① 보그트-고야나기-하라다병
② 교감안염
③ 베체트병
④ 톡소플라스마증
⑤ 사르코이드증

35 다음에서 설명하는 질환은?

> • 눈물주머니에 눈물이 정체되면서 세균번식으로 발생
> • 심한 통증과 발열감 호소
> • 항생제 치료 또는 코눈물관 막힘 해소를 통해 치료

① 건성안
② 쇼그렌증후군
③ 눈물샘염
④ 눈물주머니염
⑤ 눈물점겉말림

36 안구돌출의 원인이 될 수 있는 질환으로 옳은 것은?

① 눈꺼풀겉말림
② 눈꺼풀테염
③ 눈물샘염
④ 쇼그렌증후군
⑤ 갑상샘눈병증

37 개방각녹내장에 대한 설명 중 옳은 것은?

① 급격하게 안압이 상승한다.
② 앞방이 얕은 편이다.
③ 자각증상은 거의 없다.
④ 원시일 때 발생가능성이 높다.
⑤ 시야장애는 나타나지 않는다.

38 망막박리에 대한 설명 중 옳은 것은?

① 색소상피층과 부르크막이 분리되는 것이다.
② 백내장으로 인해 발생할 수 있다.
③ 시야장애가 발생한다.
④ 고도근시일수록 망막박리가 될 확률이 낮아진다.
⑤ 황반부는 박리되지 않는다.

39 망막중심정맥폐쇄에 대한 설명 중 옳은 것은?

① 폐쇄 부위는 동정맥 교차부이다.
② 유전성 질환이다.
③ 비허혈형일 경우 망막출혈은 관찰되지 않는다.
④ 허혈형일 경우 시력이 심하게 저하된다.
⑤ 망막이 전반적으로 창백하게 보인다.

40 다음에서 설명하는 질환은?

> • 주로 단안성
> • 통증이 없고 경미한 색각이상 나타남
> • 60세 이상 노인에게 갑작스러운 시력장애와 시야결손
> • 시신경유두 변화 유무에 따라 구분

① 시신경염
② 중독시신경병증
③ 레버유전시신경병증
④ 허혈시신경병증
⑤ 외상시신경병증

41 전면 렌즈 삽입부가 비금속 재질로 되어 있고 나머지 부분은 금속으로 이루어진 복합소재로 만든 안경테의 이름은?

① 컴비브로우테
② 알바이트테
③ 써몬트브로우테
④ 오토브로우테
⑤ 포인트테

42 플라스틱 안경테 중에서 주입성형법으로 제조하는 재질은 다음 중 어느 것인가?

① 에폭시 수지
② 폴리아미드
③ 울템
④ 아세테이트
⑤ 탄화규소

43 다음과 같은 특징을 가지는 안경테 소재는?

- 열경화성 플라스틱이다.
- 치수 안정성이 크다.
- 기계적 강도가 높다.
- 비중은 셀룰로이드에 비해 가볍다.

① 66-나일론
② 탄소섬유
③ 울템
④ 아세테이트
⑤ 옵틸

44 다음 중 안경렌즈의 물리적, 광학적 특성에 관한 설명 중 옳은 것은?

① 내충격성이 작을 것
② 가시광선 투과율이 높을 것
③ 열팽창계수가 클 것
④ 표면반사율이 높을 것
⑤ 비중이 클 것

45 안경렌즈의 강화법에 대한 설명 중 옳은 것은?

① 강화처리시간은 열강화법이 화학강화법보다 길다.
② 화학강화법을 하기 위한 안경렌즈의 최소두께는 3mm 이상이어야 한다.
③ 강화층의 두께는 열강화법이 화학강화법보다 두껍게 형성된다.
④ 열강화법은 450℃로 가열 된 질산칼륨에 약 20시간 동안 침지시키는 방법이다.
⑤ 화학강화법은 안경렌즈를 산각 세우기만 남겨 둔 상태에서 실시한다.

46 노란색 유리렌즈를 만들고자 할 때, 용융착색법 과정에서 함께 넣어야 하는 금속은?

① 코발트(Co)
② 구리(Cu)
③ 망간(Mn)
④ 크롬(Cr)
⑤ 카드뮴(Cd)

47 색수차가 크고 원형의 자렌즈로 상의 도약이 큰 단점으로 인해 굴절부동시가 있는 노안이 착용하기에 부담이 큰 이중초점렌즈의 종류는?

① Kryp-tok형
② 플랫탑(Flat top)형
③ 커브드탑(Curved top)형
④ EX형
⑤ 심리스(Seamless)형

48 다음 중 누진굴절력렌즈의 단점에 대한 설명 중 옳은 것은?

① 주변부를 볼 때 측방시를 하면 선명한 상을 얻을 수 있다.
② 원용부 좌우 주변으로 갈수록 상이 흐려 보이는 수차부가 존재한다.
③ 가입도(Add)가 적을수록 왜곡 및 수차량이 적어진다.
④ 가입도(Add)가 많을수록 적응하기 편해진다.
⑤ 원거리에서부터 근거리까지 선명하게 볼 수 있는 명시역의 단절이 없다.

49 조광(감광)렌즈의 특성에 대한 설명 중 옳은 것은?

① 착색 속도보다 탈색 속도가 빠르다.
② 기온이 높을수록 착색 속도가 빠르다.
③ 렌즈 두께 차이에 따른 착색 농도의 차이는 없다.
④ 유리 조광렌즈에 사용되는 할로겐화합물로는 AgBr, AgCa, AgCr 등이 있다.
⑤ 여름철보다 겨울철에 색이 진하고 빠르게 변한다.

50 안경테에 표기 된 'Ti-IP'에 대한 설명 중 옳은 것은?

① 금을 사용한 전해도금 피막이다.
② 금을 박막형태로 만들어 소지금속 위에 씌운 형태의 피막이다.
③ 건식도금 방법으로 습식도금에 비해 피막의 내마모성이 높다.
④ 건식도금 방법으로 습식도금에 비해 내마모성(표면경도)이 약하다.
⑤ 도금액을 제거하기 위한 추가적 세척이 필요하다.

51 안광학계에 관한 설명 중 옳은 것은?

① 수정체의 곡률은 전면이 후면보다 더 크다.
② 조절할 때 수정체의 곡률변화는 전면이 후면보다 더 심하다.
③ 각막의 곡률반경은 중심부가 주변부보다 더 길다.
④ 각막의 곡률반경은 전면보다 후면이 더 길다.
⑤ 각막은 (+)메니스커스 형상으로 +43D의 굴절력을 가진다.

52 안광학계의 주점과 절점이 기준점이 되는 광학적 특성의 조합으로 옳은 것은?

① 주점은 위치 표기, 절점은 거리 측정의 기준점
② 주점은 동적 시야, 절점은 정적 시야 측정의 기준점
③ 주점은 정적 시야, 절점은 시각 크기 측정의 기준점
④ 주점은 거리 측정, 절점은 동적 시야 측정의 기준점
⑤ 주점은 거리 측정, 절점은 정적 시야 측정의 기준점

53 안광학계에서 시축과 주시축의 임상적 대용축인 조준선은 주시점과 어디를 이은 직선인가?

① 입사동점
② 출사동점
③ 주점
④ 절점
⑤ 중심와

54 광학적 모형안에 대한 설명 중 옳은 것은?

① 광학적 모형안은 정식과 약식으로만 구분되어 있다.

② 굴스트란드(Gullstrand)의 정식 모형안에서의 굴절면은 1개이다.

③ 굴스트란트(Gullstrand)의 약식 모형안에서의 굴절면은 3개로 구분되어 있다.

④ 생략안에서 주점과 절점의 위치를 동일한 것으로 하였다.

⑤ 안광학계의 광학적 수치와 기능을 모두 구현시켜 놓은 것을 정식 모형안이라고 한다.

55 눈의 중심시에 대한 설명 중 옳은 것은?

① 주로 막대세포에 의한 능력이며, 직접시라고 부르기도 한다.

② 물체의 형태나 명암을 구분할 수 있는 능력이다.

③ 물체의 색을 구분할 수 있고, 중심와에 상이 맺어질 때의 시력이다.

④ 주로 원뿔세포에 의한 능력이며, 망막 주변부에 상이 맺어질 때의 시력이다.

⑤ 물체 또는 빛에 대한 감각이 매우 예민한 시력이지만, 색감은 없다.

56 눈앞 50cm 위치의 물점에서 나온 빛이 정적굴절상태에서 망막 중심와에 선명상을 맺을 경우, 이 광학계에 대한 설명으로 옳은 것은?

① 원시안이다.

② 근점 위치는 눈앞 50cm이다.

③ 원점굴절도는 −2.00D이다.

④ 굴절이상도는 −2.00D이다.

⑤ 상측초점의 위치는 망막 중심오목이다.

57 S−6.00D의 구면렌즈의 조제가공 과정에서 경사각이 30°만큼 틀어지게 되었다. 이 렌즈를 착용하게 될 경우 발생하는 비점수차량은? (단, 렌즈의 굴절률은 1.50이다)

① C−6.00D

② C−4.50D

③ C−3.00D

④ C−1.50D

⑤ 0.00D

58 최대조절력이 10.00D이며 원점굴절도가 +2.00D인 원시안이 눈앞 33cm에서 스마트폰을 사용할 때, 조절력과 원·근거리 나안시력에 따른 분류에 의한 원시 종류는?

① 전(총) 원시

② 현성 원시

③ 잠복 원시

④ 절대 원시

⑤ 수의 원시

59 비정시안의 광학적 교정원리에 대한 설명 중 옳은 것은?

① 비정시의 원점과 교정 안경렌즈의 물측초점을 일치시킨다.

② 비정시의 원점과 교정 안경렌즈의 물측주점을 일치시킨다.

③ 비정시의 원점과 교정 안경렌즈의 상측정점을 일치시킨다.

④ 비정시의 원점과 교정 안경렌즈의 상측초점을 일치시킨다.

⑤ 비정시의 원점과 교정 안경렌즈의 상측주점을 일치시킨다.

60 전초선이 망막 뒤에 위치하고, 강주경선이 수직 방향인 난시안에 대한 설명으로 옳은 것은? (단, 조절은 개입되지 않는다)

① 원시성 난시안이다.
② 근시성 난시안이다.
③ 전초선 방향은 수직방향이다.
④ 운무 후 방사선 시표를 보게 될 경우 3-9시 방향이 선명하게 보인다.
⑤ 나안으로 방사선 시표를 보게 될 경우 6-12시 방향이 선명하게 보인다.

61 원시안의 교정용 안경의 정점간거리(VD)가 짧아지게 된 경우 눈에 미치는 영향은?

① 저교정 상태가 된다.
② 과교정 상태가 된다.
③ (+)구면굴절력을 감소시킨다.
④ (−)구면굴절력을 증가시킨다.
⑤ 상측초점이 망막 앞 쪽으로 이동된 상태가 된다.

62 원시성 난시안의 강주경선이 T.A.B.O. 각 60°일 때 이 고객이 운무 후 방사선 시표를 볼 때 선명하게 보이는 부분은? (단, 조절 개입은 없다)

① 1-7시
② 2-8시
③ 3-9시
④ 5-11시
⑤ 6-12시

63 최대조절력이 2.00D인 노안에게 다음과 같은 이중초점렌즈 교정을 할 때, 불명시역이 존재하는 처방은?

① S-2.00D, Add 2.00D
② S-2.00D, Add 2.50D
③ S-2.00D, Add 1.50D
④ S+2.00D, Add 1.50D
⑤ S+2.00D, Add 2.00D

64 원용완전교정처방이 S+1.00D인 40대 고객의 작업거리는 눈앞 25cm이다. 최대 조절력은 3.00D로 측정될 때, 이 고객에게 필요한 근용안경의 굴절력은 몇 D인가? (단, 유용 조절력은 최대조절력의 2/3으로 한다)

① +5.00D
② +4.00D
③ +3.00D
④ +2.00D
⑤ +1.00D

65 (+)렌즈 부가법으로 가입도 검사를 하고자 한다. 원용완전교정 굴절력이 S+1.00D인 노안에게 40cm 위치에 근거리 시표를 두었더니 S+2.50D가 장입되었을 때 시표가 선명하게 보인다고 하였다. 이 경우 처방해야 할 가입도는?

① +1.00D
② +1.50D
③ +2.00D
④ +2.50D
⑤ +3.50D

66 저시력용 보조기구 중 망원안경의 종류에 대한 설명 중 옳은 것은?

① 갈릴레오식은 케플러식보다 시야가 좁다.
② 갈릴레오식은 케플러식보다 전체적인 길이가 길다.
③ 갈릴레오식은 케플러식보다 투과율이 낮다.
④ 갈릴레오식은 케플러식보다 상의 질이 좋다.
⑤ 갈릴레오식은 케플러식보다 확대 배율이 크다.

67 두께를 무시할 정도로 매우 얇은 콘택트렌즈의 형상 계수와 굴절력 계수 값으로 옳은 것은?

① 굴절력 계수는 0, 형상 계수는 1에 가깝다.
② 굴절력 계수는 1, 형상 계수는 0에 가깝다.
③ 굴절력 계수와 형상 계수 모두 0에 가깝다.
④ 굴절력 계수와 형상 계수 모두 1에 가깝다.
⑤ 굴절력 계수와 형상 계수 모두 알 수 없다.

68 다음 처방 중에서 시야가 가장 좁은 경우는? (단, 안경테의 사이즈는 모두 동일하다)

① S+5.00D 안경
② S+10.00D 안경
③ S+10.00D 콘택트렌즈
④ S-10.00D 안경
⑤ S-10.00D 콘택트렌즈

69 굴절률을 알 수 없는 매질로 진행하던 빛이 공기로 입사 시 아래 그림과 같이 굴절되었다. 이 매질의 굴절률은?

① 1.0
② $\dfrac{1}{2}$
③ $\dfrac{\sqrt{2}}{2}$
④ $\sqrt{3}$
⑤ $\sqrt{2}$

70 두께 30mm의 평면 유리판(n. 1.50)을 통해 물체를 보면 이 물체는 평면 유리판이 없었을 때보다 얼마나 가깝게 보이는가?

① 5mm
② 7.5mm
③ 10mm
④ 12.5mm
⑤ 30mm

71 빛이 공기에서 유리로 진행하고 있다. 이때 공기와 유리의 경계면에서의 반사광과 투과광의 위상변화에 대한 설명으로 옳은 것은? (단, 굴절률 : 공기 < 유리이다)

① 반사광 : 0° / 투과광 : 0°
② 반사광 : 0° / 투과광 : 180°
③ 반사광 : 180° / 투과광 : 0°
④ 반사광 : 180° / 투과광 : 180°
⑤ 반사광 : 90° / 투과광 : 90°

72 빛이 굴절률을 알 수 없는 A 매질에서 B 매질로 진행하는 과정에서 모든 빛이 내부 전반사가 되었을 때 이에 대한 설명 중 옳은 것은?

① A 매질은 B 매질보다 굴절률이 커야 한다.

② A 매질은 B 매질보다 굴절률이 작아야 한다.

③ 전반사가 일어나게 될 때의 입사각은 A 매질의 임계각보다 작다.

④ 전반사가 일어나게 될 때의 굴절각은 입사각보다 작다.

⑤ A와 B 매질의 굴절률이 같을 때 전반사가 일어난다.

73 오목거울에서 상의 형태가 실상에서 허상으로 바뀌는 경계점에 해당하는 물체 위치는?

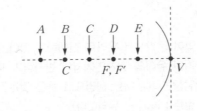

① A

② B

③ C

④ D

⑤ E

74 볼록거울에 아래 그림과 같이 물체를 세워 놓았을 때, 거울에 의해 형성되는 상의 길이는?

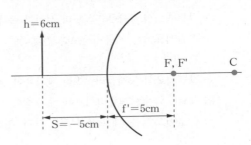

① 3cm

② 6cm

③ 9cm

④ 12cm

⑤ 15cm

75 초점거리 20cm인 오목거울에서 물체의 2배 크기의 도립상을 형성하기 위한 물체의 위치는?

① 거울 전방 10cm

② 거울 전방 20cm

③ 거울 전방 30cm

④ 거울 전방 40cm

⑤ 거울 전방 60cm

76 전면의 면굴절력(D_1')이 +4D, 후면의 면굴절력(D_2')이 +4D, 상측정점굴절력(D_v')이 +9D인 두꺼운 안경렌즈가 있다. 이 안경렌즈에 대한 설명으로 옳은 것은?

① 렌즈의 형상은 오목 메니스커스이다.

② 상측주점굴절력(D')은 +6D이다.

③ 호칭면굴절력(D_N')은 +5D이다.

④ 형상계수(F_s)는 2이다.

⑤ 렌즈미터로 측정한 굴절력은 +6D이다.

77 상측초점굴절력이 +10D인 렌즈가 공기 중에 놓여 있다. 이 렌즈 전방 5cm에 구경조리개를 설치하였을 때, 입사동의 위치로 옳은 것은?

① −10cm

② −5cm

③ 무한대

④ +5cm

⑤ +10cm

78 상측주점(H')이 상측정점(V')의 위치가 겹치는 렌즈 형태로 옳은 것은?

① 양볼록렌즈

② 양오목렌즈

③ 1면이 평면인 평볼록렌즈

④ 2면이 평면인 평볼록렌즈

⑤ 우측으로 볼록한 (+)메니스커스렌즈

79 안경렌즈 또는 프리즘렌즈에서 발생할 수 있는 2차 스펙트럼 이전의 색수차를 제거하기 위해 사용하는 광학계는?

① Apochromat

② Achromat

③ Aplanat

④ Anastigmat

⑤ Asphrical

80 아래 그림에 표현하고자 하는 수차는?

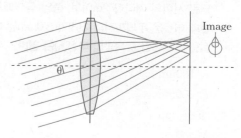

① 색수차

② 코마수차

③ 구면수차

④ 비점수차

⑤ 왜곡수차

81 굴절률이 n_1인 매질에서 n_2인 매질로 파동이 진행할 때 다음 설명 중 옳은 것은?

① $n_1 > n_2$일 때 투과파는 고정단 반사가 일어난다.

② $n_1 < n_2$일 때 반사파는 고정단 반사가 일어난다.

③ $n_1 < n_2$일 때 투과파는 90°의 위상 변화가 일어난다.

④ $n_1 < n_2$일 때 반사파는 위상 변화가 일어나지 않는다.

⑤ $n_1 > n_2$일 때 반사파는 90°의 위상 변화가 일어난다.

82 파동의 진동수가 10Hz일 때, 주기(sec)는?

① 0.01sec(초)

② 0.1sec(초)

③ 1sec(초)

④ 10sec(초)

⑤ 100sec(초)

83 두 슬릿 사이의 간격이 0.2mm이고, 슬릿과 스크린 사이의 거리가 2m이며, 중앙 극대에서 세 번째 어두운 무늬까지의 거리가 8.0mm일 때 이 실험에 사용한 단색광의 파장(λ)은 얼마인가?

① 100nm
② 200nm
③ 300nm
④ 400nm
⑤ 500nm

84 다음 중 회절이 잘 일어나는 경우는 어느 때인가?

① 초기 위상이 클 때
② 틈새가 넓을 때
③ 진폭이 클 때
④ 파장이 작을 때
⑤ 파장이 길 때

85 편광자에 입사하는 빛의 세기가 I_0일 때, 편광자와 검광자가 이루는 각이 0°라면, 편광자와 검광자를 통과한 빛의 세기 I는? (단, sin 0°=0, cos 0°=1)

① 0
② 1/2 I_0
③ 1/4 I_0
④ 1/8 I_0
⑤ 3/8 I_0

01 「의료법」상 의료인으로만 조합된 것으로 옳은 것은?

① 의사, 약사
② 의사, 간호조무사
③ 의사, 조산사
④ 치과의사, 치과위생사
⑤ 한의사, 물리치료사

02 「의료법」상 의료기관에 관한 설명 중 옳은 것은?

① 의원은 주로 입원 환자를 대상으로 진료를 보는 의료기관이다.
② 병원은 주로 외래 환자를 대상으로 진료를 보는 의료기관이다.
③ 의원 또는 조산원을 개설하려는 자는 시·도지사에게 신고하여야 한다.
④ 요양병원 또는 정신병원을 개설하려는 자는 보건복지부장관의 허가를 받아야 한다.
⑤ 종합병원은 필수진료과목에 대하여 해당 의료기관에 전속된 전문의를 두어야 한다.

03 「의료법」상 사망 또는 사산 증명서를 내어줄 수 있는 의료인은?

① 조산사
② 치과의사
③ 간호사
④ 간호조무사
⑤ 물리치료사

04 「의료법」상 변사체를 발견한 의료인은 관할 경찰서장에게 신고할 의무를 가진다. 하지만 이 의무에서 제외가 되는 의료인은?

① 조산사
② 치과의사
③ 간호사
④ 의사
⑤ 한의사

05 「의료법」상 다음 중 의료기관을 개설할 수 없는 경우는?

① 한의사
② 조산사
③ 민법이나 특별법에 따라 설립된 영리법인
④ 국가나 지방자치단체
⑤ 한국보훈복지의료공단

06 「의료법」상 전문의 또는 전문간호사가 되기 위해서는 누구에게 자격 인정을 받아야 하는가?

① 대통령
② 중앙회장
③ 시ㆍ도지사
④ 의과대학교수
⑤ 보건복지부장관

07 「의료법」상 면허 취소와 재교부에 대한 설명 중 옳은 것은?

① 면허 조건을 이행하지 않아 취소된 경우 조건 이행 시 즉시 재교부할 수 있다.
② 자격정지 처분 기간 중에 의료행위를 하게 되면 정지 처분 기간만 연장되고, 면허 취소는 하지 않는다.
③ 면허 대여로 인한 면허 취소된 경우 취소된 날부터 2년 이내에 재교부하지 못한다.
④ 보건복지부장관은 면허가 취소된 자라도 취소의 원인이 된 사유가 없어지거나 개전의 정이 뚜렷하다고 인정되면 면허를 재교부할 수 있다.
⑤ 마약류 중독자 처분으로 면허가 취소된 경우에는 취소된 날부터 3년 이내에 재교부하지 못한다.

08 「의료법」상 10년 이하의 징역이나 1억 원 이하의 벌금에 해당하는 위반 내용으로 옳은 것은?

① 면허 없이 의료행위를 한 경우
② 해당 의료기관을 개설할 자격이 없는 의료인이 의료기관을 개설한 경우
③ 의료행위를 하는 의료인을 폭행하여 중상해에 이르게 한 경우
④ 면허를 대여한 경우
⑤ 환자의 비밀을 누설한 경우

09 「의료기사 등에 관한 법률」상 의료기사 등의 종별은?

① 5종별
② 6종별
③ 7종별
④ 8종별
⑤ 9종별

10 「의료기사 등에 관한 법률」상 안경사의 업무 범위에 대한 설명 중 옳지 않은 것은?

① 약물을 사용하지 않는 자각적 굴절검사

② 약물을 사용하지 않는 검영기를 사용하는 타각적 굴절검사

③ 8세 아동의 시력교정을 위한 안경 조제 및 판매

④ 미용 목적의 콘택트렌즈의 판매

⑤ 다초점안경 처방을 위한 노안 가입도 검사

11 「의료기사 등에 관한 법률」상 의료기사 등에 관한 법률의 목적을 가장 잘 설명하고 있는 것은?

① 의료기사의 국가시험에 필요한 사항을 기재하는 것이 목적이다.

② 의료기사는 의사, 치과의사의 지시를 받아 국민의 보건 및 의료향상에 기여함이 목적이다.

③ 의료기사는 장차 의사나 치과의사가 되어서 국민 보건 및 의료향상에 기여함이 목적이다.

④ 의료기사의 업무분야에 대하여 자세히 설명함으로써 국민보건향상과 의료적정에 기여함이 목적이다.

⑤ 의료기사 등의 자격 · 면허 등에 관하여 필요한 사항을 규정함으로써 국민보건 및 의료향상에 이바지함이 목적이다.

12 「의료기사 등에 관한 법률」상 의료기사 등의 국가시험에 관한 설명으로 옳지 않은 것은?

① 국가시험은 대통령령으로 정하는 바에 따라 해마다 1회 이상 보건복지부장관이 실시한다.

② 시험장소는 지역별 응시인원이 확정된 후 시험일 20일 전까지 공고할 수 있다.

③ 시험일시, 시험장소, 시험과목, 응시원서 제출기간, 그밖에 시험 실시에 필요한 사항을 시험 90일 전까지 공고하여야 한다.

④ 필기시험에서 각 과목 만점의 40% 이상 및 전 과목 총점의 60% 이상, 실기시험에서 만점의 60% 이상 득점자는 합격한다.

⑤ 국가시험의 출제방법, 과목별 배점비율 그밖에 시험 시행에 필요한 사항은 국가시험 관리기관의 장이 정한다.

13 「의료기사 등에 관한 법률」상 국가시험에 응시할 수 있는 사람은?

① 보건복지부령으로 정한 현장실습과목을 이수한 3년제 안경광학과 졸업예정자

② 3년제 안경광학과를 졸업했지만, 현장실습과목은 이수하지 못한 자

③ 보건의료정보 관련 학문을 전공하고 보건복지부령으로 정하는 교과목을 이수한 대학 졸업자

④ 4년제 기계공학과를 졸업하고, 안경광학과 대학원에서 석사 학위를 받은 자

⑤ 외국의 면허에 상응하는 학문을 전공하는 대학을 졸업한 자

14 「의료기사 등에 관한 법률」상 안경사에 대한 규정으로 옳지 않은 것은?

① 업무상 알게 된 타인의 비밀을 누설하지 못한다.
② 법이 정한 바에 의하여 보수교육을 받아야 한다.
③ 안경업소의 시설기준을 위반한 자는 시정명령을 받는다.
④ 안경사 면허가 있다면 안경업소 외의 장소에서 안경 조제 행위를 할 수 있다.
⑤ 안경업소 업무에 관한 광고의 범위 등은 독점규제 및 공정거래에 의한 법률이 정하는 바에 의한다.

15 「의료기사 등에 관한 법률」상 보수교육 관련 서류의 보존기간으로 옳은 것은?

① 3년
② 2년
③ 1년
④ 6개월
⑤ 보수교육이 끝나면 바로 폐기 가능

16 「의료기사 등에 관한 법률」상 의료기사 등의 자격정지에 해당하는 것은?

① 타인에게 의료기사 등의 면허증을 빌려준 경우
② 3회 이상 면허자격정지 또는 면허효력정지 처분을 받은 경우
③ 치과기공사가 치과기공물제작의뢰서 없이 치과기공물을 제작한 경우
④ 치과기공소 개설등록을 하지 아니하고 임의로 치과기공소를 개설, 운영한 경우
⑤ 면허 정지 기간은 1년 이내이다.

17 「의료기사 등에 관한 법률」상 안경사 보수교육에 대한 설명 중 옳은 것은?

① 보수교육은 연간 5시간 이상 이수해야 한다.
② 군복무 중이더라도 보수교육은 받아야 한다.
③ 보건복지부장관은 안경사 협회로 하여금 보수교육을 실시하게 할 수 있다.
④ 면허 신규 합격자는 그 해부터 보수교육을 받아야 한다.
⑤ 보수교육의 교과 과정, 실시방법, 교육 실시에 필요한 사항은 보건복지부장관이 정한다.

18 「의료기사 등에 관한 법률」상 안경업소의 개설등록 취소에 대한 설명 중 옳은 것은?

① 거짓광고 또는 과장광고를 한 경우 개설등록을 취소할 수 있다.
② 보건복지부령으로 정하는 시설 및 장비를 갖추지 못한 때 개설등록을 취소할 수 있다.
③ 취소 사항에 해당할 경우 1년 이내 기간 동안 영업 정지하거나 개설등록을 취소할 수 있다.
④ 안경업소의 개설자가 아닌 직원이 자격정지 기간에 안경사의 업무를 한 때 개설등록을 취소할 수 있다.
⑤ 안경업소를 양수받은 양수인이 기존 처분 또는 위반사실을 알지 못하였음을 증명하여도 그 처분은 유지된다.

19 「의료기사 등에 관한 법률」상 반드시 면허를 취소해야 하는 사유는?

① 다른 사람에게 면허를 대여한 경우
② 치과의사가 발행하는 치과기공물제작의뢰서를 따르지 않고 치과기공물제작을 한 경우
③ 면허효력정지 기간에 안경사 업무를 한 경우
④ 피한정후견인 선고를 받은 경우
⑤ 3회 이상 면허자격정지 처분을 받은 경우

20 「의료기사 등에 관한 법률」상 의료기사의 처벌에 관한 설명으로 옳은 것은?

① 보수교육 미이수자 – 500만 원 이하의 과태료
② 실태와 취업 상황을 허위로 신고 – 500만 원 이하의 벌금
③ 면허증 대여 – 3년 이하의 징역 또는 3천만 원 이하의 벌금
④ 시정명령 위반 – 500만 원 이하의 벌금
⑤ 폐업신고 불이행자 – 1년 이하의 징역 또는 1천만 원 이하의 벌금

21 A 안경원에서 면허가 없는 청소 담당 직원을 고용하였다. 사장님께서는 주말 기간 손님이 많아 일손이 부족하여 면허가 없는 청소 담당 직원에게 안경사 업무의 일을 시켰다. 이를 알게 된 직원으로서 함께 일을 하게 될 경우 적절한 대처 방법은?

① 모른 척하고 같이 일을 한다.
② 사장님께 외부에 발설하지 않는다고 말하며, 월급 인상을 요구한다.
③ 해당 직원에게 문제 삼지 않겠다고 하면서 금품을 요구한다.
④ 해당 직원에게 검안을 제외한 조제가공 업무만 시킨다.
⑤ 면허가 없는 직원에게는 안경사 업무를 맡기지 않는다.

22 원시(Hyperopia)에 관한 설명 중 옳은 것은?

① 정적굴절상태에서 원점의 위치는 눈 뒤 무한대이다.
② 정적굴절상태에서 상측초점의 위치는 망막(중심와)이다.
③ 원시와 노안은 모두 (+)렌즈를 통해 교정할 수 있다.
④ 수의성 원시는 조절력이 원점굴절력보다 부족하여 교정안경이 반드시 필요한 원시이다.
⑤ 원시안의 안축장 길이는 정시보다 길다.

23 S-3.00D ◌ C-2.00D, Ax 180° 처방을 받은 고객이 적응하지 못하여, 원주렌즈 굴절력을 -1D 줄여서 재처방하고자 한다. 시력을 유지할 수 있는 최종 처방으로 옳은 것은?

① S-4.00D ◌ C-1.00D, Ax 180°
② S-3.50D ◌ C-1.00D, Ax 180°
③ S-3.00D ◌ C-1.00D, Ax 180°
④ S-2.50D ◌ C-1.00D, Ax 180°
⑤ S-2.00D ◌ C-1.00D, Ax 180°

24 편광렌즈와 함께 사용하는 다음 시표의 사용 목적은?

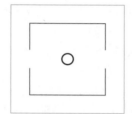

① 우세안 검사
② 난시유무 검사
③ 구면굴절력 정밀검사
④ 양안조절균형검사
⑤ 부등상시 검사

25 나안시력 검사 결과 0.4가 나왔다. (-)구면렌즈와 (+)구면렌즈를 장입한 상태에서 시력 향상이 없는 경우에, 추가로 실시해 볼 수 있는 검사법은?

① 조절마비하 굴절검사
② 운무법 굴절검사
③ 핀홀 검사
④ 가림 검사
⑤ 우세안 검사

26 다음 중 정적굴절상태에서 눈의 굴절력이 가장 작은 것은?

① 원점이 눈 뒤 25cm인 눈
② 원점이 눈앞 25cm인 눈
③ 굴절이상도가 +3.00D인 눈
④ 굴절이상도가 -3.00D인 눈
⑤ 원점굴절도가 -4.00D인 눈

27 눈앞 50cm 거리에서 조절자극 주시시표를 피검사자 쪽으로 점차 이동시키면서 시표의 선명도가 지속 흐림으로 바뀔 때 눈에서 시표까지의 거리를 측정하여 굴절력(D)으로 기록하는 검사는?

① 색각 검사
② 우세안 검사
③ Push-up 검사
④ NPC 검사
⑤ 난시유무 검사

28 원시안에 대한 검사결과가 다음과 같다. 설명 중 옳은 것은?

검사방법	교정굴절력(D)	교정시력
조절마비굴절검사	S+4.00D	1.0
운무법 후 굴절검사	S+3.00D	1.0
	S+1.25D	1.0
	S+1.00D	0.9

① 전(총) 원시는 +5.25D이다.
② 현성 원시는 +1.00D이다.
③ 잠복 원시는 +3.00D이다.
④ 절대 원시는 +1.25D이다.
⑤ 수의 원시는 +2.75D이다.

29 자동안굴절력계에 의한 검사결과가 다음과 같다. 등가구면 굴절력은?

```
<RIGHT>
Ref.             VD : 12

Sph    Cyl    Ax
−1.50  −1.00  179
−1.50  −1.25  180
─────────────────────
AVE.  −1.50 −1.00 180
```

① S−0.50D
② S−1.00D
③ S−1.50D
④ S−2.00D
⑤ S−2.50D

30 시야 검사를 위해 사용하는 아래 그림에 해당하는 시표의 이름은?

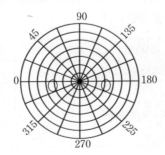

① 탄젠트스크린
② 암슬러그리드 차트
③ 각막지형도
④ 아이옵터
⑤ 하웰 시표

31 OD : S−2.00D ◯ C+1.00D, Ax 180°의 처방으로 완전교정되는 눈을 50cm 거리에서 발산광선을 이용한 검영법을 실시할 때 수평경선과 수직경선에서 반사광의 움직임은?

① 수평 : 동행, 수직 : 동행
② 수평 : 역행, 수직 : 역행
③ 수평 : 중화, 수직 : 역행
④ 수평 : 중화, 수직 : 동행
⑤ 수평 : 동행, 수직 : 역행

32 열공판(Stenopaeic Slit)의 사용 용도에 대한 설명 중 옳은 것은?

① 핀홀과 같은 것으로 시력저하의 원인을 파악할 때 사용한다.
② 가림판의 역할을 하는 것으로 한쪽 눈을 가릴 때 사용한다.
③ 마독스렌즈처럼 사위검사할 때 사용한다.
④ 슬릿(Slit) 형태의 틈새를 가진 판으로 난시 유무, 난시 축 검사에 사용한다.
⑤ 우세안 검사할 때 사용한다.

33 나안시력검사 결과가 0.7^{+2}로 기록되어 있었다. 이에 대한 해석으로 옳은 것은?

① 나안시력으로 0.7 시력표를 인식한 다음, 핀홀렌즈로 시력표 2줄을 더 인식한 시력
② 0.7 시력표의 문자 중에서 2개만 틀리게 인식한 시력
③ 0.6 시력표를 모두 인식하고 다음 줄 시력표에서 추가로 2개로 인식한 시력
④ 0.7 시력표의 문자 중에서 2개만 정확하게 인식한 시력
⑤ 0.7 시력표를 모두 인식하고 다음 줄 시력표에서 추가로 2개로 인식한 시력

34 운무법에 의한 자각적굴절검사 결과가 다음과 같을 때 교정렌즈 굴절력은?

교정굴절력(D)	교정시력
S-1.75D	0.8
S-2.00D	0.9
S-2.25D	1.0
S-2.50D	1.0
S-2.75D	1.0

① S-1.75D
② S-2.00D
③ S-2.25D
④ S-2.50D
⑤ S-2.75D

35 운무법에 의한 자각적굴절검사에서 방사선 시표를 이용하여 난시 유무를 확인하려고 한다. 이 검사를 위한 피검사자의 눈의 상태로 옳은 것은?

① 혼합난시 상태
② 원시성 복성난시 상태
③ 원시성 단성난시 상태
④ 근시성 복성난시 상태
⑤ 근시성 단성난시 상태

36 OD : S+3.00D ◯ C-1.00D, Ax 180°인 피검사자에게 나안으로 방사선 시표를 보여주었을 때 가장 선명하게 보이는 선의 방향은?

① 1-7시
② 2-8시
③ 3-9시
④ 5-11시
⑤ 6-12시

37 OD : S+2.00D ◯ C+1.00D, Ax 180°의 처방이 된 피검사자에게 구면 굴절력 정밀검사를 위해 적록이색검사를 실시했다. 적색바탕의 검은 원이 녹색바탕의 검은 원보다 더 선명하다고 응답할 경우 처방 값의 변화로 옳은 것은?

① OD : S+1.75D ◯ C+1.00D, Ax 180°
② OD : S+2.25D ◯ C+1.00D, Ax 180°
③ OD : S+2.00D ◯ C+0.75D, Ax 180°
④ OD : S+2.00D ◯ C+1.25D, Ax 180°
⑤ OD : S+1.75D ◯ C+0.75D, Ax 180°

38 단안굴절검사 종료 후 다음 검사를 하기 위해 포롭터에 그림과 같이 세팅했다. 다음에 진행할 검사로 옳은 것은?

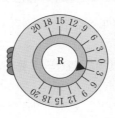 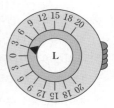

① 구면굴절력 정밀검사
② 양안조절균형검사
③ 난시 정밀검사
④ 근용 가입도 검사
⑤ 조절래그 검사

39 원용 OU : S-2.00D ◠ C-1.00D, Ax 180°에서 양안조절균형검사 결과 왼쪽 눈이 보는 시표가 더 선명했다. 다음 조작으로 옳은 것은?

① 오른쪽 구면렌즈를 S-2.25D로 교환 후 다시 비교 선명도를 알아본다.
② 왼쪽 구면렌즈를 S-1.75D로 교환 후 다시 비교 선명도를 알아본다.
③ 오른쪽 구면렌즈를 S-1.75D로 교환 후 다시 비교 선명도를 알아본다.
④ 왼쪽 구면렌즈를 S-2.25D로 교환 후 다시 비교 선명도를 알아본다.
⑤ 우세안 검사를 진행하여 왼쪽 눈일 경우 검사를 종료한다.

40 최대조절력 검사방법에 대한 설명 중 옳은 것은?

① 노안에서 두 방법에 의한 최대조절력 측정값은 동일하다.
② 푸쉬업법은 검사방법의 정확도가 높으므로 1회 측정으로 끝낸다.
③ 마이너스렌즈 부가법은 렌즈 추가로 배율이 증가되면서 사물이 점차 확대되어 보인다.
④ 일반적으로 최대조절력은 푸쉬업법이 마이너스렌즈 부가법보다 더 크게 측정된다.
⑤ 측정된 최대조절력의 크기는 동적검영법 > 마이너스렌즈 부가법 > 푸쉬업법 순이다.

41 노안 증상을 호소하는 정시안을 (+)렌즈 부가법을 통해 근용가입도 검사를 하고자 한다. 구면렌즈 굴절력을 +0.25D씩 올려가면서 처음으로 선명하게 보일 때까지 부과된 값이 +2.00D이다. 이에 대한 설명으로 옳은 것은? (단, 검사거리는 40cm이다)

① 조절 자극량보다 조절 반응량이 많은 경우이다.
② 가입도가 적은 초기 노안으로 볼 수 있다.
③ 보조렌즈에 있는 크로스실린더와 격자시표를 사용한 검사이다.
④ 조절 자극량은 +2.00D이다.
⑤ 조절 반응량은 +0.50D이다.

42 최대조절력이 3.00D인 초기 노안이 40cm 거리에서 독서를 하려고 할 때 가입도는? (단, 유용조절력은 최대조절력의 1/2로 한다. 그리고 피검사자는 정시이다)

① -0.50D
② +0.50D
③ +1.00D
④ +1.50D
⑤ +2.50D

43 굴절검사 후 조제 및 가공을 위한 안경처방전 기록 중 약속사항에 해당하는 것은?

① 필요렌즈 최소직경(∅)
② 구면렌즈의 상측정점굴절력
③ 원주렌즈의 상측정점굴절력
④ 원주렌즈의 축 방향
⑤ 동공간거리(P.D)

44 OU : 2△ B.O 처방을 T.A.B.O. 각 표기로 표현
한 것으로 옳은 것은?

① OD 2△, Base 0° ⊃ OS 2△, Base 0°

② OD 2△, Base 180° ⊃ OS 2△, Base 0°

③ OD 2△, Base 0° ⊃ OS 2△, Base 180°

④ OD 2△, Base 180° ⊃ OS 1△, Base 180°

⑤ OD 1△, Base 180° ⊃ OS 1△, Base 0°

45 안경렌즈의 내면(상측)과 각막 정점까지의 직선
거리를 측정한 값에 해당하는 것은?

① 조가 PD

② F.P.D

③ Oh

④ 기준 PD

⑤ VD

46 조제가공을 위한 안경테와 렌즈 직경, 피검사자
의 기준 PD 등이 아래와 같을 때 프리즘 효과를
발생시키지 않기 위해 주문해야 할 렌즈에서의
편심량(mm)은?

> • 기준 PD : 58mm
> • 안경테 크기 : 52 □ 16 135
> • 작업여유분 : 2mm
> • 주문 가능한 렌즈 직경 : 70∅

① 편심하지 않아도 된다.

② 1mm

③ 2mm

④ 3mm

⑤ 4mm

47 프리즘렌즈에 해당하는 "1△"의 기준으로 옳은
것은?

① 1m 떨어진 위치에서 1cm만큼 상의 위치를
변화시키는 양

② 프리즘렌즈 앞 1m에 위치한 빛에 대해 렌
즈 뒤 1m 위치에 결상되는 것

③ 1m 이동된 거리에서 1m만큼 빛의 경로가
굴절되는 양

④ 1m 거리의 스크린에 10cm만큼 경로가 이
동되어 결상되는 양

⑤ 1cm 크기의 물체를 1cm 크기의 상으로 결
상시키는 것

48 안경테를 선택한 고객의 PD와 Oh 등 설계점을
인점하기 위한 피팅 과정은?

① 표준상태 피팅

② 기본 피팅

③ 미세부분 피팅

④ 응용 피팅

⑤ 사용 중 피팅

49 아래 그림과 같은 정점간거리를 가진 완전교정
안경을 착용한 피검사자에게 콘택트렌즈를 처
방하고자 한다. 처방할 콘택트렌즈 굴절력으로
옳은 것은?

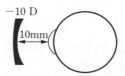

① −12.00D~−12.50D 범위의 콘택트렌즈

② −11.00D~−11.50D 범위의 콘택트렌즈

③ −10.00D~−10.50D 범위의 콘택트렌즈

④ −9.00D~−9.50D 범위의 콘택트렌즈

⑤ −8.00D~−9.00D 범위의 콘택트렌즈

50 다음 처방 중에서 나안에서 전초선 방향이 '수평' 방향인 것은?

① S-3.00D ⊃ C-1.00D, Ax 180°
② S-3.00D ⊃ C-1.00D, Ax 90°
③ S-4.00D ⊃ C+1.00D, Ax 180°
④ S+3.00D ⊃ C+1.00D, Ax 180°
⑤ S-3.00D

51 다음 그림과 같은 피팅 플라이어의 용도는?

① 렌즈 회전용
② 무테 나사 절단
③ 플라스틱테 엔드피스 뒤틀림 수정
④ 코받침 피팅
⑤ 림 커브 피팅

52 하프림 또는 반무테를 위한 산각의 종류는?

① 중산각
② 고산각
③ 역산각
④ 평산각
⑤ 소산각

53 C-1.50D, Ax 135° ⊃ C+0.50D, Ax 45°와 굴절력이 동일한 렌즈는?

① S+0.50D ⊃ C-1.50D, Ax 135°
② S-1.50D ⊃ C+0.50D, Ax 45°
③ S-1.50D ⊃ C+2.00D, Ax 135°
④ S+0.50D ⊃ C-2.00D, Ax 45°
⑤ S-1.50D ⊃ C+2.00D, Ax 45°

54 기준 PD와 주시거리 PD에 대한 설명으로 옳은 것은?

① 기준 PD는 항상 주시거리 PD보다 짧다.
② 주시거리 PD는 항상 근거리 PD와 같다.
③ 주시거리가 짧을수록 편위량은 작아진다.
④ 기준 PD와 주시거리 PD의 차이값을 편위량이라 한다.
⑤ 편위량은 기준 $PD \times \dfrac{주시거리+12}{주시거리-13}$로 계산한다.

55 안경테의 사이즈 및 형상을 읽어내어 테의 모양, 크기 등을 표현해주는 기기는?

① 취형기
② 옥습기
③ 렌즈미터
④ 축출기
⑤ 왜곡검사기

56 아래 처방과 같은 안경을 착용하게 될 경우 유발될 수 있는 사위는?

- 원용 처방 : OU : S-5.00D
- 기준 PD : 62mm
- 조가 PD : 60mm

① 1.0△ 내사위
② 1.0△ 외사위
③ 2.0△ 외사위
④ 2.0△ 내사위
⑤ 0.5△ 외사위

57 원점굴절도가 −3D인 근시안을 교정하기 위한 안경렌즈의 광학중심점에서 위로 2mm인 지점을 통과하는 경우에 발생하게 되는 프리즘 양과 기저방향은?

① 0.6△ B.I
② 0.6△ B.O
③ 0.6△ B.D
④ 0.6△ B.U
⑤ 프리즘 발생량 없음

58 독일(RAL−815)규정에 따른 허용오차가 큰 방향과 작은 방향의 조합으로 옳은 것은?

① 원용 : 큰 방향 B.I, 작은 방향 B.O
② 원용 : 큰 방향 B.I, 작은 방향 B.U
③ 원용 : 큰 방향 B.O, 작은 방향 B.I
④ 근용 : 큰 방향 B.O, 작은 방향 B.I
⑤ 근용 : 큰 방향 B.O, 작은 방향 B.U

59 S−2.00D ◯ C−2.00D, Ax 45°의 토릭렌즈에서 경선별 굴절력으로 옳은 것은?

① 45° 경선 : −2.00D
② 135° 경선 : −2.00D
③ 90° 경선 : −2.50D
④ 180° 경선 : −3.50D
⑤ 75° 경선 : −3.00D

60 망원경식 렌즈미터의 구조에 관한 내용 중 옳은 것은?

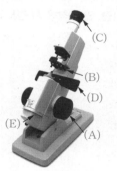

① (A) 크로스라인타깃 회전핸들
② (B) 렌즈누름판
③ (C) 표준렌즈
④ (D) 안경테 및 렌즈 수평유지판
⑤ (E) 굴절력 측정핸들

61 망원경식 렌즈미터로 토릭렌즈를 측정한 결과가 아래와 같다. 토릭렌즈의 굴절력은?

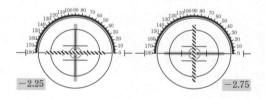

① S−2.25D ◯ C−0.50D, Ax 90°
② S−2.25D ◯ C+0.50D, Ax 180°
③ S−2.25D ◯ C−0.50D, Ax 180°
④ S−2.75D ◯ C+0.50D, Ax 180°
⑤ S−2.25D ◯ C−2.75D, Ax 180°

62 옥습기의 휠에 대한 설명 중 옳은 것은?

① 입자가 거친 휠은 산각 연삭 시에 사용한다.
② 입자가 고운 휠은 1차 연삭 시에 사용한다.
③ 유리렌즈와 플라스틱렌즈 모두 동일한 휠을 사용하여 1차 연삭을 한다.
④ 광택을 위한 휠은 없다.
⑤ 일정한 횟수의 렌즈를 연삭 후에는 드레싱 작업이 필요하다.

63 피검사자의 광학중심점 높이(Oh)를 측정하였더니 22mm이었다. 조제 가공을 위한 광학중심점 높이는? (단, 안경 착용 시 경사각은 10°이었다)

① 16mm
② 18mm
③ 20mm
④ 22mm
⑤ 24mm

64 원용완전교정 안경굴절력과 근용안경굴절력이 다음과 같을 때, 가입도는?

- 원용 : S-4.50D ◯ C-1.50D, Ax 90°
- 근용 : S-4.00D ◯ C+1.50D, Ax 180°

① +0.50D
② +1.00D
③ +1.50D
④ +2.00D
⑤ +2.50D

65 다음은 복식알바이트안경에 대한 처방이다. 앞 렌즈의 조가 PD로 옳은 것은?

- OU : S-1.00D
- Add : +2.00D
- 원용 PD 63mm, 근용 PD 60mm
- 뒷렌즈 = 근용, 앞 + 뒷렌즈 = 원용

① 60.5mm
② 61.5mm
③ 62.5mm
④ 63.5mm
⑤ 64.5mm

66 누진굴절력렌즈에서 숨김마크에 적힌 내용은?

① 가입도
② 원용부 굴절력
③ 근용부 굴절력
④ 누진대 길이
⑤ 인셋량(Inset)

67 Ex형 이중초점렌즈의 가입도 측정 방법으로 옳은 것은?

① (-)면 근용부와 (-)면 원용부의 굴절력 차이값으로 구한다.
② (-)면 근용부와 (+)면 원용부의 굴절력 차이값으로 구한다.
③ (+)면 근용부와 (-)면 원용부의 굴절력 차이값으로 구한다.
④ (+)면 근용부와 (+)면 원용부의 굴절력 차이값으로 구한다.
⑤ (-)면, (+)면 관계없이 근용부와 원용부의 굴절력 차이값으로 구한다.

68 좌우의 망막상이 융합 즉, 감각성 융합이 되기 위한 생리광학적 조건에 해당하는 것은?

① 좌우안에 맺힌 상의 크기가 완벽하게 같아야 한다.
② 좌우안에 맺힌 상의 모양이 완벽하게 같아야 한다.
③ 비대응점 결상이 되는 모든 상은 융합이 되지 않는다.
④ 비대응점 결상이 되더라도 파눔 융합권 내에 있으면 융합이 된다.
⑤ 대응점 결상이 된 상은 복시로 이행된다.

69 사시가 되는 초기에 양안시에 적응하려는 현상
의 조합으로 옳은 것은?

① 정상대응 – 중심억제
② 억제 – 이상대응
③ 이상대응 – 복시
④ 복시 – 혼란시
⑤ 억제 – 약시

70 근거리(40cm) 시표를 주시하게 한 다음 피검사
자의 눈앞에 (+)구면렌즈를 단계적으로 추가하
여 최초 흐림이 나타났을 때까지의 추가된 (+)
구면렌즈 굴절력은?

① Push-up 법
② (–)렌즈 추가법
③ NRA(음성상대조절)
④ PRA(양성상대조절)
⑤ NPA(조절근점)

71 (–)렌즈 부가법에 의한 최대조절력 검사 결과가
다음과 같을 때 조절력은 몇 D인가?

- 원용교정 굴절력 : S–1.00D ◠ C–1.00D,
  Ax 180°
- 최초 흐림 시 : S–6.50D ◠ C–1.00D, Ax
  180°
- 검사거리 : 40cm

① 8.00D
② 7.00D
③ 6.50D
④ 6.00D
⑤ 5.50D

72 폭주의 요소 중에서 편위가 있을 때 단일시를
유지하기 위해 사용되는 폭주로 임상적으로 중
요도가 높고 측정 가능한 것은?

① 기계적 폭주
② 긴장성 폭주
③ 근접성 폭주
④ 조절성 폭주
⑤ 융합성 폭주

73 두 눈을 함께 사용하지 못할 때 즉, 융합성 폭주
가 일어나지 않도록 하여 양안단일시를 못할 때
나타나는 양안시 안위는?

① 해부학적 안정안위
② 생리적 안정안위
③ 융합제거 안정안위
④ 제1양안시 안위
⑤ 조절성 폭주 후 안위

74 우안 억제 환자에게 4△ B.O 검사를 하고자 한
다. 우안에 프리즘을 장입할 때 나타나는 현상
으로 옳은 것은?

① 우안은 코쪽으로, 좌안은 귀쪽으로 움직인다.
② 우안은 코쪽으로, 좌안은 귀쪽으로 이동 후
   다시 제자리로 돌아온다.
③ 우안은 코쪽으로, 좌안은 움직임이 없다.
④ 우안은 움직임이 없고, 좌안은 귀쪽으로 움
   직인다.
⑤ 양안 모두 움직임이 없다.

75 크로스링 시표를 활용한 사위검사의 결과가 아래 그림과 같다. 양안의 사위 교정 프리즘의 기저 방향으로 옳은 것은?

정상 시표	OD (RF장입)	OS (GF장입)	OU
⊕	+	◯	⊕

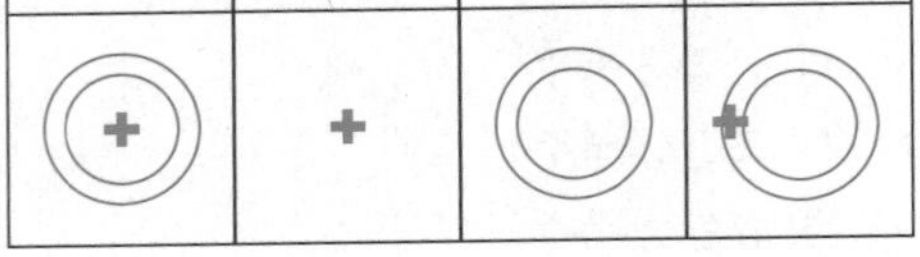

① OU B.I
② OU B.O
③ OU B.U
④ OD B.I ⊃ OS B.O
⑤ OD B.O ⊃ OS B.I

76 다음 설명에 해당하는 감각기능검사법은?

> • 중심억제유무 검사법
> • B.O 프리즘 장입
> • 헤링의 법칙 이용
> • 미세사시일 때 검사 용이

① 4△B.O 검사
② 크로스링 검사
③ 폰 그라페 검사
④ 주시시차 검사
⑤ 워쓰 4점 검사

77 양안시 검사 결과가 다음과 같을 때 예상해볼 수 있는 양안시 이상으로 옳은 것은?

> • 원거리 사위 : 8△ B.I
> • 원거리 양성융합력(B.O) : 6/10/8
> • 원거리 음성융합력(B.I) : x/14/11
> • AC/A 비 : 6/1 (△/D)

① 폭주 부족
② 폭주 과다
③ 개산 과다
④ 개산 부족
⑤ 조절 과다

78 양안시 검사 결과가 다음과 같을 때 쉐어드 (Sheard) 기준에 의한 프리즘 처방량은?

> • 근거리 사위 : 9△ Exo
> • 근거리 양성융합력(B.O) : 9/12/10
> • 근거리 음성융합력(B.I) : 12/15/14

① 교정할 필요 없음
② 2△ B.I
③ 2△ B.O
④ 3△ B.O
⑤ 3△ B.I

79 원용처방 OU : S-2.00D, 2△, B.O의 처방에서 사위를 구면가입도 처방으로 교정하려고 할 때 최종 교정 구면굴절력은? (단, AC/A 비는 4/1 (△/D) 이다)

① 0.00D
② S-1.00D
③ S-1.50D
④ S-2.00D
⑤ S-2.50D

80 내사위를 B.O 프리즘으로 교정하는 이유로 가장 타당한 것은?

① 폭주 부담을 덜어주기 위해
② 개산 부담을 덜어주기 위해
③ 조절 자극의 부담을 덜어주기 위해
④ 조절 이완의 부담을 덜어주기 위해
⑤ 억제를 막기 위해

81 눈물층 두께의 대부분(90%)을 차지하며 눈물샘에 의해 구성되어지고 항균작용을 하는 단백질인 라이소자임(Lysozyme)을 포함하고 있는 눈물층은?

① 상피층
② 지방층
③ 수성층
④ 점액층
⑤ 아데노이드층

82 아래 설명에 해당하는 눈 조직은?

- 5개 층 구조로 되어 있다.
- 지각신경이 분포되어 있어 통증을 느낀다.
- 콘택트렌즈 BCR을 결정하는 데 중요한 변수이다.

① 눈물
② 공막
③ 각막
④ 결막
⑤ 눈꺼풀

83 당량산소백분율(EOP)에 대한 설명 중 옳은 것은?

① 나안 상태에서 각막이 대기 중에서 이용할 수 있는 최대 산소량은 20.9%이다.
② 낮에 각막부종을 방지하기 위해서는 EOP가 12.1%가 되어야 한다.
③ 수면 중 일어날 수 있는 4% 이내의 각막부종을 위해서는 EOP가 20.9가 되어야 한다.
④ 수면 중 일어날 수 있는 8%의 각막부종을 위해서는 EOP가 17.9가 되어야 한다.
⑤ 연속착용렌즈를 위한 최소한의 EOP는 9.9%이다.

84 콘택트렌즈의 디자인에 대한 그림에서 표시된 부분과 명칭 연결이 옳은 것은?

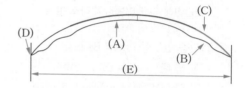

① (A) 광학부 직경
② (B) 굴절력 커브
③ (C) 기본 커브
④ (D) 블랜드
⑤ (E) 전체 직경(TD)

85 콘택트렌즈 구조에서 주변부 커브에 대한 설명으로 옳은 것은?

① 시력을 교정하기 위한 커브이다.
② 콘택트렌즈 착용 중 눈물 순환과 관계된 커브이다.
③ 각막난시 교정효과가 큰 커브이다.
④ 가장자리 들림이 크면 렌즈 움직임은 줄어든다.
⑤ 가장자리 들림이 클수록 눈물 순환이 잘되지 않는다.

86 얇은 소프트렌즈의 단점에 해당하는 것은?

① 굴절력이 낮은 경우 두께가 얇아 쉽게 탈수 될 수 있다.
② 각막부종 발생 빈도가 낮다.
③ 유연성이 좋다.
④ 착용감이 좋다.
⑤ 중심 잡기가 양호하다.

87 다음 설명에 해당하는 난시 축 안정화 방법은?

- 다른 방법이 모두 실패할 때 시도
- 렌즈 아랫부분의 가장자리가 절단
- 아랫눈꺼풀에 의해 회전하지 않음
- 절단면에 의해 이물감이 다소 발생

① 프리즘 안정형(Prism Ballast)
② 더블 씬 존(Double thin Zone)
③ 동적 안정형(Dynamic Stabilization)
④ 트렁케션(Trucation)
⑤ 후면토릭(Back Toric)

88 콘택트렌즈의 제조 방법에 대한 설명 중 옳은 것은?

① 소프트 콘택트렌즈는 모두 선반 절삭법으로 만든다.
② 제조비용은 회전 주조법 > 주형 주조법 > 선반 절삭법 순으로 많이 든다.
③ RGP렌즈는 선반 절삭법으로 만든다.
④ 주형 주조법은 다양한 렌즈 디자인 변수에 대응하기 쉽다.
⑤ 주형 주조법과 선박 절산법은 대량 생산이 가능하다.

89 다음 설명에 해당하는 콘택트렌즈 재질은?

- 최근 많이 사용하는 RGP 재질
- 불소를 포함함
- 침착물이 잘 생기지 않음
- 유연성이 우수함

① FFP(Flexible Fluoropolymer)
② FSA(Fluoro Silicone Acrylate)
③ Silicone
④ PMMA(Polymethyl Methaacrylate)
⑤ CAB(Cellulose Acetate Butyrate)

90 콘택트렌즈의 중력중심에 대한 설명 중 옳은 것은?

① (+)렌즈의 굴절력이 증가하면 앞쪽으로 이동된다.
② (−)렌즈의 BCR이 길어지면 뒤쪽으로 이동된다.
③ (−)렌즈의 굴절력이 증가하면 앞쪽으로 이동된다.
④ (+)렌즈의 직경이 증가하면 앞쪽으로 이동된다.
⑤ (+)렌즈의 중심두께가 증가하면 뒤쪽으로 이동된다.

91 안경 착용자가 콘택트렌즈 교정을 하고자 할 때, 정점간거리(VD)에 따라 교정 굴절력이 달라지는데 정점간거리 보정값을 적용해야 할 장용 안경 굴절력(D)은?

① ±1.00D 이상
② ±2.00D 이상
③ ±3.00D 이상
④ ±4.00D 이상
⑤ ±5.00D 이상

92 안굴절력계와 각막곡률계에 의한 결과값이 다음과 같다. 이 피검사자에게 구면 소프트렌즈로 교정하였을 경우 예상해볼 수 있는 잔여난시는?

- 안경교정굴절력
  OU : S−2.50D
- 각막곡률 측정값
  43.50D @ 90°, 42.50D @ 180°

① C−0.50D, Ax 90°
② C−0.50D, Ax 180°
③ C−1.00D, Ax 180°
④ C−1.00D, Ax 90°
⑤ 잔여난시 없음

93 베이스커브(BC) 8.00mm, 전체직경(TD) 9.5mm의 하드콘택트렌즈 처방을 전체직경(TD)을 9.0mm로 감소시키면서 기존 피팅 상태를 유지하고자 한다. 변경해야 할 베이스커브는?

① 8.30mm
② 8.10mm
③ 8.05mm
④ 7.95mm
⑤ 7.70mm

94 콘택트렌즈의 마이너스렌즈 모양 렌티큘러 디자인에 대한 설명으로 옳은 것은?

① 렌즈의 주변부를 중심보다 두껍게 만들어 중심이탈을 방지하기 위한 디자인이다.
② 렌즈 전체의 두께를 두껍게 하는 디자인이다.
③ 렌즈 전체의 두께를 얇게 하는 디자인이다.
④ 고도근시 교정용 렌즈에 적합한 디자인이다.
⑤ 아래눈꺼풀 아래에서 렌즈 움직임을 편하게 하기 위한 디자인이다.

95 렌즈의 전체 직경(TD) 결정 시 고려해야 할 요소는?

① 밝은 조명 아래에서의 동공 직경
② 눈꺼풀 테의 크기
③ 수직방향가시홍채직경(VVID)
④ 건성안 유무
⑤ 난시 유무

96 콘택트렌즈를 착용한 상태에서 플루레신으로 눈물을 염색한 다음 세극등현미경으로 관찰한 모습이 아래 사진과 같을 때 현재 착용한 콘택트렌즈의 종류는?

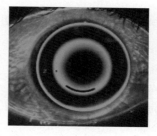

① 구면 RGP 콘택트렌즈
② 비구면 RGP 콘택트렌즈
③ 역기하 렌즈
④ 구면 소프트 콘택트렌즈
⑤ 토릭 소프트 콘택트렌즈

97 다음과 같은 결과 값을 가진 피검사자에게 처방할 적절한 콘택트렌즈의 종류는?

- 안경교정굴절력
  OU : S−2.50D ◯ C−1.00D, Ax 180°
- 각막곡률 측정값
  45.00D @ 90°, 45.00D @ 180°

① 구면 소프트 콘택트렌즈
② 구면 하드 콘택트렌즈
③ 토릭 소프트 콘택트렌즈
④ 양면토릭 하드 콘택트렌즈
⑤ 비구면 하드 콘택트렌즈

98 다음 설명에 해당하는 노안교정 방법은?

> • 우세안을 활용한다.
> • 원용과 근용 시력을 따로 교정한다.
> • 인위적인 부동시 상태를 만든다.
> • 입체감이 감소될 수 있다.

① 단안시
② 이중초점렌즈
③ 멀티포컬 렌즈
④ 구면 RGP 렌즈
⑤ 토릭 소프트렌즈

99 각막부종이 있을 경우에 나타날 수 있는 증상은?

① 가려움증
② 통증
③ 눈물흘림
④ 시력저하
⑤ 충혈

100 다음 중 칼슘 침전 현상을 막아주는 킬레이팅 제는?

① 붕산
② 인산
③ 염화나트륨(NaCl)
④ 다이메드(Dymed)
⑤ EDTA

101 포롭터 보조렌즈의 명칭과 기호의 연결이 올바른 것은?

① PH : 편광렌즈
② R : 적색 필터렌즈
③ RL : 적색 마독스렌즈
④ 10△I : 수평사위검사
⑤ P : 편광렌즈

102 각막곡률계의 검사 과정에서 아래 그림과 같을 때 다음 중 해야 할 조작은?

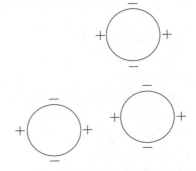

① 각막곡률계 본체를 앞뒤로 움직인다.
② 수평 조정핸들을 돌린다.
③ 수직 조정핸들을 돌린다.
④ 본체를 회전시켜 축을 맞춘다.
⑤ 시도조절을 실시한다.

103 포롭터를 활용한 굴절검사 진행 시 난시정밀검사를 실시하기 위해 피검자의 눈앞에 장입되어야 하는 크로스실린더에 해당하는 것은?

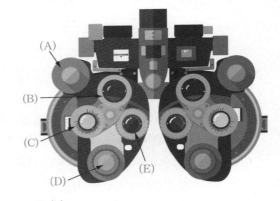

① (A)
② (B)
③ (C)
④ (D)
⑤ (E)

104 검안경(Ophthalmoscope)을 사용하여 안저를 검사할 때 녹색 필터를 사용하는 이유는?

① 망막 혈관을 쉽게 관찰하기 위해
② 피검사자의 눈부심을 줄이기 위해
③ 검사자의 조절 개입을 막기 위해
④ 검사 시간을 단축하기 위해
⑤ 반사광선에 의한 빛 반사를 줄이기 위해

105 공막에서 내부 전반사를 이용하여 빛이 산란되게 하여 각막부종 유무를 확인하고자 할 때 사용할 조명법으로 옳은 것은?

① 직접 조명법
② 간접 조명법
③ 공막 산란 조명법
④ 역 조명법
⑤ 경면 반사 조명법

3교시 │ 시광학실무

01 5m용 시력표에서 가장 작은 0.1 시표를 읽지 못해 전진하여 시력표와 2m 거리에서 읽었다면 이 사람의 나안시력은?

① 0.01
② 0.02
③ 0.03
④ 0.04
⑤ 0.05

02 양안시기능 검사를 위한 예비검사 중에서 이향 운동능력의 최댓값을 측정할 수 있는 것은?

① 가림벗김 검사
② 가림 검사
③ 폭주근점 검사
④ 우세안 검사
⑤ 입체시 검사

03 안경원을 내원한 피검사자를 문진한 결과가 아래와 같을 때, 선행해야 할 예비검사는?

- 완전교정원용안경 : S-3.00D
- 나이 : 45세
- 최근 들어 가까이 볼 때 안경을 벗고 보는 것이 더 잘 보이고 편안함
- 안과적 질환 없음

① 색각이상 검사
② 우세안 검사
③ 사위 검사
④ 억제 검사
⑤ 조절력 검사

04 각막곡률계(Keratometer)의 측정 결과가 아래와 같다. 각막 난시는?

K-data

H : 44.25D, @ 180°

V : 42.75D, @ 90°

① C-1.50D, Ax 180° 직난시
② C-1.50D, Ax 90° 도난시
③ C+1.50D, Ax 90° 도난시
④ C+1.50D, Ax 180° 직난시
⑤ C-0.50D, Ax 90° 도난시

05 자동안굴절력계(Auto-refractometer)로 측정할 수 있는 것은?

① 광학중심점 높이
② 가입도
③ 눈물렌즈 굴절력
④ 사위량
⑤ 굴절 난시량

06 다음 그림과 같이 적녹안경와 함께 사용하는 입체시검사 시표의 이름은?

① 가성동색표
② TNO Test
③ 편광입체시표 검사
④ FLY Test
⑤ Lang Test

07 열공판을 이용한 난시안 검사 결과가 아래와 같을 때, 안경 처방굴절력은?

• 열공판을 수평으로 위치시키고 시력이 가장 좋을 때 : S-3.00D 장입
• 열공판을 수직으로 위치시키고 시력이 가장 좋을 때 : S-4.00D 장입

① S-3.00D ⊂ C-1.00D, Ax 180°
② S-3.00D ⊂ C-1.00D, Ax 90°
③ S-1.00D ⊂ C-3.00D, Ax 180°
④ S-1.00D ⊂ C-3.00D, Ax 90°
⑤ S-3.00D ⊂ C-4.00D, Ax 180°

08 적록이색시표를 이용하여 구면굴절력 정밀검사를 실시하였다. (가)보다 (나)의 경우에서 더 선명하다고 응답한 경우 다음 조작으로 옳은 것은? (단, 피검사자는 근시안이다)

(가)   (나)

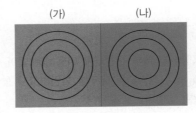

① (-)원주렌즈 굴절력을 올려준다.
② (-)원주렌즈 굴절력을 내려준다.
③ (-)구면렌즈 굴절력을 내려준다.
④ (-)구면렌즈 굴절력을 올려준다.
⑤ 난시축 정밀검사로 넘어간다.

09 크로스실린더를 이용한 검사이다. (가)는 크로스실린더 세팅 상태, (나)는 사용되는 시표일 때 현재 진행하는 검사에 해당하는 것은?

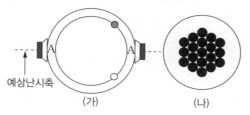

① 난시축 정밀검사
② 난시굴절력 정밀검사
③ 구면굴절력 정밀검사
④ 양안조절균형검사
⑤ 근용 가입도 검사

10 프리즘분리법에 의한 양안조절균형검사를 실시하여 시표의 비교선명도를 확인한 결과 굴절력 변화에도 불구하고 3회 연속으로 아래쪽 시표가 선명하다고 응답하였다. 이 결과에 대한 설명 중 옳은 것은? (단, OD 3△ B.D ◡ OS 3△ B.U 이 장입되어 있다)

① 우세안 검사를 추가로 진행한다.
② 양안조절균형이 이루어진 결과이다.
③ 양안 자각적굴절검사를 다시 실시한다.
④ 우안에 S+0.25D를 추가한 다음 비교선명도를 다시 물어본다.
⑤ 좌안에 S−0.25D를 추가한 다음 비교선명도를 다시 물어본다.

11 근시성 난시안이 운무 후 방사선 시표를 보았을 때 4시 방향 선이 진하게 보인다고 하였다. 이 난시안의 약주경선 T.A.B.O. 각 방향은?

① 30°
② 60°
③ 90°
④ 120°
⑤ 180°

12 푸시업 방법으로 측정한 최대 조절력이 +4.00D인 사람의 작업거리가 눈앞 25cm일 때, 조절력의 1/2을 남기기 위해 처방할 근용 가입도 (Add)는?

① S 0.00D
② S+1.00D
③ S+2.00D
④ S+3.00D
⑤ S+4.00D

13 안경렌즈 조제가공에서 회전점 조건에 포함되는 피팅 요소는?

① 경사각 − 다리경사각
② 경사각 − 다리벌림각
③ 경사각 − 다리접은각
④ 경사각 − 앞수평면휨각
⑤ 앞수평면휨각 − 다리벌림각

14 다음 그림과 같이 측정된 단안 PD 값으로 옳은 것은?

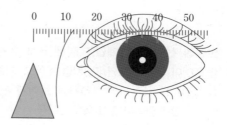

① OD : 35mm
② OD : 27mm
③ OS : 27mm
④ OS : 31mm
⑤ OS : 35mm

15 편안한 착용을 위한 안경테 부위별 피팅 순서로 옳은 것은?

① 연결부 → 림 커브 → 엔드피스 → 템플팁
② 연결부 → 엔드피스 → 림 커브 → 템플팁
③ 연결부 → 림 커브 → 템플팁 → 림 커브
④ 림 커브 → 연결부 → 템플팁 → 엔드피스
⑤ 템플팁 → 엔드피스 → 림 커브 → 연결부

16 안경의 크기 요소와 기준 PD가 아래와 같을 때, 형판의 기준점에서 설계점까지의 위치는?

- R.PD : 33mm, L.PD : 34mm
- 안경테 크기 : 52 □ 14 135

① R. 코 방향 1mm, L. 코 방향 1mm
② R. 코 방향 1mm, L. 귀 방향 1mm
③ R. 0 mm, L. 귀 방향 1mm
④ R. 0 mm, L. 코 방향 1mm
⑤ R. 귀 방향 1mm, L. 귀 방향 1mm

17 안경테 선택 시 설계값(P.D)에 비해 기준값(F.P.D)이 너무 작으면 (가)처럼 보이고, 기준값(F.P.D)이 너무 크면 (나)처럼 보이게 된다. (   ) 안에 들어갈 말로 옳은 것은?

① 가 : 내편위 / 나 : 내편위
② 가 : 외편위 / 나 : 외편위
③ 가 : 내편위 / 나 : 외편위
④ 가 : 외편위 / 나 : 내편위
⑤ 가 : 정위 / 나 : 정위

18 무편심렌즈의 직경이 65mm이고 편심렌즈의 최소편심량이 2mm일 때, 편심렌즈의 직경은?

① 61mm
② 62mm
③ 63mm
④ 64mm
⑤ 65mm

19 안경원을 내원한 고객의 안경을 렌즈미터로 측정한 결과가 아래와 같다. 해석으로 옳은 것은?

- 강주경선 : −3.50D @ 180°
- 약주경선 : −1.75D @ 90°
- 타깃이 중심보다 왼쪽 2칸에 위치

① OD : S−1.75D ◠ C−1.75D, Ax 180° ◠ 2△ B.O
② OS : S−1.75D ◠ C−1.75D, Ax 90° ◠ 2△ B.O
③ OS : S−1.75D ◠ C−1.75D, Ax 180° ◠ 2△ B.I
④ OD : S−1.75D ◠ C−1.75D, Ax 90° ◠ 2△ B.O
⑤ OU : S−1.75D ◠ C−1.75D, Ax 90° ◠ 2△ B.O

20 정식계측방법으로 측정한 안경테 크기이다. 조제가공에 필요한 최소렌즈직경은?

- 기준 PD : 67mm
- 안경테 크기 : 55 □ 18 138
- 작업여유분 : 2mm(고려해야 함)

① 69∅
② 67∅
③ 65∅
④ 63∅
⑤ 61∅

21 망원경식 렌즈미터 사용 시, 렌즈 받침부에 렌즈의 (+)면을 위치시켜 굴절력을 측정해야 하는 경우는?

① 커브가 심한 렌즈 굴절력 측정 시
② 고굴절률 렌즈의 굴절력 측정 시
③ 토릭렌즈 굴절력 측정 시
④ Ex형 이중초점렌즈의 가입도 측정 시
⑤ 융착형 이중초점렌즈의 가입도 측정 시

22 망원경식 렌즈미터로 안경렌즈를 측정한 결과가 아래와 같다. 해석으로 옳은 것은?

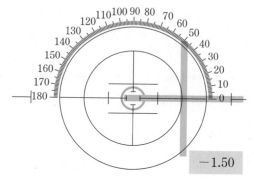

-1.50

① 근시성 난시를 교정하기 위한 렌즈이다.
② 오른쪽 렌즈일 경우 B.I 프리즘이 처방된 렌즈이다.
③ 왼쪽 렌즈일 경우 B.I 프리즘이 처방된 렌즈이다.
④ 프리즘굴절력은 1△이다.
⑤ 구면굴절력만 존재하고 프리즘굴절력 값은 0△이다.

23 S+1.50D ○ C−0.75D, Ax 90°의 처방으로 교정할 수 있는 비정시는?

① 혼합 난시안
② 원시성 복성 직난시안
③ 원시성 복성 도난시안
④ 원시성 단성 도난시안
⑤ 원시성 단성 직난시안

24 다음은 P.D 미터기의 각부 명칭이다. 사시안의 P.D를 측정할 때, 단안을 가리기 위해 조작해야 할 것은?

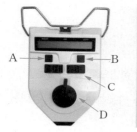

① A
② B
③ C
④ D
⑤ E

25 원시 교정용 렌즈의 프리즘 효과에 대한 설명 중 옳은 것은?

① 기준 PD > 조가 PD일 경우, B.O 효과가 발생한다.
② 기준 PD < 조가 PD일 경우, B.I 효과가 발생한다.
③ 기준 Oh < 조가 Oh일 경우, B.D 효과가 발생한다.
④ 기준 Oh > 조가 Oh일 경우, B.D 효과가 발생한다.
⑤ 원시 교정용 렌즈는 광학중심점과 기저가 일치되어 있어 프리즘 효과가 발생하지 않는다.

26 산각에 대한 설명 중 옳은 것은?

① 포인트테의 조제가공을 위해서는 역산각이 되어야 한다.
② 하프림테의 조제가공을 위해서는 평산각이 되어야 한다.
③ 두꺼운 렌즈를 가공할 경우에는 중산각을 세운다.
④ 굴절력이 낮은 근시 교정용 렌즈의 경우 고산각으로 가공한다.
⑤ 나일론 테를 위한 산각은 1차로 평산각 가공 후 2차로 역산각을 가공한다.

27 중화법에 대한 설명으로 옳은 것은?

① 렌즈미터를 이용하여 렌즈 굴절력을 측정하는 방법이다.
② 투영식 렌즈미터에서만 가능한 렌즈 굴절력 측정 방법이다.
③ 광학중심점은 대략적으로도 알 수 없다.
④ (+)렌즈와 (−)렌즈를 구분할 수 없다.
⑤ 렌즈의 이동방향과 상의 이동방향이 동일하면 (−)렌즈이다.

28 렌즈미터의 타깃이 스크린 중앙에서 아래로 1△인 위치로 벗어나 있는 것을 모르고 (+)구면렌즈의 타깃을 중앙에 위치시켜 인점하였을 때, 측정렌즈에서 받는 프리즘 영향은?

① 0△
② 1△ B.U
③ 1△ B.D
④ 1△ B.I
⑤ 1△ B.O

29 다리벌림각 피팅에 대한 설명 중 옳은 것은?

① 좌우 다리벌림각은 항상 동일한 각도를 유지하여야 한다.
② 좌우 다리벌림각이 커지면 안경테는 앞으로 돌출된다.
③ 다리벌림각이 큰 쪽은 템플팁이 앞으로 당겨지면서 귀에 압박감을 준다.
④ 다리벌림각이 작은 쪽은 코받침에 의한 콧등 누름이 증가한다.
⑤ 다리벌림각이 작은 쪽은 정점간거리가 길어져 앞으로 돌출된다.

30 왜곡검사기로 완성된 안경을 검사하였더니 왜곡이 발견되었다. 원인에 해당하는 것은?

① 렌즈삽입부 크기보다 렌즈를 작게 가공하였다.
② 렌즈삽입부 크기보다 렌즈를 크게 가공하였다.
③ 중산각이 아닌 평산각으로 가공하였다.
④ 림 커브와 렌즈 산각의 커브가 정확하게 일치되었다.
⑤ 테의 홈 크기와 렌즈의 산각의 모양, 각도가 일치되었다.

31 대표적인 이향안구운동의 한 종류이며 근거리를 볼 때 나타나는 안구운동은?

① 동향안구운동
② 따라보기
③ 홱보기
④ 눈모음(폭주)
⑤ 눈벌림(개산)

32 폰 그라페(Von Graefe)법에 의한 사위검사의 결과가 아래와 같을 때 사위의 종류는?

정상 시표	OD	OS (10▲B.I 장입)	OU
123 123	123	123	123
			123

① 우안 상사위
② 우안 하사위
③ 좌안 상사위
④ 외사위
⑤ 내사위

33 가림검사에서 우안을 가렸더니 좌안의 움직임이 없었고, 좌안을 가렸더니 아래 그림과 같이 우안이 코 방향으로 움직였다. 이 눈의 안위이상은?

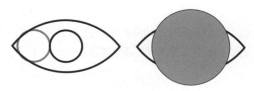

① 우안 내사시
② 우안 외사시
③ 외사위
④ 내사위
⑤ 교대성 외사시

34 격자시표와 크로스실린더를 이용한 조절래그 검사에서 +2.00D로 운무 후 검사를 진행한 결과 구면렌즈 다이얼이 −0.50D를 나타낼 때 수평선과 수직선의 선명도가 동일하다고 응답했다면 이 피검사자의 조절래그는 얼마인가? (단, 원용 교정 굴절력은 S−2.00D이다)

① +2.00D
② +1.50D
③ +1.00D
④ +0.50D
⑤ −0.50D

35 (−)렌즈 부가법에 의한 조절력 검사 결과이다. 최대조절력은?

- 원용 교정값 : S+1.50D
- 근거리 시표 위치 : 33cm
- 흐린 점이 나타났을 때 구면굴절력 : S−3.50D

① −2.00D
② +1.50D
③ +4.50D
④ +6.50D
⑤ +8.00D

36 프리즘 기저방향에 따른 효과에 대한 다음 설명 중 옳은 것은?

① 기저외방(Base out) 프리즘은 외편위를 교정할 때 사용한다.
② 기저내방(Base in) 프리즘은 내편위를 교정할 때 사용한다.
③ 기저내방(Base in) 프리즘은 내사위를 유발할 수 있다.
④ 기저외방(Base out) 프리즘은 내사위를 유발할 수 있다.
⑤ 양성융합성폭주를 검사하기 위해서는 기저내방(Base in) 프리즘을 사용한다.

37 근거리 양안시 검사 결과가 다음과 같다. 이 피검사자의 양성상대폭주(PRC)는?

- 근거리 사위 : 4△ Eso
- 근거리 양성융합력(B.O) : 15/20/17
- 근거리 음성융합력(B.I) : 6/10/8
- AC/A 비 : 3/1 (△/D)

① 4△
② 6△
③ 10△
④ 15△
⑤ 19△

38 워쓰 4점 검사(Worth 4 Dots Test)의 결과가 아래 그림과 같을 때 해석으로 옳은 것은?

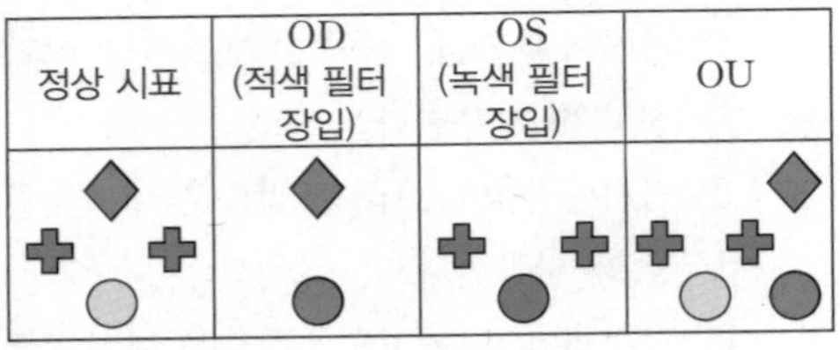

정상 시표	OD (적색 필터 장입)	OS (녹색 필터 장입)	OU

① 정상
② 우안 억제
③ 좌안 억제
④ 외사위
⑤ 내사위

39 편광 입체시표를 이용하여 원거리 입체시를 검사하였다. 좌우안에 장입된 편광렌즈의 축 방향을 전환하여도 근치감에 비해 원치감을 상대적으로 잘 느끼지 못할 때 그 원인은?

① 원시안 미교정
② 근시안 미교정
③ 외사위 미교정
④ 내사위 미교정
⑤ 약시 미교정

40 구면렌즈 플리퍼를 이용한 시기능 검사에서 (+) 렌즈에서 느림 또는 실패가 나타날 경우, 그 결과 해석으로 옳은 것은?

① 조절과다, NRA가 높게 나올 것이다.
② 조절과다, NRA가 낮게 나올 것이다.
③ 조절부족, NRA가 낮게 나올 것이다.
④ 조절부족, PRA가 낮게 나올 것이다.
⑤ 조절용이성부족, PRA와 NRA 모두 낮게 나올 것이다.

41 각막 내피의 바둑판 형태를 확인하기 위한 세극등 현미경에서의 조명법은?

① 확산 조명법(Diffuse Illumination)
② 간접 조명법(Indirect Illumination)
③ 역 조명법(Retro Illumination)
④ 공막산란 조명법(Sclerotic Scatter Illumination)
⑤ 경면반사 조명법(Specular Reflection Illumination)

42 아래 그림과 같이 측정할 수 있으며, 콘택트렌즈의 전체 직경(TD)을 결정하기 위한 요소는?

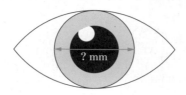

① 각막 전면의 곡률반경
② 각막 두께
③ 어두울 때 동공직경
④ 수평방향가시홍채직경
⑤ 눈꺼풀테 세로 길이

43 콘택트렌즈의 처방 전 예비검사에 관한 설명으로 옳은 것은?

① 눈 깜빡임 횟수를 관찰한다.
② 동공의 직경은 밝은 환경에서만 측정한다.
③ 동공간거리를 측정한다.
④ 각막직경은 측정하지 않아도 된다.
⑤ 눈물막 파괴시간이 10초 이하이면 무조건 소프트 콘택트렌즈를 처방한다.

44 눈물의 질을 평가하는 눈물막 파괴시간을 측정할 때, 건조반이 나타나는 눈물층은?

① 지방층
② 수성층
③ 점액층
④ 상피층
⑤ 내피층

45 부종이 없는 정상적인 각막이 유지해야 하는 수분함량은?

① 40%
② 50%
③ 60%
④ 70%
⑤ 78%

46 일회용 콘택트렌즈의 장점에 대한 설명 중 옳은 것은?

① 거대유두결막염(GPC)의 발생 위험도가 높다.
② 세척액, 보관액 등의 관리비용이 많이 든다.
③ 필요할 때, 필요한 개수만큼만 챙겨서 사용할 수 있다.
④ 가끔씩 착용하게 되면 적응기간이 필요하다.
⑤ 피팅 변수를 다양하게 선택할 수 있다.

47 RGP 콘택트렌즈를 처방하기 위한 검사 결과이다. 예상할 수 있는 덧댐굴절검사 값은?

> • 안경교정굴절력 OU : S−3.00D
> • 각막곡률 측정값
>   : 42.00D, 8.05mm @ 180°
>   : 42.00D, 8.05mm @ 90°
> • 시험렌즈 : S−3.00D, 7.95mm

① −0.50D
② −0.25D
③ 0.00D
④ +0.25D
⑤ +0.50D

48 자각적굴절검사 결과 S-3.5D ◯ C-0.75D, Ax 165°의 처방이 필요한 난시안을 토릭 콘택트렌즈로 교정하기 위해 축 회전 피팅 평가를 실시하였더니 축경선 방향 기준선 표시가 시계 방향으로 15°만큼 회전되어 안정화되었다. 처방할 토릭 콘택트렌즈는?

① S-3.50D ◯ C-0.75D, Ax 150°
② S-3.50D ◯ C-0.75D, Ax 180°
③ S-3.50D ◯ C-0.75D, Ax 15°
④ S-3.50D ◯ C-1.00D, Ax 165°
⑤ S-3.50D ◯ C-0.50D, Ax 165°

49 S-4.50D ◯ C-1.50D, Ax 180°의 안경을 착용한 피검사자에게 토릭 소프트 콘택트렌즈를 처방하려고 한다. 처방해야 할 토릭 소프트 콘택트렌즈의 굴절력은? (단, 안경의 정점간거리는 12mm이다)

① S-4.50D ◯ C-1.25D, Ax 180°
② S-4.25D ◯ C-1.50D, Ax 180°
③ S-4.00D ◯ C-1.50D, Ax 180°
④ S-4.25D ◯ C-1.25D, Ax 180°
⑤ S-4.25D ◯ C-1.25D, Ax 90°

50 하이드로겔 콘택트렌즈에서 주로 발견되며, 칼슘, 단백질, 지방 등의 복합적인 침전물 덩어리에 해당하는 침전물은?

① 치메로살(Thimerosal)
② 폴리쿼드(Polyqyuad)
③ 젤리 펌프(Jelly Bump)
④ 솔베이트(Sorbate)
⑤ 다이메드(Dymed)

51 알러지성 아토피 피부염을 가진 고객에게 권장할 때 주의를 요하는 안경테 소재는?

① 청동
② 듀랄류민
③ 모넬
④ 티타늄
⑤ 스테인리스 스틸

52 국부적으로 급속한 가열이 가능하여 산화작용이 적으며, 접합력이 강하고 작업시간이 짧은 장점이 있지만, 설비비와 유지비가 높고, 제품별 치구가 필요하여 다품종 소량생산에는 부적합한 단점을 지닌 땜질 방법은?

① 불꽃 땜질
② 아크 용접
③ 아르곤 용접
④ 전기저항 땜질
⑤ 고주파유도가열 용접

53 다음 내용과 관련 있는 플라스틱 안경테 소재는?

- 주형중화법으로 제조
- 열경화성 플라스틱
- 경량성
- 3차원 망상구조

① 탄소섬유
② 폴리아미드
③ TR 90
④ 에폭시 수지
⑤ 아세테이트

54 다음 내용과 관련 있는 안경테 소재는?

> • 동물성이므로 생체 친화성 우수
> • 건조에 약하고 습도 10% 이하 시 균열
> • 장기 보관 시 해충에 의한 표면 손상 가능
> • 독특한 문양과 광택으로 격조가 우수함

① 탄소섬유
② 귀갑테
③ 탄화규소
④ 폴리아미드
⑤ 18K 금 합금테

55 광학유리렌즈에 색상을 넣기 위한 착색 방법은?

① 염색 착색법
② 융착 착색법
③ 용융 착색법
④ 진공 증착법
⑤ 침투 착색법

56 유리 안경렌즈의 연마공정 순서로 옳은 것은?

① 황삭 연마 → 정형 연마 → 미세 연마 → 광택 연마 → Blocking
② 정형 연마 → 황삭 연마 → Blocking → 미세 연마 → 광택 연마
③ Blocking → 광택 연마 → 미세 연마 → 정형 연마 → 황삭 연마
④ Blocking → 황삭 연마 → 정형 연마 → 미세 연마 → 광택 연마
⑤ Blocking → 정형 연마 → 미세 연마 → 황삭 연마 → 광택 연마

57 굴절부동시성 노안이 융착형 이중초점렌즈를 착용하고 근거리에서 태블릿 PC를 보는 경우 근용부 시점에서 발생하는 좌우안의 상하 프리즘 굴절력 차이를 보완할 목적의 렌즈는?

① 프리즘렌즈
② 누진굴절력렌즈
③ 프레넬 프리즘
④ 사이즈 렌즈
⑤ 슬래브업 렌즈

58 이중, 삼중초점렌즈와 비교한 누진굴절력렌즈의 장점은?

① 근용부 시야가 가장 넓다.
② 검사 및 조제가공이 가장 쉽다.
③ 안경렌즈 전체를 사용하게 되며 시야가 넓다.
④ 불명시역의 갭이 없다.
⑤ 가격이 저렴하며 적응하기 쉽다.

59 낚시용 또는 운전용 편광렌즈의 편광 투과축 방향은?

① 양안 모두 수직(90°)
② 양안 모두 수평(180°)
③ 우세안 수직(90°), 비우세안 수평(180°)
④ 우세안 수평(180°), 비우세안 수직(90°)
⑤ 오른쪽 45°, 왼쪽 135°

60 반사방지막 코팅렌즈에 대한 설명 중 옳은 것은?

① 표면반사율을 증가시키기 위한 코팅이다.
② 일반적으로 반사방지막코팅은 코팅층에서 최상층에 입힌다.
③ 간섭 효과를 이용하여 표면반사율을 줄여 투과율을 최대로 하기 위한 코팅이다.
④ 코팅막의 두께는 진폭조건, 코팅물질은 위상조건에 맞아야 한다.
⑤ 렌즈 표면을 소수성이 되도록 한다.

인생이란 결코 공평하지 않다. 이 사실에 익숙해져라.

– 빌 게이츠 –

최종모의고사
제3회

제1교시 시광학이론

제2교시 1과목 의료관계법규
        2과목 시광학응용

제3교시 시광학실무

남에게 이기는 방법의 하나는 예의범절로 이기는 것이다.

− 조쉬 빌링스 −

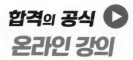

1교시 | 시광학이론

01 공막의 사상판을 통과하는 혈관은?

① 앞섬모체동맥
② 긴뒤섬모체동맥
③ 또아리정맥
④ 망막중심동맥
⑤ 짧은뒤섬모체동맥

02 각막이 투명성을 유지하는 조건으로 옳은 것은?

① 90% 이상의 높은 함수율
② 가장자리의 혈관을 통한 영양공급
③ 지각신경의 존재
④ 실질 내 교원섬유(아교섬유)의 규칙적인 배열
⑤ 각막상피의 세포 재생기능

03 중막(포도막)에 대한 설명 중 옳은 것은?

① 홍채, 섬모체, 맥락막에는 모두 근육이 존재한다.
② 홍채에는 멜라닌세포가 있고 섬모체에는 멜라닌세포가 없다.
③ 맥락막의 색소는 공막을 통해 들어오는 광선을 차단한다.
④ 맥락막의 혈관이 망막 전체의 혈액 공급까지 담당한다.
⑤ 맥락막의 뒤쪽으로는 톱니둘레를 경계로 섬모체와 연속된다.

04 포도막(중막)의 근육에 대한 설명 중 옳은 것은?

① 동공확대근이 수축할 때 동공이 작아진다.
② 동공조임근은 홍채의 바깥쪽에 위치한다.
③ 섬모체근이 수축할 때 방수의 유출량이 증가한다.
④ 부교감신경의 지배로 섬모체근과 동공확대근이 수축한다.
⑤ 섬모체근이 이완할 때 눈의 전체 굴절력이 증가한다.

05 망막의 10개 층 중에서, 원뿔세포와 막대세포의 바깥조각(외절)이 위치하는 곳은?

① 색소상피층
② 광수용체세포층
③ 바깥핵층
④ 바깥얼기층
⑤ 속핵층

06 다음에서 설명하는 망막의 부위는?

> • 맥락막 모세혈관에 의해 영양공급을 받는다.
> • 시신경원판을 기준으로 귀쪽방향에 위치한다.
> • 원뿔세포가 밀집되어 있어 중심시력을 담당한다.

① 중심오목
② 톱니둘레
③ 부르크막
④ 시신경
⑤ 시세포층

07 다음 방수에 대한 설명 중 옳은 것은?

① 방수의 용적은 약 20mL이다.
② 방수의 90%는 섬모체를 통해 배출된다.
③ 방수는 섬모체의 평면부 상피에서 생산된다.
④ 정상적인 안압은 약 0.2mmHg이다.
⑤ 수정체와 각막에 영양을 공급한다.

08 다음 중 유리체에 대한 옳은 설명은?

① 유리체의 65%는 수분이다.
② 안구 부피 중 1/5를 차지한다.
③ 유리체 앞쪽의 수정체와는 간극을 형성한다.
④ 안구의 형태를 유지하는 데 역할을 한다.
⑤ 노화과정에서 점차 단단해진다.

09 다음 결막을 설명한 내용 중 옳은 것은?

① 멜라닌 색소가 풍부하게 들어있다.
② 혈관이 풍부하게 들어있다.
③ 결막상피에서 눈물의 지방을 분비한다.
④ 눈물샘이 있어서 자극 시 눈물을 분비한다.
⑤ 안구결막과 각막의 보우만막이 연속되어
있다.

10 눈꺼풀의 기능을 바르게 설명한 것은?

① 방수 생산
② 빛의 굴절기능
③ 빛의 반사방지
④ 눈물 생산
⑤ 각막에 영양공급

11 눈물층과 각 층의 특징이 바르게 연결된 것은?

① 지방층 – 미생물의 침입에 대항
② 지방층 – 눈물의 표면장력을 낮춤
③ 수성층 – 눈물층 중 가장 얇은 층
④ 점액층 – 눈물 증발 방지
⑤ 점액층 – 각막, 결막상피에 눈물을 고루
퍼트림

12 다음에서 설명하는 것은?

- 눈돌림신경의 지배를 받는 근육이다.
- 근육의 방향이 광축과 23°를 이룬다.
- 주작용으로 올림, 보조작용으로 안쪽돌림과
  내회선을 한다.

① 위곧은근
② 아래곧은근
③ 가쪽곧은근
④ 위빗근
⑤ 아래빗근

13 눈의 조직과 지배신경이 바르게 연결된 것은?

① 각막 – 눈돌림신경
② 섬모체 – 부교감신경
③ 눈꺼풀 – 가돌림신경
④ 홍채 – 삼차신경
⑤ 눈물샘 – 얼굴신경

14 시력검사의 기준거리에서 0.1 시표를 판독하지 못했을 때 다음으로 시행할 방법은?

① 0.1 시표를 판독할 수 있는 거리까지 피검 사자를 이동시킨다.
② 피검사자의 눈앞에 손가락을 보여주며 손가 락 수를 셀 수 있는지 확인한다.
③ 피검사자의 눈앞에서 손을 흔들어 움직임을 인식할 수 있는지 확인한다.
④ 0.1 시표보다 더 큰 시표로 검사를 진행한다.
⑤ 피검사자가 빛을 인지할 수 있는지 눈앞에 빛을 비춰 확인한다.

15 다음 시야에 대한 설명 중 옳은 것은?

① 정상시야에서 위쪽 시야는 아래쪽 시야보다 넓다.
② 정상 위쪽 시야 범위는 약 100°이다.
③ 단안시야에서 생리적 맹점은 귀쪽 시야에 나타난다.
④ 정상시야 범위 중 가장 좁은 곳은 귀쪽이다.
⑤ 주변시야 범위에서도 물체의 색을 잘 구분 할 수 있다.

16 다음과 같은 시야장애를 보일 때 예상할 수 있 는 병변의 위치는?

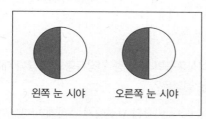

왼쪽 눈 시야   오른쪽 눈 시야

① 오른쪽 눈 시신경
② 왼쪽 눈 시신경
③ 시신경교차부
④ 오른쪽 시각로
⑤ 왼쪽 시각로부채살

17 약시에 대해 설명한 내용으로 옳은 것은?

① 백내장이나 눈꺼풀처짐 등이 약시의 원인이 될 수 있다.
② 안경처방을 통해 정상시력으로 교정이 가능 하다.
③ 눈 질환에 의해 발생한 시력저하를 말한다.
④ 사시로 인해 발생하는 약시는 주로 성인에 게 나타난다.
⑤ 굴절이상에 의한 약시의 경우 치료가 불가 능하다.

18 광각과 관련한 눈의 장애에 대한 설명 중 옳은 것은?

① 야맹은 원뿔세포의 기능장애와 관련된다.
② 비타민 A 결핍이 있을 때 주간맹이 나타날 수 있다.
③ 망막색소변성일 때 어두운 곳보다 밝은 곳 에서 먼저 시력저하가 나타난다.
④ 수정체 중앙부 혼탁이 있을 때 밝은 곳에서 의 시력은 정상이다.
⑤ 주간맹과 관련된 질환은 전색맹 축성시신경 염 등이다.

19 아버지는 색각이상, 어머니는 보인자일 경우 자 녀들 중 색각이상자의 확률은?

① 0%
② 25%
③ 50%
④ 75%
⑤ 100%

20 비정시에 대해 설명한 내용으로 옳은 것은?

① 축성근시는 정시보다 안구가 짧다.
② 굴절성원시는 눈의 굴절력이 정시보다 약하다.
③ 합병근시는 미교정 원시의 과도한 근거리 작업으로 인해 일시적으로 나타나는 근시이다.
④ 원시는 정적굴절 상태에서 망막 앞에 초점이 맺히는 눈이다.
⑤ 난시에 의한 상은 2개의 초점으로 맺힌다.

21 조절이상에 대한 설명 중 옳은 것은?

① 조절부족은 40세 이후에만 나타난다.
② 조절부족은 섬모체의 마비로 인해 일어난다.
③ 조절경련 시 수정체의 굴절력은 감소된다.
④ 조절-이완 반응속도의 저하를 조절지연이라고 한다.
⑤ 조절마비 시에는 수정체의 굴절력이 증가되어 있다.

22 근거리를 주시할 때의 눈의 변화에 대한 옳은 설명은?

① 안압이 높아진다.
② 수정체의 두께가 감소한다.
③ 앞방이 깊어진다.
④ 동공의 크기가 커진다.
⑤ 눈의 전체 굴절력이 증가한다.

23 다음에서 설명하는 것은?

> • 동양인에게 많은 사시
> • 근거리는 정상, 주로 원거리에서 편위가 심함
> • 시력은 양호한 편이며 심한 눈부심 증상 동반

① 영아내사시
② 조절내사시
③ 간헐외사시
④ 거짓사시
⑤ 마비사시

24 안구운동에 대한 설명 중 옳은 것은?

① 위쪽을 주시할 때 위곧은근의 대항근은 아래빗근이다.
② 양안의 움직임이 서로 다른 방향을 향하는 것을 동향운동이라고 한다.
③ 눈모음과 눈벌림은 대표적인 동향운동에 속한다.
④ 눈모음 운동 시 안쪽곧은근의 대항근은 아래곧은근이다.
⑤ 양안운동 시 작용근의 동향근은 같은 강도로 수축한다는 이론은 헤링의 법칙이다.

25 이상동공의 유형 중 긴장동공의 특징에 대한 옳은 설명은?

① 60대 이상의 남성에게 흔하게 나타난다.
② 주로 양쪽 눈에 모두 발생한다.
③ 정상동공보다 동공이 크다.
④ 저농도의 필로카르핀에 의해 동공이 확대된다.
⑤ 대광반사는 정상적으로 나타난다.

26 동공반사에 대한 설명 중 옳은 것은?

① 빛의 자극으로 축동되는 반응을 대광반사라고 한다.
② 오른쪽 눈의 시신경장애가 있을 때 왼쪽 눈에 빛을 비추면 오른쪽 동공의 변화는 없다.
③ 근접반사는 조절, 폭주, 산동을 말한다.
④ 눈돌림신경의 마비가 있을 때 구심동공운동장애가 일어난다.
⑤ 왼쪽 눈 망막질환이 있을 때 왼쪽 눈은 직접, 간접 대광반사가 모두 소실된다.

27 적외선에 가까운 빛을 이용하여 눈 속 구조물의 단면을 확인할 수 있는 검사방법은?

① 형광안저혈관조영술
② 눈전위도검사
③ 망막전위도검사
④ 빛간섭단층촬영
⑤ 초음파검사

28 단순포진바이러스에 의한 감염으로 나타나는 각막질환에 대한 설명 중 옳은 것은?

① 심한 통증을 호소한다.
② 앞방축농을 동반한다.
③ 궤양이 나뭇가지 모양으로 나타난다.
④ 한 번 감염되고 나면 재발하지 않는다.
⑤ 소프트 콘택트렌즈 착용자에게 자주 발생한다.

29 원추각막에서 발견할 수 있는 특징으로 옳은 것은?

① 앞방축농
② 각막 중심부 궤양
③ 심한 결막충혈
④ 데스메막 파열
⑤ 각막지각 소실

30 눈송이 모양의 혼탁이 증상으로 나타나는 질환은?

① 노년백내장
② 외상백내장
③ 당뇨백내장
④ 합병백내장
⑤ 선천백내장

31 뒤유리체박리에서 나타날 수 있는 증상은?

① 광시증
② 충혈
③ 통증
④ 눈물흘림
⑤ 앞방축농

32 바이러스 감염 질환에 대한 설명 중 옳은 것은?

① 인두결막열은 항생제로 치료한다.
② 유행각결막염은 '아폴로눈병'이라고도 부른다.
③ 급성출혈결막염의 경우 특별한 자각증상이 없다.
④ 단순포진결막염일 때 가지모양각막염의 합병이 나타날 수 있다.
⑤ 대상포진에 의한 결막염에서 목이 아픈 증상이 동반된다.

33 검열반의 특징을 바르게 설명한 것은?

① 어린이에게 흔하게 발생한다.
② 눈꺼풀틈새 귀쪽 결막에 결절이 발생한다.
③ 시력저하의 원인이 된다.
④ 자외선, 건성안 등이 원인이 될 수 있다.
⑤ 통증이 심한 편이다.

34 앞포도막염의 주요 증상으로 옳은 것은?

① 대시증
② 소시증
③ 암점
④ 통증
⑤ 색각이상

35 눈꺼풀겉말림에 대하여 바르게 설명한 것은?

① 눈돌림신경 장애가 원인이 된다.
② 눈물이 정상적으로 배출되지 않아 눈물흘림 증상이 있다.
③ 속눈썹이 각막을 찌르는 증상 때문에 각막 손상이 발생한다.
④ 위눈꺼풀올림근의 마비로 발생할 수 있다.
⑤ 눈물의 생산이 비정상적으로 일어나 건조 하다.

36 다음에서 설명하는 질환은?

- 각막지각 저하
- 각막의 연화, 괴사
- 야맹증, 눈마름증 동반

① 플릭텐각결막염
② 무렌각막궤양
③ 비타민 A 결핍증 각막궤양
④ 신경영양각막염
⑤ 건성각결막염

37 갑상샘눈병증에 대한 설명 중 옳은 것은?

① 응급질환으로 빠르게 항생제를 투여하여야 한다.
② 세균감염으로 발생한다.
③ 소아의 경우 고열을 동반할 수 있다.
④ 60대 이상의 성인에게서 주로 발생한다.
⑤ 시선을 아래로 향할 때 위눈꺼풀이 따라가 지 못하는 증상을 보인다.

38 노년백내장의 과숙기에 수정체 물질이 액화되 어 앞방각을 막게 되고 이에 따른 안압 상승으 로 인해 유발되는 질환은?

① 원발개방각녹내장
② 폐쇄각녹내장
③ 원발영아녹내장
④ 수정체용해녹내장
⑤ 수정체팽대녹내장

39 고령자 실명의 주요 원인이 되는 것으로 망막의 변성으로 인해 황갈색의 드루젠이 관찰되거나 시력 및 시야장애 증상을 보이는 질환은?

① 나이관련황반변성
② 중심장액맥락망막병증
③ 낭포황반부종
④ 망막색소변성
⑤ 고혈압망막병증

40 마이봄샘의 배출구가 막히면서 피지가 축적되 어 결절이 생기며 통증이 없는 눈꺼풀의 질환은?

① 속다래끼
② 콩다래끼
③ 바깥다래끼
④ 속눈썹증
⑤ 토끼눈

41 다음 중 금속안경테 소재에 해당하는 것은?

① 듀랄류민
② TR 90
③ 탄화규소
④ 귀갑테
⑤ 아세테이트

42 비금속 안경테 소재로 사용하는 열경화성 플라스틱에 대한 설명으로 옳은 것은?

① 가열하면 3차원 그물(=망상)구조를 형성한다.
② 연화온도로 가열하면 가연성을 갖는다.
③ 제품과정에서 발생하는 불량품은 가열 후 재사용할 수 있다.
④ 사출성형의 방법으로 제조한다.
⑤ 안경테 소재로는 셀룰로이드와 아세테이트 등이 널리 사용된다.

43 니켈합금으로 안경테 소재로 쓰이는 니켈과 구리가 주된 금속으로 이루어져 있고, 특징적으로 소량의 철을 포함하고 있으며, 소지금속으로 사용되는 합금은?

① 하이니켈
② 블란카-Z
③ 니티놀
④ 모넬
⑤ 스테인리스 스틸

44 안경렌즈로 사용되는 광학유리가 가져야 할 특성으로 옳은 것은?

① 광학유리는 분해능을 신경 쓸 필요가 없다.
② 선명한 상을 얻을 수 있도록 수차는 작을수록 좋다.
③ 맥리가 많이 분포되어야 한다.
④ 표면반사율이 높아야 한다.
⑤ 자외선, 적외선 등의 유해광선의 투과율이 높아야 한다.

45 다음의 산화물 중에서 단독으로 유리를 구성할 수 있는 망목형성 산화물에 속하는 것은?

① Al_2O_3
② TiO_2
③ SiO_2
④ BaO
⑤ ZnO

46 금속 안경테의 제조과정 순서를 올바르게 나열한 것은?

① 절삭 → 밴딩 → 땜질 → 도금 → 연마 → 조립 → 검사
② 절삭 → 밴딩 → 땜질 → 연마 → 조립 → 연마 → 검사
③ 절삭 → 밴딩 → 땜질 → 연마 → 도금 → 조립 → 검사
④ 밴딩 → 절삭 → 연마 → 땜질 → 조립 → 도금 → 검사
⑤ 밴딩 → 연마 → 절삭 → 땜질 → 도금 → 조립 → 검사

47 다음 그림과 같은 이중초점렌즈의 형태는?

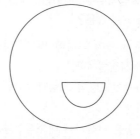

① 플랫탑(Flat Top)형
② Kryp-tok형
③ 커브드탑(Curved Top)형
④ EX형
⑤ 심리스(Seamless)형

48 안경렌즈 표면의 김서림, 물, 기름, 얼룩 등을 방지하기 위한 표면처리(=코팅) 방법은?

① 하드코팅
② 전자파차단코팅
③ 미러코팅
④ 편광코팅
⑤ 수막방지코팅

49 플라스틱렌즈에서 자외선(U.V) 흡수차단용 소재로 사용되는 물질은?

① Al_2O_3
② TiO_2
③ SiO_2
④ BaO
⑤ CeO_2

50 구리가속성염수분무시험법(CASS Test)에 대한 설명 중 옳은 것은?

① 모든 소재의 안경테 내부식성을 확인하기 위한 시험법이다.
② 반사방지코팅의 코팅막 두께 측정 시험법이다.
③ 쇠구슬을 낙하시켜 내충격성을 측정하는 시험법이다.
④ 금속테의 내부식성을 확인하기 위한 시험법이다.
⑤ 금속테 표면도금의 내구성을 측정하기 위한 강도측정시험법이다.

51 안광학계의 굴절률 크기 비교에 대해 옳은 것은?

① 각막 1.335, 수정체 피질 1.406, 수정체핵 1.386, 방수 1.376
② 각막 1.376, 수정체 피질 1.386, 수정체핵 1.406, 방수 1.335
③ 각막 1.376, 수정체 피질 1.406, 수정체핵 1.386, 방수 1.335
④ 각막 1.335, 수정체 피질 1.386, 수정체핵 1.406, 방수 1.376
⑤ 각막 1.386, 수정체 피질 1.376, 수정체핵 1.406, 방수 1.335

52 안광학계에서 상측절점(N')의 대략적인 위치로 옳은 것은?

① 각막 곡률중심점
② 각막 내피
③ 전방깊이의 절반
④ 수정체 전면
⑤ 수정체 후면

53 펜라이트를 이용하여 카파각을 검사한 결과 아래 그림과 같이 측정되었다. 각막 반사점 위치로 예측할 수 있는 편위 종류로 옳은 것은? (단, ○은 각막 반사점을 뜻함)

① 오른쪽 눈, 내사시
② 오른쪽 눈, 외사시
③ 왼쪽 눈, 내사시
④ 왼쪽 눈, 외사시
⑤ 양안 내사위

54 적녹이색검사의 검사 원리에 해당하는 수차로 옳은 것은?

① 구면수차
② 비점수차
③ 색수차
④ 왜곡수차
⑤ 코마수차

55 안광학계의 생략안에 대한 설명으로 옳은 것은?

① 굴절면을 총 6개로 구분하고 있다.
② 안광학계를 두 개의 등가굴절면으로 구분하고 있다.
③ 주점과 절점의 위치가 동일하다.
④ 물측과 상측 주점을 하나로 통일하고, 그 위치는 각막정점으로 한다.
⑤ 안축의 길이가 상측초점거리보다 길다.

56 야간이 되어 동공이 커지게 되었을 때 안광학계에 나타날 수 있는 현상으로 옳은 것은?

① 초점심도가 깊어진다.
② 피사체심도가 깊어진다.
③ 핀홀 효과가 커진다.
④ 구면수차가 증가한다.
⑤ 회절현상이 커진다.

57 S-1.50D ◯ C-2.00D, Ax 180°인 렌즈에서 타보(T.A.B.O.)각 120° 경선의 굴절력은?

① S-1.50D
② S-2.00D
③ S-2.50D
④ S-3.00D
⑤ S-3.50D

58 S-3.50D ◯ C+1.50D, Ax 180° 처방의 렌즈로 처방할 수 있는 난시안은?

① 혼합 난시
② 원시성 복성 직난시
③ 근시성 복성 직난시
④ 원시성 복성 도난시
⑤ 근시성 복성 도난시

59 정시안과 비교할 때 근시 상태가 될 수 있는 경우는?

① 눈의 굴절력이 정시보다 작은 경우
② 수정체가 정시보다 후방 편위가 된 경우
③ 눈 매질의 굴절률이 작아진 경우
④ 안축장의 길이가 정시보다 길어진 경우
⑤ 각막 전면의 곡률반경이 길어진 경우

60 ±0.25D 크로스실린더를 이용한 난시 굴절력 정밀검사 과정에서 난시교정 원주렌즈의 굴절력이 적절한 경우 크로스실린더를 반전하여도 시표의 비교선명도는 동일한 상태가 된다. 그 이유로 적절한 것은?

① 눈의 강주경선과 크로스실린더의 중간기준축 방향이 일치되기 때문이다.
② 전초선과 후초선만 위치가 교대되기 때문이다.
③ 전초선과 후초선의 간격이 넓어지기 때문이다.
④ 전초선과 후초선의 간격이 좁아지기 때문이다.
⑤ 전초선, 후초선, 최소착란원이 동일한 한점에 위치하기 때문이다.

61 근시안의 교정용 안경의 정점간거리(VD)가 길어지게 된 경우 눈에 미치는 영향은?

① 저교정 상태가 된다.
② 과교정 상태가 된다.
③ 적녹이색시표를 보게 되면 녹색 바탕의 시표가 선명하게 보인다.
④ (−)구면굴절력을 감소시킨다.
⑤ 최소착란원의 위치가 망막 뒤로 이동된 상태가 된다.

62 원시성 난시안의 후초선 방향이 T.A.B.O. 각 180°일 때, 이 고객이 나안으로 방사선 시표를 볼 때 선명하게 보이는 부분은? (단, 조절 개입은 없다)

① 1−7시
② 2−8시
③ 3−9시
④ 5−11시
⑤ 6−12시

63 최대조절력이 3.00D이고 원점이 눈앞 50cm인 노안에게 다음과 같은 처방의 이중초점렌즈 교정을 할 때 선명하게 볼 수 있는 명시역은?

원용완전교정굴절력 OD : S−2.00D, Add 2.00D

① 눈앞 무한대에서 눈앞 33cm까지
② 눈앞 무한대에서 눈앞 20cm까지
③ 눈앞 50cm에서 눈앞 33cm까지
④ 눈앞 50cm에서 눈앞 20cm까지
⑤ 눈앞 33cm에서 눈앞 20cm까지

64 원용완전교정처방이 S−1.00D인 40대 고객의 작업거리는 눈앞 25cm이다. 최대 조절력은 4.00D로 측정될 때, 이 고객에게 필요한 가입도(Add)는 몇 D인가? (단, 유용 조절력은 최대조절력의 1/2으로 한다)

① +5.00D
② +4.00D
③ +3.00D
④ +2.00D
⑤ +1.00D

65 굴절이상도가 −2.00D이고, 최대조절력이 5.00D인 피검사자가 나안으로 볼 때 원점과 근점의 위치로 옳은 것은?

① 원점 : 눈앞 50cm, 근점 : 눈앞 33cm
② 원점 : 눈앞 20cm, 근점 : 눈앞 33cm
③ 원점 : 눈 뒤 50cm, 근점 : 눈앞 20cm
④ 원점 : 눈 뒤 50cm, 근점 : 눈앞 33cm
⑤ 원점 : 눈앞 50cm, 근점 : 눈 뒤 33cm

66 OD : S−3.00D ◯ C+1.00D, Ax 90° 처방으로 안경을 완성한 결과 조가 PD는 2.5mm 커졌고 조가 Oh는 2mm 높아졌다. 이 안경을 착용할 때 동공중심에 미치는 프리즘량은?

① 0.5△ B.I ◯ 0.6△ B.D
② 1.0△ B.I ◯ 0.6△ B.D
③ 0.6△ B.I ◯ 0.5△ B.D
④ 0.6△ B.I ◯ 1.0△ B.D
⑤ 0.5△ B.O ◯ 0.6△ B.U

67 축성 비정시에서 상대안경배율(RSM)이 1이 되는 즉, 정시와 같은 크기의 선명한 망막상이 맺히게 하기 위해서는 교정 안경렌즈가 비정시안의 위치해야 하는 곳은? (단, 두께를 무시할 수 있는 얇은 렌즈이다)

① 비정시안의 물측주점 위치
② 비정시안의 상측주점 위치
③ 비정시안의 원점 위치
④ 비정시안의 물측초점 위치
⑤ 비정시안의 상측초점 위치

68 (+)굴절력을 가진 안경렌즈의 자기배율의 변화에 대한 설명으로 옳은 것은? (단, 전면은 볼록 구면이다)

① 굴절률과 자기배율은 반비례이다.
② 굴절력과 자기배율은 반비례이다.
③ 중심두께를 두껍게 할수록 자기배율은 작아진다.
④ 정점간거리(VD)를 길게 하면 자기배율은 작아진다.
⑤ 전면 면굴절력($D_1{}'$)을 작게 할수록 자기배율은 커진다.

69 빛의 기본적인 성질에 대한 설명 중 옳은 것은?

① 빛은 매질 변화와 관계없이 언제나 직진만 한다.
② 빛은 다른 매질을 만나게 되면 경계면에서 전부 흡수된다.
③ 빛은 동일한 매질 내에서는 직진을 기본으로 한다.
④ 빛은 굴절률이 더 큰 매질로 진행하게 될 때 입사각보다 굴절각이 더 커진다.
⑤ 굴절률이 더 큰 매질로 진행하게 될 때 빛의 속도는 빨라진다.

70 240cm 깊이의 물속에 담겨 있는 안경테를 수면 바로 위에서 볼 때 수면으로부터 안경테까지의 겉보기 깊이는 얼마인가? (단, 물의 굴절률은 4/3이다)

① 320cm
② 240cm
③ 180cm
④ 120cm
⑤ 60cm

71 두 매의 평면거울이 이루는 사잇각이 120°일 때 그 사이에 있는 물체의 상의 개수는?

① 1
② 2
③ 3
④ 4
⑤ 5

72 빛이 굴절률이 $\sqrt{2}$인 매질 속에서 공기 중으로 진행할 때 굴절각이 90°가 되는 입사각 즉, 임계각의 몇 도(°)인가?

① 30°
② 45°
③ 60°
④ 90°
⑤ 0°

73 볼록거울에서 초점거리와 거울정점 사이에 물체가 있을 때 형성되는 상의 종류로 옳은 것은?

① 확대된 도립실상
② 축소된 도립실상
③ 확대된 정립허상
④ 축소된 정립허상
⑤ 같은크기의 도립실상

74 공기 중에 놓인 아래 그림과 같은 유리봉에서 볼록면의 상측면 굴절력은 몇 D인가?

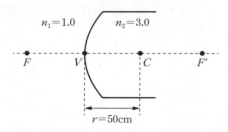

$n_1 = 1.0$ $n_2 = 3.0$

F V C F'

$r = 50cm$

① −4.00D

② −2.00D

③ 0.00D

④ +2.00D

⑤ +4.00D

75 구면안경렌즈에서 프리즘 효과에 대한 설명 중 옳은 것은?

① 입사면에 수직($90°$)으로 입사한 광선에 대해서는 내부 전반사가 일어난다.

② (+)굴절력의 안경렌즈에서 광축과 평행하게 입사한 광선은 렌즈 주변부 방향으로 굴절된다.

③ (−)굴절력의 안경렌즈에서 광축과 평행하게 입사한 광선은 렌즈 중심 방향으로 굴절된다.

④ (+)굴절력의 안경렌즈는 두 매의 프리즘이 서로 꼭지(정점)끼리 마주 붙은 형태이다.

⑤ (−)굴절력의 안경렌즈는 두 매의 프리즘이 서로 꼭지(정점)끼리 마주 붙은 형태이다.

76 상측초점거리가 +10cm인 렌즈 전방에 놓인 물체에 의해 2배의 허상이 형성되었다. 이 렌즈의 물체거리(s)와 상거리(s')의 조합으로 옳은 것은?

① $s : -5cm,\ s' : +10cm$

② $s : +5cm,\ s' : -10cm$

③ $s : -10cm,\ s' : +5cm$

④ $s : +10cm,\ s' : +5cm$

⑤ $s : -5cm,\ s' : -10cm$

77 상측초점거리가 +15cm인 얇은볼록렌즈 앞 30cm에 물체를 두었더니 렌즈 뒤 30cm에 도립실상이 형성되었다. 이때 횡배율은 얼마인가?

① −2.0

② −1.0

③ −0.5

④ +0.5

⑤ +1.0

78 $r_1 > 0$, $r_2 > 0$이며 $r_1 > r_2$일 때 이 조건에 의한 렌즈의 형태로 옳은 것은? (단, r_1은 1면 곡률반경, r_2는 2면 곡률반경)

① 양볼록렌즈

② 양오목렌즈

③ 1면이 평면인 평볼록렌즈

④ 좌측으로 볼록한 (−)메니스커스렌즈

⑤ 좌측으로 볼록한 (+)메니스커스렌즈

79 상측주점굴절력(D')이 +10.00D인 렌즈를 렌즈미터로 측정했더니 +12.00D가 나왔다. 공기 중에 놓여 있는 두꺼운 렌즈일 때, 이 렌즈의 형상계수(Fs)는?

① 0.6

② 0.8

③ 1.0

④ 1.2

⑤ 2.0

80 빛이 투명물질 속을 투과할 때 파장에 따른 굴절정도와 속도가 달라짐으로 인해 색분산이 일어나게 된다. 가시광선 중에서 투과 후 가장 먼 곳에 초점을 형성하는 색상은?

① 빨간색
② 노란색
③ 초록색
④ 파랑색
⑤ 보라색

81 파동에 관한 기본 용어에 대한 설명 중 옳은 것은?

① 주기(T)와 진동수(f)는 서로 비례 관계이다.
② 주기(T)는 매질의 어느 한 점이 1초 동안 진동하는 횟수이다.
③ 진동수(f)는 매질의 어느 한 점이 1회 진동하는 데 걸리는 시간이다.
④ 파장(λ)은 평형점을 포함한 동일한 위상을 가진 이웃한 두 점 사이의 거리이다.
⑤ 파동이란 매질 내의 한 지점에서 생긴 진동이 매질을 통해서 주기적으로 퍼져 나가는 현상이다.

82 콘서트장에서 노래를 부르는 가수를 향해 일정한 속도로 접근할 때 음파(소리)의 진동수 변화에 대한 설명 중 옳은 것은?

① 진동수는 커진다.
② 진동수는 작아진다.
③ 커졌다가 작아진다.
④ 불규칙한 상태가 된다.
⑤ 변하지 않고 일정하다.

83 비 온 뒤 도로 위의 물웅덩이 위에 생긴 기름막을 통해 무지개 빛깔을 관찰할 수 있다. 이는 빛의 어떤 성질에 의한 작용인가?

① 반사
② 굴절
③ 분산
④ 간섭
⑤ 산란

84 지름이 10mm인 구멍을 통해 파장이 500nm인 빛이 입사될 때, 물체의 최소 분리각은 몇 rad인가?

① 5.0×10^{-5}
② 5.2×10^{-5}
③ 6.1×10^{-5}
④ 7.0×10^{-5}
⑤ 7.9×10^{-5}

85 방해석을 통해 글씨를 보게 되면 복시 현상이 나타난다. 이 현상을 관찰할 수 있는 이유는?

① 반사
② 복굴절
③ 간섭
④ 회절
⑤ 산란

01 「의료법」상 의료기관에 관한 설명 중 옳지 않은 것은?

① 의원은 주로 외래 환자를 대상으로 진료를 보는 의료기관이다.

② 병원은 주로 입원 환자를 대상으로 진료를 보며 30병상 이상을 갖추어야 한다.

③ 300병상 이하의 종합병원은 7개의 필수진료과목과 전속된 전문의를 두어야 한다.

④ 300병상 초과한 종합병원은 9개의 필수진료과목과 전속된 전문의를 두어야 한다.

⑤ 종합병원 중에서 중증질환에 대하여 난이도가 높은 의료행위를 전문적으로 하는 병원을 전문병원이라 부른다.

02 「의료법」상 의료인의 국가시험에 관한 필요한 사항은 누구의 명으로 정하는가?

① 대통령

② 보건복지부장관

③ 시 · 도지사

④ 특별자치시장 · 특별자치도지사 · 시장 · 군수 · 구청장

⑤ 중앙회장

03 「의료법」상 다음 중 피해자의 고소가 있어야 공소를 제기할 수 있는 사유는?

① 허위광고를 한 경우

② 무자격자의 한의원 개설

③ 세탁물 처리신고를 하지 않고 세탁물을 처리한 경우

④ 보수교육을 받지 않은 경우

⑤ 의료인이 의료기관에서 진료하는 과정에서 알게 된 환자의 비밀을 누설한 경우

04 「의료법」상 3회 이상 자격정지처분을 받아 면허가 취소된 의사가 면허를 재교부받은 후 의료인의 품위를 심하게 손상시키는 행위를 하게 된 경우 받게 되는 벌칙은?

① 6개월 이내 면허자격정지

② 12개월 이내 면허자격정지

③ 면허취소 + 사유 소멸 시 즉시 재교부

④ 면허취소 + 1년 이내 재교부 금지

⑤ 면허취소 + 2년 이내 재교부 금지

05 「의료법」상 다음 중 의료인과 의료기관 장의 의무에 해당하지 않는 것은?

① 의료의 질을 높이고 의료관련감염을 예방하여야 한다.

② 의료인은 다른 의료인 또는 의료법인 등의 명의로 의료기관을 개설하거나 운영할 수 없다.

③ 의료인은 종별에 관계없이 모든 종류의 의료기관을 개설할 수 있다.

④ 의료기관의 장은 환자의 권리에 관한 사항을 환자가 쉽게 볼 수 있도록 의료기관 내에 게시하여야 한다.

⑤ 의료인은 일회용 의료기기를 한 번 사용한 후 다시 사용하여서는 아니 된다.

06 「의료법」상 보건복지부장관은 보건의료 시책에 필요하다고 인정하면 면허를 내줄 때 일정 기간을 정하여 특정 지역이나 특정 업무에 종사할 것을 조건으로 할 수 있다. 일정 기간은?

① 6개월 이내

② 1년 이내

③ 2년 이내

④ 3년 이내

⑤ 5년 이내

07 「의료법」상 진료에 관한 기록의 보관 일수가 같은 것끼리 짝지어진 것은?

① 소견서 - 처방전
② 진료기록부 - 처방전
③ 환자 명부 - 시체검안서
④ 수술기록 - 진료기록부
⑤ 사망진단서 - 수술기록

08 「의료법」상 시정명령을 위반하거나 의료기관 개설자가 될 수 없는 자에게 고용되어 의료행위를 하게 된 경우 받게 될 벌칙으로 옳은 것은?

① 300만 원 이하의 과태료
② 500만 원 이하의 벌금
③ 1년 이하 징역이나 1천만 원 이하의 벌금
④ 2년 이하 징역이나 2천만 원 이하의 벌금
⑤ 5년 이하 징역이나 5천만 원 이하의 벌금

09 「의료기사 등에 관한 법률」상 물리치료사, 작업치료사가 종사할 수 없는 의료기관은?

① 의원
② 정형외과 병원
③ 종합병원
④ 한방병원
⑤ 상급종합병원

10 「의료기사 등에 관한 법률」상 안경업소 등을 개설할 수 있는 의료기사는?

① 보건의료정보관리사
② 안경사
③ 치과위생사
④ 작업치료사
⑤ 물리치료사

11 「의료기사 등에 관한 법률」상 안경사에 대한 설명으로 옳은 것은?

① 시력교정용 콘택트렌즈를 조제하거나 판매할 수 있다.
② 시력교정용 선글라스를 조제하거나 판매할 수 있다.
③ 콘택트렌즈를 전자상거래 및 통신판매의 방법으로 판매할 수 있다.
④ 안경 업소 이외의 장소에서 안경사의 업무를 할 수 있다.
⑤ 콘택트렌즈 사용방법과 부작용에 관한 내용은 안경사는 제공하지 않아도 된다.

12 「의료기사 등에 관한 법률」상 결격사유에 해당하지 않은 것은?

① 피한정후견인
② 정신질환자
③ 피성년후견인
④ 의료법을 위반하여 금고 이상의 실형을 선고받고 그 집행이 끝난 자
⑤ 마약류 관리에 관한 법률에 따른 마약류 중독자

13 「의료기사 등에 관한 법률」상 의료기사 등의 보수교육 면제 사유 중 유예에 해당하는 자는?

① 군복무 중인 자
② 신규 면허 취득자
③ 관련 대학이나 대학원 재학생
④ 보건복지부장관이 보수교육을 받기 곤란하다고 인정하는 자
⑤ 보건복지부장관이 보수교육을 받을 필요가 없다고 인정하는 자

14 「의료기사 등에 관한 법률」상 의료기사 등은 국가시험에 합격한 후 누구에게 면허를 받는가?

① 대통령
② 보건복지부장관
③ 시 · 도지사
④ 특별자치시장 · 특별자치도지사 · 시장 · 군수 · 구청장
⑤ 중앙회장

15 「의료기사 등에 관한 법률」상 안경업소 개설자가 규정을 위반한 경우 그 위반사항에 대하여 시정명령을 내릴 수 있는 자는?

① 대통령
② 보건복지부장관
③ 시 · 도지사
④ 특별자치시장 · 특별자치도지사 · 시장 · 군수 · 구청장
⑤ 중앙회장

16 「의료기사 등에 관한 법률」상 의료기사 등의 면허의 취소, 개설등록의 취소 등의 처분을 내리기 위해서는 당사자에게 청문의 기회를 주어야 한다. 청문을 실시할 수 있는 자는?

① 대통령
② 교육부장관
③ 시 · 도지사
④ 특별자치시장 · 특별자치도지사 · 시장 · 군수 · 구청장
⑤ 중앙회장

17 「의료기사 등에 관한 법률」상 면허증 재발급 사유에 해당하지 않는 것은?

① 마약류 중독자로 면허가 취소된 후 취소된 원인이 소멸되었을 때
② 3회 이상 면허자격정지 처분을 받아 취소된 후 1년이 지났을 때
③ 면허자격정지 처분을 받고 회복되었을 때
④ 면허증을 분실 또는 훼손하였을 때
⑤ 면허증 발급 후 이름을 개명하였을 때

18 「의료기사 등에 관한 법률」상 의료기사 등의 면허를 취소할 수 있는 사유는?

① 타인에게 의료기사 등의 면허증을 빌려 준 경우
② 치과기공물 제작의뢰서를 보존하지 아니한 경우
③ 안경업소에 대한 거짓 광고 또는 과대광고를 한 경우
④ 의료기사 등에 관한 법률에 따른 명령을 위반한 경우
⑤ 안경업소의 개설자가 될 수 없는 사람에게 고용되어 안경사의 업무를 한 경우

19 「의료기사 등에 관한 법률」상 안경업소의 개설등록 취소처분을 받은 경우, 등록 취소처분을 받은 날부터 재개설 금지 기간으로 옳은 것은?

① 12개월 이내
② 9개월 이내
③ 6개월 이내
④ 3개월 이내
⑤ 1개월 이내

20 「의료기사 등에 관한 법률」상 의료기사 등이 업무상 알게 된 타인의 비밀을 누설하였을 경우 벌칙으로 옳은 것은?

① 100만 원 이하의 벌금
② 500만 원 이하의 벌금
③ 500만 원 이하의 과태료
④ 3년 이하의 징역 또는 3천만 원 이하의 벌금
⑤ 5년 이하의 징역 또는 5천만 원 이하의 벌금

23 조절력과 원시 교정굴절력의 상대적 크기에 따른 원시 분류에서 최대조절력과 원시 교정굴절력이 거의 비슷하여 원거리는 선명하게 볼 수 있지만 근거리는 선명하게 보기 어려운 원시는?

① 총 원시
② 수의성 원시
③ 상대성 원시
④ 현성 원시
⑤ 절대성 원시

2교시 | 2과목 시광학응용

21 자주 찾아오던 단골손님이 다른 여자 손님의 개인정보를 요구하였을 때, 안경사가 취해야 할 조치는?

① 여자 손님의 정보를 삭제한다.
② 여자 손님과의 관계를 물어보고 넘겨준다.
③ 단골손님의 부탁이므로 특별히 개인정보를 넘겨준다.
④ 업무상 알게 된 개인정보를 누설하게 되면 품위손상행위에 해당하므로 일부만 넘겨준다.
⑤ 업무상 알게 된 손님의 정보를 누설하여서는 안 된다.

24 부등시를 안경렌즈로 교정할 때 발생되는 부등상시 발생을 교정하기 위한 렌즈로 모든 경선에서 일정한 배율을 형성하게 설계된 것은?

① 메리디오널(Meridional) 사이즈렌즈
② 어포컬(Afocal) 사이즈렌즈
③ 비구면렌즈
④ 내면 누진굴절력렌즈
⑤ 오버올(Overall) 사이즈렌즈

22 원시와 노안용 근용안경을 교정하기 위한 렌즈는?

① (−)구면렌즈
② (−)원주렌즈
③ (+)구면렌즈
④ (+)원주렌즈
⑤ 프리즘렌즈

25 사위가 있는 피검사자에게 프리즘처방을 위한 검사를 하려고 한다. 예비검사 단계에서 시행해야 할 검사는?

① 가림 검사
② 우세안 검사
③ 조절력 검사
④ 동공반응 검사
⑤ 색각이상 검사

26 5m용 시력표를 활용한 원거리 나안시력검사에서 0.1 시표를 인식하지 못할 경우 그 다음 검사를 순서대로 나열한 것은?

① 1m 거리까지 거리 좁히기 → 손 흔들기 → 손가락 개수 세기 → 빛 감지 확인(광각)
② 1m 거리까지 거리 좁히기 → 손가락 개수 세기 → 손 흔들기 → 빛 감지 확인(광각)
③ 손가락 개수 세기 → 1m 거리까지 거리 좁히기 → 손 흔들기 → 빛 감지 확인(광각)
④ 손 흔들기 → 손가락 개수 세기 → 1m 거리까지 거리 좁히기 → 빛 감지 확인(광각)
⑤ 빛 감지 확인(광각) → 손가락 개수 세기 → 손 흔들기 → 1m 거리까지 거리 좁히기

27 다음 중에서 BVS 결정 후 난시유무검사를 위해 사용하게 되는 시표는?

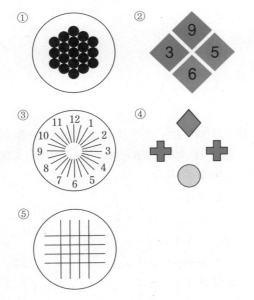

28 다음 검사 시표에 대한 설명 중 옳은 것은?

① 적녹안경을 보조렌즈로 사용한다.
② 부등상시 검사용 시표이다.
③ L 또는 R은 검사를 단안으로 진행할 때 확인용 시표이다.
④ 편광렌즈 착용 후 파리 날개에 대한 입체감을 확인한다.
⑤ FLY TEST 글씨는 시표의 이름으로 기능적 요소는 없다.

29 자동안굴절력계에 의한 검사 결과에 대한 설명 중 옳은 것은?

```
<RIGHT>
Ref.              VD:12.0

 Sph    Cyl    Ax
-2.00  -1.00   180
_____

AVE.  -2.00 -1.00 180
S.E    -2.50
```

① 왼쪽 눈에 대한 검사 결과이다.
② 정점간거리는 알 수 없다.
③ 등가구면 굴절력은 S−2.50D이다.
④ 근시성 복성 도난시안이다.
⑤ 약주경선의 방향은 90°이다.

30 두 손의 엄지와 검지로 작은 삼각형을 만들고 그 삼각형을 통해 주시시표를 볼 때 좌우안 중에서 뜨고 있는 눈으로 판정하는 우세안 검사는?

① 로젠바흐법
② 주시법
③ 단안가림법
④ 허쉬버그법
⑤ 핀-고리법

33 자각적 굴절검사를 실시할 때, 운무가 꼭 필요한 대상자는?

① 노안 대상자
② S-8.00D의 콘택트렌즈 착용자
③ 원거리 나안시력이 0.04인 근시안
④ 나안으로 볼 때 후초선이 망막 중심오목에 위치하는 난시안
⑤ 나안으로 볼 때 전초선이 망막 중심오목 뒤에 위치하는 난시안

31 OD : S-1.50D ⊂ C-1.00D, Ax 90°의 처방으로 완전교정되는 눈을 50cm 거리에서 발산광선을 이용한 검영법을 실시할 때 수평경선과 수직경선의 중화굴절력(총검영값)은?

① 수평 : -1.50D, 수직 : -1.00D
② 수평 : -1.00D, 수직 : -1.50D
③ 수평 : +0.50D, 수직 : -0.50D
④ 수평 : -0.50D, 수직 : +0.50D
⑤ 수평 : -2.50D, 수직 : -1.50D

34 5m용 0.1 시력표를 인식하지 못해 시표 앞 1m에서 인식하였다. 이 눈의 나안시력은?

① 0.2 시력
② 0.1 시력
③ 0.05 시력
④ 0.04 시력
⑤ 0.02 시력

32 안모형통의 뒤 눈금을 -1.00D에 위치시키고 렌즈 받침대에 C+1.00D, Ax 180°의 원주렌즈를 추가한 다음 50cm 거리에서 발산광선으로 검영할 때 순검영값은?

① S-1.00D ⊂ C+1.00D, Ax 90°
② S+1.00D ⊂ C-1.00D, Ax 180°
③ C+1.00D, Ax 90°
④ S-1.00D ⊂ C-1.00D, Ax 90°
⑤ S-1.00D ⊂ C-1.00D, Ax 180°

35 최적구면굴절력(B.V.S)의 결과가 다음과 같다. 난시유무 검사를 위한 최초장입굴절력(D)은?

> • B.V.S : S-2.00D, V.A 0.7
> • 예상난시도 : 1.00D

① S-1.00D
② S-1.50D
③ S-2.00D
④ S-2.50D
⑤ S-3.00D

36 운무 후 굴절검사 과정을 나타낸 것이다. 다음 조치로 옳은 것은?

> - 최초장입굴절력(+3.00D 운무) : 0.00D
> - S-2.00D 장입 : 0.5 시력
> - S-2.50D 장입 : 0.5 시력
> - 약시 증상 없음

① 핀홀검사를 진행한다.
② S-2.00D로 최종 처방한다.
③ 굴절검사를 종료하고 양안시기능검사를 진행한다.
④ S-2.00D 장입 후 방사선 시표를 이용한 난시유무검사를 실시한다.
⑤ S-2.00D 장입 후 크로스실린더를 이용한 난시정밀검사를 실시한다.

37 크로스실린더렌즈를 이용한 난시정밀검사를 한다. 예상 난시 축 방향에 크로스실린더의 'P'가 일치되게 한 다음 점군시표의 비교 선명도를 물었더니 '적색점이 P점 위치에 있을 때가 흰색점이 P점 위치에 있을 때보다 선명하다'라고 응답하였다. 이 결과를 반영한 굴절력 변화로 옳은 것은? (단, 포롭터에는 S-3.50D C-1.75D, Ax 30°가 가입되어 있다)

① S-3.50D ○ C-1.50D, Ax 30°
② S-3.50D ○ C-2.00D, Ax 30°
③ S-3.25D ○ C-2.00D, Ax 30°
④ S-3.50D ○ C-1.75D, Ax 40°
⑤ S-3.50D ○ C-1.75D, Ax 20°

38 양안조절균형검사를 마친 피검사자의 자각적굴절검사에 의한 양안교정굴절력이 다음과 같다. 피검사자의 양안의 난시 종류는?

> - OD : S-1.00D, ○ C-1.00D, Ax 90°
> - OS : S 0.00D, ○ C-1.50D, Ax 90°

① OD : 근시성 복성 도난시 ○ OS : 근시성 단성 도난시
② OD : 근시성 복성 도난시 ○ OS : 근시성 복성 도난시
③ OD : 근시성 복성 직난시 ○ OS : 근시성 단성 직난시
④ OD : 근시성 복성 직난시 ○ OS : 근시성 단성 도난시
⑤ OD : 근시성 단성 도난시 ○ OS : 근시성 복성 도난시

39 원용교정 자각적굴절검사에서 OD : S-2.00D ○ C-1.00D, Ax 180°의 렌즈를 착용시키고 적록이색검사를 실시했다. 적색바탕의 검은 원이 녹색바탕의 검은 원보다 더 선명하다고 응답할 경우, 처방값의 변화로 옳은 것은?

① OD : S-1.75D ○ C-1.00D, Ax 180°
② OD : S-2.25D ○ C-1.00D, Ax 180°
③ OD : S-2.00D ○ C-0.75D, Ax 180°
④ OD : S-2.00D ○ C-1.25D, Ax 180°
⑤ OD : S-1.75D ○ C-0.75D, Ax 180°

40 단안굴절검사 종료 후 양안조절균형검사를 위해 OD 3△ B.D ⊃ OS 3△ B.U을 장입시키고 수평 방향의 한 줄 시표를 보게 할 때의 설명 중 옳은 것은?

① 시표는 위아래 세 줄 시표로 구성되어 있다.
② 위에 보이는 시표는 오른쪽 눈이 보는 시표이다.
③ 아래 보이는 시표는 오른쪽 눈이 보는 시표이다.
④ 모든 시표는 양안에서 동일하게 보인다.
⑤ 아래 시표가 보이지 않는다고 응답할 경우 우안 억제를 의심해 볼 수 있다.

41 마이너스렌즈 부가법으로 조절력 검사를 한 결과이다. 이 피검사자의 최대조절력은?

- 검사거리 : 40cm
- 원용 교정굴절력 OU : S-1.50D
- 최초 흐림 시 굴절력 OU : S-5.25D

① 7.50D
② 6.25D
③ 5.25D
④ 3.75D
⑤ 2.50D

42 굴절이상도가 +5.00D인 피검사자의 최대조절력이 +5D이다. 이 피검사자의 근점 위치는?

① 눈앞 20cm
② 눈앞 10cm
③ 눈앞 무한대
④ 눈 뒤 10cm
⑤ 눈 뒤 20cm

43 처방서에 적힌 용어에 대한 설명 중 옳은 것은?

① OD : 왼쪽 눈
② OU : 오른쪽 눈
③ Add : 근용안경굴절력
④ Axis : 원주렌즈 축 방향
⑤ PD : 광학중심점 높이

44 프리즘렌즈의 기저방향을 T.A.B.O. 각으로 표현한 것으로 옳은 것은?

① Base In : OD Base 180° ⊃ OS Base 0°
② Base In : OD Base 0° ⊃ OS Base 180°
③ Base Out : OD Base 180° ⊃ OS Base 180°
④ Base Out : OD Base 0° ⊃ OS Base 0°
⑤ Base Up : OD Base 90° ⊃ OS Base 270°

45 안경 착용자의 경사각에 대한 설명 중 옳은 것은?

① 안경렌즈의 상측 정점에서 각막 정점까지의 거리이다.
② 안경테 하부림에서 동공중심까지의 높이이다.
③ 원용 경사각은 15~20°이다.
④ 근용 경사각은 10~15°이다.
⑤ 측면에서 관측한 연직선과 안경테의 측면 림(Rim)이 이루는 각이다.

46 원용 기준 PD가 66mm인 사람이 33cm를 주시하게 될 때의 단안 편심량은?

① 1.0mm
② 1.5mm
③ 2.0mm
④ 2.5mm
⑤ 3.0mm

47 안경 처방서에 쓰이는 프리즘굴절력의 단위는?

① △
② M.A
③ D
④ mm
⑤ Axis

48 조제 및 가공이 완료된 안경렌즈를 끼운 다음 고객에게 착용시켜 보면서 실시하는 피팅은?

① 표준상태 피팅
② 기본 피팅
③ 미세부분 피팅
④ 응용 피팅
⑤ 사용 중 피팅

49 "65/70"으로 표기된 안경렌즈에 대한 설명 중 옳은 것은?

① 무편심렌즈이다.
② 실제 렌즈직경은 65∅이다.
③ 5mm 편심한 렌즈이다.
④ 실제 렌즈직경은 70∅이다.
⑤ 70∅의 렌즈를 편심하여 65∅ 효과를 낸 것이다.

50 안경테 계측방법에 대한 아래 설명에 해당하는 것은?

> • 가장 합리적인 계측방법이다.
> • 렌즈의 상하좌우 최고돌출부에서 접선을 그어 만든 직사각형의 가로 길이로 표현한다.

① 데이팀라인시스템, E.S
② 박싱시스템, E.S
③ 박싱시스템, B.S
④ 데이팀라인시스템, B.S
⑤ 상공련시스템, E.S

51 다음 그림과 같은 피팅 플라이어의 용도는?

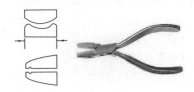

① 메탈테 엔드피스 피팅
② 무테 나사 절단
③ 다리 경사각 피팅
④ 코받침 피팅
⑤ 림 커브 피팅

52 앞수평면휨각(Face Form)에 대한 설명 중 옳은 것은?

① 측면에서 관측한 연직선과 안경테의 측면 림(Rim)이 이루는 각이다.
② 정상일 때의 각도는 90°이다.
③ 조준선의 각도를 고려한 앞 쏠림 상태가 광학적으로 이상적이다.
④ 근용은 뒷 쏠림 상태로 피팅한다.
⑤ 뒷 쏠림 상태가 크면 엔드시트가 아래로 처져 안정감이 떨어진다.

53 다리벌림각 피팅에 대한 설명 중 옳은 것은?

① 벌림각은 양쪽 다리를 접었을 때 이루는 각이다.
② 벌림각은 양쪽 다리를 폈을 때 좌우 안경다리가 서로 이루는 각이다.
③ 표준상태피팅이 완료되었을 경우 180°가 되어야 한다.
④ 다리벌림각이 작은 쪽은 정점간거리가 짧아진다.
⑤ 다리벌림각이 작은 쪽은 정점간거리가 길어져 앞으로 돌출된다.

54 안경테가 전반적으로 위로 올라간 상태가 불편하여 피팅을 받기 위해 안경원을 방문하였다. 올바른 피팅을 위한 코받침 조정 방법은?

① 양쪽 코받침 위치는 올리고, 좌우 폭은 넓게 해준다.
② 양쪽 코받침 위치는 올리고, 좌우 폭은 좁게 해준다.
③ 양쪽 코받침 위치는 내리고, 좌우 폭은 넓게 해준다.
④ 양쪽 코받침 위치는 내리고, 좌우 폭은 좁게 해준다.
⑤ 모든 코받침의 각도를 크게 해준다.

55 원주렌즈의 굴절력과 축 방향, 프리즘렌즈의 기저방향을 측정할 수 있는 기기는?

① 취형기
② 옥습기
③ 정점굴절력계
④ 축출기
⑤ 왜곡검사기

56 망원경식 렌즈미터에서 측정 안경렌즈에서 나오는 광선을 평행광선으로 만들어 주는 과정이 일어나는 부위는?

① 망원경부
② 콜리메이터부
③ 접안렌즈부
④ 조명계
⑤ 핀트글라스

57 경사각이 바르지 않은 안경을 착용하게 될 때, 상이 왜곡되어 보인다. 굴절이상 종류에 따른 왜곡의 종류는?

① 근시 교정용 렌즈 : 상하로 길어진 형태
② 원시 교정용 렌즈 : 좌우로 길어진 형태
③ 원시 교정용 렌즈 : 상하좌우 모두 길어진 형태
④ 근시 교정용 렌즈 : 좌우로 길어진 형태
⑤ 근시 교정용 렌즈 : 상하좌우 모두 길어진 형태

58 근용 OU : S+2.50D, PD 68mm의 처방으로 조제가공을 하려고 한다. 허용오차를 고려할 때 조가 PD의 허용범위로 적절한 것은? (단, 큰 방향 1.0△, 작은 방향 0.5△이다)

① 60~64mm

② 63~66mm

③ 65~70mm

④ 67~72mm

⑤ 69~72mm

59 다음 처방 중에서 근시성 단성 도난시 교정용 렌즈는?

① C−1.50D, Ax 90°

② S−1.50D ⊃ C−1.50D, Ax 90°

③ S−1.50D ⊃ C+1.50D, Ax 90°

④ S−3.00D ⊃ C+1.50D, Ax 180°

⑤ C−1.50D, Ax 180°

60 망원경식 렌즈미터의 구조에서 시도조절을 하기 위해 조작해야 하는 부분은?

① (A)

② (B)

③ (C)

④ (D)

⑤ (E)

61 망원경식 렌즈미터로 토릭렌즈를 측정한 결과가 아래와 같다. 토릭렌즈의 굴절력은?

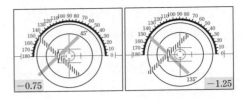

① OD : S−1.25D ⊃ C−0.75D, Ax 45° ⊃ 1△ B.I

② OD : S−0.75D ⊃ C−0.50D, Ax 45° ⊃ 1△ B.I

③ OD : S−0.75D ⊃ C−0.50D, Ax 45° ⊃ 1△ B.O

④ OS : S−0.75D ⊃ C−0.50D, Ax 135° ⊃ 1△ B.I

⑤ OS : S−0.75D ⊃ C−0.50D, Ax 45° ⊃ 1△ B.O

62 편광렌즈 2매를 축이 서로 수직을 이루도록 장입하여 조제가공 과정 또는 렌즈끼우기 과정에서 발생할 수 있는 안경렌즈의 응력(Stress)을 측정하는 기기는?

① 취형기

② 옥습기

③ 렌즈미터

④ 축출기

⑤ 왜곡검사기

63 아래와 같은 처방에서 조제가공 Oh는?

> • OD : S+2.50D, 1.25△ B.U
> • 기준 Oh : 24mm
> • 경사각 : 10°

① 20mm
② 21mm
③ 23mm
④ 25mm
⑤ 27mm

64 안경원을 방문한 고객의 근용안경 굴절력과 가입도가 아래와 같을 때 원용안경 굴절력은?

> • 근용 : S+0.50D $\bigcirc$ C−1.00D, Ax 90°
> • Add 1.50D

① S−0.50D $\bigcirc$ C−1.00D, Ax 90°
② S−1.00D $\bigcirc$ C−1.00D, Ax 90°
③ S−1.00D $\bigcirc$ C+1.00D, Ax 180°
④ S−1.50D $\bigcirc$ C−1.00D, Ax 90°
⑤ S−1.00D $\bigcirc$ C−1.00D, Ax 180°

65 다음은 복식알바이트안경에 대한 처방이다. 앞 렌즈의 조가 PD로 옳은 것은?

> • OU : S−2.00D $\bigcirc$ C−1.00D, Ax 180°
> • Add : +2.00D
> • 원용 PD 64mm, 근용 PD 60mm
> • 뒷렌즈 = 근용, 앞 + 뒷렌즈 = 원용

① 60mm
② 61mm
③ 62mm
④ 63mm
⑤ 64mm

66 누진굴절력렌즈 처방에 관한 내용 중 옳은 것은?

① 좌우 물체를 볼 때에는 눈만 이동하지 않고 얼굴을 돌려 보는 것이 적응하기에 유리하다.
② 누진굴절력렌즈를 처음 착용하는 사람은 적응하기 쉽다.
③ 누진굴절력렌즈는 굴절력이 점차적으로 변화하지만 불명시역은 존재한다.
④ 가입도가 높을수록 주변부 수차량은 감소한다.
⑤ 누진대 길이와 주변부 비점수차량은 반비례한다.

67 거울검사(Mirror Test)에서 좌·우 동공이 모두 근용 포인트보다 코 방향으로 벗어나 있을 경우 그 원인으로 옳은 것은? (단, 경사각은 정상이다)

① 정점간거리가 작은 상태이다.
② 정점간거리가 큰 상태이다.
③ 안경테 높이가 낮은 상태이다.
④ 안경테 높이가 큰 상태이다.
⑤ 안경테의 전면돌출상태의 좌우 균형이 맞지 않는 상태이다.

68 양안시 과정 중에서 양안 시차에 의한 긍정적인 해석으로 발생하는 현상은?

① 동시시
② 단일시
③ 선명시
④ 입체시
⑤ 혼란시

69 생리적 복시에 관한 아래의 설명 중 ㉮, ㉯에 들어갈 말의 조합으로 옳은 것은?

> "양안의 중심와보다 코쪽 망막에 결상된 상은 (㉮)을 느끼게 되며, (㉯) 복시를 자각하게 된다"

① ㉮ : 근치감   ㉯ : 교차성
② ㉮ : 원치감   ㉯ : 비교차성
③ ㉮ : 근치감   ㉯ : 비교차성
④ ㉮ : 원치감   ㉯ : 교차성
⑤ ㉮ : 입체감   ㉯ : 교차성

70 정시안을 격자 시표를 이용하여 조절래그 검사를 하였다. 수직선이 선명하다고 응답하여 +2.00D로 운무 후 (−)D 굴절력을 증가시키면서 검사를 진행한 결과, 구면 굴절력이 +0.75D가 되었을 때 가로선과 세로선의 선명도가 동일하다고 응답하였다면 이 피검사자의 조절래그값은 몇 D인가?

① +2.00D
② +1.25D
③ +0.75D
④ 0.00D
⑤ −0.75D

71 상대 조절에 대한 설명 중 옳은 것은?

① 폭주가 일정하게 고정된 상태에서 조절의 변화에 대한 자극량과 이완량을 측정하는 검사이다.
② 오른쪽 눈과 왼쪽 눈에서의 상대적인 조절양의 차이를 측정하는 검사이다.
③ 주시 거리 변화에 따른 조절력을 측정하는 검사이다.
④ 연령대별 평균 조절력을 공식에 대입하여 구하는 검사이다.
⑤ 조절 자극량과 조절 반응량의 차이를 측정하는 검사이다.

72 두 눈이 오른쪽 위를 바라볼 때 작용하는 양안 외안근의 조합은?

① R : 위곧은근   L : 아래곧은근
② R : 위빗근   L : 아래빗근
③ R : 위빗근   L : 아래곧은근
④ R : 위빗근   L : 위곧은근
⑤ R : 위곧은근   L : 아래빗근

73 근거리 융합버전스 검사의 결과이다. 음성융합성폭주(NFC)량은?

> • 수평사위 : 5△ Exo
> • B.I 버전스 : 14 / 19 / 16
> • B.O 버전스 : 8 / 14 / 11

① 5△
② 8△
③ 9△
④ 13△
⑤ 14△

74 사위검사 중에서 주시시차의 교정까지 포함한 사위의 범위를 측정하는 검사법은?

① 폰 그라페법
② 편광십자시표법
③ 마독스렌즈 사용법
④ 크로스링 검사
⑤ 가림/벗김 검사

75 폰 그라페(Von Graefe)법을 이용한 사위검사 결과가 아래 그림과 같을 때 사위 종류는?

정상 시표	OD (6▲B.U장입)	OS	OU
3 2 1 3 2 1	3 2 1	3 2 1	3 2 1

① Esophoria
② Exophoria
③ Hyperphoria
④ Hypophoria
⑤ Cyclophoria

76 4△ B.O test에서 두 눈의 움직임이 아래 그림과 같을 때 예상할 수 있는 눈의 이상은?

① 우안에 중심억제암점
② 좌안에 중심억제암점
③ 양안 중심억제암점
④ 우안이 우세안
⑤ 좌안이 우세안

77 PD가 60mm인 원거리 정시, 정위인 피검사자의 AC/A 비가 5:1이다. 피검사자가 눈앞 33cm 주시 시 근거리 안위는? (단, 조절래그는 없고, 근접성 폭주는 3△이다)

① Ortho(정위)
② 3△ Eso
③ 3△ Exo
④ 5△ Exo
⑤ 5△ Eso

78 양안시 검사 결과가 다음과 같을 때 조절성 폭주비(AC/A 비)는?

- 근거리(40cm) PD : 60mm
- 근거리(40cm) 사위 : 9△ Exo
- S-1.00D 추가 후 근거리 사위 : 4△ Exo

① 1 △/D
② 2 △/D
③ 3 △/D
④ 4 △/D
⑤ 5 △/D

79 단안조절효율성 검사 결과 3cpm(+렌즈 느림)이었고 양안조절효율성 검사에서는 9cpm이었다. 이 결과를 통해 예측해 볼 수 있는 양안시 이상은?

① 폭주부족
② 폭주과다
③ 조절과다
④ 조절부족
⑤ 조절효율성 부족

80 PRA(양성상대조절)와 NRC(음성상대폭주)를 측정하기 위한 필요한 렌즈의 조합은?

① (-)구면렌즈, Base Out 프리즘렌즈
② (-)구면렌즈, Base In 프리즘렌즈
③ (+)구면렌즈, Base Out 프리즘렌즈
④ (+)구면렌즈, Base In 프리즘렌즈
⑤ (-)구면렌즈, (+)구면렌즈

81 마이봄샘에 의해 형성되며 수성층의 증발을 방지하는 목적으로 가진 눈물층은?

① 상피층
② 지방층
③ 수성층
④ 점액층
⑤ 내피층

82 다음과 같은 증상을 나타내는 주 원인으로 옳은 것은?

> • 상피미세낭종
> • 각막내피세포 다각화
> • 폴리메게티즘(Polymegathism)
> • 혈관신생

① 충혈
② Steep한 피팅
③ 저산소증
④ Flat한 피팅
⑤ 각막염

83 산소투과율(DK/t)에 대한 설명 중 옳은 것은?
① 산소침투성(DK)을 렌즈의 중심두께(t)로 나눈 값이다.
② 교정굴절력이 증가할수록 산소투과율은 증가한다.
③ 근시보다 원시 교정용 렌즈에서의 산소투과율이 높다.
④ 함수율이 낮은 재질의 렌즈일수록 산소투과율은 높다.
⑤ 소프트 콘택트렌즈로 교정할 경우에는 고려할 필요가 없는 요소이다.

84 안굴절력계(Refractometer)로 측정한 값이 S-3.50D인 근시안에게 실수로 S-4.50D의 콘택트렌즈를 착용시켰을 경우 덧댐굴절검사 값은?

① S-4.50D
② S-3.50D
③ S-1.00D
④ S 0.00D
⑤ S+1.00D

85 다음 설명에 해당하는 눈물 검사 방법은?

> • 눈물막을 침범하지 않음
> • 케라토미터의 마이어 왜곡이 나타나는 시간을 측정
> • 10초 미만이면 건성안 의심

① 쉬르머 I 검사
② NIBUT(비침입성눈물막파괴시간검사)
③ TBUT(눈물막파괴시간검사)
④ 로즈벵갈 검사(Rose Bengal)
⑤ 눈물 띠 검사(Tear Prism)

86 중심두께가 0.2mm인 근시용 콘택트 소프트렌즈의 산소침투성(DK)값이 78이었다. 이 렌즈의 산소투과율(DK/t)은? (단, DK/t의 단위는 10^{-9} cm/s mLO$_2$/mL × mmHg이다)

① 39
② 59
③ 79
④ 390
⑤ 790

87 다음 설명에 해당하는 난시 축 안정화 방법은?

> • 렌즈 상하 부분의 두께를 얇게 함
> • 렌즈 안정은 눈 깜빡임 작용으로 유지
> • 얇은 가장자리로 인해 착용감이 좋음

① 프리즘 안정형(Prism Ballast)
② 더블 씬 존(Double thin Zone)
③ 후면토릭(Back Toric)
④ 절단형(Truncation)
⑤ ASD(Accelerated Stabilization Design)

88 두께가 얇은 소프트렌즈의 장점으로 옳은 것은?

① 각막부종의 위험도가 높다.
② 눈꺼풀에 의한 자극감이 심하다.
③ 유연성이 좋아 피팅할 때 초기 착용감이 좋다.
④ 취급 시 렌즈 파손의 위험도가 높다.
⑤ 눈 위에서 탈수 가능성이 높다.

89 콘택트렌즈 착용을 위한 예비 검사에 대한 설명 중 옳은 것은?

① 눈꺼풀의 검사는 눈 깜빡임 횟수와 윗눈꺼풀의 장력을 검사한다.
② 동공은 빛에 의한 반응속도만 검사한다.
③ 각막 중심부와 주변부의 두께를 측정한다.
④ 쉬르머 검사를 통해 눈물의 질 평가를 실시한다.
⑤ 눈물막 파괴시간 검사를 통해 눈물 분비량을 검사한다.

90 안경 착용 근시안이 콘택트렌즈를 착용하고 근거리를 보게 될 경우 나타나는 조절과 폭주의 변화량에 대한 설명 중 옳은 것은? (단, 안경과 콘택트렌즈 모두 완전교정 상태이다)

① 조절 및 폭주 요구량이 증가한다.
② 조절 및 폭주 요구량이 감소한다.
③ 조절 및 폭주 요구량의 변화는 없다.
④ 안경렌즈의 조절효과의 영향을 받아 조절요구량이 줄어들고 폭주요구량은 변함 없다.
⑤ 안경렌즈의 프리즘 효과의 영향을 받아 폭주요구량이 줄어들고 조절요구량은 변함 없다.

91 소프트 콘택트렌즈 착용자의 피팅 평가의 결과, 렌즈의 움직임이 너무 많았다. 양호한 피팅상태로 만들기 위한 방법은?

① 전체 직경(TD)이 더 작은 렌즈로 재처방한다.
② 광학부 직경(OZD)이 더 작은 렌즈로 재처방한다.
③ 새그깊이가 얕은 렌즈로 재처방한다.
④ 기본커브(BCR)가 더 작은 렌즈로 재처방한다.
⑤ 중심두께가 두꺼운 렌즈로 재처방한다.

92 각막곡률계(Keratometer)로 측정한 각막곡률반경이 아래 그림과 같다. 각막난시는?

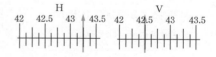

① C-0.50D, Ax 90°
② C-0.50D, Ax 180°
③ C-0.75D, Ax 180°
④ C-0.75D, Ax 90°
⑤ C-1.00D, Ax 90°

93 각막곡률값을 알 수 없는 피검사자에게 시험렌즈를 장입하였더니 다음과 같은 결과를 보여주었다. 이 피검사자의 편평한 각막의 곡률반경은?

- 안경교정굴절력 : S−3.00D
- 시험렌즈 : S−3.00D, BCR 8.00mm
- 덧댐굴절검사 : S−0.50D

① 8.10mm
② 8.05mm
③ 8.00mm
④ 7.95mm
⑤ 7.90mm

94 소프트 콘택트렌즈의 탈수에 대한 설명 중 옳은 것은?

① 고함수보다 저함수 렌즈에서 더 쉽게 발생한다.
② 침전물이 감소한다.
③ 날카로운 가장자리에 의한 착용감 저하
④ DK값 증가
⑤ BUT 증가

95 RGP 콘택트렌즈 피팅을 위한 검사 결과가 다음과 같다. 최종처방굴절력값은?

- 안경교정굴절력 : S−3.75D
- 각막곡률 측정값
  : 8.40mm @ 90°, 8.40mm @ 180°
- 시험렌즈 : S−3.00D, 8.35mm
- 덧댐굴절검사 : S−1.00D

① S−4.25D
② S−4.00D
③ S−3.75D
④ S−3.50D
⑤ S−3.25D

96 굴절난시량과 각막난시량이 거의 같은 토릭형 각막을 구면 RGP 렌즈로 교정할 때 난시량을 교정해주는 방법은?

① 잔여난시로 남긴다.
② 난시가 교정된 안경을 추가로 착용한다.
③ Flat한 경선은 렌즈의 BCR로, Steep한 경선은 눈물렌즈로 교정한다.
④ 각막을 누르는 힘으로 자연스럽게 교정이 된다.
⑤ Steep한 경선은 렌즈의 BCR로 Flat한 경선은 눈물렌즈로 교정한다.

97 −5.00D 이상의 콘택트렌즈에서 가장자리를 볼록렌즈처럼 얇게 만드는 렌티큘러 디자인으로, 렌즈의 상방안정을 방지하고, 착용감을 좋게 하기 위한 디자인은?

① 프리즘 안정형
② (−)렌즈 모양 디자인
③ (+)렌즈 모양 디자인
④ 동시보기 디자인
⑤ 절단형 디자인

98 토릭 소프트 콘택트렌즈 처방에서 축 회전량을 보정해주기 위한 방법은?

① LARS Method
② Slab off Method
③ Prism Thinning
④ Double Thin Zone
⑤ Prism Ballast

99 노안 증상을 가진 근시안에게 중심부 근용 디자인의 멀티포컬 콘택트렌즈를 처방하였다. 낮 시간에는 선명하나 야간 시간에는 빛 번짐의 불편함을 호소하였다. 해결 방법은?

① 가입도 검사를 다시 진행한다.
② 원거리 시력검사를 다시 진행한다.
③ 함수율이 높은 재질의 렌즈로 교체한다.
④ 어두울 때 동공 크기를 측정한 다음 광학부 직경이 큰 렌즈로 교체한다.
⑤ 전체 직경을 작은 렌즈로 교체한다.

100 HEMA 소재로 된 소프트 콘택트렌즈에서 주로 볼 수 있는 침전물은?

① 지방
② 칼슘
③ 뮤신
④ 나트륨
⑤ 단백질

101 검영법에 대한 설명 중 옳은 것은?

① 슬리브를 좌우로 돌리게 되면 선조광이 발산광선 또는 수렴광선으로 전환된다.
② 슬리브를 상하로 움직이게 되면 선조광이 회전하며, 난시 유무 확인 시 주로 사용한다.
③ 검사자의 시도 조절이 반드시 필요한 검사법이다.
④ 자각적 굴절검사 기기이다.
⑤ 타각적 굴절검사 기기이다.

102 대부분의 안과적 검사의 기초로 시행하며 녹내장 의심 소견이 발생될 경우는 필수 검사 기기이고 함입, 압평, 비접속형 등의 작동원리로 종류를 구분할 수 있는 검사 기기는?

① 각막곡률계(Keratometer)
② 안굴절력계(Refractometer)
③ 세극등현미경(Slit lamp)
④ 안압계(Tonometer)
⑤ 정점굴절력계(Lens meter)

103 다음 시표의 사용 목적에 대한 설명 중 옳은 것은?

① 우세안 검사
② 양안조절균형검사
③ 사위검사
④ 난시 유무 검사
⑤ 조절력 검사

104 다음 설명에 해당하는 시야 검사법은?

- 대략적인 주변 시야 측정
- 측정자의 시야가 정상일 때 검사 가능
- 자유 공간에서 간단하게 측정 가능

① 대면 검사법
② 탄젠트스크린
③ 골드만 시야 검사법
④ 최소가시력 측정법
⑤ 색시표 검사법

105 다음 중 크로스실린더와 함께 사용하며, 조절래그 및 가입도 검사를 할 수 있는 시표는?

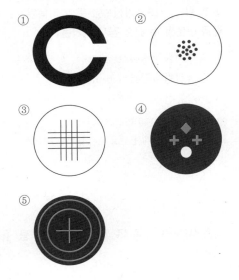

① ② ③ ④ ⑤

02 아래 내용과 관련 있는 검사법은?

- 적색광과 녹색광을 혼합하여 기준색과 같게 맞추는 방법
- 색각이상의 종류와 정도를 구분
- 가장 정확한 검사법
- 조작방법이 복잡함

① 거짓동색표
② 색각경 검사
③ 한식색각검사표
④ 판즈워스 D-15 검사
⑤ 색등 검사

3교시 | 시광학실무

01 시표 앞 1m 거리에서도 0.1 시표를 판독하지 못하여 50cm 거리에서 손가락 개수를 보여주었더니 정확하게 판독하였다. 이 피검사자의 나안시력은?

① 0.1
② 안전수지(Finger Count)
③ 안전수동(Hand Movement)
④ 광각(Light Perception)
⑤ 교정불능(맹)

03 검사거리 50cm에서 발산광선으로 검영법을 시행하였을 때 선조광과 반사광의 움직임이 아래 그림과 같을 때 피검사자의 예측할 수 있는 교정굴절력은?

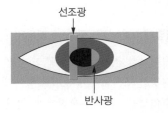

선조광

반사광

① S-2.50D
② S-2.00D
③ S-1.00D
④ S 0.00D
⑤ S+1.00D

04 자동안굴절력계(Auto-refractometer)의 결과에 대한 설명 중 옳은 것은?

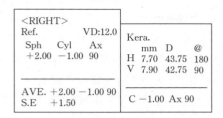

<RIGHT>
Ref.   VD:12.0
Sph   Cyl   Ax
+2.00 −1.00 90

AVE. +2.00 −1.00 90
S.E   +1.50

Kera.
       mm   D   @
H   7.70 43.75 180
V   7.90 42.75   90

C −1.00 Ax 90

① 굴절이상 종류는 혼합난시이다.
② 각막난시는 C−1.00D, Ax 90°이다.
③ 등가구면 굴절력은 S−1.50D이다.
④ 원시성 복성 직난시안이다.
⑤ 각막수평방향 곡률반경은 7.90mm이다.

05 각막곡률계(Keratometer)의 검사 목적으로 옳은 것은?

① 각막 두께
② 수평방향가시홍채직경
③ 각막 굴절력
④ 눈물량
⑤ 각막전면의 곡률반경

06 시력의 질적 평가로 활용되는 것으로 밝고 어두움의 대비를 구분하는 능력으로 아래 시표를 통해 측정할 수 있는 검사는?

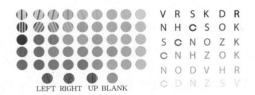

① 교정시력 검사
② 대비감도 검사
③ 나안시력 검사
④ 주시시차 검사
⑤ 노안가입도 검사

07 포롭터에 내장된 보조렌즈의 사용 목적으로 옳은 것은?

① R 또는 1.50 : 검영법 검사거리보정
② P : 핀홀시력검사
③ RF 또는 GF : 색각검사
④ 6△U 또는 10△I : 폭주근점검사
⑤ RMV 또는 RMH : 폰 그라페 사위검사

08 피검사자가 운무 후 방사선 시표를 보았을 때 3−9시 방향의 선이 선명하다고 응답하였다. 이 피검사자의 교정 (−)원주렌즈의 축 방향은?

① 30°
② 60°
③ 90°
④ 120°
⑤ 180°

09 크로스실린더를 이용한 검사이다. (가)보다 (나)일 때 점군시표가 더 선명하다고 응답하였다. 다음 조작으로 옳은 것은? (단, 포롭터에는 S−0.50D ◯ C−1.00D, Ax 45° 장입됨)

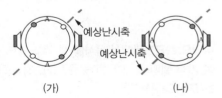

(가)   (나)

예상난시축   예상난시축

① 원주렌즈 굴절력을 C−1.25D로 올린다.
② 원주렌즈 굴절력을 C−0.75D로 내린다.
③ 구면렌즈 굴절력을 S−0.75D로 올린다.
④ 구면렌즈 굴절력을 S−0.25D로 올린다.
⑤ 우세안 검사를 진행한다.

10 단안굴절검사 종료 후 양안을 모두 개방시켜 놓은 상태에서 멀리를 보게 한 후 오른쪽과 왼쪽을 번갈아 가리면서 선명도를 비교하였더니 오른쪽으로 볼 때가 더 선명하다고 하였다면 다음 조작으로 옳은 것은?

① 우세안 검사를 추가로 진행한다.
② 양안조절균형이 이루어진 결과이다.
③ 왼쪽 눈의 자각적굴절검사를 다시 시행한다.
④ 우안에 S+0.25D를 추가한 다음 비교선명도를 다시 물어본다.
⑤ 좌안에 S+0.25D를 감소한 다음 비교선명도를 다시 물어본다.

11 양안조절균형검사 과정에서 오른쪽 눈이 잘 보인다고 하여 S+0.25D를 장입 후 다시 물었더니, 왼쪽 눈이 더 선명하다고 응답하였다면, 다음 조치는? (단, 우세안은 OD이다)

① 검사를 종료한다.
② 왼쪽 눈에 S+0.25D를 장입한다.
③ 오른쪽 눈에 S-0.25D를 장입한다.
④ 왼쪽 눈에 S-0.25D를 장입한다.
⑤ 균형이 맞지 않으므로 우세안이 더 잘 보이는 상태에서 검사를 종료한다.

12 나안으로 근거리에서 독서를 할 때 노안의 증상을 가장 빨리 느끼게 될 눈은? (단, 최대조절력은 모두 동일하다)

① 원점굴절도 -3.00D의 근시안
② 원점굴절도 -1.00D의 근시안
③ 정시안
④ 원점굴절도 +1.00D의 원시안
⑤ 원점굴절도 +3.00D의 원시안

13 광학중심점 높이(Oh)에 대한 설명 중 옳은 것은?

① 안경테 유무와 관계없이 측정할 수 있다.
② 상방시 자세에서 측정한 광학중심점 높이(Oh)는 보정을 해야 한다.
③ 자연스러운 자세에서 측정한 광학중심점 높이(Oh)는 보정하지 않아도 된다.
④ 피검사자의 동공중심부터 직하방 안경테 하부림까지의 높이를 뜻한다.
⑤ 표준상태 피팅 단계에서 측정할 수 있다.

14 다음 그림과 같이 측정된 양안 동공간거리(PD) 값으로 옳은 것은?

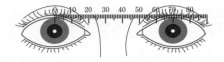

① 35mm
② 60mm
③ 63mm
④ 66mm
⑤ 70mm

15 피팅 요소 중에서 광학적 요소에 해당하는 것은?

① 경사각
② 코받침 각도
③ 템플팁
④ 양쪽 다리 접힌 각
⑤ 코받침 높이

16 정면 관측 결과, 오른쪽 안경테가 내려가 보였을 때, 올바른 피팅 방법은?

① 양쪽 다리를 모두 내린다.
② 양쪽 다리를 모두 올린다.
③ 오른쪽 다리를 올린다.
④ 오른쪽 다리 경사각을 작게 한다.
⑤ 오른쪽 다리 경사각을 크게 한다.

17 정식계측방법으로 측정한 안경테 크기가 다음과 같을 때 표기로 옳은 것은?

- 렌즈삽입부 최장길이 : 58mm
- 연결부 크기 : 16mm
- 기준점간거리 : 72mm
- 다리 길이 : 138mm
- 박싱 시스템으로 측정

① 72 □ 16 138
② 56 □ 16 138
③ 58 □ 16 138
④ 72 □ 16 58
⑤ 56 □ 72 16

18 코 부분의 기울기와 대응되는 코받침이 이루는 이름과 각도의 연결이 올바른 것은?

	코 부분 기울기	코받침 부분	각도
①	코능각	코받침경사각	10~15˚
②	콧등돌출각	코받침능각	25~30˚
③	코옆퍼짐각	코받침옆퍼짐각	25~30˚
④	코옆퍼짐각	코받침옆퍼짐각	평균 20˚
⑤	코능각	코받침능각	10~15˚

19 정점굴절력계(Lensmeter)에서 측정하려는 근시용렌즈를 왼쪽에서 오른쪽으로 움직일 때 내부 스크린에 보이는 타깃상의 이동방향은?

① 왼쪽에서 오른쪽으로 이동
② 아래에서 위로 이동
③ 위에서 아래로 이동
④ 오른쪽에서 왼쪽으로 이동
⑤ 프리즘굴절력이 없는 경우 타깃상의 이동은 없다.

20 Flat Top형 이중초점렌즈를 피팅하려고 한다. 근용부 상부경계선과 일치되어야 할 부분은?

① 각막반사점
② 동공중심점
③ 동공 가장자리 아랫부분
④ 아래눈꺼풀
⑤ 동공 가장자리 윗부분

21 투영식과 망원경식 렌즈미터에 대한 비교 설명으로 옳은 것은?

① 투영식은 검사자가 바뀌면 시도조절을 다시 해야 한다.
② 투영식은 접안렌즈와 굴절력 측정 핸들이 없다.
③ 망원경식은 조절력 개입을 신경쓰지 않아도 된다.
④ 망원경식은 다수의 관찰자가 동시에 볼 수 있다.
⑤ 투영식은 간단한 구조이며 가격도 망원경식보다 저렴하지만 사용 시 숙련도가 필요하다.

22 프리즘 컴펜세이터가 부착되지 않았을 때 렌즈미터 타깃의 선명선이 60°일 때 +1.00D이고, 타깃의 선명선이 150°일 때 −1.00D이다. 프리즘 컴펜세이터를 부착했을 때 프리즘 컴펜세이터의 눈금선은 45°와 백색 10△을 가리키고 있다. 이때의 처방으로 옳은 것은?

① S+1.00D ⊃ C−2.00D, Ax 150°, 10△, Base 45°

② S−1.00D ⊃ C+2.00D, Ax 60°, 10△, Base 45°

③ S+1.00D ⊃ C−2.00D, Ax 150°, 10△, Base 225°

④ S−1.00D ⊃ C+2.00D, Ax 150°, 10△, Base 45°

⑤ S+1.00D ⊃ C−2.00D, Ax 60°, 10△, Base 225°

23 근용안경의 굴절력이 OU : S+1.50D ⊃ C−0.75D, Ax 90°, Add +1.50D일 때, 원용안경 굴절력(D)은?

① OU : S+3.00D ⊃ C−0.75D, Ax 90°

② OU : S−0.75D ⊃ C+0.75D, Ax 90°

③ OU : C−0.75D, Ax 90°

④ OU : S+0.75D ⊃ C−0.75D, Ax 180°

⑤ OU : S+2.25D ⊃ C+0.75D, Ax 180°

24 투영식 정점굴절력계의 검사 결과이다. 렌즈 굴절력 표기로 옳은 것은?

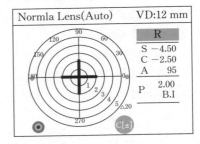

① OD : S−4.50D ⊃ C−2.50D, Ax 95° ⊃ 2△ B.I

② OD : S−4.50D ⊃ C−2.50D, Ax 95° ⊃ 1△ B.I

③ OD : S−4.50D ⊃ C−2.50D, Ax 95° ⊃ 2△ B.O

④ OS : S−4.50D ⊃ C−2.50D, Ax 95° ⊃ 2△ B.I

⑤ OS : S−4.50D ⊃ C−2.50D, Ax 95° ⊃ 2△ B.O

25 기준 PD가 62mm인 근시안의 원용교정안경 조제가공 과정에서 선택한 안경테 사이즈가 큰 관계로 완성된 안경의 조가 PD가 68mm이다. 이 안경을 착용하고 물체를 보게 될 경우 눈은 어느 방향으로 회전하게 되는가?

① 양안 코 방향 회전

② 우안은 코 방향 회전, 좌안은 귀 방향 회전

③ 우안은 귀 방향 회전, 좌안은 코 방향 회전

④ 양안 귀 방향 회전

⑤ 양안의 프리즘 효과가 상쇄되어 회전하지 않는다.

26 하프림테 안경의 조제가공 순서로 옳은 것은?

> • A : 형판 만들기
> • B : 렌즈 끼워넣기
> • C : 역산각 홈 파기
> • D : 렌즈 인점 찍기
> • E : 평산각 가공하기

① A – B – C – D – E
② E – C – B – D – A
③ B – E – C – D – A
④ A – D – C – E – B
⑤ A – D – E – C – B

27 고객이 사용 중인 누진굴절력안경이 파손되어 안경원을 방문하였다. 장용 중인 안경과 동일한 처방이 된 누진굴절력안경을 원하는 경우 가장 먼저 찾아야 하는 부분은?

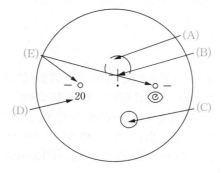

① (A)
② (B)
③ (C)
④ (D)
⑤ (E)

28 복식알바이트안경의 처방이 아래와 같을 때 앞 렌즈의 굴절력과 조가 PD는?

> • 원용 OU : S–3.00D ◠ C+2.00D, Ax 90°
> • 근용 OU : S+2.00D ◠ C–2.00D, Ax 180°
> • 원용 PD 66mm, 근용 PD 60mm
> • 뒷렌즈 = 근용, 앞 + 뒷렌즈 = 원용

① S–3.00D, 70mm
② S–3.00D, 66mm
③ S–3.00D, 62mm
④ S+2.00D, 62mm
⑤ S+2.00D, 70mm

29 누진굴절력안경을 착용하고 먼 곳을 볼 때 정면으로 보면 흐리고 고개를 숙여야 선명하게 잘 보인다. 그 원인은?

① 전반적으로 안경테가 아래로 내려간 상태이다.
② 원용부 굴절력이 저교정 되어 있다.
③ 가입도가 높다.
④ 아이포인트 위치가 동공 중심보다 낮게 위치하고 있다.
⑤ 아이포인트 위치가 동공 중심보다 높게 위치하고 있다.

30 누진굴절력렌즈의 가입도와 설계 디자인에 대한 설명 중 옳은 것은?

① 가입도 = 원용부굴절력 + 근용부굴절력으로 구한다.
② 가입도가 높을수록 하드 디자인을 선택하는 것이 좋다.
③ 모노 디자인에 비해 멀티 디자인의 누진대 폭과 길이가 좁고 짧다.
④ 가입도가 높을수록 수차부의 범위를 넓게 가져가는 것이 좋다.
⑤ 가입도가 높을수록 누진대 길이는 짧아진다.

31 다음 중 완벽한 양안시를 위해 우리 눈이 갖추어야 할 조건으로 옳은 것은?

① 양안의 교정굴절력은 동일해야 한다.
② 양안의 망막상의 크기는 완벽하게 같아야 한다.
③ 물체를 3D가 아닌 2D 형태, 평면화 상태로 보아야 한다.
④ 양안의 안구운동이 정상적으로 이루어져야 한다.
⑤ 양안의 조절과 폭주는 기능만 한다면 불균형 상태여도 상관 없다.

32 암슬러차트 검사 결과가 아래와 같을 때, 의심해 볼 수 있는 눈의 상태는? (단, A : 정상 시표, B : 피검사자 검사 결과)

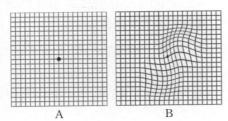

A   B

① 억제
② 복시
③ 백내장
④ 녹내장
⑤ 황반변성

33 가림벗김검사에서 오른쪽 눈을 가렸다가 제거하면서 오른쪽 눈을 관찰하였더니 오른쪽 눈이 코 방향으로 움직이는 것이 보였다. 이 피검사자의 안위이상을 교정하기 위한 프리즘 기저방향은?

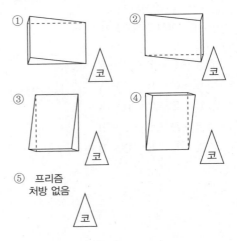

⑤ 프리즘 처방 없음

34 상대조절력검사를 하고자 한다. PRA와 NRA의 정상 기댓값은 각각 얼마인가?

① PRA : +2.50D, NRA : +2.00D
② PRA : −2.50D, NRA : +1.00D
③ PRA : +2.50D, NRA : −2.00D
④ PRA : −2.50D, NRA : −2.00D
⑤ PRA : −2.50D, NRA : +2.00D

35 ±2.00D 플리퍼를 이용하여 조절용이성 검사를 하였더니 단안과 양안 모두 (+)렌즈에서 실패를 보여서 ±1.00D 플리퍼로 교체 후 진행하였더니 단안과 양안 모두 (+)렌즈에서 지체가 나타났다. 이 피검사자의 예상되는 시기능이상은?

① 조절경련
② 조절마비
③ 조절용이성부족
④ 조절부족
⑤ 조절과다

36 안경원을 방문한 고객이 보여 준 안과 처방전에 OU : 4△, Eso, 우세안 : OD라고 기록이 되어 있었다. 프리즘 처방에 대한 설명 중 옳은 것은?

① 양안균등처방, OD 4△, B.I ⊃ OS 4△, B.I
② 양안균등처방, OD 2△, B.O ⊃ OS 2△, B.O
③ 양안균등처방, OD 4△, B.O ⊃ OS 4△, B.O
④ 단안집중처방, OD 4△, B.O
⑤ 단안집중처방, OS 4△, B.O

37 근거리 양안시 검사 결과가 다음과 같다. 이 피검사자의 양성조절성폭주(PAC)양은?

> • 근거리 사위 : 6△ Eso
> • 근거리 양성융합력(B.O) : 15/20/17
> • 근거리 음성융합력(B.I) : 7/12/9
> • AC/A 비 : 3/1 (△/D)

① 5△
② 6△
③ 7△
④ 13△
⑤ 15△

38 포롭터에 내장되어 있으며 편광렌즈가 보조렌즈로 사용되는 아래 시표의 용도는?

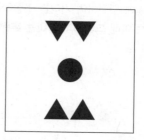

① 사위검사
② 억제 검사
③ 조절력 검사
④ 주시시차 검사
⑤ 입체시기능 검사

39 시기능검사 결과가 다음과 같을 때 그래디언트법에 의한 경사 AC/A 비는?

> • 근거리(40cm) PD : 60mm
> • 근거리(40cm) 사위 : 6△ Eso
> • S-1.00D 추가 후 근거리 사위 : 10△ Eso

① 1 (△/D)
② 2 (△/D)
③ 3 (△/D)
④ 4 (△/D)
⑤ 6 (△/D)

40 근거리 외사위가 있는 폭주부족에게 효과적인 시기능 훈련으로 3가지 서로 다른 색이 있는 구슬을 실에 연결하여 거리를 조절하여 폭주 훈련을 하는 아래 그림에 해당하는 훈련기구는?

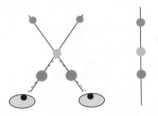

① 플리퍼
② 블록스트링
③ 프리즘바
④ 하트차트
⑤ 세막대심도지각계

41 다음 그림과 같이 홍채에서 반사된 빛을 사용하는 세극등 현미경에서의 조명법은?

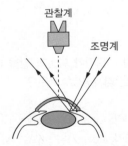

① 확산 조명법(Diffuse Illumination)
② 간접 조명법(Indirect Illumination)
③ 역 조명법(Retro Illumination)
④ 공막산란 조명법(Sclerotic scatter Illumination)
⑤ 경면반사 조명법(Specular reflection Illumination)

42 다음 설명에 해당하는 콘택트렌즈의 재질은?

> • 소프트 콘택트렌즈의 기본 재질
> • 모노머(Monomer) 형태
> • 함수율 38%
> • 친수성 소재

① Styrene
② PMMA
③ N.V.P
④ H.E.M.A
⑤ EGDMA

43 RGP 렌즈와 비교한 소프트 콘택트렌즈의 장점으로 옳은 것은?

① 가끔 착용하더라도 적응시간이 매우 짧다.
② 각막난시 교정효과가 높다.
③ DK값이 높다.
④ 피팅 변수를 다양하게 적용할 수 있다.
⑤ 전체 직경은 RGP 렌즈보다 소프트렌즈가 작아서 취급하기 용이하다.

44 각막곡률반경이 7.90mm이고 각막난시가 없는 눈에 BC 7.95mm의 시험렌즈를 착용시켰을 때 예상할 수 있는 눈물렌즈 굴절력(D)은?

① +0.25D
② −0.25D
③ −0.50D
④ +0.50D
⑤ 0.00D

45 일회용 콘택트렌즈 표지를 보고 이 렌즈에 대해 설명한 것으로 옳은 것은?

① 근시성 난시를 교정하기 위한 토릭렌즈이다.
② 전체 직경은 8.40mm이다.
③ 베이스커브는 14.20mm이다.
④ 함수율은 38%이다.
⑤ 렌즈의 유효기간은 2024.11.30.이다.

46 방부제의 종류로 살균효과는 뛰어나지만, 눈에 자극감을 줄 수 있다는 단점으로 인해 점점 사용을 금하고 있는 것은?

① 다이메드(dymed)
② 폴리쿼드(polyquad)
③ 솔베이트(sorbate)
④ 치메로살(thimerosal)
⑤ 킬레이팅제(EDTA)

47 RGP 콘택트렌즈를 처방하기 위한 검사결과이다. 최종처방굴절력은?

> • 안경교정굴절력 OU : S−3.50D C−1.00D, AX 180°
> • 각막곡률 측정값
>   : 42.00D, 8.05mm @ 180°
>   : 43.00D, 7.85mm @ 90°
> • 시험렌즈 : S−3.00D, 7.95mm

① −4.00D
② −3.50D
③ −3.00D
④ −2.50D
⑤ −2.00D

48 수박씨 이론을 적용한 디자인으로 약 0.75~2.00△, B.D 프리즘을 적용시켜 중력 작용을 받게 하여 렌즈 회전에 대한 안정성을 향상시키는 토릭 소프트렌즈의 축 안정화 방법은?

① 다이나믹 안정기법
② 프리즘 안정기법
③ 이중 쐐기형 안정기법
④ 트런케이션 안정기법
⑤ 내면 토릭 안정기법

49 S+5.00D의 완전교정 안경을 착용하던 사람이 소프트 콘택트렌즈를 착용하고자 할 때 처방 굴절력은? (단, 안경의 정점간거리는 12mm이다)

① +4.00D
② +4.50D
③ +5.00D
④ +5.50D
⑤ +6.00D

50 콘택트렌즈 세척, 보관 등에 사용되는 식염수에 대한 설명 중 옳은 것은?

① 용매로는 일반 정수된 물을 사용한다.
② 붕산, 인산 등은 방부제의 역할을 한다.
③ 염화나트륨($NaCl$)은 삼투압 조절제의 역할을 한다.
④ 삼투압 및 pH는 눈물 성분보다 더 높아야 한다.
⑤ 방부제는 용액의 급격한 pH의 변화를 막기 위해 사용하는 것이다.

51 소지금속과 금장층의 밀착성을 향상시키고 부식 방지를 위한 필수 도금은?

① 금(Au) 도금
② 은(Ag) 도금
③ 니켈(Ni) 도금
④ 로듐(Rh) 도금
⑤ 티타늄(Ti) 도금

52 다음 내용과 관련 있는 금속 안경테 소재는?

- 형상기억합금
- 니켈과 티타늄의 합금
- 충격을 흡수하므로 안정성이 높음

① 니티놀(NiTiNol)
② 모넬(Monel)
③ 듀랄류민(Duralumin)
④ 스테인리스 스틸(Stainless Steal)
⑤ 하이니켈(High Nickel)

53 복합재질 안경테 중에서 렌즈 삽입부 전면의 아랫부분만 금속이고 나머지는 비금속인 안경테로 흔히 '하금테'라고 불리는 것은?

① 컴비 브로우(Combi Brow)
② 셀몬트 브로우(Cellmont Brow)
③ 써몬트 브로우(Siremont Brow)
④ 오토 브로우(Auto Brow)
⑤ 알바이트(Albeit)

54 다음 내용과 관련 있는 안경테 소재는?

- 천연섬유소(조면, 목재, 초지 등)를 주 소재로 함
- 촉매로 황산을 사용
- 130℃ 이상 가열하면 기포 발생
- 자외선(UV)에 노출 시 변색

① 탄소섬유
② 셀룰로이드
③ 에폭시
④ 폴리아미드
⑤ 아세테이트

55 광학유리렌즈 중에서 플린트(Flint Glass)를 제작하기 위한 소재의 조합으로 옳은 것은?

① 크라운 유리(Crown Glass) + 산화바륨(BaO)
② 크라운 유리(Crown Glass) + 이산화티타늄(TiO_2)
③ 크라운 유리(Crown Glass) + 산화납(PbO)
④ 크라운 유리(Crown Glass) + 삼산화알루미늄(Al_2O_3)
⑤ 크라운 유리(Crown Glass) + 이산화세륨(CeO_2)

56 비구면렌즈와 비교한 구면렌즈의 특징에 대한 설명 중 옳은 것은?

① 유효시야가 더 넓다.
② 근시 교정용 렌즈일 경우 주변부로 갈수록 두께가 얇아진다.
③ 수차 발생량이 감소한다.
④ 편심률(e, 이심률)이 1에 가깝다.
⑤ 렌즈면 전체의 곡률이 동일하다.

57 다음 그림과 같은 삼중초점렌즈에서 (A), (B), (C)를 통해서 보게 되는 시점의 조합으로 옳은 것은?

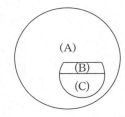

① (A) 원용부   (B) 근용부   (C) 중간부
② (A) 근용부   (B) 원용부   (C) 중간부
③ (A) 중간부   (B) 근용부   (C) 원용부
④ (A) 중간부   (B) 원용부   (C) 근용부
⑤ (A) 원용부   (B) 중간부   (C) 근용부

58 플라스틱 렌즈의 염색 착색법에 대한 설명으로 옳은 것은?

① 염색 온도 > 탈색 온도로 진행한다.
② 염색은 짙은 색 → 옅은 색 순으로 진행한다.
③ 탈색에 의해 착색농도는 낮추거나 완전탈색도 가능하다.
④ 염색속도가 빠른 색을 느린 색보다 우선으로 염색한다.
⑤ 하프톤 염색을 할 경우에는 옅은 색부터 전체 염색을 우선 실시한다.

59 낚시가 취미인 고객이 수면을 볼 때 눈부심을 심하게 호소한다. 이 고객에게 추천할 렌즈는?

① 편광렌즈
② 가림렌즈
③ 사이즈렌즈
④ 프레넬 프리즘렌즈
⑤ 누진굴절력렌즈

60 반사방지막 코팅렌즈의 효과에 대한 설명 중 옳은 것은?

① 유해광선(UV · IR)의 투과율을 높인다.
② 가시광선의 투과율을 감소시킨다.
③ 반사광 제거로 미용 효과가 향상된다.
④ 렌즈의 내마모성이 감소한다.
⑤ 조광렌즈일 경우 필수 코팅이다.

아이들이 답이 있는 질문을 하기 시작하면
그들이 성장하고 있음을 알 수 있다.

– 존 J. 플롬프 –

최종모의고사
제4회

제1교시   시광학이론

제2교시   1과목 의료관계법규
            2과목 시광학응용

제3교시   시광학실무

모든 전사 중 가장 강한 전사는 이 두 가지, 시간과 인내다.

– 레프 톨스토이 –

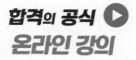

01 공막의 부위 중 가장 얇은 부위는?

① 각막공막접합부
② 곧은근 부착부
③ 적도부
④ 시신경 근처
⑤ 사상판 부위

02 각막의 특징을 설명한 내용으로 옳은 것은?

① 각막의 전면보다 후면의 곡률이 더 크다.
② 각막실질은 가장자리에서 결막으로 이행한다.
③ 각막의 층 가운데 가장 두꺼운 층은 각막상피이다.
④ 각막내피의 손상 시 재생이 가능하다.
⑤ 각막에는 지각신경이 없어 손상 시에도 통증이 없다.

03 다음 홍채에 대한 설명 중 옳은 것은?

① 전면은 편평하다.
② 가장 두꺼운 부위는 홍채뿌리 부분이다.
③ 색소의 함량이 적으면 눈동자의 색깔이 갈색으로 보인다.
④ 동공조임근은 부교감신경의 지배를 받아 수축한다.
⑤ 동공확대근은 동공 가장자리에 위치한다.

04 포도막(중막)의 혈관에 대한 설명 중 옳은 것은?

① 섬모체혈관에서 망막의 바깥층에 혈액을 공급한다.
② 맥락막 모세혈관은 맥락막위공간에 위치한다.
③ 긴뒤섬모체동맥과 앞섬모체동맥이 홍채큰동맥고리를 이룬다.
④ 홍채작은동맥고리는 홍채의 뿌리부분에 위치한다.
⑤ 또아리정맥은 홍채작은동맥고리의 일부를 이룬다.

05 다음 원뿔세포에 대한 설명 중 옳은 것은?

① 원뿔세포는 막대세포보다 그 개수가 많다.
② 원뿔세포의 축삭은 두극세포와 연접한다.
③ 2가지 종류의 조합을 통해 색을 구별할 수 있다.
④ 원뿔세포는 망막에서 가장 안쪽층에 위치한다.
⑤ 어두운 환경에서 시각을 담당한다.

06 망막색소상피층의 특징으로 옳은 것은?

① 5~6개 층의 세포로 구성되어 있다.
② 망막의 가장 안쪽에 위치한다.
③ 망막중심동맥으로부터 영양을 공급받는다.
④ 색소상피층은 황반부에만 위치한다.
⑤ 로돕신의 합성에 관여한다.

07 다음에서 설명하는 것은?

> • 투명하며 눈의 굴절기능을 담당한다.
> • 두께 약 4mm 정도이며 두께를 변화시킬 수 있다.
> • 약 65%의 수분과 35%의 단백질로 구성되어 있다.

① 수정체
② 각막
③ 유리체
④ 방수
⑤ 홍채

08 다음 중 방수를 바르게 설명한 것은?

① 섬모체의 안쪽 상피에서 생산된다.
② 방수의 양은 앞방보다 뒷방에 더 많다.
③ 섬모체는 방수를 흡수하지 못한다.
④ 섬유주와 쉴렘관이 넓어지면 안압이 증가한다.
⑤ 방수의 전체용적은 1~2분마다 교체된다.

09 다음 안와에 대한 설명 중 옳은 것은?

① 안쪽 벽과 바깥쪽 벽은 직각을 이룬다.
② 위쪽 벽에는 눈물주머니 오목이 위치한다.
③ 아래 벽에는 도르래오목이 위치한다.
④ 외부 손상에 가장 약한 벽은 바깥벽이다.
⑤ 눈돌림신경은 위안와틈새를 통과한다.

10 다음 결막에 대한 설명 중 옳은 것은?

① 결막상피는 단층의 육각형모양이다.
② 눈꺼풀의 가장 안쪽층을 구석결막이라 한다.
③ 상피에 덧눈물샘이 위치한다.
④ 결막상피의 술잔세포에서 분비되는 물질은 눈물층 중 가장 안쪽층을 구성한다.
⑤ 결막의 지배신경은 눈돌림신경이다.

11 다음에서 설명하는 것은?

> • 결막에 위치한다.
> • 평소에 안구를 적시는 눈물을 분비한다.
> • 눈물의 수성층을 구성한다.

① 주눈물샘
② 덧눈물샘
③ 마이봄샘
④ 몰샘
⑤ 자이스샘

12 다음 아래빗근에 대한 설명 중 옳은 것은?

① 외안근 중 가장 길이가 길다.
② 광축과 51°의 각도로 위치한다.
③ 안구 뒤쪽에 부착되어 앞쪽으로는 안와 바깥쪽 벽 아래에 부착된다.
④ 보조작용은 없고 주작용으로 올림을 한다.
⑤ 도르래신경의 지배를 받는다.

13 눈을 감을 때 작용하는 근육의 지배신경은?

① 얼굴신경
② 눈돌림신경
③ 도르래신경
④ 가돌림신경
⑤ 삼차신경

14 5m용 시표를 사용하여 시력검사를 할 때, 5분(′) 각 크기의 문자를 판독하였다면 이때의 시력은?

① 0.1
② 0.2
③ 0.5
④ 1.0
⑤ 2.0

15 시신경교차부에 병변이 있을 경우에 예상할 수 있는 장애는?

① 양쪽 코쪽 반맹
② 양쪽 귀쪽 반맹
③ 양안완전맹
④ 왼쪽 코쪽 반맹 – 오른쪽 귀쪽 반맹
⑤ 왼쪽 귀쪽 반맹 – 오른쪽 코쪽 반맹

16 다음에서 설명하는 것은?

> • 눈의 질환 또는 이상에 의한 시력 또는 시야의 장애
> • 안경교정으로 정상시력 회복이 불가능
> • 확대경, 망원경 등의 보조기구를 활용할 수 있음

① 약시
② 저시력
③ 굴절이상
④ 사시
⑤ 색각이상

17 암순응의 특징에 대한 설명 중 옳은 것은?

① 가장 밝게 보이는 색은 빨간색이다.
② 동공이 작아진다.
③ 주변부 광각이 예민하여 색을 구분할 수 있다.
④ 원뿔세포가 먼저 반응을 시작하고 이어서 막대세포가 반응하는 과정이다.
⑤ 암순응의 과정은 1분 이내로 짧게 진행된다.

18 아버지와 어머니 모두 색각이상자일 경우 자녀에게 나타날 수 있는 사례로 옳은 것은?

① 딸은 모두 색각이상 보인자이다.
② 아들의 50%는 정상색각이다.
③ 자녀 중 정상색각자는 없다.
④ 딸은 모두 정상색각이고, 아들은 모두 색각이상이다.
⑤ 아들은 모두 정상색각이다.

19 색각에 대해 설명한 내용으로 옳은 것은?

① 색을 구분할 수 있는 감각은 시신경원판 부근에서 가장 예민하다.
② 시신경 위축 시 색각은 정상이다.
③ 이상삼색형 색각의 경우 시력저하가 함께 나타난다.
④ 후천성 색각이상은 여성에게 더 많이 발생한다.
⑤ 명순응 상태에서만 색을 구분할 수 있다.

20 원시를 설명한 내용으로 옳은 것은?

① 눈의 굴절력이 정시보다 강한 경우에 발생한다.
② 축성원시의 경우 정시보다 안구가 길다.
③ 물체의 상은 망막보다 앞쪽에 만들어진다.
④ 원시는 조절로 극복할 수 없다.
⑤ 자각증상으로 두통, 눈물흘림 등이 나타날 수 있다.

21 조절이 작용될 때 수정체의 변화로 옳은 것은?

① 수정체의 두께가 감소한다.
② 수정체의 전면이 각막 쪽으로 이동한다.
③ 수정체 전면의 곡률반경이 증가한다.
④ 수정체 전체의 굴절력이 감소한다.
⑤ 수정체 후면은 변화가 없다.

22 다음에서 설명하는 것은?

- 백내장 수술 후 인공수정체 삽입을 하지 않은 상태
- 조절불가
- 청시증

① 근시
② 약시
③ 원시
④ 수정체없음증
⑤ 색각이상

23 외편위이면서 위쪽을 주시할 때는 편위량이 작아지고 아래쪽을 주시할 때는 편위량이 커지는 사시의 종류는?

① 영아외사시
② 마비사시
③ 간헐외사시
④ A형사시
⑤ V형사시

24 생리적 긴장이 가장 약한 상태로 수면 중이거나 마취 중의 눈의 위치는?

① 해부학적 안정안위
② 생리적 안정안위
③ 융합제거안위
④ 제1양안시안위
⑤ 근거리양안시안위

25 중추신경매독환자에서 나타날 수 있는 증상으로 정상동공보다 축소된 동공크기를 보이며 대광반사가 정상적으로 나타나지 않는 이상동공의 종류는?

① 구심동공운동장애
② 원심동공운동장애
③ 긴장동공
④ 아르길-로버트슨동공
⑤ 호너증후군

26 오른쪽 시신경 손상이 있는 사람의 왼쪽 눈에 펜라이트를 비추었을 때 관찰되는 반응은?

① 양안 동공이 모두 축소된다.
② 양안 동공이 모두 확대된다.
③ 오른쪽 눈에서 축소, 왼쪽 눈에서 확대가 나타난다.
④ 왼쪽 눈에서 축소, 오른쪽 눈에서 확대가 나타난다.
⑤ 양안의 동공크기 변화가 없다.

27 눈의 검사방법과 검사항목이 바르게 연결된 것은?

① 초음파검사 : 눈 속 종양의 감별진단
② 형광안저혈관조영술 : 눈물의 상태 검사
③ 망막전위도검사 : 안구 앞, 뒤의 상존전위를 기록
④ 눈전위도검사 : 시자극이 있을 때 시각피질에서 일어나는 전위변화 확인
⑤ 시유발전위검사 : 안구의 전체 길이 측정

28 진균각막궤양에 대한 설명 중 옳은 것은?

① 각막주변부의 궤양을 보인다.
② 앞방축농을 동반한다.
③ 오염된 형광용액을 통해 감염된다.
④ 각막상피층까지만 침범할 수 있다.
⑤ 스테로이드로 치료한다.

29 각막 질환에 대한 방어작용으로 발생하는 것으로 심한 경우 시력저하의 원인이 되기도 하는 이것은?

① 각막혈관 신생
② 각막지각 소실
③ 앞방축농
④ 비토반점
⑤ 카이저-플라이셔고리

30 해바라기백내장의 원인이 되는 물질은?

① 철
② 구리
③ 자외선
④ 적외선
⑤ 축동제

31 대개 60세 이상 고령자에게 발생하며 칼슘과 지방산의 화합물이 유리체 안에 산재하나 특별한 자각증상은 없는 것이 특징인 질환은?

① 날파리증
② 뒤유리체박리
③ 유리체출혈
④ 별모양유리체증
⑤ 섬광 유리체 융해

32 바이러스 감염 질환으로 고열과 인후통 증상을 동반하는 결막의 질환은?

① 거짓막결막염
② 인두결막열
③ 단순포진결막염
④ 트라코마
⑤ 봄철각결막염

33 과민반응으로 나타나는 결막질환으로 꽃가루나 풀, 동물성 털 등이 원인이 되어 가려움증과 눈물흘림 등의 증상을 보이는 것은?

① 만성 세균결막염
② 인두결막열
③ 트라코마
④ 계절알레르기결막염
⑤ 군날개

34 눈의 증상으로 시력장애, 눈부심, 날파리증을 보이며 피부의 백반, 탈모, 백모 등의 증상을 보이는 질환은?

① 앞포도막염
② 베체트병
③ 보그트-고야나기-하라다병
④ 사르코이드증
⑤ 유리체출혈

35 건성안의 원인 중 눈물막이 과도하게 증발하여 건성안이 되는 경우는?

① 노화
② 마이봄샘기능부전
③ 쇼그렌증후군
④ 스티븐스 - 존슨증후군
⑤ 비타민 A 결핍증

36 뒤공막염에 대해 설명한 것으로 옳은 것은?

① 통증은 심하지 않다.
② 복시, 안구운동장애 증상을 동반한다.
③ 1~2주 이내에 자연치유된다.
④ 충혈이 심하게 나타난다.
⑤ 단단한 결절이 나타난다.

37 다음에서 설명하는 질환은?

> • 보통염색체 열성유전질환
> • 방수유출로의 해부학적 이상으로 방수유출
> 이 방해됨
> • 눈물흘림, 눈부심, 눈꺼풀연축 등의 증상

① 개방각녹내장
② 폐쇄각녹내장
③ 원발영아녹내장
④ 수정체용해녹내장
⑤ 수정체팽대녹내장

38 망막색소변성에 대한 설명 중 옳은 것은?

① 여성에게만 나타나는 유전질환이다.
② 시야의 손상은 없다.
③ 초기부터 중심시력의 손상이 급격하게 나타
난다.
④ 진행과정에서 야맹 증상이 나타난다.
⑤ 수술을 통해 치료가 가능하다.

39 망막중심동맥폐쇄에서 나타나는 증상으로 옳은
것은?

① 급격한 시력장애가 나타난다.
② 직접대광반사와 간접대광반사가 모두 일어
나지 않는다.
③ 가벼운 통증을 호소한다.
④ 시신경원판 부위가 붉게 보인다.
⑤ 망막동맥의 출혈이 관찰된다.

40 다음에서 설명하는 질환은?

> • 오염된 물속, 토양, 수돗물 등에서 감염
> • 콘택트렌즈 사용자에게서 발생 가능
> • 심한 통증을 동반

① 단순포진각막염
② 녹농균각막궤양
③ 진균각막궤양
④ 가시아메바각막염
⑤ 플릭텐각결막염

41 아래 그림에서 안경테 높이와 정점간거리를 조
정할 수 있는 금속안경테 부분은?

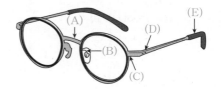

① (A)
② (B)
③ (C)
④ (D)
⑤ (E)

42 최근 들어 많이 사용되며 초경량이고 고탄성으
로 우수한 복원력을 가지고 있으며 폴리에테르
이미드(Polyetherimide) 수지의 일종인 플라스
틱 안경테 소재는?

① 울템
② 셀룰로이드
③ 아세테이트
④ 옵틸테
⑤ TR 90

43 탄소섬유에 대한 설명 중 옳은 것은?

① 산, 알칼리 등 화학약품에 약하다.

② 열팽창계수가 적어서 열 충격에 약하다.

③ 비금속 플라스틱 소재 중에서 비중이 가장 가볍다.

④ 생체 친화성과 전기전도성이 좋다.

⑤ 다양한 색조를 나타낼 수 있다.

44 안경렌즈 소재로 사용되는 물질에 대한 설명 중 옳은 것은?

① 표면 반사율이 높아야 한다.

② 굴절률과 아베수가 모두 높아야 한다.

③ 색분산이 많이 일어나야 한다.

④ 열팽창계수가 높아야 한다.

⑤ 굴절률과 비중은 크고 아베수는 낮아야 한다.

45 주형중합법에 CR-39 렌즈 제조과정에서 외부로부터 이물질 혼입을 방지하고 렌즈의 중심두께를 결정하는 역할을 하는 것은?

① 촉매제

② 이완제

③ 개스킷

④ 융제

⑤ 코팅제

46 다음 내용과 관련 있는 렌즈의 종류로 옳은 것은? (단, 동일 굴절력임)

- 구면렌즈에 비해 주변부 두께가 감소한다.
- 구면렌즈에 비해 주변부 수차가 감소한다.
- 구면렌즈에 비해 주변수 시야가 넓어진다.
- 구면렌즈에 비해 전반적으로 가벼워진다.

① 평면 렌즈

② 토릭렌즈

③ 비구면렌즈

④ 원주렌즈

⑤ 프리즘렌즈

47 광학유리의 생지렌즈 제조과정의 순서로 옳은 것은?

① 용융 → 조정 → 청정 → 배분 → 열처리와 서냉

② 조정 → 청정 → 용융 → 배분 → 열처리와 서냉

③ 용융 → 조정 → 열처리와 서냉 → 청정 → 배분

④ 용융 → 청정 → 조정 → 배분 → 열처리와 서냉

⑤ 배분 → 조정 → 청정 → 용융 → 열처리와 서냉

48 다음 내용과 관련 있는 렌즈의 종류로 옳은 것은?

- 색수차가 없다.
- 원용부에 근용부까지 명시역의 단절이 없다.
- 가입도가 높아질수록 주변부 비점수차량이 커진다.
- 외관상 눈에 띄는 특징이 없다.
- 노안 교정용 렌즈이다.

① 이중초점렌즈
② 누진굴절력렌즈
③ 슬래브업 가공렌즈
④ 프레넬 프리즘렌즈
⑤ 편광렌즈

49 광학유리에 자외선, 적외선 차단을 위해 첨가해야 하는 물질의 조합으로 옳은 것은?

① $Al_2O_3 - TiO_2$
② $CeO_2 - FeO_2$
③ $CeO_2 - SiO_2$
④ $MgF_2 - BaO$
⑤ $ZnO - TiO_2$

50 편광 안경렌즈에 대한 설명으로 옳은 것은?

① 안경 착용 시 시야 내의 콘트라스트는 감소한다.
② 조제가공 참조마킹과 편광축은 수평이다.
③ 편광 안경에서 좌우 편광축은 일치해야 한다.
④ 입사하는 모든 방향에서 눈부심을 억제하는 효과를 지닌다.
⑤ 도로면, 수면 등을 볼 때는 편광축을 수평방향(180°)으로 조제한다.

51 안광학계인 각막은 오목메니스커스 형상이지만 (+)굴절력을 가진다. 그 이유는?

① 각막과 수정체의 굴절률이 비슷하기 때문이다.
② 각막과 방수의 굴절률이 비슷하기 때문이다.
③ 각막의 중심두께가 얇기 때문이다.
④ 각막의 전면 곡률반경이 후면보다 길기 때문이다.
⑤ 각막은 전면과 후면 굴절력이 모두 (+)굴절력을 가지기 때문이다.

52 다음 설명에 해당하는 안광학계의 주요점은?

- 거리 측정의 기준점
- 횡배율 = 1인 지점
- 표기 기호는 H 또는 H′

① 초점
② 정점
③ 회전점
④ 원점
⑤ 주점

53 왼쪽 눈의 k각(λ각)이 약 6°(+½mm)이다. 이 눈으로 시계 문자판의 중심을 보게 될 때 동공중심선(광축)은 시계 문자판의 대략 몇 시 방향을 향하게 되는가?

① 2시
② 4시
③ 8시
④ 10시
⑤ 12시

54 체르닝 타원 곡선에서 비점수차 제거를 위한 관련요소에 해당하는 것은?

① 안경렌즈의 재질
② 근점까지의 거리
③ 안경렌즈의 굴절률
④ 정점간거리
⑤ 안경렌즈 후면의 굴절력

55 원점이 눈앞 유한거리인 피검사자에 예상해 볼 수 있는 현상은?

① 다른 비정시보다 안정피로를 많이 느낀다.
② 다른 비정시보다 노안 증상을 일찍 인지한다.
③ 근거리를 지속적으로 보게 되면 내사위가 될 수 있다.
④ 원거리 물체가 흐려 보이게 된다.
⑤ 근거리를 볼 때 안경이 반드시 필요하다.

56 정적굴절상태에서 원점의 위치가 눈앞 40cm인 눈에 대한 설명 중 옳은 것은?

① 근시안이다.
② 원점굴절도는 +2.50D이다.
③ 상측초점은 망막 뒤에 위치한다.
④ 굴절이상도는 −2.50D이다.
⑤ (+)구면렌즈로 교정된다.

57 공기 중에 놓인 S−2.50D ◯ C+1.00D, Ax 180°로 완전교정되는 비정시안에 평행광선속이 입사할 때 전초선 및 후초선, 양주경선에 대한 설명 중 옳은 것은?

① 강주경선 방향 : 180°
② 약주경선 방향 : 180°
③ 전초선 방향 : 수평방향
④ 후초선 방향 : 수직방향
⑤ 최소착란원 위치 : 40cm

58 원시성 복성 도난시 교정용 렌즈의 처방은?

① S−2.50D ◯ C+1.00D, Ax 180°
② S+2.50D ◯ C+1.00D, Ax 90°
③ S−2.50D ◯ C−1.00D, Ax 90°
④ S+2.50D ◯ C−1.00D, Ax 180°
⑤ S+2.50D ◯ C+1.00D, Ax 180°

59 Cr±0.50D의 크로스실린더 렌즈의 붉은 점을 수직방향에 두었을 때의 굴절력 표기는?

① S+0.50D ◯ C+0.50D, Ax 90°
② S−0.50D ◯ C−0.50D, Ax 180°
③ S+0.50D ◯ C−1.00D, Ax 180°
④ S−0.50D ◯ C+1.00D, Ax 180°
⑤ C+0.50D, Ax 90° ◯ C−0.50D, Ax 180°

60 렌즈미터, 포롭터 등의 기계를 통해 안을 들여다 볼 경우 발생할 수 있는 근시화 현상은?

① 기계 근시
② 공간 근시
③ 멘델바움효과
④ 야간 근시
⑤ 조절안정위상태

61 최대동적굴절 상태에서 눈앞 25cm까지 선명하게 볼 수 있는 이 사람의 원점굴절도는? (단, 최대조절력은 4.00D이다)

① 0.00D
② +2.50D
③ −2.50D
④ +4.00D
⑤ −4.00D

62 S-1.50D ◯ C+1.00D, Ax 60°으로 완전교정되는 비정시안이 나안으로 방사선 시표를 보게 되면 몇 시 방향이 가장 선명하게 보이는가?

① 1-7시
② 2-8시
③ 3-9시
④ 5-11시
⑤ 6-12시

63 'S+1.50D, Add 2.00D' 처방으로 자렌즈의 직경인 20mm인 클립토크(Krip-Tok)형 이중초점렌즈를 착용할 때 발생할 수 있는 상 도약량은?

① 0△
② 1△
③ 2△
④ 3△
⑤ 4△

64 최대조절력이 2.00D이고 원점굴절도가 -2.50D인 노안에게 다음과 같은 처방의 이중초점렌즈 교정을 할 때 선명하게 볼 수 없는 불명시역은?

원용완전교정굴절력 OD : S-2.00D, Add 2.50D

① 눈앞 무한대에서 눈앞 40cm까지
② 눈앞 40cm에서 눈앞 33cm까지
③ 눈앞 40cm에서 눈앞 20cm까지
④ 눈앞 33cm에서 눈앞 20cm까지
⑤ 눈앞 무한대에서 눈앞 20cm까지

65 원용완전교정처방이 S-1.00D인 40대 고객의 작업거리는 눈앞 25cm이다. 최대 조절력은 4.00D로 측정된 고객의 근용안경 굴절력이 +1.00D일 때 가입도(Add)는? (단, 유용 조절력은 최대조절력의 1/2으로 한다)

① +5.00D
② +4.00D
③ +3.00D
④ +2.00D
⑤ +1.00D

66 굴절검사 결과가 아래와 같고, 양안의 상의 배율 4% 차이로 인해 불편함을 호소할 때, 안정피로 감소를 위해 우선적으로 처방을 고려해봐야 할 렌즈는?

원용
• OD : S-1.00D, VA 1.0, K-data : +42D
• OS : S-5.00D, VA 1.0, K-data : +46D

① 구면 안경렌즈
② 콘택트렌즈
③ 사이즈렌즈
④ 단안시 처방
⑤ 밸런스렌즈

67 조절래그에 대한 설명 중 옳은 것은?

① 초점심도의 깊이와 조절래그량은 반비례한다.
② 조절래그량이 크다는 것은 조절반응량이 많다는 의미이다.
③ 조절래그량이 작으면 조절부족을 의심해 볼 수 있다.
④ 조절자극량과 조절반응량의 차이 값을 조절래그라 한다.
⑤ 조절래그량의 정상 기댓값은 +1.00~+1.50D이다.

68 다음 여러 처방의 안경렌즈를 착용했을 때 광학적 암점이 나타나는 렌즈로 옳은 것은?

① 백내장 수술 후 안내렌즈로 교정한 경우
② 정점간거리를 길게 조제한 안경을 착용한 원시안
③ −10D의 교정굴절력을 가진 콘택트렌즈를 착용한 근시안
④ 백내장 수술 후 무수정체안 교정용 안경을 착용한 경우
⑤ 백내장 수술 후 무수정체안 교정용 콘택트렌즈을 착용한 경우

69 겉보기 깊이가 2m, 굴절률이 1.5인 매질에 의한 실제 깊이는?

① 1.5m
② 2.0m
③ 2.5m
④ 3.0m
⑤ 4.0m

70 렌즈 후방 3.0m 지점으로 수렴하는 광선속의 버전스는? (단, 렌즈 후방 매질의 굴절률은 1.50이다)

① +2.00D
② +0.50D
③ 0.00D
④ −0.50D
⑤ −2.00D

71 그림과 같이 두 매의 평면거울이 120° 각도로 맞대어 있다. 거울 1면에 60°로 입사한 광선이 거울의 제1면과 제2면에서 반사하여 출사될 때 입사광선과 출사광선이 이루는 각도는 몇 도(°)인가?

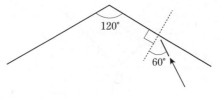

① 120°
② 180°
③ 240°
④ 300°
⑤ 360°

72 임계각에 대한 다음 설명 중 옳은 것은?

① 빛이 굴절률이 작은 매질에서 큰 매질로 진행할 때 전반사가 생기는 입사각이다.
② 빛이 굴절률이 큰 매질에서 작은 매질로 진행할 때 전반사가 생기는 입사각이다.
③ 임계각의 굴절각은 0°이다.
④ 임계각보다 큰 각도로 입사하는 광선은 굴절만 일어나고 반사는 일어나지 않는다.
⑤ 임계각보다 작은 각도로 입사하는 광선은 굴절되지 않고 모두 내부로 반사된다.

73 "임의의 광선이 반사 또는 굴절하여 진행될 때 그 진로를 바꾸어도 진행해 온 경로를 따라 되돌아 진행한다."라는 빛의 진행에 관한 원리는?

① 최소시간의 원리
② 페르마의 원리
③ 호이겐스의 원리
④ 광선 역행의 원리
⑤ 스넬의 법칙

74 스넬의 법칙을 이용한 반사와 굴절의 법칙에 관한 아래 그림에서 (A)~(E)에 대한 명칭이 올바르게 연결된 것은?

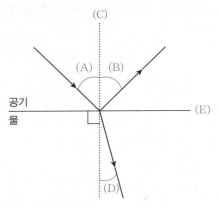

① (A) 반사각
② (B) 입사각
③ (C) 경계면(매질 경계면)
④ (D) 굴절각
⑤ (E) 법선

75 빛의 반사와 굴절의 법칙을 설명하는 스넬의 법칙의 공식으로 올바른 것은? (단, n_1은 제1매질의 굴절률, n_2는 제2매질의 굴절률, i_1는 입사각, i_2는 굴절각이다)

① $n_1 \sin i_1 = n_2 \sin i_2$
② $n_1 \cos i_1 = n_2 \cos i_2$
③ $n_1 \tan i_1 = n_2 \tan i_2$
④ $n_1 \sin i_2 = n_2 \sin i_1$
⑤ $n_1 \sin i_1 = n_2 \cos i_2$

76 물체를 볼록렌즈 전방에 두는 경우, 상을 형성하지 못하는 물체의 위치는?

① 무한 원방
② 물측초점 2배 위치
③ 물측초점 위치
④ 물측초점 안쪽
⑤ 물측초점과 물측초점 2배 사이

77 공기 중에 놓여 있는 굴절률이 2.0인 얇은 안경렌즈의 곡률반경이 $r_1 = +5cm$, $r_2 = +10cm$일 때 이 렌즈의 상측주점초점거리는 몇 cm인가?

① +20cm
② +10cm
③ 0cm
④ −10cm
⑤ −20cm

78 굴절력이 각각 +10D인 동일 재질의 렌즈 2매가 공기 중에서 공축으로 20cm만큼 떨어져 있을 때 합성렌즈계의 상측주점굴절력(D')은?

① +20D
② +10D
③ 0.00D
④ −10D
⑤ −20D

79 공기 중에 놓인 두꺼운 렌즈의 호칭면굴절력 (D_N')이 +10D이고 제2면의 면굴절력 (D_2')이 −5D일 때 이 렌즈의 상측정점굴절력 (D_V')은?

① −10D

② −5D

③ +5D

④ +10D

⑤ +15D

80 다음 중 수차 종류와 보정된 렌즈의 명칭이 올바르게 연결된 것은?

① 구면수차 – 애플러네트(Aplanat)

② 왜곡수차 – 아베의 정현조건

③ 구면수차 – 정상 조건

④ 비점수차 – 애퍼크러매트(Apochromat)

⑤ 색수차 – 언애스티그매트(Anastigmat)

81 빛의 특성과 그 것을 주장한 사람과의 연결이 올바른 것은?

① 입자설 – 호이겐스

② 파동설 – 뉴턴

③ 이중설 – 토마스 영

④ 광량자설 – 스넬

⑤ 전자기파설 – 맥스웰

82 Young's 이중슬릿 실험에서 사용한 빛의 파장을 2배 더 긴 파장의 빛으로 바꾸게 될 경우 간섭무늬에서 이웃한 두 밝은 선 사이의 간격은 몇 배로 바뀌는가?

① 0.5배

② 1배

③ 1.5배

④ 2배

⑤ 2.5배

83 문이 닫힌 방 안에서 복도에 있는 사람들의 대화소리가 들렸다. 이것은 음파(소리)의 어떤 성질에 따른 현상인가?

① 회절

② 간섭

③ 분산

④ 편광

⑤ 산란

84 브루스터각(Brewter's Angle)에 대한 설명 중 옳은 것은?

① 굴절각이 수직(90°)일 때의 입사각이다.

② 입사각이 수직(90°)일 때의 굴절각이다.

③ 반사각과 굴절각이 수직(90°)일 때의 입사각이다.

④ 반사각과 굴절각이 평행(180°)일 때의 입사각이다.

⑤ 입사각과 반사각이 수직(90°)일 때의 굴절각이다.

85 다음 여러 가지 자연현상과 이를 설명할 수 있는 빛의 성질의 연결이 올바른 것은?

① 달무리 – 회절

② 붉은 저녁노을 – 산란

③ 영의 이중슬릿 무늬 – 편광

④ 코팅렌즈 – 회절

⑤ 하얀 눈 결정체 – 간섭

01 「의료법」상 의료법의 궁극적인 목적으로 옳은 것은?

① 모든 국민이 수준 높은 의료혜택을 받을 수 있도록 한다.
② 국민 의료에 필요한 사항을 규정한다.
③ 의료기사 등의 자격 · 면허 등에 관한 필요한 사항을 규정한다.
④ 국민보건 및 의료 향상에 이바지한다.
⑤ 국민의 건강을 보호하고 증진한다.

02 「의료법」상 의료인의 국가시험 장소는 시험일 며칠 전까지 공고하여야 하는가?

① 시험일 30일 전까지
② 시험일 45일 전까지
③ 시험일 60일 전까지
④ 시험일 90일 전까지
⑤ 응시원서 접수 직후

03 「의료법」상 다음 중 의료인 결격사유에 해당하지 않는 경우는?

① 정신질환자(전문의의 적합 판정을 받지 못함)
② 향정신성의약품 중독자
③ 금고 이상의 실형을 선고받고 그 집행이 끝난 후 5년이 지나지 아니한 자
④ 금고 이상의 형의 집행유예를 선고받고 그 유예기간이 지난 후 2년이 지나지 아니한 자
⑤ 금고 이상의 형의 선고유예를 받고 그 유예기간이 끝난 자

04 「의료법」상 의료기관의 집단 휴업으로 환자진료에 막대한 지장이 발생할 것이 예상되는 경우 휴업 또는 파업 중인 의료기관에게 업무개시 및 복귀 명령을 할 수 있는 권한을 가진 자는?

① 대통령
② 보건복지부장관
③ 국무총리
④ 보건소장
⑤ 중앙회장

05 「의료법」상 다음 중 의료기관의 정의에 대한 설명 중 옳은 것은?

① 질병을 가진 환자들에 대한 의료 업무를 하는 곳
② 외래환자만을 위한 의료 업무를 하는 곳
③ 의료인이 공중 또는 특정 다수인을 위하여 의료 · 조산의 업을 하는 곳
④ 의료인이 공중을 위하여 의료 업무를 하는 곳
⑤ 고연령 관련 질환자를 위한 의료 · 요양의 업을 하는 곳

06 「의료법」상 허리디스크 수술로 입원했다가 퇴원한 환자가 진단서를 발급받기 위해 내원하였다. 입원 시 담당의사가 학회 참석으로 해외 출장 중일 경우 진단서 발급은?

① 담당 의사가 없어서 발급해 줄 수 없다.
② 담당 의사에게 연락하여 확인 후 발급한다.
③ 입원실 담당 수간호사가 진료기록부를 참고하여 발급한다.
④ 동일 의료기관의 다른 의사가 환자기록부를 참고하여 발급한다.
⑤ 의료기관 장의 권한으로 바로 발급한다.

07 「의료법」상 다음 중 의료법인이 타인에게 임대 또는 위탁할 수 없는 부대사업은?

① 산후조리업
② 일반음식점영업
③ 종합체육시설업
④ 의료법인이 직접 운영하는 의료기기 임대 · 판매업
⑤ 안경 조제 · 판매업

08 「의료법」상 산부인과 전문의가 임신부의 진료 요구를 받았을 때 정당한 이유 없이 이를 거절했을 경우의 벌칙으로 옳은 것은?

① 500만 원 이하의 벌금
② 1년 이하 징역이나 1천만 원 이하의 벌금
③ 2년 이하 징역이나 2천만 원 이하의 벌금
④ 3년 이하 징역이나 3천만 원 이하의 벌금
⑤ 5년 이하 징역이나 5천만 원 이하의 벌금

09 「의료기사 등에 관한 법률」상 치과기공소를 개설할 수 있는 사람의 조합으로 옳은 것은?

① 치과의사 – 치과위생사
② 치과의사 – 의사
③ 치기공사 – 치과위생사
④ 치과의사 – 치기공사
⑤ 치기공사만 개설 가능

10 「의료기사 등에 관한 법률」상 의사나 치과의사의 지도 아래에 진료 또는 의화학적 검사에 종사하지 않아도 되는 자는?

① 치과기공사
② 안경사
③ 치과위생사
④ 작업치료사
⑤ 물리치료사

11 「의료기사 등에 관한 법률」상 안경사의 국가시험에 관한 설명 중 옳은 것은?

① 국가시험은 매년 1회만 실시한다.
② 안경광학과 학문을 전공하고 현장실습을 이수한 졸업생(예정자)만 국가시험에 응시할 수 있다.
③ 국가고시를 합격한 후 안경사 협회의 장에게 면허를 받는다.
④ 국가시험에 관하여 부정행위를 하여 합격이 무효가 된 자는 그 후 2회에 한하여 국가시험 응시 기회를 제한한다.
⑤ 합격자 결정은 필기시험에 있어서는 전 과목 총점의 60% 이상, 실기 시험에 있어서는 만점의 60% 이상으로 한다.

12 「의료기사 등에 관한 법률」상 면허증을 발급 받은 후 개명을 한 경우 면허증 재발급을 신청하고자 할 때 신청서를 누구에게 제출하여야 하는가?

① 대통령
② 보건복지부장관
③ 시 · 도지사
④ 특별자치시장 · 특별자치도지사 · 시장 · 군수 · 구청장
⑤ 중앙회장

13 「의료기사 등에 관한 법률」상 의료기사 등의 국가시험의 시행에 관한 필요한 사항을 결정하며, 보건복지부장관의 권한을 위임받은 자는?

① 대통령
② 보건복지부장관
③ 중앙회장
④ 국가시험관리기관의 장
⑤ 전공 관련 대학교수

14 「의료기사 등에 관한 법률」상 의료기사 등의 중앙회에 대한 설명 중 옳은 것은?

① 중앙회는 영리법인으로 한다.
② 대통령령으로 정하는 바에 따라 그 면허의 종류에 따라 중앙회를 설립하여야 한다.
③ 면허증을 발급받은 의료기사는 중앙회의 회원이 된다.
④ 중앙회는 시·도에 지부를 설치할 수 있다.
⑤ 외국에 지부를 설치하려면 대통령의 승인을 받아야 한다.

15 「의료기사 등에 관한 법률」상 안경업소의 시설기준에 의한 필수 장비에 속하는 것은?

① 안경테
② 안경렌즈
③ 자동옥습기
④ 자동굴절검사기
⑤ 초음파 세척기

16 「의료기사 등에 관한 법률」상 안경업소의 개설등록, 폐업신고, 시정명령에 대한 권한권자는?

① 대통령
② 교육부장관
③ 시·도지사
④ 특별자치시장·특별자치도지사·시장·군수·구청장
⑤ 중앙회장

17 「의료기사 등에 관한 법률」상 안경사 김모 씨는 학문적으로 인정되지 않은 자신이 개발한 검사차트를 사용하여 안경사 업무를 하였다. 이에 해당하는 처분으로 옳은 것은?

① 면허취소
② 안경업소 개설 취소
③ 면허자격정지
④ 벌금
⑤ 금고 이상의 징역

18 「의료기사 등에 관한 법률」상 다음 중 의료기사 등의 면허자격 정지사유에 해당하는 것은?

① 안경사 면허를 대여한 때
② 안경사의 업무에 관한 광고행위
③ 의사의 지도에 의하지 아니한 안경사의 업무 행위
④ 의사의 지도에 의하지 아니한 보건의료정보관리사의 업무 행위
⑤ 안경업소의 개설자가 될 수 없는 자에게 고용되어 안경사의 업무를 행한 때

19 「의료기사 등에 관한 법률」상 안경사 김모 씨는 5년간 안경사 업무를 하지 않았다. 다시 안경사 업무를 하고자 할 때 받아야 하는 보수교육 시간은?

① 8시간 이상
② 12시간 이상
③ 16시간 이상
④ 20시간 이상
⑤ 24시간 이상

20 「의료기사 등에 관한 법률」상 안경업소를 개설하려는 자가 보건복지부령으로 정하는 시설 및 장비를 갖추지 못한 경우 시정을 명하게 되는데 이를 이행하지 않을 때 벌칙은?

① 100만 원 이하의 벌금
② 500만 원 이하의 벌금
③ 500만 원 이하의 과태료
④ 3년 이하의 징역 또는 3천만 원 이하의 벌금
⑤ 5년 이하의 징역 또는 5천만 원 이하의 벌금

2교시 | 2과목 시광학응용

21 원점이 눈앞 25cm인 굴절이상을 교정할 수 있는 안경렌즈 굴절력은? (단, 원점은 각막 정점을 기준으로 측정함)

① S-4.00D
② S-3.75D
③ S-2.50D
④ S+2.50D
⑤ S+4.00D

22 원용교정굴절검사 결과가 다음과 같을 때 최종적으로 선택할 교정굴절력은?

교정굴절력(D)	교정시력
S+1.50	0.9
S+1.75	1.0
S+2.00	1.0
S+2.25	0.9

① S+1.50D
② S+1.75D
③ S+2.00D
④ S+2.25D
⑤ S 0.00D

23 일반적으로 안경원에서 교정하는 시력을 가장 잘 설명하는 것은?

① 원거리 동체중심시력
② 근거리 동체중심시력
③ 원거리 정지중심시력
④ 근거리 정지중심시력
⑤ 원거리 정지주변시력

24 다음 중 시력이 가장 좋지 않은 경우는?

① 0.5 시력
② 0.2 시력
③ 5m 거리에서 최소시각 30초각
④ 5m 거리에서 최소시각 2분각
⑤ 5m 거리에서 최소시각 10분각

25 자동안굴절력계로 측정 결과가 S+1.50D ◯ C−0.50D, Ax 90°이다. 나안 상태에서 방사선시표를 보게 될 때 선명하게 보이는 선 방향은? (단, 수의성 원시안이다)

① 모든 선의 선명도가 동일하다.
② 3−9시
③ 6−12시
④ 4−10시
⑤ 5−11시

26 원시안에 대한 설명으로 옳은 것은?

① 안경에서 콘택트렌즈로 교정을 바꿀 경우 동일한 굴절력으로 처방한다.
② 상측 초점은 망막 앞에 결상되는 눈이다.
③ 조절력이 충분하면 원거리와 근거리를 모두 나안으로 선명하게 볼 수 있다.
④ 근거리를 볼 때 근시보다 조절 부담이 작다.
⑤ 축성 원시의 경우 정시보다 안축의 길이가 길다.

27 예비검사의 종류와 검사 목적의 연결이 바르게 된 것은?

① Push-up 검사 - 최대폭주력 검사
② NPC 검사 - 최대조절력 검사
③ 로젠바흐 검사 - 입체시 검사
④ 가성동색표 검사 - 색각 검사
⑤ FLY TEST - 우세안 검사

28 나안상태에서 발산광선으로 이동식 검영법을 시행했더니 동행이 보였다. 피검사자의 원점의 위치로 옳은 것은?

① 검사자 위치
② 피검사자 위치
③ 검사자보다 먼 위치
④ 검사자와 피검사자 사이
⑤ 피검사자 뒤

29 각막곡률계(Keratometer)로 측정한 결과가 다음과 같다. 결과에 대한 설명 중 옳은 것은?

> • AR data
>   S+1.50D ⊃ C-0.75D, Ax 180°
> • K-data
>   H : 43.50D, @ 180°,
>   V : 44.25D, @ 90°

① 굴절난시는 없다.
② 잔여난시는 C-0.75D, Ax 180°이다.
③ 각막난시는 C-0.75D, Ax 180°이다.
④ 각막난시는 C-0.75D, Ax 90°이다.
⑤ 각막은 도난시 형상이다.

30 50cm 거리에서 발산광선으로 검영법을 시작하였다. 피검사자의 눈에 위치시킨 다음 슬리브를 회전시켜 선조광이 회전하는 동안 반사광의 움직임을 관찰하였더니, 각도가 틀어진 어긋남 현상이 보였다. 다음 조작으로 옳은 것은?

① 난시가 있는 것으로 판정하고 슬리브를 돌리면서 난시축을 찾는다.
② 검사 용이성을 위해 수렴광선으로 바꾼다.
③ 검사 거리를 변화시켜 중화값을 찾는다.
④ 판부렌즈를 추가하여 중화값을 찾는다.
⑤ 검사 거리 보정렌즈를 장입 후 검사를 진행한다.

31 검사거리 보정렌즈를 장입하고 50cm 거리에서 발산광선으로 검영하였더니 30°경선에서 +1.00D, 120° 경선에서 +3.00D로 중화되었다. 피검사자의 교정렌즈 굴절력(순검영법)은?

① S+1.00D ⊃ C-2.00D, Ax 120°
② S-1.00D ⊃ C+2.00D, Ax 30°
③ S+1.00D ⊃ C+2.00D, Ax 120°
④ S+3.00D ⊃ C-2.00D, Ax 120°
⑤ S+3.00D ⊃ C-2.00D, Ax 30°

32 안모형통의 뒤 눈금을 -2.00D에 위치시키고 렌즈 받침대에 C+1.00D, Ax 45°의 원주렌즈를 추가한 다음 50cm 거리에서 발산광선으로 검영할 때 총검영값은?

① S-2.00D ⊃ C-1.00D, Ax 45°
② S-3.00D ⊃ C+1.00D, Ax 135°
③ C-1.00D, Ax 135°
④ S-1.00D ⊃ C+1.00D, Ax 45°
⑤ S-1.00D ⊃ C+1.00D, Ax 135°

33 가림벗김검사(Cover Uncover Test)에서 좌안을 가림판으로 가렸다가 제거하면서 보았더니 그림과 같이 좌안이 아래에서 위로 이동하였다. 이 눈의 안위이상은?

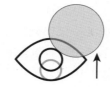

① 우안 상사위
② 좌안 하사시
③ 좌안 하사위
④ 좌안 상사위
⑤ 정위

34 5m용 시력표에서 0.2 시력에 해당하는 란돌트 고리 시표의 틈새 간격은?

① 15.0mm
② 7.5mm
③ 3.0mm
④ 1.5mm
⑤ 0.75mm

35 강주경선이 60°인 원시성 복성 난시안이 운무 후 방사선 시표를 볼 때 가장 선명한 방향은?

① 모든 선의 선명도가 동일하다.
② 3-9시
③ 6-12시
④ 4-10시
⑤ 5-11시

36 크로스실린더렌즈에 의한 난시정밀검사에 대한 설명으로 옳은 것은?

① 근시성 단성난시 상태에서 실시한다.
② 축 정밀검사일 경우 축 방향과 크로스실린더렌즈의 (−)축 또는 (+)축을 일치시킨다.
③ 굴절력 정밀검사일 경우 축 방향과 크로스실린더렌즈의 중간 기준축을 일치시킨다.
④ 검사 시작 시 이색검사의 적색배경 시표가 선명하게 보이게 한다.
⑤ C−0.50D 추가될 경우 S+0.25D를 추가해준다.

37 크로스실린더렌즈를 이용한 난시정밀검사를 한다. 점군시표의 비교 선명도를 물었더니 (가)보다 (나)일 때 더 선명하다고 응답하였다. 이 결과를 반영한 굴절력 변화로 옳은 것은? (단, 포롭터에는 S−3.00D ◯ C−1.00D, Ax 45°가 가입되어 있다)

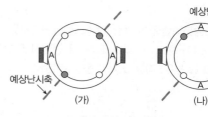

① S−3.00D ◯ C−1.25D, Ax 45°
② S−3.00D ◯ C−0.75D, Ax 45°
③ S−3.25D ◯ C−1.00D, Ax 45°
④ S−3.50D ◯ C−1.00D, Ax 40°
⑤ S−3.50D ◯ C−1.00D, Ax 50°

38 다음 중 근시성 단성 사난시를 교정할 렌즈의 처방은?

① S−1.00D ◯ C+1.00D, Ax 45°
② S−2.00D ◯ C+1.00D, Ax 30°
③ S+1.00D ◯ C−1.00D, Ax 60°
④ S−1.00D ◯ C+1.00D, Ax 5°
⑤ S−1.00D ◯ C+1.00D, Ax 95°

39 원용교정을 위해 적록이색검사를 실시했다. 오른쪽 눈은 적색바탕 검은 원이 더 선명하고 왼쪽 눈은 녹색바탕의 검은 원이 더 선명하다고 응답할 때 이에 대한 설명 중 옳은 것은? (단, 양안 모두 근시안이다)

① 오른쪽 눈은 저교정이므로 S−0.25D를 추가한다.
② 오른쪽 눈은 과교정이므로 S−0.25D를 감소한다.
③ 왼쪽 눈은 저교정이므로 S−0.25D를 감소한다.
④ 왼쪽 눈은 과교정이므로 S−0.25D를 추가한다.
⑤ 양안의 굴절력 검사를 처음부터 다시 실시한다.

40 편광분리법을 이용한 양안조절균형검사를 실시하고자 한다. 아래 시표가 더 선명하게 보인다고 할 경우, 다음 조치로 옳은 것은?

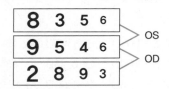

원용
• OD : S+2.00D ◯ C−0.75D, Ax 90° (135° 편광)
• OS : S+1.50D ◯ C−1.00D, Ax 90° (45° 편광)

① OD : S+1.75D로 변경
② OD : S+2.25D로 변경
③ OS : S+1.75D로 변경
④ OS : S+1.25D로 변경
⑤ OD : C−1.00D로 변경

41 적록이색시표를 이용하여 노안 가입도를 검사하려고 한다. 근거리 적녹시표의 녹색바탕 검은 원이 더 선명하게 보인다고 응답하였다면 다음 조작으로 옳은 것은?

① S+0.25D 장입
② S−0.25D 장입
③ C−0.25D 장입
④ C+0.25D 장입
⑤ S+1.00D 장입

42 S−1.00D로 완전교정되는 근시안의 최대조절력이 3.00D이고 33cm 거리에서 스마트폰을 사용하려고 할 때의 근용안경굴절력(D)은? (단, 유용 조절력은 최대조절력의 1/2로 한다)

① −0.50D
② +0.50D
③ +1.50D
④ +2.50D
⑤ +3.50D

43 처방서에 적힌 용어와 그에 대한 설명으로 옳은 것은?

① Oh : 광학중심점 높이, 안경테 상부 림에서 동공 중심까지의 길이
② For 5m : 근거리 굴절검사
③ △ : 프리즘렌즈의 기저방향
④ OU : 양안을 뜻하며 OD와 OS의 처방이 동일할 때만 사용
⑤ VD : 정점간거리, 각막정점부터 회선점까지의 거리

44 조제가공 과정에서 광학중심점높이(Oh)가 틀어져도 시력에 영향을 받지 않는 처방은?

① S+1.00D ⊂ C-2.00D, Ax 45°
② S+2.00D ⊂ C-1.00D, Ax 45°
③ S+1.00D ⊂ C-2.00D, Ax 90°
④ S+1.00D ⊂ C-2.00D, Ax 180°
⑤ S+1.00D ⊂ C-1.00D, Ax 90°

45 광학중심점 높이(Oh)에 대한 설명 중 옳은 것은?

① 안경렌즈의 상측 정점에서 각막 정점까지의 거리이다.
② 측면에서 관측한 연직선과 안경테의 측면림(Rim)이 이루는 각이다.
③ 경사각의 영향을 받지 않는다.
④ (−)렌즈에서 B.U 프리즘 효과를 내려면 기준 Oh < 조가 Oh가 된다.
⑤ 안경테 하부림에서 동공중심까지의 높이이다.

46 원용 기준 PD가 64mm인 사람이 40cm를 주시하게 될 때의 주시거리 PD는?

① 58mm
② 59mm
③ 60mm
④ 61mm
⑤ 62mm

47 안경렌즈 처방 시 고려해야 할 "회전점조건"에 대한 설명 중 옳은 것은?

① 안경렌즈의 광축과 눈의 조준선이 일치되고 눈의 조준선이 렌즈면을 수직으로 지나야 한다.
② 회전점조건은 비정시 교정용 안경렌즈와 프리즘렌즈에서 모두 적용된다.
③ 회전점조건이 만족한다면 안경테의 경사각 크기는 무시한다.
④ 회전점조건은 기준 PD = 조가 PD일 때 만족할 수 있다.
⑤ 회전점조건은 안경 처방에서 명기사항에 포함된다.

48 사용 중 피팅을 실시할 때 가장 많이 틀어지게 되는 부위의 조합으로 옳은 것은?

① 연결부 – 엔드피스
② 코받침 – 연결부
③ 코받침 – 템플팁
④ 코받침 – 엔드피스
⑤ 엔드피스 – 힌지

49 안경테 다리에 "54 – 18 140"라고 표기된 것에 대한 설명 중 옳은 것은?

① 박싱 시스템에 의한 계측 수치이다.
② 렌즈삽입부길이는 54mm이다.
③ 렌즈삽입부 수직길이는 18mm이다.
④ 기준점(FPD)간거리는 140mm이다.
⑤ 상공련 시스템의 의한 계측 수치이다.

50 안경테 계측방법들에 대한 비교에 대한 설명 중 옳은 것은?

① 렌즈삽입부 크기는 Datum > Boxing 순이다.
② 연결부 크기는 Datum > Boxing 순이다.
③ 기준점간거리는 Boxing > Datum 순이다.
④ 다리 길이는 Boxing > Datum 순이다.
⑤ 수직간거리는 Datum > Boxing 순이다.

51 다음 그림과 같은 피팅 플라이어의 용도는?

① 메탈테 엔드피스 피팅
② 무테 나사 절단
③ 다리 경사각 피팅
④ 코받침 피팅
⑤ 무테 지엽 나사 고정용

52 다음과 같은 안경테에 조제가공을 위한 최소렌즈직경은?

• 기준 PD : 62mm
• 안경테 크기 : 54 □ 18 135
• 작업여유분 : 2mm(고려해야 함)
• 홈 깊이 : 1mm(고려해야 함)

① 65mm
② 66mm
③ 67mm
④ 68mm
⑤ 69mm

53 원시 교정용 안경에서 기준 PD보다 조가 PD가 크게 가공된 안경을 착용했을 때 유발될 수 있는 사위는?

① 유발사위 없음
② 상사위
③ 하사위
④ 내사위
⑤ 외사위

54 S-1.50D의 시험렌즈와 굴절력을 알 수 없는 안경렌즈를 겹쳐 보았을 때 상의 이동 방향이 렌즈 이동 방향과 동일하게 이동하였다면 이 안경렌즈의 대략적인 굴절력은?

① S+1.50D보다 작은 원시 교정용 렌즈
② S+1.50D보다 큰 원시 교정용 렌즈
③ S+1.50D인 원시 교정용 렌즈
④ S-1.50D보다 큰 근시 교정용 렌즈
⑤ S-1.50D보다 작은 근시 교정용 렌즈

55 양주경선의 굴절력이 각각 -1.50D, -2.75D인 토릭렌즈를 약주경선 굴절력을 T.A.B.O. 각 180°에 위치시키라는 뜻과 같은 굴절력 표기는?

① C-1.50D, Ax 180° ⊃ C-2.75D, Ax 90°
② S-1.50D ⊃ C-1.25D, Ax 90°
③ S-1.50D ⊃ C-1.25D, Ax 180°
④ C-1.50D, Ax 180° ⊃ C-1.25D, Ax 90°
⑤ S-2.75D ⊃ C+1.50D, Ax 90°

56 정면에서 볼 때 안경테가 위쪽으로 올라간 상태이다. 이를 교정하기 위한 피팅방법은?

① 코받침 위치를 양쪽 모두 위로 올린다.
② 코받침 위치를 양쪽 모두 아래로 내린다.
③ 코받침 간격을 좁힌다.
④ 경사각을 작게 한다.
⑤ 다리벌림각을 양쪽 모두 작게 한다.

57 O.S : S+2.00D ⊃ C-3.00D, Ax 90°인 토릭렌즈의 광학중심점에서 왼쪽 5mm 지점을 통해 주시할 때 발생되는 프리즘 영향은?

① 0.5△ B.I
② 0.5△ B.O
③ 1.0△ B.I
④ 1.0△ B.O
⑤ 0.0△

58 원용 OU : S-2.50D, PD 67mm의 처방으로 조제가공을 하려고 한다. 허용오차를 고려할 때 허용오차 범위 내에 존재하는 조가 PD는? (단, 큰 방향 1.0△, 작은 방향 0.5△이다)

① 60mm
② 62mm
③ 66mm
④ 70mm
⑤ 72mm

59 다음 처방 중에서 원시성 복성 직난시 교정용 렌즈는?

① C+1.50D, Ax 90° ⊃ C+1.50D, Ax 180°
② S+1.50D ⊃ C-1.50D, Ax 90°
③ S+1.50D ⊃ C+1.50D, Ax 180°
④ S+1.50D ⊃ C+1.50D, Ax 90°
⑤ C+1.50D, Ax 180°

60 투영식 렌즈미터의 토릭렌즈 측정결과이다. 결과에 대한 설명 중 옳은 것은?

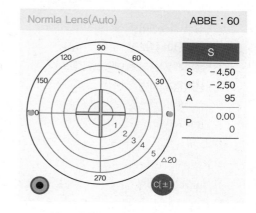

① 근시성 직난시 교정 처방이다.
② 강주경선의 굴절력은 -4.50D이다.
③ 등가구면 굴절력은 -5.75D이다.
④ 오른쪽 렌즈에 대한 결과이다.
⑤ 약주경선 굴절력은 -2.50D이다.

61 투영식 렌즈미터 화면이 아래와 같을 때, 측정하고자 하는 렌즈의 종류는?

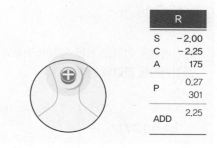

① 구면렌즈
② 토릭렌즈
③ 원주렌즈
④ 누진굴절력렌즈
⑤ 프리즘렌즈

62 다음과 같은 설명에 해당하는 이중초점렌즈의 형상은?

> • 상부 경계선이 직선
> • 경계면이 돋보임
> • 흔하게 사용되는 이중초점렌즈
> • 융착형 디자인

① Simless형
② Ex형
③ Kryp-tok형
④ Curved Top형
⑤ Flat Top형

63 누진굴절력렌즈 디자인에서 피검사자의 설계점과 일치시켜야 하는 부분의 명칭은?

① 원용부 굴절력 측정부
② 근용부 굴절력 측정부
③ 수평유지마크
④ 아이포인트
⑤ 기하중심점

64 중간거리용 안경을 위한 처방이 아래와 같을 때 중간거리용 안경의 처방은?

> • 원용 : S-1.50D ◯ C-0.75D, Ax 180°
> • Add 1.50D

① S-0.75D ◯ C-0.75D, Ax 90°
② S-0.75D ◯ C-0.75D, Ax 180°
③ C-0.75D, Ax 180°
④ S-0.75D ◯ C+0.75D, Ax 90°
⑤ S-1.50D ◯ C+0.75D, Ax 180°

65 다음은 복식알바이트안경에 대한 처방이다. 앞 렌즈의 조가 PD로 옳은 것은?

> • OU : S-2.00D ◯ C-1.00D, Ax 90°
> • Add : +2.00D
> • 원용 PD 64mm, 근용 PD 60mm
> • 뒷렌즈 = 근용, 앞 + 뒷렌즈 = 원용

① 62mm
② 63mm
③ 64mm
④ 65mm
⑤ 66mm

66 굴절부등시안이 이중초점렌즈를 착용하려 한다. 착용 시 발생하는 좌우안의 수직프리즘 오차를 줄이기 위해 실시해야 할 가공법은?

① 프리즘디닝 가공
② 슬래브업 가공
③ 편심 가공
④ 나이프에징 가공
⑤ 사이즈렌즈 가공

67 거울검사(Mirror Test)에서 좌 · 우 동공이 모두 근용 포인트보다 위 방향으로 벗어나 있을 경우에 실시할 수 있는 미세조정 방법은?

① 다리벌림각을 작게 한다.
② 경사각을 작게 한다.
③ 경사각을 크게 한다.
④ 정점간거리를 짧게 한다.
⑤ 코받침 위치를 위로 올린다.

68 다음과 같은 원인에 의해 나타날 수 있는 양안시기능 이상으로 옳은 것은?

> • 양안 외안근의 협동근 가운데 한쪽이 연축(Spasm)된 때
> • 외안근의 주행 및 안구부착의 이상
> • 부족한 융합력
> • 과도한 근거리 작업으로 생긴 조절과 폭주의 불균형

① 마비성 사시
② 조절 경련
③ 부등시
④ 사위
⑤ 약시

69 파눔융합역에 관한 설명 중 옳은 것은?

① 주시물점과 양 눈의 절점들로 이루어진 삼각형의 외접원이다.
② 비대응점결상을 해도 감각성융합이 되는 범위이다.
③ 주시점과 같은 거리로 인식하는 물점들의 영역이다.
④ 파눔융합역의 범위는 중심와에서 가장 넓다.
⑤ 파눔융합역은 위아래 방향이 좌우 방향보다 넓다.

70 격자시표를 활용하여 측정한 조절래그량이 +1.25D일 때 예측해 볼 수 있는 조절이상은?

① 조절과다
② 조절부족
③ 조절경련
④ 조절지연
⑤ 조절마비

71 다음 상대조절력에 대한 검사 결과에서 음성상대조절(NRA) 값은?

> • 원용교정굴절력 : S−1.50D ◠ C−1.00D, Ax 180°
> • (−)구면렌즈를 추가하여 최초 흐림이 나타났을 때
>   : S−4.00D ◠ C−1.00D, Ax 180°
> • (+)구면렌즈를 추가하여 최초 흐림이 나타났을 때
>   : C−1.00D, Ax 180°

① +1.50D
② 0.00D
③ −1.50D
④ −2.50D
⑤ −4.00D

72 단안 및 양안 안구운동에 관한 설명 중 옳은 것은?

① 양안시와 관련된 가장 중요한 안구운동은 단안 동향안구운동이다.
② 단안 안구운동은 헤링의 법칙에 따라 작용근과 대항근으로 구분한다.
③ 무의식적으로 눈을 빨리 움직여 중심와에 주시점을 맞추는 안구운동을 '추종운동'이라 한다.
④ 조준선을 주시물체에 따라가게 하여 중심와에 지속적인 중심시를 유지하는 안구운동을 '충동운동'이라 한다.
⑤ 이향안구운동은 서로 반대 방향으로 움직이는 안구운동으로 '폭주'와 '개산'이 대표적이다.

73 정위인 정시안이 눈앞 30cm의 태블릿 PC를 볼 때 작용하는 폭주의 종류는?

① 기계적 – 근접성
② 긴장성 – 근접성
③ 융합성 – 조절성
④ 융합성 – 근접성
⑤ 조절성 – 근접성

74 원거리 기준 PD가 65mm인 정시안이 눈앞 33cm를 볼 때 폭주각(△)은?

① 6.5△
② 10.0△
③ 13.0△
④ 15.0△
⑤ 19.5△

75 다음 설명에 해당하는 사위검사법은?

> • 프리즘 분리법
> • 수평사위검사 시 6△ B.U으로 분리
> • 수직사위검사 시 12△ B.I으로 분리
> • 완전융합제거(분리융합제거) 사위검사법

① 폰 그라페법
② 편광십자시표법
③ 마독스렌즈 사용법
④ 주시시차 검사
⑤ 가림/벗김 검사

76 피검사자의 눈앞에 아래 그림과 같이 세팅이 되어 있다. 무엇을 검사하기 위한 세팅인가?

① 수평사위검사
② 주시시차 검사
③ 억제 유무 검사
④ 회선사위검사
⑤ 융합버전스 검사

77 가림검사에서 우안을 가렸을 때 좌안의 움직임은 보이지 않았고 우안의 가림판을 제거하였더니 우안이 다음 그림과 같이 코 방향으로 움직였다. 이 눈의 안위이상은?

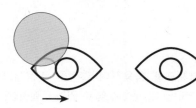

① 외사위
② 내사위
③ 우안외사시
④ 우안내사시
⑤ 정위

78 계산(헤테로포리아) AC/A 비를 구할 수 있는 공식으로 옳은 것은?

① AC/A
$$= PD(\text{cm}) + \frac{\text{원거리 사위량} - \text{근거리 사위량}}{\text{근거리 조절자극량}(D)}$$

② AC/A
$$= \text{폭주각} + \frac{\text{근거리 사위량} - \text{원거리 사위량}}{\text{근거리 조절자극량}(D)}$$

③ AC/A
$$= PD(\text{cm}) + \frac{\text{근거리 사위량} - \text{원거리 사위량}}{\text{근거리 조절자극량}(D)}$$

④ AC/A
$$= \frac{\text{렌즈 가입 전 사위량} - \text{렌즈 가입 후 사위량}}{\text{조절자극 변화량}(D)}$$

⑤ AC/A
$$= \frac{\text{렌즈 가입 후 사위량} - \text{렌즈 가입 전 사위량}}{\text{조절자극 변화량}(D)}$$

79 단안조절효율성 검사 결과 10cpm이었고 양안 조절효율성 검사에서는 3cpm(−렌즈 느림)이었다. 이 결과를 통해 예측해 볼 수 있는 양안시 이상은?

① 폭주부족
② 폭주과다
③ 조절과다
④ 조절부족
⑤ 조절효율성 부족

80 초등학교 1학년 남학생이 어머니와 함께 안경원을 방문하였다. 문진의 결과가 다음과 같을 때 예상해 볼 수 있는 양안시 이상은?

• 햇빛이 좋은 야외에 나가면 자꾸 눈을 감거나 비빈다.
• 눈부심을 심하게 호소한다.
• 방과후 집에서 TV를 오래 시청하면 눈이 귀쪽으로 돌아가는 것 같은 느낌을 받는다.

① 조절내사시
② 간헐성외사시
③ 굴절내사시
④ 마비성사시
⑤ 폭주부족

81 눈물에 포함되어 있는 강력한 항균작용을 하는 단백질은?

① 베타라이신(Beta−lysine)
② 라이소자임(Lysozyme)
③ 크리스탈린(Crystallin)
④ 알부민(Albumin)
⑤ 뮤신(Musin)

82 다음의 설명에 해당하는 눈의 해부학적 구조는?

• 눈물막의 재형성에 관여
• 외부로부터 안구를 보호
• 안쪽 면에 마이봄샘이 위치함
• 쉽게 붓거나 찢어짐

① 각막
② 결막
③ 눈꺼풀
④ 눈물
⑤ 홍채

83 습윤성을 나타내는 수치인 접촉각에 대한 설명 중 옳은 것은?

① 0°에 가까울수록 친수성이다.
② 0°에 가까울수록 소수성이다.
③ PMMA의 접촉각은 약 110°이다.
④ 실리콘의 접촉각은 약 60°이다.
⑤ 접촉각과 습윤성은 비례 관계를 가진다.

84 콘택트렌즈의 곡률과 곡률반경에 관한 설명으로 옳은 것은?

① 곡률과 곡률반경은 서로 반비례한다.
② 곡률이 크면 곡률반경은 플랫(Flat)한 것을 의미한다.
③ 곡률반경이 크다는 것은 많이 휘어져 있다는 것을 의미한다.
④ 곡률반경이 증가하면 굴절력은 증가한다.
⑤ 곡률이 증가하면 굴절력은 감소한다.

85 콘택트렌즈 착용을 희망하는 피검사자에 대한 문진 및 예비검사 결과이다. 추천해 줄 수 있는 콘택트렌즈의 재질은?

* 건성안 진단을 받음
* 인공눈물을 수시로 점안함
* 가끔씩만 착용함
* 축구 시합할 때 착용을 원함

① HEMA(Hydroxy-Ethyl Methacrylate)
② 실리콘 하이드로겔(Silicone Hydrogel)
③ PMMA(Polymethyl Methacrylate)
④ CAB(Cellulose Acetate Butyrate)
⑤ FSA(Fluorosilicone-Acrylate)

86 일회용렌즈를 팩에서 하나 꺼내어 표면의 용액을 제거한 다음 측정한 렌즈의 무게가 20g이었다. 이 렌즈를 상온에 꺼내두어 탈수 상태로 만든 다음 측정한 렌즈는 10g일 때 이 렌즈의 함수율로 옳은 것은?

① 10%
② 20%
③ 40%
④ 50%
⑤ 60%

87 다음 설명에 해당하는 콘택트렌즈 제조방법은?

* 하드 콘택트렌즈 제조법
* 렌즈의 내면은 구면
* 다양한 디자인 변수에 대응 가능
* 대량 생산 불가

① 회전 주조법
② 주형 주조법
③ 선반 절삭법
④ 플라즈마법
⑤ 사출 성형법

88 콘택트렌즈의 구조와 이를 결정하기 위한 요소의 연결로 옳은 것은?

① 전체 직경(TD) - 동공 직경
② 광학부 직경(OZD) - 수평방향가시홍채직경
③ 기본커브(BCR) - 눈꺼풀테 크기
④ 광학부 직경(OZD) - 어두운 조명 아래에서의 동공 직경
⑤ 주변부 커브 - 교정 굴절력에 의한 곡률값

89 팩 렌즈로 주로 판매되고 있는 원데이 소프트콘택트렌즈의 전체직경(T.D)은?

① 16.0mm 이상
② 14.0~14.5mm
③ 12.0~12.5mm
④ 10.0~10.5mm
⑤ 8.5~9.5mm

90 비정시안이 원거리 교정용 콘택트렌즈를 착용하고 근거리를 볼 때 발생하는 프리즘 효과는?

① 근시와 원시 모두 프리즘 효과는 없다.
② 근시 : B.I 효과, 원시 : B.I 효과
③ 근시 : B.O 효과, 원시 : B.O 효과
④ 근시 : B.I 효과, 원시 : B.O 효과
⑤ 근시 : B.O 효과, 원시 : B.I 효과

91 소프트 콘택트렌즈 피팅검사에서 루즈(loose)한 피팅상태로 평가되는 것은?

① 측방래그 검사 시 2mm의 지체를 보인다.
② 눈 깜박임 직후 일시적으로 시력이 개선된다.
③ 눈 깜박임 전과 후 모두 마이어상이 선명하다.
④ 상방래그 검사 시 렌즈 흘러내림이 없다.
⑤ 눈 깜박임 후 렌즈가 상/하방으로 0.3mm 움직인다.

92 플라시도 디스크(Placido Disc) 마이어상이 아래 그림과 같을 때 예상할 수 있는 것은?

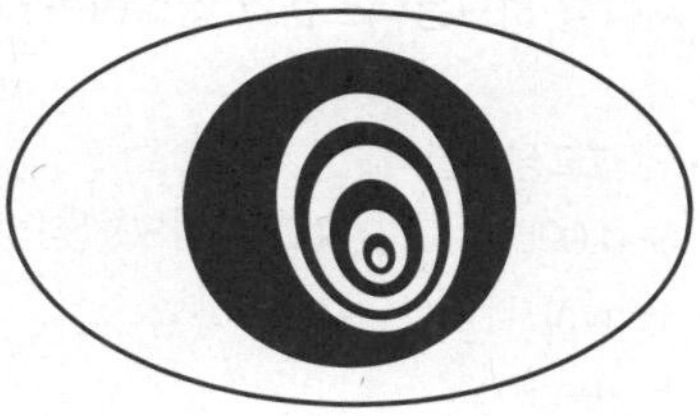

① 직난시형 각막
② 도난시형 각막
③ 사난시형 각막
④ 부정난시
⑤ 원추각막

93 S-4.00D ◯ C-1.00D, Ax 175°의 안경을 착용 중인 피검사자에게 S-4.00D의 구면 소프트 콘택트렌즈를 처방하였을 때 예상해 볼 수 있는 잔여난시량은?

① C-1.00D, Ax 175°
② C-1.00D, Ax 85°
③ C-0.50D, Ax 175°
④ C-0.50D, Ax 85°
⑤ 잔여난시 없음

94 RGP 콘택트렌즈에서 편평한 각막곡률값보다 처방한 렌즈의 기본커브(BCR)이 작을 경우 최종 교정굴절력 변화 값은?

① (-)굴절력은 감소한다.
② (+)굴절력은 증가한다.
③ (-)굴절력은 증가한다.
④ (-)눈물렌즈의 영향을 받는다.
⑤ 굴절력에는 변화가 없다.

95 콘택트렌즈 착용자의 검사값이 다음과 같고 시험렌즈 착용 결과는 이상적인 피팅상태를 보였다. 처방할 하드콘택트렌즈 굴절력은?

- 안경교정굴절력
  S−4.00D ◯ C−0.50D Ax 180° (정점간거리 12mm)
- K−readings
  − 7.95mm(42.50D) @ 180°
  − 7.85mm(43.00D) @ 90°
- 시험렌즈 베이스커브 : 8.05mm(42.00D)

① S−2.75D
② S−3.25D
③ S−3.75D
④ S−4.25D
⑤ S−4.75D

96 수면 중에 착용하여 각막중심부 곡률을 눌러주는 방식으로 굴절이상을 교정하는 콘택트렌즈는?

① Toric Soft Contact Lens
② RGP Contact Lens
③ Orthokeratology Lens
④ PMMA Contact Lens
⑤ Silicone Hydrogel Contact Lens

97 구면 RGP 콘택트렌즈 피팅 평가에서 플루레신 용액으로 눈물을 염색한 후 세극등 현미경으로 관찰하였더니 아래 그림과 같이 보였다. 양호한 피팅을 위한 조정 방법은?

① 전체 직경(TD)을 작게 한다.
② 기본커브(BCR)를 짧게 한다.
③ 주변부커브(PCR)를 짧게 한다.
④ 광학부 직경(OZD)을 길게 한다.
⑤ 가장자리들림(Edge Lift)을 낮게 한다.

98 OD : S−4.00D ◯ C−1.75D, Ax 175°의 토릭 소프트 콘택트렌즈를 처방하기 위해 난시 축 안정화 검사를 진행하였다. 피검사자의 정면에서 관찰했더니 기준 축 표시(6시)가 코 방향으로 15°만큼 돌아간 상태로 안정화되었다. 토릭 소프트 콘택트렌즈의 최종 처방 값은?

① S−4.00D ◯ C−1.50D, Ax 175°
② S−4.00D ◯ C−2.00D, Ax 175°
③ S−4.00D ◯ C−1.75D, Ax 190°
④ S−4.00D ◯ C−1.75D, Ax 10°
⑤ S−4.00D ◯ C−1.75D, Ax 160°

99 침전물과 제거 방법에 대한 연결이 옳은 것은?

① 지방 − 화학 소독을 권장
② 칼슘 − 교차결합제 사용
③ 단백질 − 열 소독을 권장
④ 단백질 − 효소 분해 세척액 사용
⑤ 지방 − 킬레이팅제 사용

100 소프트 콘택트렌즈 착용자에게 볼 수 있는 합병증의 징후와 증상의 연결이 올바른 것은?

① 유두(Papillae) – 시력 저하
② 혈관신생(Vascularization) – 통증
③ 충혈(Injection) – 가려움증
④ 궤양(Ulcer) – 건조감
⑤ 부종(Edema) – 시력 저하

101 동공간거리계(PD Meter)를 이용하여 측정할 수 있는 것은?

① 카파각 위치
② 편위 종류 및 편위량
③ 단안 및 양안 PD
④ 광학중심점 높이
⑤ 경사각

102 시력을 측정할 수 있는 시표 중 하나이며 최소분리력을 이용한 시력표로 옳은 것은?

① 방사선 시표
② 적녹이색 시표
③ 점군 시표
④ 숫자 & 문자 시표
⑤ 란돌트 고리 시표

103 세극등현미경으로 각막과 결막을 관찰하고 있다. 아래 그림과 같이 보고자 하는 부위에 직접 조명을 하여 관찰하는 조명법의 종류는?

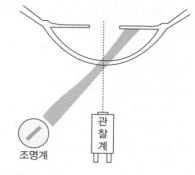

① 확산 조명법
② 직접 조명법
③ 간접 조명법
④ 역 조명법
⑤ 경면반사 조명법

104 최근 안과에서 가장 흔하게 사용되는 안압계 종류로 피검사에게 직접적인 접촉 없이 순간적인 바람을 발사하여 대략적인 안압을 측정하는 기기는?

① 비접촉성 안압계
② 함입 안압계
③ 압평 안압계
④ 촉진 안압계
⑤ 골드만 안압계

105 저시력자의 주 작업거리 33cm를 ×3 배율로 볼 수 있는 확대경의 굴절력 몇 D인가?

① +3.00D
② +5.00D
③ +7.00D
④ +9.00D
⑤ +11.00D

01 피검사자에 대한 문진의 결과가 아래와 같다. 예측해 볼 수 있는 문제점은?

> • 나이 : 10세
> • 굴절이상 종류 : 정시안
> • 최근 1개월 전부터 원/근거리를 교대로 볼 때 흐림에서 회복하는 시간이 오래 걸림
> • 최근 스마트폰 게임을 너무 오래 함

① 융합력 부족에 의한 사위
② 조절경련에 의한 가성근시
③ 건조안
④ 안구운동능력 부족
⑤ 입체시 부족

02 다음 그림의 방법으로 측정 가능한 검사법은?

① 색각이상검사
② 시야검사
③ 안압검사
④ 조절력검사
⑤ 폭주근점검사

03 원거리 나안시력이 1.0 이상으로 나올 경우 예상할 수 있는 눈의 조합으로 옳은 것은?

① 수의성 원시, 상대성 원시, 정시
② 수의성 원시, 상대성 원시, 절대성 원시
③ 수의성 원시, 정시, 절대성 원시
④ 절대성 원시, 정시, 가성 근시
⑤ 상대성 원시, 절대성 원시, 단순 근시

04 5m용 시력표에서 다음 그림과 같은 크기의 시력표를 판독하였다. 이 눈의 최소시각은?

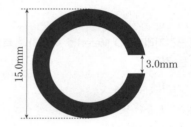

① 1분각
② 2분각
③ 5분각
④ 10분각
⑤ 30초각

05 ±0.25D 크로스실린더렌즈를 이용하여 난시축 정밀검사를 할 때 크로스실린더렌즈의 'A' 위치와 일치되어야 하는 부분은?

① (−) CYL 렌즈의 축 방향
② (+) CYL 렌즈의 축 방향
③ P점
④ 붉은 점
⑤ 흰색 점

06 자각적 굴절검사에서 사용되는 열공판 (Stenopaeic Slit)의 선 방향이 수평일 때 S-1.00D, 선 방향이 수직일 때 S-1.50D가 장입되었을 경우 가장 선명하게 보였다. 이 눈의 교정굴절력은?

① S-1.00D ⊃ C-0.50D, Ax 90°
② S-1.00D ⊃ C-0.50D, Ax 180°
③ S-1.00D ⊃ C-1.50D, Ax 180°
④ S-1.50D ⊃ C-1.00D, Ax 90°
⑤ S-1.50D ⊃ C-0.50D, Ax 90°

07 굴절이상도 +3.00D인 비정시안에 S-4.50D를 장입한 경우에 대한 설명으로 옳은 것은?

① 초점은 망막 뒤로 이동된다.
② 적록이색시표를 보면 적색바탕이 선명하게 보인다.
③ 근시 상태가 된다.
④ 조절이완 효과가 나타난다.
⑤ 이 눈은 처음부터 원시안이었다.

08 피검사자가 나안으로 방사선 시표를 보았을 때 3-9시 방향의 선이 선명하다고 응답하였다. 이 피검사자의 강주경선과 약주경선의 방향은? (단, 피검사자는 원시안이다)

① 강주경선 : 180°, 약주경선 : 90°
② 강주경선 : 30°, 약주경선 : 120°
③ 강주경선 : 135°, 약주경선 : 45°
④ 강주경선 : 90°, 약주경선 : 180°
⑤ 강주경선 : 45°, 약주경선 : 135°

09 운무법에 의한 난시 축, 굴절력 검사를 종료한 다음 크로스실린더를 이용하여 난시정밀검사를 실시하고자 한다. 이를 위한 구면렌즈 굴절력 보정값은 얼마인가?

① S-0.50D를 추가한다.
② S+0.50D를 추가한다.
③ C-0.50D를 추가한다.
④ C+0.50D를 추가한다.
⑤ 난시량 절반을 구면렌즈에 추가한다.

10 프리즘분리법을 이용한 양안조절균형검사를 위한 로터리프리즘의 세팅 값으로 옳은 것은?

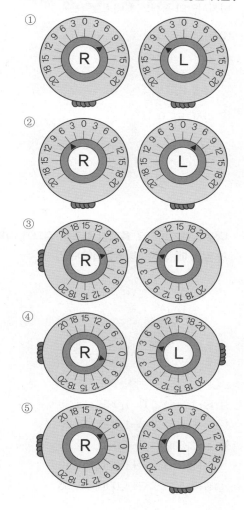

11 포롭터의 보조렌즈에서 "RF" and "GF"을 사용하는 검사로 옳은 것은?

① 가림 검사
② 우위안 검사
③ 원거리 입체시 검사
④ 억제 유무 검사
⑤ 색각이상 검사

12 원점이 눈 뒤 33cm인 비정시안의 최대동적굴절상태에서의 근점 위치가 눈앞 25cm이었다. 비정시안의 종류와 최대조절력은?

① 원시, +3.00D
② 원시, +4.00D
③ 근시, −4.00D
④ 근시, +7.00D
⑤ 원시, +7.00D

13 투영식 렌즈미터로 측정한 렌즈의 결과가 다음과 같을 때, 근용처방굴절력(D)은?

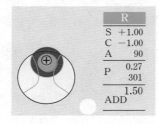

R	
S	+1.00
C	−1.00
A	90
P	0.27
	301
	1.50
ADD	

① S+1.00D ⊃ C−1.00D, Ax 90°
② S−0.50D ⊃ C−1.00D, Ax 90°
③ S+2.50D ⊃ C−1.00D, Ax 90°
④ S+2.50D ⊃ C+1.00D, Ax 180°
⑤ S+1.50D ⊃ C+1.00D, Ax 90°

14 정식계측방법으로 측정한 아래 그림에서 박싱시스템의 연결부 길이에 해당하는 것은?

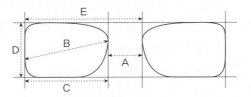

① A
② B
③ C
④ D
⑤ E

15 OS : S−2.00D ⊃ C−2.00D, Ax 45°, 1.5△ B.O으로 완성된 조가 PD가 62mm이다. 이 피검사자의 기준 PD(mm)는?

① 57mm
② 60mm
③ 62mm
④ 67mm
⑤ 72mm

16 근시 교정용 렌즈의 인점과 기하중심점의 위치가 일치되지 않았다. 아래 그림과 같이 인점이 찍혔을 경우 발생할 수 있는 프리즘의 기저방향은? (단, 오른쪽 렌즈이다)

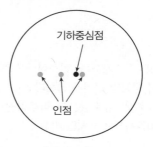

기하중심점

인점

① Base In
② Base Out
③ Base Up
④ Base Down
⑤ 프리즘 효과 없음

17 정식계측방법으로 측정한 안경테 크기가 다음과 같을 때 최소렌즈직경은?

> · 렌즈삽입부 최장길이 : 58mm
> · 연결부 크기 : 16mm
> · 기준점간거리 : 72mm
> · 기준 PD : 66mm
> · 작업 여유분 : 1mm

① 69mm
② 67mm
③ 65mm
④ 63mm
⑤ 61mm

18 왼손잡이인 고객이 항상 왼쪽 다리부를 잡고 안경을 벗었을 경우 나타날 수 있는 피팅 변화는?

① 왼쪽 정점간거리가 길어진다.
② 왼쪽 코받침이 눌린다.
③ 왼쪽 다리벌림각이 커진다.
④ 오른쪽 정점간거리가 길어진다.
⑤ 오른쪽 귓바퀴 부분이 당겨진다.

19 정점굴절력계를 통한 프리즘 렌즈 측정 결과이다. 프리즘 양과 기저 방향으로 옳은 것은?

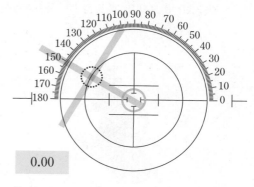

0.00

① 1△ Base 150°
② 1△ Base 60°
③ 2△ Base 60°
④ 2△ Base 150°
⑤ 3△ Base 150°

20 안경렌즈 봉투에 적힌 내용에 대한 설명 중 옳은 것은?

① 구면렌즈이다.
② 원주렌즈이다.
③ 렌즈 직경은 75mm이다.
④ 렌즈 굴절률은 1.2이다.
⑤ 이중초점 유리렌즈이다.

21 망원경식 렌즈미터의 구조에 대한 그림이다. 난시 교정용 렌즈를 인점하기 위해 크로스라인 타깃을 회전하고자 할 때 조정해야 하는 부분은?

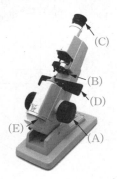

① (A)
② (B)
③ (C)
④ (D)
⑤ (E)

22 다음 그림에서 양안의 동공간거리(mm)는?

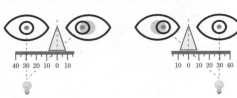

① 30mm
② 45mm
③ 60mm
④ 64mm
⑤ 68mm

23 원용안경의 굴절력이 OU : S−1.50D ◠ C+0.75D, Ax 180°, Add +1.50D일 때, 중간거리부 굴절력(D)은?

① OU : S−0.75D ◠ C−0.75D, Ax 90°
② OU : S+0.75D ◠ C+0.75D, Ax 180°
③ OU : C−0.75D, Ax 90°
④ OU : S−0.75D ◠ C+0.75D, Ax 90°
⑤ OU : C+0.75D, Ax 180°

24 아래 그림의 플라이어의 용도는?

① 포인트테 나사 절단용
② 경사각 조정용
③ 림 커브 조정용
④ 코받침 조정용
⑤ 코받침 기둥 조정용

25 S+2.00D 안경을 착용하고 광학중심점 아래 5mm 지점을 통해 물체를 볼 때, 프리즘양과 기저방향은?

① 1△ B.I
② 1△ B.O
③ 1△ B.U
④ 1△ B.D
⑤ 2△ B.U

26 자동옥습기에 의한 조제가공에서 유리렌즈 가공 시 클릭해야 할 버튼은?

① F1
② F2
③ F3
④ F4
⑤ F5

27 아래 처방 중에서 B.I 프리즘 효과가 나타나는 것은?

① S−2.00D. 기준 PD > 조가 PD인 경우
② S+2.00D. 기준 PD < 조가 PD인 경우
③ S−2.00D. 기준 PD < 조가 PD인 경우
④ S−2.00D. 기준 Oh < 조가 Oh인 경우
⑤ S+2.00D C−2.00D, Ax 90°, 기준 PD < 조가 PD인 경우

28 복식알바이트안경의 처방이 아래와 같을 때 앞 렌즈의 굴절력과 조가 PD는?

- 원용 OU : S−2.00D ◯ C−2.00D, Ax 180°
- 근용 OU : S−2.00D ◯ C+2.00D, Ax 90°
- 원용 PD 64mm, 근용 PD 60mm
- 뒷렌즈 = 근용, 앞 + 뒷렌즈 = 원용

① S−2.00D, 68mm
② S−2.00D, 66mm
③ S−2.00D, 64mm
④ S−2.00D, 62mm
⑤ S−2.00D, 60mm

29 가공 후 응용피팅 과정에서 안경테 상부림이 눈썹에 닿을 때 조정 방법은?

① 경사각을 작게 한다.
② 다리경사각을 크게 한다.
③ 코받침 위치를 아래로 내린다.
④ 귀받침부 꺾임각을 크게 한다.
⑤ 귀받침부 꺾임위치를 뒤로 이동한다.

30 누진굴절력렌즈를 착용하고 독서를 할 때 머리를 뒤로 젖히거나 안경을 들어올려야 잘 보인다고 불편함을 호소하는 경우 그 원인으로 옳은 것은?

① 가입도가 낮다.
② 아이포인트 위치가 너무 낮다.
③ 아이포인트 위치가 높다.
④ 원용부 교정굴절력이 저교정되었다.
⑤ 단안 P.D를 고려하지 않고 피팅하였다.

31 다음 그림과 같은 방법으로 검사할 수 있는 안구운동 능력은?

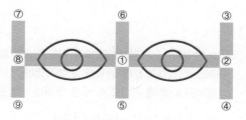

① 추종안구운동(따라보기)
② 충동안구운동(핵보기)
③ 이향안구운동
④ 폭주근점검사
⑤ 전정반사운동

32 마독스렌즈에 의한 사위검사의 결과가 다음과 같을 때 안위이상은?

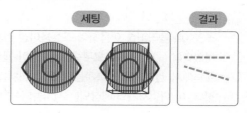

① 회선사위 없음
② 우안 내방 회선사위
③ 우안 외방 회선사위
④ 좌안 외방 회선사위
⑤ 좌안 내방 회선사위

33 (−)렌즈 부가법에 의한 조절력 검사 결과이다. 최대조절력은?

> • 원용완전교정굴절력 : S+1.50D
> • 근거리 시표 위치 : 40cm
> • 흐린 점이 나타났을 때 구면 굴절력 : −3.00D

① +0.50D
② +1.50D
③ +2.50D
④ +4.50D
⑤ +7.00D

34 노안이 아닌 피검사자에게 가입도를 처방할 목적으로 상대조절력 검사를 진행하였다. 상대조절력을 이용해 가입도(Add)를 구하는 방법은?

① 가입도$(Add) = PRA + NRA$

② 가입도$(Add) = \dfrac{PRA + NRA}{2}$

③ 가입도$(Add) = PRA - NRA$

④ 가입도$(Add) = \dfrac{2}{PRA + NRA}$

⑤ 가입도$(Add) = \dfrac{PRA}{NRA}$

35 ±2.00D 플리퍼를 이용하여 조절용이성 검사를 하였더니 (+), (−)렌즈 모두 검사 진행이 될수록 흐림에서 선명으로 회복하는 속도가 점차 느려졌다. 이 피검사자의 예상되는 시기능이상은?

① 조절경련
② 융합력부족
③ 조절용이성부족
④ 조절부족
⑤ 조절과다

36 3△ B.I ◯ 12△ B.O 프리즘 렌즈를 번갈아 눈으로 관찰하며, 대상이 하나로 보일 때 반전하는 방법을 통해 확인 가능한 것은?

① 조절용이성
② 융합용이성
③ 최대조절력
④ 최대폭주력
⑤ 조절래그

37 안경원을 방문한 피검사자의 가림벗김검사에서 편위가 나타났다. 일부융합제거 사위검사를 통해 편위의 종류와 편위량을 알아보고자 할 때 사용해야 하는 시표로 옳은 것은?

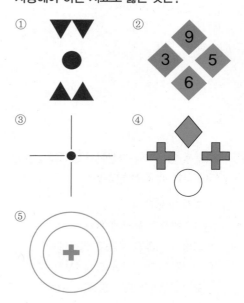

38 시기능검사 결과가 다음과 같을 때 쉬어드 (Sheard) 기준에 의한 프리즘 처방량은?

> - 근거리 사위 : 6△ Eso
> - 근거리 양성융합력(B.O) : 16/20/18
> - 근거리 음성융합력(B.I) : 12/15/13

① 2△ B.I
② 2△ B.O
③ 6△ B.I
④ 6△ B.O
⑤ 처방할 필요 없음

39 원거리 사위와 수평방향 융합력 검사의 결과이다. 이에 대한 설명 중 옳은 것은? (단, □는 분리점, O는 흐린 점, X는 사위량이다)

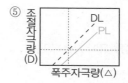

① 4△ 외사위이다.
② 음성상대폭주(NRC)는 5△이다.
③ 양성상대폭주(PRC)는 18△이다.
④ 음성융합폭주(NFC)량은 13△이다.
⑤ 양성융합폭주(PFC)량은 10△이다.

40 그래프분석법을 통해 시기능이상을 분류하고자 한다. 폭주 과다에 해당하는 그래프는? (DL은 Donders Line, PL은 Phoria Line)

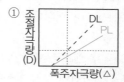
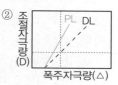
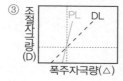
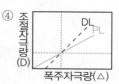

41 공막산란 효과를 이용하여 각막부종 유무를 확인할 때 사용하는 세극등 현미경에서의 조명법은?

① 확산 조명법(Diffuse Illumination)
② 간접 조명법(Indirect Illumination)
③ 역 조명법(Retro Illumination)
④ 공막산란 조명법(Sclerotic scatter Illumination)
⑤ 경면반사 조명법(Specular reflection Illumination)

42 렌즈를 착용한 상태에서 아래눈꺼풀을 이용하여 렌즈를 위쪽으로 밀어 올리고 그 후의 움직임을 보는 것으로 중심안정 평가에 주로 사용하는 피팅 평가법은?

① 플루레신 평가법
② 시르머 검사법
③ BUT 검사법
④ 시험렌즈 검사법
⑤ 푸시업 검사법

43 연속착용 콘택트렌즈에 대한 설명 중 옳은 것은?

① 연속착용을 위한 수면 중 각막부종 예방을
  위한 최소한의 EOP는 12.1%이다.
② DK는 영향을 주는 요인이 아니다.
③ 고함수율 재질이 좋다.
④ 연속착용이란 일과 후 렌즈를 빼서 세척 과
  정을 거치고 다음날 아침에 다시 착용하는
  방식이다.
⑤ 원데이 렌즈는 개봉 후 24시간이 지나지 않
  으면 연속착용을 해도 된다.

44 다음 사진에서 측정하고자 하는 것은?

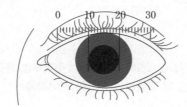

① 수평방향가시홍채직경
② 각막 직경
③ 동공 크기
④ 눈꺼풀테 크기
⑤ 동공간거리

45 TD 14.3, BCR 8.50mm인 소프트 콘택트렌즈를
착용하였더니 피팅 상태는 양호하지만, 렌즈 직
경이 큰 것 같아서 TD가 13.8mm인 렌즈로 재
피팅하고자 할 때, 동일한 피팅 상태를 유지하
기 위한 렌즈의 BCR은?

① 8.80mm
② 8.65mm
③ 8.50mm
④ 8.35mm
⑤ 8.20mm

46 콘택트렌즈 표면 습윤성을 증가시키는 관리용
액 성분은?

① 폴리쿼드(polyquad)
② 치메로살(thimerosal)
③ 클로르헥시딘(chlorhexidine)
④ 폴리비닐알코올(polyvinyl alcohol)
⑤ 염화벤잘코늄(benzalkonium chloride)

47 RGP 콘택트렌즈를 처방하기 위한 검사 결과이
다. 최종처방굴절력은?

> • 안경교정굴절력 OU : S-3.50D
> • K-data
> : 42.50D, @ 180° / 43.00D, @ 90°
> • 시험렌즈 : S-3.00D, BCR 43.00D

① -4.50D
② -4.00D
③ -3.50D
④ -3.00D
⑤ -2.50D

48 S-4.50D ◌ C-1.25D, Ax 90°의 토릭 소프트렌
즈 처방의 피검사자에게 시험렌즈를 장입시켜
축 회전 피팅평가를 실시하였다. S-4.50D ◌
C-1.25D, Ax 180°의 시험렌즈를 착용시킨 5분
후 렌즈 회전을 확인하였더니 다음 그림과 같이
회전되어 있었다. 최종 처방값은?

20°

① S-4.50D ◌ C-1.25D, Ax 20°
② S-4.50D ◌ C-1.25D, Ax 160°
③ S-4.50D ◌ C-1.25D, Ax 110°
④ S-4.50D ◌ C-1.25D, Ax 70°
⑤ S-4.50D ◌ C-1.25D, Ax 135°

49 사진과 같이 6시 방향 렌즈 가장자리 들림이 나타나는 피팅 상태는?

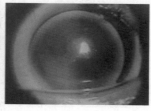

① 이상적 피팅
② 스티프 피팅
③ 플랫 피팅
④ On K 피팅
⑤ 등가구면 피팅

50 콘택트렌즈의 소독에 대한 설명 중 옳은 것은?

① 열에 의한 소독은 시간이 오래 걸리는 단점이 있다.
② 화학 소독에 비해 소독 효과가 낮은 편이다.
③ 열 소독은 렌즈의 수명을 단축시키거나 변형시킬 수 있다.
④ 화학 소독은 짧은 시간에 효과를 볼 수 있는 장점이 있다.
⑤ 지방 침전물이 많은 착용자는 화학 소독을 권장한다.

51 다음과 같은 특성을 지닌 안경테소재는?

- 구리 함금에 포함
- 금장테의 바탕(소지)금속으로 사용
- 구리+니켈+아연+주석의 합금

① 모넬
② 양백
③ 황동
④ 니티놀
⑤ 블랑카-Z

52 금속테 땜질에 사용되는 용제(Flux)에 대한 설명 중 옳은 것은?

① 모재 표면의 불순물을 용해
② 접합력 저하
③ 산화피막 형성
④ 땜질 온도 향상
⑤ 붕산(H_3BO_3), 붕사($Na_2B_4O_7$) 두 종류뿐임

53 플라스틱 안경테의 구비요건에 대한 설명 중 옳은 것은?

① 재활용이 가능할 것
② 내부식성이 좋을 것
③ 땜질 또는 용접을 쉽게 할 수 있을 것
④ 가볍고 복원성이 좋을 것
⑤ 탄력성은 낮을 것

54 열가소성 안경테의 종류와 반응물질, 가소제의 조합으로 옳은 것은?

① 셀룰로이드 – 빙초산 – 장뇌
② 아세테이트 – 빙초산 – 디메틸프탈레이트
③ 아세테이트 – 질산 – 장뇌
④ 셀룰로이드 – 프로피온산 – 디메틸프탈레이트
⑤ 프로피오네이트 – 질산 – 황산

55 광학유리렌즈의 내충격성을 향상시키기 위한 강화법에 대한 설명 중 옳은 것은?

① 렌즈의 표면층만 강화시키기 위한 방법이다.
② 화학강화법은 질산칼륨(KNO_3) 용융액 속에 약 5~10분간 담근다.
③ 열강화법은 600℃로 가열 후 급냉시키는 방법을 통해 강화한다.
④ 렌즈 표면부에 인장응력, 내부에 압축응력이 발생한다.
⑤ 화학강화법, 열강화법 모두 렌즈 가장자리 갈기와 산각을 세운 후 실시한다.

56 감광(조광)렌즈의 착색농도가 가장 진한 환경은?

① 겨울철 맑은 날 높은 산 정상
② 여름철 흐린 날 높은 산 정상
③ 여름철 맑은 날 높은 산 정상
④ 여름철 맑은 날 낮은 학교 운동장
⑤ 겨울철 맑은 날 낮은 학교 운동장

57 근용부 시야가 가장 넓은 것이 특징인 아래 그림과 같은 이중초점렌즈의 형상은?

① Flat Top Type
② Krip-tok Type
③ Curved Top Type
④ Seamless Type
⑤ EX Type

58 누진굴절력렌즈에 적응하기 어려운 사람은?

① 가입도가 낮은 초기 노안
② 차분하고 참을성이 좋은 성격인 사람
③ 멀미를 잘 느끼지 않는 사람
④ 신경질적이고 예민한 사람
⑤ 안경렌즈 굴절력 변화에 적응이 빠른 사람

59 굴절부등시 교정으로 인한 부등상시를 보정할 목적으로 사용하는 렌즈는?

① 편광렌즈
② 가림렌즈
③ 사이즈렌즈
④ 프레넬 프리즘렌즈
⑤ 누진굴절력렌즈

60 400~500nm 파장의 빛을 차단하기 위한 코팅으로 전자기기를 주로 사용하는 고객에게 추천해 줄 수 있으며 렌즈의 색상이 약간 노랗게 보일 수 있는 코팅렌즈는?

① 반사방지막코팅
② 하드코팅
③ 청광차단코팅
④ 적외선차단코팅
⑤ 수막방지코팅

최종모의고사
제5회

제1교시   시광학이론

제2교시   1과목 의료관계법규
          2과목 시광학응용

제3교시   시광학실무

배우기만 하고 생각하지 않으면 얻는 것이 없고,
생각만 하고 배우지 않으면 위태롭다.

– 공자 –

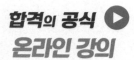

1교시 | 시광학이론

01 다음 공막에 대한 설명 중 옳은 것은?

① 앞쪽으로 홍채, 뒤쪽으로 시신경과 연속된다.
② 공막실질의 혈관을 통해 영양공급을 받는다.
③ 6개의 외안근들이 부착되어 있다.
④ 눈알의 구조물 중 가장 큰 부피를 차지한다.
⑤ 공막 내에 멜라닌세포는 존재하지 않는다.

02 세포가 없고 투명하며 손상 시 재생되지 않고 흉터가 남는 각막의 층은?

① 각막상피
② 보우만막
③ 각막실질
④ 데스메막
⑤ 각막내피

03 다음 맥락막에 대한 설명 중 옳은 것은?

① 바깥쪽으로는 공막, 안쪽으로는 망막색소상 피와 접한다.
② 맥락막위공간을 통해 앞섬모체동맥이 지나 간다.
③ 맥락막에는 색소가 없다.
④ 톱니둘레를 경계로 홍채와 연속된다.
⑤ 안쪽보다 바깥쪽의 혈관이 가늘다.

04 다음에서 설명하는 눈의 조직은?

> • 근육의 수축을 통해 눈으로 들어오는 빛의 양을 조절한다.
> • 앞방과 뒷방의 경계가 된다.
> • 혈관과 색소가 풍부하다.

① 각막
② 홍채
③ 섬모체
④ 맥락막
⑤ 눈꺼풀

05 다음 망막에 대한 설명 중 옳은 것은?

① 두극세포는 맥락막 모세혈관을 통해 영양을 공급받는다.
② 망막에는 멜라닌색소가 없다.
③ 황반은 시신경원판을 기준으로 코쪽방향에 위치한다.
④ 망막은 앞쪽 톱니둘레에서 섬모체와 연접 한다.
⑤ 망막중심동맥은 망막색소상피의 영양공급 을 담당한다.

06 시세포가 존재하지 않아, 시야검사 시 생리적암 점으로 나타나는 망막의 부위는?

① 황반
② 중심오목
③ 시신경원판
④ 톱니둘레
⑤ 색소상피층

07 방수가 생산되는 곳은?

① 홍채 안쪽상피
② 섬모체 안쪽상피
③ 쉴렘관
④ 섬유주
⑤ 홍채큰동맥고리

08 다음 중 수정체를 바르게 설명한 것은?

① 수정체의 90%는 수분으로 구성된다.
② 수정체의 직경은 4mm이다.
③ 수정체는 자외선을 반사시킨다.
④ 수정체주머니의 두께는 중심부보다 주변부가 두껍다.
⑤ 수정체에 혈관은 없으나 신경은 존재한다.

09 다음 눈꺼풀의 근육에 대한 설명 중 옳은 것은?

① 눈둘레근은 모두 수의운동을 한다.
② 위눈꺼풀올림근의 지배신경은 눈돌림신경이다.
③ 교감신경은 눈을 감는 근육을 지배한다.
④ 뮐러근은 무의식적으로 눈을 감을 때 작용한다.
⑤ 눈둘레근의 지배신경은 교감신경이다.

10 안와에서 눈동맥이 통과하는 곳은?

① 위안와틈새
② 아래안와틈새
③ 시신경구멍
④ 사상판
⑤ 코눈물관

11 눈물막에 대한 설명 중 옳은 것은?

① 눈물 속 알부민은 살균작용을 한다.
② 알레르기결막염 등의 과민성질환에서 IgA의 농도가 증가한다.
③ 마이봄샘에서 분비된 성분이 눈물의 증발을 막는다.
④ 눈물이 안구에 고르게 퍼지도록 하는 것은 볼프링샘의 성분이다.
⑤ 술잔세포에서 분비되는 성분이 각막에 영양을 공급한다.

12 외안근 중 각막 가장자리에서 가장 가까이 위치한 순서대로 배열된 것은?

① 위곧은근 – 가쪽곧은근 – 아래곧은근 – 안쪽곧은근
② 위곧은근 – 안쪽곧은근 – 아래곧은근 – 가쪽곧은근
③ 안쪽곧은근 – 위곧은근 – 가쪽곧은근 – 아래곧은근
④ 안쪽곧은근 – 아래곧은근 – 가쪽곧은근 – 위곧은근
⑤ 안쪽곧은근 – 가쪽곧은근 – 위곧은근 – 아래곧은근

13 삼차신경의 지배를 받는 조직은?

① 동공조임근
② 눈둘레근
③ 섬모체근
④ 눈물샘
⑤ 위빗근

14 시력측정의 결과에 따라 예상할 수 있는 장애로 바르게 연결된 것은?

① 원거리 흐림, 근거리 흐림 : 내편위
② 원거리 흐림, 근거리 양호 : 원시
③ 원거리 흐림, 근거리 양호 : 근시
④ 원거리 양호, 근거리 흐림 : 고도근시
⑤ 원거리 양호, 근거리 흐림 : 조절과다

15 시각경로를 설명한 내용으로 옳은 것은?

① 빛의 자극을 처음으로 수용하는 것은 신경절세포이다.
② 주시점 기준 귀쪽 시야에서 오는 광선은 중심오목 기준 귀쪽 망막에 맺힌다.
③ 시신경교차 부위에서는 귀쪽 망막으로부터 오는 신경섬유들의 교차가 일어난다.
④ 시신경교차를 지난 후 모든 신경섬유들은 대뇌의 시각피질로 향한다.
⑤ 망막에서 광수용체세포–두극세포–신경절세포의 순서로 빛의 정보가 전달된다.

16 다음에서 설명하는 것은?

> • 시야장애의 한 종류
> • 시야장애 중 가장 흔한 사례
> • 시야 검사 시 시표의 크기가 크거나 자극 강도가 강할 때 인식 가능

① 협착
② 감도저하
③ 완전맹
④ 암점
⑤ 반맹

17 저시력에서 사용하는 보조기구에 대한 설명 중 옳은 것은?

① 확대경은 원거리용으로 사용한다.
② 독서시력보조기는 보조기구 중 광학기구에 속한다.
③ 조도를 높인 전등도 보조기구로 사용할 수 있다.
④ 망원경을 처방할 때 배율을 높이면 시야는 넓어진다.
⑤ 보조기구 선택 시 작업거리는 고려할 필요가 없다.

18 다음 중 야맹과 관련 있는 내용은?

① 축성 시신경염
② 망막색소변성
③ 전색맹
④ 각막중심부 혼탁
⑤ 백내장

19 색각에 대해 설명한 내용으로 옳은 것은?

① 색상은 색의 밝고 어두운 정도를 말한다.
② 막대세포의 3가지 종류의 혼합으로 색을 구분할 수 있다.
③ 명도는 색의 맑고 탁한 정도를 말한다.
④ 빛의 3원색은 빨강, 초록, 파랑으로 모두 혼합하면 백색광이 된다.
⑤ 빛의 파장에 따른 차이를 채도라고 한다.

20 단순근시에 대한 설명 중 옳은 것은?

① 안축장이 과도하게 길고 성인이 되어서도 계속해서 안축이 길어진다.
② 독서 시 거리를 멀게 하려는 경향을 보인다.
③ 교정시력은 정상이다.
④ 안저에 이상 소견이 관찰된다.
⑤ 현성굴절검사와 조절마비제를 사용한 굴절검사의 결과가 다르게 측정된다.

21 원거리에서 근거리로 주시를 옮길 때 눈에서 일어나는 변화로 옳은 것은?

① 섬모체근의 긴장
② 수정체의 곡률 감소
③ 동공크기 증가
④ 방수유출량 감소
⑤ 각막두께 증가

22 노안을 설명한 내용으로 옳은 것은?

① 40세 이후 원거리 시력이 저하된다.
② 원시에 비해 근시의 경우 노안 증상을 빠르게 느낀다.
③ 안경처방 시 작업거리는 고려하지 않아도 된다.
④ 조절력의 저하로 피로감 등의 증상을 동반할 수 있다.
⑤ 나이가 들수록 근점이 가까워진다.

23 다음 사시에 대한 설명 중 옳은 것은?

① 수직사시가 있을 때 머리기울임이 나타날 수 있다.
② 영아내사시의 경우 사시각은 작은 편이다.
③ 굴절조절내사시는 근시가 심한 경우에 나타난다.
④ 간헐외사시는 피로할 때 융합이 가능하다.
⑤ 가쪽곧은근 마비 시 폭주할 때 사시각이 커진다.

24 눈모음의 종류 중에서 조절의 자극으로 인해 일어나는 것은?

① 융합성 눈모음
② 조절성 눈모음
③ 긴장성 눈모음
④ 근접성 눈모음
⑤ 생리적 눈모음

25 호너증후군(호르너증후군)에 대한 설명 중 옳은 것은?

① 부교감신경의 장애로 나타난다.
② 병변이 있는 쪽 눈의 눈꺼풀처짐이 나타난다.
③ 병변이 있는 쪽 얼굴에서 땀이 많이 난다.
④ 동공이 확대되어 있다.
⑤ 동공조임근의 마비가 나타난다.

26 눈돌림신경의 마비가 있을 때 오른쪽 눈에 펜라이트를 비추면 관찰되는 반응으로 옳은 것은?

① 양안 동공이 모두 축소된다.
② 양안 동공이 모두 확대된다.
③ 오른쪽 눈에서 축소, 왼쪽 눈에서 확대가 나타난다.
④ 왼쪽 눈에서 축소, 오른쪽 눈에서 확대가 나타난다.
⑤ 양안의 동공크기 변화가 없다.

27 눈의 검사법에 대한 내용 중 옳은 것은?

① 시유발전위검사를 통해 눈 속 종양을 확인 할 수 있다.
② 빛간섭단층촬영으로 각막의 두께를 측정할 수 있다.
③ 초음파검사는 망막의 혈관을 관찰하기 위한 검사이다.
④ 망막전위도검사를 통해 대뇌 시피질에서 일 어나는 전위변화를 확인할 수 있다.
⑤ 형광안저혈관조영술로 망막 단면의 영상을 확인할 수 있다.

28 다음에서 설명하는 질환은?

> • 벼, 풀잎, 모래로 인한 외상을 통해 감염
> • 만성눈물주머니염, 코눈물관 폐쇄된 경우
> • 중심각막궤양, 회색 침윤, 중등도의 앞방 축 농 증상

① 녹농균각막궤양
② 폐렴알균각막궤양
③ 대상포진각막염
④ 무렌각막궤양
⑤ 건성각결막염

29 각막이식과 관련된 설명 중 옳은 것은?

① 유아를 포함한 모든 연령의 공여각막을 쓸 수 있다.
② 공여안구는 사후 6시간 이내에 적출해야 한다.
③ 적출 후 낮은 온도의 습윤상자에 보관하여 4시간 안에 사용해야 한다.
④ 원추각막의 경우 각막이식이 불가능하다.
⑤ 각막이식은 반드시 전층을 모두 이식해야 한다.

30 다음에서 설명하는 질환은?

> • 유전, 태내감염 등의 원인으로 발생
> • 검안경을 통해 적색반사검사로 진단
> • 백색동공, 사시, 눈떨림 등의 증상

① 선천백내장
② 외상백내장
③ 당뇨백내장
④ 독성백내장
⑤ 해바라기백내장

31 다음에서 설명하는 질환은?

> • 망막의 정맥확장, 출혈, 면화반 등의 증상
> • 당뇨병 환자에서 발생
> • 신생혈관이 발생하는 경우에는 심한 시력 저하가 나타날 수 있음

① 뒤포도막염
② 당뇨망막병증
③ 고혈압망막병증
④ 당뇨백내장
⑤ 망막박리

32 다음에서 설명하는 질환은?

> • 결막충혈로 인해 Pink Eye라고 불린다.
> • 결막충혈, 점액화농성 분비물이 관찰된다.
> • 황색포도알균, 폐렴사슬알균 등이 원인이다.

① 급성세균결막염
② 인두결막열
③ 급성출혈결막염
④ 봉입체결막염
⑤ 봄철각결막염

33 봉입체결막염의 특징으로 옳은 것은?

① 젊은 남녀의 양쪽 눈에 발생한다.
② 수분성 삼출물이 나타난다.
③ 유두비대 증상은 없다.
④ 1~2주 안에 자연치유된다.
⑤ 유전성 질환이다.

34 베체트병의 특징을 바르게 설명한 것은?

① 주로 서양인에게 많이 발생한다.
② 수개월 안에 자연치유된다.
③ 주로 여성에게 많이 나타난다.
④ 피부백반, 백모 등의 증상을 동반한다.
⑤ 실명률이 높은 질환이다.

35 쇼그렌증후군에 대한 설명 중 옳은 것은?

① 10~20대 남성에게 주로 발생한다.
② 바이러스 감염을 통해 발병한다.
③ 주로 호소하는 증상은 눈의 건조감이다.
④ 심한 통증을 동반한다.
⑤ 눈꺼풀뒤당김 증상이 관찰된다.

36 신경영양각막염에 대한 설명 중 옳은 것은?

① 눈돌림신경의 마비로 인해 발생한다.
② 심한 통증을 호소한다.
③ 비토반점이 특징으로 나타난다.
④ 야맹증을 동반한다.
⑤ 눈깜박임반사가 소실되어 세균에 잘 감염
　된다.

37 안와 속 조직의 급성 화농성 염증으로 소아 안구돌출의 가장 흔한 원인이 되는 질환은?

① 갑상샘눈병증
② 안와연조직염
③ 안와종양
④ 특발안와염
⑤ 안와정맥류

38 수분증가, 부종 등으로 팽창된 수정체로 인해 앞방이 얕아지면서 안압을 상승시켜 발생하는 질환은?

① 수정체팽대녹내장
② 수정체용해녹내장
③ 개방각녹내장
④ 노년백내장
⑤ 수정체과민성포도막염

39 다음에서 설명하는 질환은?

> • 결핵균이나 포도알균 단백에 의한 과민반응
> • 주변부 망막혈관의 염증
> • 유리체출혈로 인한 시력장애 증상

① 망막중심동맥폐쇄
② 망막중심정맥폐쇄
③ 망막주위혈관염
④ 망막색소상피염증
⑤ 미숙아망막병증

40 다래끼와 관련된 설명 중 옳은 것은?

① 바깥다래끼는 마이봄샘에 발생하는 염증이다.
② 콩다래끼는 통증이 심하다.
③ 바깥다래끼는 냉찜질을 통해 자연치유된다.
④ 속다래끼는 절개치료 시에 수직방향으로 절
　개해야 한다.
⑤ 콩다래끼는 세균감염으로 인해 발생한다.

41 다음 중 소재에 따른 분류에서 특수안경테에 속하는 것은?

① 컴비브로우테
② 알바이트테
③ 옵틸테
④ 아세테이트테
⑤ 울템테

42 다음 내용과 관련 있는 안경테 소재로 옳은 것은?

> • 내충격성이 우수하다.
> • 사출성형으로 제조 가능하다.
> • 나일론 계열의 플라스틱이다.
> • 합성수지 소재 중에서 비중이 가장 작다.

① 폴리아미드
② 셀룰로이드
③ 아세테이트
④ 울템
⑤ 옵틸

43 금속테에 사용되는 금장(Gold Filled)에 대한 설명 중 옳은 것은?

① 금을 사용하지 않고 금색으로 도금할 수 있다.
② 폐수처리시설이 필요하다.
③ 일반적인 금장의 표기는 G.P로 나타낸다.
④ 금장은 모넬 또는 티타늄 등의 소지금속 위에 얇은 금피막을 융착시킨 것이다.
⑤ 금장은 금도금보다 제작이 간편하여 대량생산이 가능한 공정이다.

44 안경렌즈에서 중요한 광학정수인 굴절률, 아베수, 비중의 관계에 대한 설명 중 옳은 것은?

① 굴절률과 아베수는 비례 관계이다.
② 굴절률과 아베수는 반비례 관계이다.
③ 굴절률과 비중은 반비례 관계이다.
④ 아베수와 색분산은 비례 관계이다.
⑤ 굴절률과 색분산은 반비례 관계이다.

45 열가소성이며, 내충격성이 매우 우수하여 파손의 우려가 있는 어린이용, 보호용 렌즈로 추천하는 안경렌즈 소재는?

① 메틸메타아크릴레이트(Methyl Methacrylate, MMA)
② 아릴디글리콜카보네이트(Allydiglycolcarbonate, ADC)
③ 폴리카보네이트(Polycarbonate, PC)
④ 폴리메틸메타아크릴레이트(Polymethyl Methacrylate, PMMA)
⑤ 셀룰로오드 아세테이트 부릴레이트(Cellulose Acetate Butylate, CAB)

46 다음 내용과 관련 있는 렌즈의 종류로 옳은 것은?

> • 굴절률 : 1.498
> • 아베수 : 58.0
> • 비중 : 1.32

① PC
② PMMA
③ CR-39
④ Crown Glass
⑤ Flint Glass

47 유리를 녹인 후 금속 분자를 첨가하여 색을 띠게 하는 착색 방법은?

① 염색착색법
② 용융착색법
③ 진공증착법
④ 침투착색법
⑤ 코팅착색법

48 누진굴절력렌즈 디자인 중에서 소프트와 하드 디자인의 가입도에 따른 차이점에 대한 설명 중 옳은 것은?

① 가입도가 높을 경우 소프트디자인이 하드디자인에 비해 근용부 영역이 넓다.
② 가입도가 높을 경우 소프트디자인이 하드디자인에 비해 수차부 굴절력 변화 범위가 넓다.
③ 가입도가 높을 경우 소프트디자인이 하드디자인에 비해 원용부 영역이 넓다.
④ 가입도가 높을 경우 소프트디자인이 하드디자인에 비해 초기 노안이 적응하기 어렵다.
⑤ 가입도가 높을 경우 소프트디자인이 하드디자인에 비해 사용할 수 있는 가입도 범위가 넓다.

49 가시광선 영역의 모든 파장을 동일한 정도로 흡수하여 사물의 자연 색상 그대로를 투영시켜 색 왜곡이 발생하지 않는 착색렌즈는?

① 갈색 렌즈
② 회색 렌즈
③ 보라색 렌즈
④ 노란색 렌즈
⑤ 빨간색 렌즈

50 1/20, 18K, G.F로 표기된 안경테의 총 중량이 100g일 때 순금의 양은? (단, 비금속부 무게 20g이 포함된 콤비네이션 안경테이다)

① 0.75g
② 1.50g
③ 2.25g
④ 3.0g
⑤ 20g

51 안광학계에서 전방(Anterior Chamber)에 대한 설명 중 옳은 것은?

① 생성된 방수가 배출되는 경로 전체를 의미한다.
② 각막 후면에서 수정체 전면까지의 깊이를 전방깊이라고 한다.
③ 전방깊이의 평균은 약 1.50mm이다.
④ 방수의 굴절률은 1.376이다.
⑤ 비정시안에서 전방깊이는 원시안이 깊으며, 근시안이 얕다.

52 안광학계의 주요점에 대한 설명 중 옳은 것은?

① 최대동적굴절 상태에서 굴절력 약 +73D인 한 개의 등가렌즈로 가정 후 주요점을 설정한다.
② 안광학계의 주요점은 초점, 정점, 주점, 안구회선점만 해당된다.
③ 절점은 거리측정의 기준점이 되며, N 또는 N'으로 표기한다.
④ 동적시야, 양안시 기능을 파악하기 위한 주요점은 주점이다.
⑤ 정적굴절 상태에서 입사된 평행광선에 의한 상점의 위치를 초점이라 하고, 비정시를 구분하는 기준점이 된다.

53 안광학계에 빛이 입사되어 망막(중심와)에 결상되어 상을 맺히게 하는 경로로 옳은 것은?

① 각막 – 전방 – 홍채 – 유리체 – 수정체 – 망막(중심와)

② 각막 – 전방 – 수정체 – 유리체 – 홍채 – 망막(중심와)

③ 각막 – 전방 – 홍채 – 수정체 – 유리체 – 망막(중심와)

④ 각막 – 수정체 – 홍채 – 방수 – 유리체 – 망막(중심와)

⑤ 각막 – 수정체 – 유리체 – 방수 – 홍채 – 망막(중심와)

54 안광학계에서 홍채의 광학적 기능으로 옳은 것은?

① 눈에 입사하는 광선을 차단하는 구경조리개

② 눈에 입사하는 광선을 차단하는 시야조리개

③ 눈에 입사하는 광선의 양을 제한하는 시야조리개

④ 눈에 입사하는 광선의 양을 제한하는 구경조리개

⑤ 망막에 맺히는 상의 범위를 조절하는 시야조리개

55 카파각(K)을 측정할 수 있으며 펜라이트를 이용하여 안위이상 유무와 대략적인 사시각 측정이 가능한 검사법은?

① 로젠바흐 검사

② 크림스키 검사

③ 폰 그라페 검사

④ 허쉬버그 검사

⑤ 주시시차 검사

56 운무 상태에서 굴절검사를 하고 있다. 적녹검사를 하였더니 적색바탕의 시표가 녹색바탕의 시표보다 선명하다고 응답하였다. 이러한 검사 결과에 대한 해석으로 옳은 것은?

① (–)구면렌즈를 추가한 후 비교선명도를 다시 물어본다.

② (+)구면렌즈를 추가한 후 비교선명도를 다시 물어본다.

③ 근시안일 경우 현재 최소착란원이 망막 뒤에 있는 과교정 상태이다.

④ 원시안일 경우 현재 최소착란원이 망막 앞에 있는 저교정 상태이다.

⑤ 우세안일 경우 적색이 선명한 상태에서 검사를 종료하는 것이 옳다.

57 광학적 모형안에 대한 설명 중 옳은 것은?

① 정식 모형안은 6개의 굴절면으로 구분하고 있다.

② 약식 모형안과 생략안 모두 굴절면을 1개로 구분하고 있다.

③ 정적굴절 상태와 최대동적굴절 상태를 구분하지 않는다.

④ 정식, 약식, 생략안에서 안광학계의 광학적 수치는 모두 동일하다.

⑤ 약식 모형안은 안광학계를 주점과 각막정점을 동일한 위치로 설정한 단일구면으로 본다.

58 정시에 대한 설명으로 옳은 것은?

① 원점굴절도가 +60D인 눈

② 굴절이상도가 +60D인 눈

③ 원점의 위치가 눈앞 유한거리인 눈

④ 최대동적굴절 상태에서 상측초점이 망막 중심오목에 맺히는 눈

⑤ 정적굴절 상태에서 상측초점이 망막 중심오목에 맺히는 눈

59 원시의 종류 중에서 한 사람의 원시량 분류에 대한 설명 중 옳은 것은?

① 조절마비제를 가하여 생리적 · 기능성 조절을 완전히 배제한 상태의 처방값을 현성 원시량이라 한다.

② 기능성 조절만 배제한 상태에서의 처방값을 전(총) 원시량이라 한다.

③ 전(총) 원시량에서 현성 원시량을 뺀 값을 수의원시량이라 한다.

④ 나이가 들수록 잠복 원시량과 수의 원시량이 줄어들게 되면서 절대 원시량이 커지게 된다.

⑤ 원거리 교정시력 1.0을 낼 수 있는 가장 약한 (+)굴절력을 잠복 원시량이라 한다.

60 난시의 분류에 대한 설명 중 옳은 것은?

① 난시는 근시, 원시와 같은 비정시에 속한다.

② 경선들의 굴절력 변화가 불규칙하고 양주경선이 서로 수직을 이루지 않는 것을 정난시라 한다.

③ 경선들의 굴절력 변화가 규칙성을 가지며 양주경선이 서로 수직을 이루는 것을 부정난시라 한다.

④ 전초선과 후초선이 모두 망막 앞에 있고 후초선이 수직방향인 것을 근시성 복성 도난시라 한다.

⑤ 눈이 가진 전체난시량에서 각막난시량을 뺀 값을 조절성 난시라 한다.

61 원점이 눈 뒤 2m이고 최대동적굴절상태에서 눈 앞 25cm까지 선명하게 볼 수 있는 이 사람의 최대조절력은 몇 D인가?

① 4.50D
② 4.00D
③ 3.00D
④ 2.50D
⑤ 2.00D

62 S+0.50D ◯ C+0.50D, Ax 90°으로 완전교정되는 비정시안이 나안으로 방사선 시표를 보게 되면 몇 시 방향이 가장 선명하게 보이는가? (단, 최대조절력 7.00D의 수의성 원시이다)

① 6-12시
② 3-9시
③ 1-7시
④ 2-8시
⑤ 모든 선의 선명도가 동일하다.

63 눈의 굴절력이 +60D인 정시에게 S+2.00D ◯ C-1.00D, Ax 90° 렌즈를 장입하였다. 이 합성 안광학계의 강주경선과 약주경선 굴절력은?

① 강주경선 : +59D, 약주경선 : +58D
② 강주경선 : +58D, 약주경선 : +59D
③ 강주경선 : +62D, 약주경선 : +61D
④ 강주경선 : +61D, 약주경선 : +58D
⑤ 강주경선 : +59D, 약주경선 : +57D

64 최대조절력이 2.50D이고 굴절이상도 +2.50D인 노안에게 다음과 같은 이중초점렌즈를 처방하였을 때 이중초점렌즈 착용 후 선명하게 볼 수 있는 명시역은?

원용완전교정굴절력 OD : S-2.00D, Add 2.00D

① 눈앞 2m에서 눈앞 33cm까지
② 눈앞 40cm에서 눈앞 20cm까지
③ 눈앞 2m에서 눈앞 20cm까지
④ 눈앞 40cm에서 눈앞 33cm까지
⑤ 눈앞 무한대에서 눈앞 20cm까지

65 3.00D의 최대조절력을 가진 정시인 40대 고객의 작업거리는 눈앞 20cm이다. 근거리 작업을 위한 근용안경 굴절력이 +3.00D일 때 가입도 (Add)는 몇 D인가? (단, 유용 조절력은 최대 조절력의 2/3으로 한다)

① +5.00D
② +4.00D
③ +3.00D
④ +2.00D
⑤ +1.00D

66 OD : S-3.00D ◠ C+1.00D, Ax 180°의 완전교정원용안경을 착용하고 광학중심점을 기준으로 코 방향 2.0mm, 아래 1.5mm 지점을 주시할 때 눈에 미치는 프리즘 영향은?

① 0.30△ B.O ◠ 0.60△ B.U
② 0.60△ B.O ◠ 0.30△ B.U
③ 0.30△ B.I ◠ 0.60△ B.D
④ 0.60△ B.I ◠ 0.30△ B.D
⑤ 0.60△ B.I ◠ 0.60△ B.D

67 굴절력이 0.00D인 사이즈렌즈를 착용한 정시용 안경의 자기배율 변화 요소로 옳은 것은?

① 정점간거리, 렌즈 소재의 굴절률, 안경테 림 크기
② 렌즈 직경, 렌즈 중심두께, 정점간거리
③ 렌즈의 중심두께, 렌즈 소재의 굴절률, 렌즈 전면의 면굴절력
④ 렌즈 전면의 면굴절력, 상측정점굴절력, 정점간거리
⑤ 정점간거리, 렌즈 중심두께, 회선점 거리

68 저시력자용 망원안경의 대물안경 굴절력은 S+10.00D이고, 접안렌즈의 굴절력은 S-30.00D이다. 이 망원안경의 자기배율로 옳은 것은? (단, 정시안이다)

① 4배
② 3배
③ 2배
④ 1배
⑤ 0.3배

69 광학계에 사용되는 기호와 명칭의 연결이 올바른 것은?

① N - 아베수
② H - 절점
③ V - 주점
④ F - 초점
⑤ $D_v{'}$ - 프리즘 굴절력

70 실제거리 20cm 간격을 가진 A, B 두 점 사이 공간을 굴절률 1.5인 액체로 채웠다. 이때 A, B 두 점 간의 광학적 거리는 몇 cm인가?

① 10cm
② 13cm
③ 20cm
④ 25cm
⑤ 30cm

71 아래 그림과 같이 광원으로부터 40cm 떨어진 공기 중으로 지나는 A 지점에서 광선속의 버전스는?

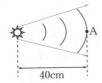

40cm

① −2.50D
② −2.00D
③ −1.00D
④ +1.00D
⑤ +2.50D

72 240cm 깊이의 물속에 담겨 있는 안경테를 수면 바로 위에서 보게 될 때 실제 깊이보다 얼마만큼 떠 있는 안경테를 보게 되는 것인가? (단, 물의 굴절률은 4/3이다)

① 320cm
② 240cm
③ 180cm
④ 120cm
⑤ 60cm

73 공기 중에 놓인 단일구면의 면굴절력이 +2.00D일 때 단일구면 전방 1m에 위치한 물체에 대한 상의 버전스는 몇 D인가?

① +2.00D
② +1.00D
③ 0.00D
④ −1.00D
⑤ −2.00D

74 공기 중에 있는 얇은 볼록렌즈에 대한 결상이다. 물체 위치가 그림과 같을 때 상의 종류는?

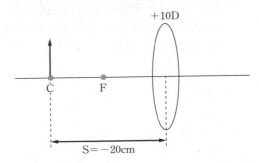

S=−20cm

① 확대된 도립실상
② 확대된 정립허상
③ 축소된 도립실상
④ 축소된 정립허상
⑤ 같은 크기의 도립실상

75 얇은 렌즈를 통과한 출사광선이 평행광선이 되는 경우는?

① 물체거리(s) −20cm, +10D 볼록렌즈일 때
② 물체거리(s) −10cm, +10D 볼록렌즈일 때
③ 물체거리(s) −15cm, +10D 볼록렌즈일 때
④ 물체거리(s) −5cm, +10D 볼록렌즈일 때
⑤ 물체거리(s) −10cm, −10D 오목렌즈일 때

76 공기 중에 놓인 상측초점거리가 15cm인 얇은 볼록렌즈에서 축소된 도립실상이 생길 수 있는 물체의 위치로 가능한 것은?

① 렌즈 앞 10cm
② 렌즈 앞 15cm
③ 렌즈 앞 20cm
④ 렌즈 앞 30cm
⑤ 렌즈 앞 40cm

77 공기 중에 놓인 양볼록렌즈에서 정점 굴절력과 주점 굴절력의 절댓값 크기 비교로 옳은 것은?

① |물측주점 굴절력| > |물측정점 굴절력|
② |상측주점 굴절력| > |상측정점 굴절력|
③ |상측주점 굴절력| < |상측정점 굴절력|
④ |물측주점 굴절력| = |물측정점 굴절력|
⑤ |상측주점 굴절력| = |상측정점 굴절력|

78 조리개에 대한 다음 설명 중 옳은 것은?

① 렌즈에 입사되는 빛의 양을 제한하여 상의 밝기를 결정하는 것을 '시야조리개'라고 한다.
② 상을 볼 수 있거나 만들 수 있는 범위인 시야를 제한하는 것은 '구경조리개'라고 한다.
③ 렌즈 전방에 구경조리개가 위치할 경우, 구경조리개가 입사동의 역할을 한다.
④ 렌즈 후방에 구경조리개가 위치할 경우, 구경조리개가 입사동의 역할을 한다.
⑤ 물측이 텔리센트릭 광학계일 경우, 구경조리개의 위치는 입사동의 위치와 같다.

79 렌즈미터로 측정한 근시 교정용 안경렌즈의 굴절력이 −10D였다. 이 렌즈의 호칭면 굴절력(D_N')이 −15D이고, 제2면의 면굴절력(D_2')이 +5D일 때, 이 렌즈의 상측정점굴절력(D_V')은?

① −25D
② −20D
③ −15D
④ −10D
⑤ −5D

80 렌즈의 광축에 비스듬히 입사된 사광선의 수직방향(자오면) 성분과 수평방향(구결면) 성분이 각각 다름 지점에 상을 맺는 현상으로 2개의 결상 위치에서 각 성분은 점이 아닌 선으로 결상되는 수차의 종류는 무엇인가?

① 비점수차
② 왜곡수차
③ 구면수차
④ 상면만곡수차
⑤ 코마수차

81 다음 설명과 관계된 빛의 종류는?

- 파장의 범위 : 200~380nm
- 피부와 눈에 강한 피해를 줄 수 있다.
- 살균효과 및 화학작용이 강하다.

① 감마선
② X-ray
③ 자외선
④ 가시광선
⑤ 적외선

82 빛이 공기 중에서 굴절률이 2인 매질로 진행할 때 매질 속에서의 빛의 속도는? (단, 공기 중 빛의 속도는 3.0×10^8 m/sec)

① 1.0×10^8
② 1.5×10^8
③ 2.0×10^8
④ 3.0×10^8
⑤ 6.0×10^8

83 다음 현상들 중에서 간섭 현상에 속하는 것은?

① 코팅렌즈
② 평면파 회절
③ 브루스터각
④ 도플러 효과
⑤ 분해능

84 최소분리각과 분해능의 관계에 대한 다음 설명 중 옳은 것은?

① 최소분리각 공식은 호이겐스 기준에 의해 성립되었다.
② 최소분리각이 작을수록 분해능이 좋지 않은 상태이다.
③ 최소분리각이 작을수록 분해능은 좋은 상태이다.
④ 원형 개구(슬릿)에서의 분해능은 슬릿의 직경이 작을수록 분해능이 나쁘다.
⑤ 사용된 빛의 파장이 길수록 분해능은 좋은 상태가 된다.

85 편광(Polarization)에 대한 설명 중 옳은 것은?

① 편광투과축과 조제가공 참조마크는 동일한 방향이다.
② 광파(빛)는 횡파이기 때문에 편광현상이 발생한다.
③ 수평면에서 반사된 빛은 수직진동의 세기가 더 크다.
④ 수직면에서 반사된 빛은 수평진동의 세기가 더 크다.
⑤ 수평면에서 반사된 빛에 의한 눈부심을 줄이기 위해서는 편광투과축을 수평으로 해야 한다.

01 「의료법」상 의료인의 임무에 대한 설명 중 옳지 않은 것은?

① 의사는 의료와 보건지도를 임무로 한다.
② 한의사는 한방의료와 한방보건지도를 임무로 한다.
③ 치과의사는 치과의료와 구강보건지도를 임무로 한다.
④ 간호사는 해산부의 요양상의 간호 또는 진료에 종사함을 임무로 한다.
⑤ 조산사는 조산과 임산부 및 신생아에 대한 보건과 양호지도를 임무로 한다.

02 「의료법」상 2개의 의료인 면허를 가지고 있어야 하는 의료인은?

① 조산사
② 간호사
③ 내과의사
④ 치과의사
⑤ 한의사

03 「의료법」상 의료인의 권리에 해당하지 않는 것은?

① 의료기술 등에 대한 보호
② 의료기재 압류 금지
③ 기구 등 우선 공급
④ 의료기관 점거 및 진료 방해 금지
⑤ 진료거부 금지

04 「의료법」상 처방전의 대리수령자에 해당하지 않는 자는?

① 환자의 아버지
② 배우자의 여동생
③ 배우자의 아버지
④ 환자의 아들
⑤ 배우자

05 「의료법」상 의료업은 의료기관 내에서만 이루어져야 한다. 의료기관 내가 아니더라도 의료업을 실시할 수 있는 예외 사항에 해당하지 않는 경우는?

① 응급환자를 진료하는 경우
② 환자나 환자 보호자의 요청에 따라 진료하는 경우
③ 학회 등에서 진료 방법을 설명하기 위한 실제 의료행위
④ 보건복지부령으로 정하는 바에 따라 가정간호를 하는 경우
⑤ 환자가 있는 현장에서 진료를 하여야 하는 부득이한 사유가 있는 경우

06 「의료법」상 안과를 개원한 의사가 자율심의기구의 심의를 받지 않고도 진행할 수 있는 의료광고 내용으로 옳은 것은?

① 평가를 받지 아니한 신의료기술에 관한 광고
② 다른 의료인 등의 기능 또는 진료 방법과 비교하는 내용의 광고
③ 수술 장면 등 직접적인 시술행위를 노출하는 내용의 광고
④ 의료기관이 설치 · 운영하는 진료과목에 대한 광고
⑤ 객관적인 사실을 과장하는 내용의 광고

07 「의료법」상 다음 중 안마사에 대한 설명 중 옳은 것은?

① 시각장애인 중에서 시 · 도지사의 자격인정을 받아야 한다.
② 시각장애인 중에서 보건복지부장관의 자격인정을 받아야 한다.
③ 누구나 안마사가 될 수 있다.
④ 안마사는 의료인에 포함되며 면허증을 발급받는다.
⑤ 안마사의 업무한계, 안마원의 시설 기준 등에 관한 사항은 대통령령으로 정한다.

08 「의료법」상 10년 이하의 징역이나 1억 원 이하의 벌금에 해당하지 않는 경우는?

① 치과의사의 요양병원 개원
② 의사가 내과병원과 요양병원을 모두를 개원
③ 한의사의 종합병원 개원
④ 조산사의 산부인과병원 개원
⑤ 의사의 한방병원 개원

09 「의료기사 등에 관한 법률」상 의료기사를 지도할 수 없는 의료인은?

① 내과의사
② 흉부외과의사
③ 치과의사
④ 한의사
⑤ 의사

10 「의료기사 등에 관한 법률」상 의료기사 등의 업무 범위와 한계를 정하는 기준은?

① 헌법
② 대통령령
③ 보건복지부령
④ 시행규칙
⑤ 조례

11 「의료기사 등에 관한 법률」상 안경사의 업무범위로 옳은 것은?

① 8세 이상의 어린이를 위한 안경 처방은 안과의사의 처방에 따른다.
② 콘택트렌즈는 시력교정용이 아니어도 안경업소에서 판매할 수 있다.
③ 조절마비제를 사용한 자각적 굴절검사를 할 수 있다.
④ 조절마비제를 사용하지 않으면 검영기를 통한 타각적 굴절검사를 할 수 있다.
⑤ 안경은 시력교정일 경우에만 조제할 수 있다.

12 「의료기사 등에 관한 법률」상 안경사 국가시험에 관한 내용의 공고일에 대한 설명 중 옳은 것은?

① 시험일시 : 전년도 시험 합격자 발표 다음날
② 시험과목 : 시험일 30일 전까지
③ 응시원서 제출기간 : 시험일 90일 전까지
④ 시험장소 : 시험일 90일 전까지
⑤ 시험 실시에 필요한 사항 : 시험일 30일 전까지

13 「의료기사 등에 관한 법률」상 의료기사 등의 실태 등의 신고 주기와 신고권자로 옳은 것은?

① 매년마다 – 특별자치시장·특별자치도지사·시장·군수·구청장
② 1년마다 – 시·도지사
③ 2년마다 – 보건복지부장관
④ 3년마다 – 보건복지부장관
⑤ 3년마다 – 중앙회장

14 「의료기사 등에 관한 법률」상 의료기사 등의 면허 취소 사유에 해당하는 것은?

① 품위손상행위
② 면허증 대여 행위
③ 알코올 중독자 판정
④ 의료법 위반으로 15일의 구류형을 선고받고 그 형이 끝나지 아니한 자
⑤ 면허효력정지 기간에 휴직을 선택한 안경사

15 「의료기사 등에 관한 법률」상 안경업소의 시설기준에 의한 필수 장비에 속하지 않는 것은?

① 렌즈 정점굴절력계
② 동공거리계
③ 시력검사 세트
④ 검영기
⑤ 시력표

16 「의료기사 등에 관한 법률」상 안경업소의 광고에 대한 내용 중 옳은 것은?

① 안경업소는 해당 업무에 관하여 과장광고는 할 수 있다.
② 영리를 목적으로 안경사에게 고객을 알선할 수 있다.
③ 영리를 목적으로 안경원에 고객을 소개 또는 유인할 수 있다.
④ 과장광고 등의 금지 조항 위반 시 6개월 이내의 기간을 정하여 영업을 정지시키거나 등록을 취소할 수 있다.
⑤ 거짓광고를 하여 적발될 경우 100만 원 이하의 벌금에 해당한다.

17 「의료기사 등에 관한 법률」상 안경사 보수교육에 대한 설명 중 옳은 것은?

① 면허 취득 후 군복무 중인 경우에는 면제 대상자에 해당된다.
② 안경광학과 대학원을 진학하면 보수교육을 받아야 한다.
③ 매년 4시간 이상만 받으면 된다.
④ 보수교육은 오프라인 교육만 인정된다.
⑤ 보수교육 관련 서류는 보수교육실시기관의 장이 1년 동안만 보존하면 된다.

18 「의료기사 등에 관한 법률」상 안경업소의 개설등록 취소 사유로 옳지 않은 것은?

① 2개 이상 안경업소를 개설한 경우
② 거짓광고를 한 경우
③ 안경사 면허가 없는 사람에게 안경의 조제를 하게 한 경우
④ 안경업소의 개설자가 영업정지기간에 영업을 한 경우
⑤ 시장·군수·구청장의 시정명령을 제대로 이행한 경우

19 「의료기사 등에 관한 법률」상 특별자치시장·특별자치도지사·시장·군수·구청장은 안경업소의 개설자에게 시정을 명할 수 있다. 그 사유에 해당하지 않는 것은?

① 1개월 이상 휴업을 한 때
② 시설 및 필수 장비를 제대로 갖추지 못한 때
③ 폐업 또는 등록의 변경사항을 신고하지 아니한 때
④ 콘택트렌즈 유통기한을 확인하지 않고 그에 대한 정보를 제공하지 않은 때
⑤ 콘택트렌즈 사용상 부작용에 대한 정보를 제공하지 않은 때

20 「의료기사 등에 관한 법률」상 안과에 근무하는 안경사가 업무상 알게 된 고객의 비밀을 누설한 경우 받게 될 벌칙은?

① 100만 원 이하의 벌금
② 500만 원 이하의 벌금
③ 500만 원 이하의 과태료
④ 3년 이하의 징역 또는 3천만 원 이하의 벌금
⑤ 5년 이하의 징역 또는 5천만 원 이하의 벌금

2교시 │ 2과목 시광학응용

21 비정시에 대한 설명 중 옳은 것은?

① 정시, 근시, 원시, 난시, 노안 모두가 비정시의 종류에 포함된다.
② 눈의 굴절력의 크고 작음을 이용한 분류를 굴절성 비정시라 한다.
③ 원점굴절도는 평행광선이 입사할 때 결상되는 상측초점의 위치로 결정한다.
④ 굴절이상도는 안축 길이를 정시와 비교하여 분류하여 결정한다.
⑤ 근시의 원점은 눈 뒤 유한거리, 원시의 원점은 눈앞 유한거리이다.

22 S-2.50D의 렌즈로 완전교정되는 눈의 비정시 종류와 굴절이상도의 조합 중 옳은 것은?

① 비정시 : 근시, 굴절이상도 : -2.50D
② 비정시 : 원시, 굴절이상도 : -2.50D
③ 비정시 : 근시, 굴절이상도 : +2.50D
④ 비정시 : 원시, 굴절이상도 : +2.50D
⑤ 비정시 : 정시, 굴절이상도 : +2.50D

23 시력의 분류와 이를 검사할 수 있는 시표의 연결로 옳은 것은?

① 최소분리력 : 란돌트 고리 시표
② 최소가시력 : 스넬렌 E 시표
③ 최소가독력 : 시야검사 시표
④ 최소분리력 : 세막대심도지각계
⑤ 최소판별력 : 문자 · 숫자 시표

24 안경원을 내원한 고객의 안경의 굴절력을 다음과 같이 기록해 놓았다. 이를 S+C식으로 올바르게 표현한 것은?

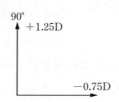

① S+1.25D ⊃ C−2.00D, Ax 90°
② C−0.75D, Ax 180° ⊃ C+1.25D, Ax 90°
③ C−0.75D, Ax 90° ⊃ C+1.25D, Ax 180°
④ S−0.75D ⊃ C+1.25D, Ax 180°
⑤ S−0.75D ⊃ C+2.00D, Ax 180°

25 다음 그림에 있는 부등상시 검사용 시표의 보조렌즈로 옳은 것은?

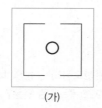 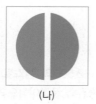

(가)   (나)

① 프리즘렌즈, 적녹필터렌즈
② 편광렌즈, 적녹필터렌즈
③ 적녹필터렌즈, 편광렌즈
④ 편광렌즈, 편광렌즈
⑤ 편광렌즈, 사이즈렌즈

26 가림검사를 시행 중 좌 · 우 관찰안이 모두 움직인다면?

① 정위
② 사위
③ 수직사위
④ 잠복사시
⑤ 교대성 사시

27 다음 중에서 혼합난시를 교정하기 위한 처방은?

① S+1.25D ⊃ C−1.25D, Ax 90°
② S−1.25D ⊃ C+1.25D, Ax 90°
③ S+1.25D ⊃ C−1.00D, Ax 90°
④ S+1.25D ⊃ C−2.00D, Ax 90°
⑤ S−1.25D ⊃ C+1.00D, Ax 90°

28 자각적굴절검사를 시작하기 위해 시행하는 운무법의 목적은?

① 조절자극을 유도하기 위해
② 근용안경검사를 편하게 하기 위해
③ 기능성 조절개입을 최소화시키기 위해
④ 검사 초기 모든 피검사자의 눈을 원시 상태로 만들기 위해
⑤ 융합을 방해하기 위해

29 각막곡률계로 측정한 결과가 다음과 같을 때, 결과에 대한 해석으로 옳은 것은?

> • K-reading
> • R1 : 8.35mm 40.50D @ 180°
> • R2 : 8.25mm 41.00D @ 90°

① 이 눈의 각막난시는 도난시이다.
② 이 눈의 각막난시는 직난시이다.
③ 이 눈의 굴절난시량은 −0.50D이다.
④ 이 눈의 각막난시량은 C−0.50D, Ax 90°이다.
⑤ 이 눈에 처방할 RGP 콘택트렌즈의 베이스 커브는 8.25mm이다.

30 40cm 거리에서 발산광선으로 검영한 결과 S+1.00D 추가 후 중화되었다. 피검사자의 순검영값과 총검영값은? (단, 검사거리 보정렌즈를 사용하지 않은 상태)

① 순검영값 : S−1.50D, 총검영값 : S+1.00D
② 순검영값 : S−2.50D, 총검영값 : S+1.00D
③ 순검영값 : S−2.50D, 총검영값 : S−1.00D
④ 순검영값 : S−1.50D, 총검영값 : S−1.00D
⑤ 순검영값 : S−3.50D, 총검영값 : S+1.00D

31 안모형통의 뒤 눈금을 −1.00D에 위치시키고 렌즈 받침대에 C−1.00D, Ax 90°의 원주렌즈를 추가한 다음 50cm 거리에서 발산광선으로 검영할 때 순검영값은?

① S−2.00D ⊂ C−1.00D, Ax 180°
② S−3.00D ⊂ C+1.00D, Ax 90°
③ C+1.00D, Ax 90°
④ S−1.00D ⊂ C+1.00D, Ax 180°
⑤ C−1.00D, Ax 180°

32 후초선 방향이 수직인 원시성 복성 난시안이 나안으로 방사선 시표를 볼 때 가장 선명한 방향은? (단, 조절 개입은 없다)

① 모든 선의 선명도가 동일하다.
② 3−9시
③ 6−12시
④ 4−10시
⑤ 5−11시

33 아래 조건들 중에서 방사선 시표의 선명하게 보이는 선의 방향이 6−12시인 경우는?

① 근시성 복성 도난시가 나안으로 볼 때
② 근시성 복성 사난시가 운무 후 볼 때
③ 원시성 복성 직난시안이 나안으로 볼 때
④ 원시성 복성 직난시안이 운무 후 볼 때
⑤ 약주경선이 수직(90°)인 근시성 난시안이 운무 후 볼 때

34 원용교정안경 처방을 위한 검사 순서로 옳은 것은?

① 예비 검사 − 문진 − 자각적 검사 − 타각적 검사 − 장용 검사
② 예비 검사 − 문진 − 장용 검사 − 자각적 검사 − 타각적 검사
③ 문진 − 예비 검사 − 장용 검사 − 자각적 검사 − 타각적 검사
④ 문진 − 장용 검사 − 예비 검사 − 타각적 검사 − 자각적 검사
⑤ 문진 − 예비 검사 − 타각적 검사 − 자각적 검사 − 장용 검사

35 운무법이 된 상태에서 (−)방향으로 렌즈 교환 중 S−1.25D에서 0.6 시력이 나왔다. 그 후 계속 렌즈를 추가하여 S−2.00D가 될 때까지 시력의 변화가 없을 경우 이후 행동으로 옳은 것은?

① 검사를 종료한다.
② S−1.25D로 처방한다.
③ S−2.00D로 처방한다.
④ 우세안 검사를 진행한다.
⑤ 방사선 시표를 이용해 난시유무검사를 한다.

36 검영법으로 난시유무를 판별할 때 확인할 수 있는 현상은?

① 스큐 현상, 어긋남 현상
② 어긋남 현상, 속도 현상
③ 스큐 현상, 가위 현상
④ 역행, 동행 현상
⑤ Bell, Nott 현상

37 크로스실린더렌즈를 이용한 난시정밀검사를 한다. 점군시표의 비교 선명도를 물었더니 (가) 상태일 때가 (나)보다 더 선명하게 보인다고 2회 연속 응답을 하여 원주렌즈 값을 변경하고 다시 질문했을 때 동일한 선명도로 보인다고 하였다. 현재 포롭터에 장입되어 있는 굴절력(D)은? (단, 포롭터에는 S−3.00D ◌ C−1.00D, Ax 45° 가 가입된 상태로 검사를 시작하였다)

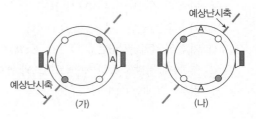

① S−3.00D ◌ C−1.50D, Ax 45°
② S−3.00D ◌ C−0.50D, Ax 45°
③ S−3.25D ◌ C−1.50D, Ax 45°
④ S−2.75D ◌ C−1.50D, Ax 45°
⑤ S−2.75D ◌ C−1.00D, Ax 45°

38 ±0.50D 크로스실린더렌즈의 (−)축이 수직에 위치할 때를 S−C 표기로 나타내면?

① S+0.50D ◌ C−1.00D, Ax 90°
② S−0.50D ◌ C+1.00D, Ax 180°
③ S+0.50D ◌ C−1.00D, Ax 180°
④ S−0.50D ◌ C+1.00D, Ax 90°
⑤ C−0.50D, Ax 90° ◌ C+0.50D, Ax 180°

39 원용교정을 위해 적록이색검사를 실시했다. 양안 모두 녹색바탕의 검은 원이 더 선명하다고 응답할 때 이에 대한 설명 중 옳은 것은? (단, 양안 모두 원시안이다)

① 저교정이므로 S−0.25D를 추가한다.
② 저교정이므로 S+0.25D를 추가한다.
③ 과교정이므로 S+0.25D를 감소한다.
④ 과교정이므로 C−0.25D를 추가한다.
⑤ 조절마비제 점안 후 다시 검사한다.

40 아래 그림과 같은 양안조절균형검사에 공통으로 들어갈 보조렌즈는?

① 적녹 필터렌즈
② 편광렌즈
③ 프리즘렌즈
④ 사이즈렌즈
⑤ 크로스실린더렌즈

41 단안동적검영법(M.E.M)으로 검영한 결과가 아래와 같을 때, 조절래그량은? (단, 40cm 거리에서 발산광선으로 검영함)

판부렌즈 굴절력(D)	반사광 움직임
+0.50	동행
+0.75	동행
+1.00	중화
+1.25	역행

① +0.50D
② +0.75D
③ +1.00D
④ +1.25D
⑤ +1.50D

42 정시안의 포롭터에 보조렌즈 ±0.50D를 장입하고 근거리 격자시표를 이용한 가입도 검사의 결과가 다음과 같을 때 이론적 가입도(D)는?

- 원용교정굴절력 : 0.00D
- 검사거리 : 40cm
- 가로선과 세로선의 선명도가 동일할 때 : S+1.50D
- 세로선의 선명도가 더 선명할 때 : S+2.00D

① 0.00D
② +0.50D
③ +1.00D
④ +1.50D
⑤ +2.00D

43 안경처방서의 필요시 기록해야 하는 부차적 명기사항에 해당하는 것은?

① 교정 구면렌즈의 상측정점 굴절력
② 교정 원주렌즈의 상측정점 굴절력
③ 동공간거리
④ 우세안
⑤ 원용, 근용 등의 용도

44 OS : S−2.00D ◯ 0.6△ B.D 처방에서 기준 Oh가 26mm일 때 조가 Oh는? (단, 경사각은 0°이다)

① 31mm
② 29mm
③ 26mm
④ 23mm
⑤ 21mm

45 피검사자 눈의 조준선이 지나는 좌우 각막 반사점 사이의 거리를 뜻하는 것은?

① 해부학적 PD
② 동공 가장자리 PD
③ 조가 PD
④ 동공중심선 PD
⑤ 생리학적 PD

46 기준 PD에 대한 주시거리 PD를 구하는 공식으로 적절한 것은? (단, d = 주시거리(mm) 이다)

① 주시거리 $PD =$ 기준 $PD \times \dfrac{(d+12)}{(d-13)}$

② 주시거리 $PD =$ 기준 $PD \times \dfrac{(d+13)}{(d-12)}$

③ 주시거리 $PD =$ 기준 $PD \times \dfrac{(d-12)}{(d+13)}$

④ 주시거리 $PD =$ 기준 $PD \times \dfrac{(d+12)}{(d+13)}$

⑤ 주시거리 $PD =$ 기준 $PD \times \dfrac{25}{(d+13)}$

47 상측초점거리가 +20cm인 안경렌즈에서 광학중심점으로부터 2cm 떨어진 위치의 프리즘굴절력(△)은?

① 10△
② 8△
③ 6△
④ 4△
⑤ 2△

48 안경을 착용하고 옆으로 누워 TV를 보는 피검사자의 안경테에서 가장 먼저 틀어질 것으로 예상되는 피팅 요소는?

① 연결부
② 코받침
③ 템플팁
④ 다리벌림각
⑤ 경사각

49 안경테 다리에 "54 □ 16 135"라고 표기된 것에 대한 설명 중 옳은 것은?

① 박싱 시스템에 의한 계측 수치이다.
② 렌즈삽입부길이는 16mm이다.
③ 렌즈삽입부 수직길이는 54mm이다.
④ 기준점(FPD)간 거리는 135mm이다.
⑤ 다리 길이는 70mm이다.

50 무테 안경에만 존재하는 피팅 요소인 '고정금대'에 포함되는 것은?

① 연결부
② 지엽
③ 템플팁
④ 코받침
⑤ 힌지

51 다음 그림과 같은 피팅 플라이어의 용도는?

① 메탈테 엔드피스 피팅
② 무테 나사 절단
③ 경사각 피팅
④ 코받침 피팅
⑤ 연결부 휨 조정

52 주시거리가 30cm일 때 주시거리 PD가 60mm였다. 원용 측정기준 PD는 얼마인가?

① 55mm
② 57.5mm
③ 60mm
④ 62.5mm
⑤ 65mm

53 근시 교정용 처방에서 기준 PD보다 조가 PD가 작게 가공된 안경을 착용했을 때 유발사위는?

① 유발사위 없음
② 상사위
③ 하사위
④ 내사위
⑤ 외사위

54 S−2.00D의 시험렌즈와 굴절력을 알 수 없는 안경렌즈를 겹쳐 보았을 때, 상의 이동 방향이 렌즈 이동 방향과 반대로 이동하였다면 이 안경렌즈의 대략적인 굴절력은?

① S+2.00D보다 작은 원시 교정용 렌즈
② S+2.00D보다 큰 원시 교정용 렌즈
③ S+2.00D인 원시 교정용 렌즈
④ S−2.00D보다 큰 근시 교정용 렌즈
⑤ S−2.00D보다 작은 근시 교정용 렌즈

55 원용안경 처방검사 결과 양안 모두 근시성 복성 직난시였고, 안위 검사에서 4△으로 처방해야 할 외사위였다. 렌즈 주문을 위한 피검사자의 처방전으로 옳은 것은?

① OD : S−1.00D ◠ C−1.00D, Ax 90° ◠ 4△ B.I
② OS : S−1.00D ◠ C−1.00D, Ax 180° ◠ 4△ B.I
③ OU : S−1.00D ◠ C−1.00D, Ax 180° ◠ 4△ B.I
④ OU : S−1.00D ◠ C−1.00D, Ax 180° ◠ 2△ B.I
⑤ OU : S−1.00D ◠ C−1.00D, Ax 90° ◠ 2△ B.O

56 정면에서 볼 때 정점간거리가 길어진 상태에서 코받침이 콧등에 닿지 않아 안경테가 전반적으로 아래로 처진 상태일 때 우선적으로 피팅해야 할 부분은?

① 코받침 각도
② 템플팁 꺾임부 각도 · 위치
③ 다리벌림각
④ 경사각
⑤ 앞수평면휨각

57 박싱시스템으로 계측한 안경테의 FPD(기준점간 거리)가 70mm이고 연결부 길이가 18mm일 때 표기로 옳은 것은?

① 70 □ 18

② 52 □ 18

③ 88 □ 18

④ 70 □ 52

⑤ 18 □ 52

58 근용 OU : S+2.50D, PD 62mm의 처방으로 조제가공을 하려고 한다. 허용오차를 고려할 때 허용오차 범위에 포함되는 조가 PD는? (단, 큰 방향 1.0△, 작은 방향 0.5△이다)

① 57mm

② 60mm

③ 65mm

④ 68mm

⑤ 70mm

59 다음 처방 중에서 혼합난시 교정용 렌즈는?

① C+1.50D, Ax 90° ⊃ C−1.50D, Ax 180°

② S+1.50D ⊃ C−1.50D, Ax 90°

③ S−1.50D ⊃ C+1.50D, Ax 180°

④ S+1.50D ⊃ C+1.50D, Ax 60°

⑤ S−1.50D ⊃ C−1.50D, Ax 45°

60 망원경식 렌즈미터로 토릭렌즈를 측정한 결과가 아래와 같다. 토릭렌즈의 굴절력은?

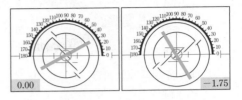

① S−1.75D ⊃ C+1.75D, Ax 120°

② S−1.75D ⊃ C−1.75D, Ax 30°

③ S+1.75D ⊃ C−1.75D, Ax 120°

④ C+1.75D, Ax 30°

⑤ C−1.75D, Ax 120°

61 투영식 렌즈미터로 측정한 렌즈의 결과가 다음과 같을 때 설명으로 옳은 것은?

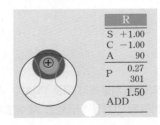

R	
S	+1.00
C	−1.00
A	90
P	0.27
	301
	1.50
ADD	

① 혼합난시 교정용 렌즈이다.

② 근시성 노안이다.

③ 가입도는 3.00D이다.

④ 누진굴절력렌즈를 측정한 것이다.

⑤ 단초점 근용안경을 측정한 것이다.

62 다음과 같은 설명에 해당하는 이중초점렌즈의 형상은?

> - 상부 경계선이 직선이다.
> - 경계선에서 빛 반사가 심하다.
> - 상의 도약이 없다.
> - 근용부 시야가 가장 넓다.

① Simless형
② Ex형
③ Kryp-tok형
④ Curved Top형
⑤ Flat Top형

64 굴절이상도가 +3.00D인 비정시안이 Add 1.50 D가 처방된 이중초점렌즈를 착용하게 될 경우 합성광학중심점의 위치로 옳은 것은?

① ⓐ
② ⓑ
③ ⓒ
④ ⓓ
⑤ ⓔ

63 망원경식 렌즈미터에서 시도조절을 하는 주된 목적과 시도조절을 하기 위한 부분의 명칭은?

① 검사자의 굴절이상을 보정하기 위함 : 굴절력 측정핸들
② 검사자의 조절 개입을 방지하기 위함 : 접안렌즈의 시도조정환
③ 검사자의 조절 개입을 방지하기 위함 : 크로스라인 타깃 회전환
④ 검사자의 굴절이상을 보정하기 위함 : 접안렌즈의 시도조정환
⑤ 검사자의 굴절이상을 보정하기 위함 : 프리즘 컴펜세이터

65 다음은 복식알바이트안경에 대한 처방이다. 앞렌즈의 굴절력과 조가 PD로 옳은 것은?

> - OU : S-1.00D
> - Add : +2.00D
> - 원용 PD 66mm, 근용 PD 61mm
> - 뒷렌즈 = 근용, 앞 + 뒷렌즈 = 원용

① S-2.00D, 65.5mm
② S-2.00D, 64.5mm
③ S-2.00D, 63.5mm
④ S-2.00D, 61.5mm
⑤ S+1.00D, 63.5mm

66 슬래브업(Slab Off) 가공과 프리즘디닝(Prism Thinnig) 가공 각각의 프리즘 효과로 옳은 것은?

① 슬래브업 가공 : B.U, 프리즘디닝 가공 : B.U

② 슬래브업 가공 : B.U, 프리즘디닝 가공 : B.D

③ 슬래브업 가공 : B.D, 프리즘디닝 가공 : B.D

④ 슬래브업 가공 : B.D, 프리즘디닝 가공 : B.U

⑤ 슬래브업 가공 : B.U, 프리즘디닝 가공 : B.O

67 조제가공이 마무리되어 완성된 안경의 광학적 점검사항에 해당하는 것은?

① 전반적인 나사 조임 상태
② 토릭렌즈의 상측정점굴절력과 축 방향
③ 템플팁 꺾임 위치
④ 고객의 자각적 착용감
⑤ 안경케이스 및 안경수건 준비

68 "양안시 단계 중에서 좌우안이 동시에 본 상을 하나로 합치는 융합(Fusion)단계에서 이상이 생길 경우 (㉮) 현상이 나타나고, 이 현상이 지속될 경우 결국 (㉯)이/가 일어나게 된다." 위 문장의 ( ) 안에 들어갈 용어의 조합으로 옳은 것은?

① ㉮ : 단일시   ㉯ : 흐림
② ㉮ : 복시   ㉯ : 동시시
③ ㉮ : 억제   ㉯ : 복시
④ ㉮ : 복시   ㉯ : 억제
⑤ ㉮ : 혼란시   ㉯ : 복시

69 사시안에서 중심와가 아닌 부분이 주시안의 중심와와 같은 시방향을 갖게 되면서 주시안의 중심와와 대응점을 이루어 융합이 되도록 하는 복시를 피하는 현상은?

① 복시
② 이상망막대응
③ 정상대응
④ 혼란시
⑤ 대응점 결상

70 다음 중 더 좋은 입체시 능력이 요구되는 경우는?

① PD가 길고, 두 물체 사이 간격이 멀고, 물체까지의 거리가 멀수록
② PD가 길고, 두 물체 사이 간격이 멀고, 물체까지의 거리가 가까울수록
③ PD가 짧고, 두 물체 사이 간격이 멀고, 물체까지의 거리가 멀수록
④ PD가 길고, 두 물체 사이 간격이 가깝고, 물체까지의 거리가 가까울수록
⑤ PD가 짧고, 두 물체 사이 간격이 가깝고, 물체까지의 거리가 멀수록

71 OU : S-4.00D의 원용완전교정 안경을 정점간 거리 10mm인 상태로 착용한 후, 눈앞 33cm 거리에서 독서를 하려고 할 때 필요한 조절 자극량과 실제 반응량은?

① 자극량 : 3.00D, 반응량 2.76D
② 자극량 : 3.00D, 반응량 3.00D
③ 자극량 : 3.00D, 반응량 3.24D
④ 자극량 : 1.00D, 반응량 2.76D
⑤ 자극량 : 1.00D, 반응량 3.24D

72 안구운동에서 "양안 동향근은 같은 신경지배 아래 같은 양의 자극으로 움직인다."에 해당하는 안구운동의 법칙은?

① 추종의 법칙
② 충동의 법칙
③ 쉐어드 법칙
④ 쉐링톤의 법칙
⑤ 헤링의 법칙

73 조절, 안구운동 등 운동기능의 작용 없이 순수한 감각기능만 작동되는 경우로 옳은 것은?

① 광학적 부등사위의 양안단일시
② 근시의 근거리 양안단일시
③ 원시의 근거리 양안단일시
④ 내사위의 근거리 양안단일시
⑤ 정시, 정위의 원거리 양안단일시

74 PD가 60mm, AC/A 비가 5 △/D인 S−1.00D의 근시안이 나안으로 눈앞 40cm를 주시할 경우 안위로 옳은 것은?

① 정위
② 5△ 내사위
③ 7.5△ 외사위
④ 7.5△ 내사위
⑤ 15△ 내사위

75 중심와 융합자극점이 있는 편광십자시표를 사용하여 측정한 결과 6.0△ B.O이고, 융합자극점이 없는 편광십자시표로 측정한 값이 4.0△ B.O일 때 예측해 볼 수 있는 주시시차 값은?

① 2.0△ B.O
② 2.0△ B.I
③ 4.0△ B.I
④ 4.0△ B.O
⑤ 1.0△ B.O

76 다음 중 양안시 기능에서 중요한 역할을 하는 융합의 종류에서 안구운동에 의한 융합은?

① 감각성 융합
② 운동성 융합
③ 조절성 융합
④ 기계적 융합
⑤ 근접성 융합

77 마독스로드 검사에 의한 사위검사 결과가 아래 그림과 같을 때, 이 피검사자의 안위는?

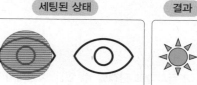

① 외사위
② 내사위
③ 우안외사시
④ 우안내사시
⑤ 정위

78 양안시 검사 결과가 다음과 같을 때 조절성 폭주비(AC/A 비)는?

- 원거리(5m) 사위 : 6△ Exo
- 근거리(33cm) 사위 : 3△ Exo
- 원거리 PD : 50mm

① 1 (△/D)
② 2 (△/D)
③ 4 (△/D)
④ 6 (△/D)
⑤ 8 (△/D)

79 비정시 교정에 따른 양안시 이상에 대한 설명 중 옳은 것은?

① 미교정 근시가 나안으로 근거리를 지속적으로 보게 되면 내사위로 이행될 수 있다.
② 미교정 원시가 나안으로 근거리를 지속적으로 보게 되면 외사위로 이행될 수 있다.
③ 원거리 정위인 사람이 Low AC/A 비를 가질 경우, 근거리 내사위로 이행될 수 있다.
④ 원거리 정위인 사람이 High AC/A 비를 가질 경우, 근거리 내사위로 이행될 수 있다.
⑤ 일반적으로 계산 AC/A 비가 경사 AC/A보다 낮게 측정되는 경향으로 보인다.

80 조절과다로 판정할 수 있는 피검사자의 양안시 기능 검사 결괏값에 대한 설명 중 옳은 것은?

① PRA는 정상값보다 낮게 측정된다.
② 단안조절효율검사에서 (+)렌즈에 대한 반응이 느리다.
③ NRA는 정상값보다 높게 측정된다.
④ MEM은 정상값보다 (+)방향으로 크게 나타난다.
⑤ 최대조절력은 연령대의 평균값보다 낮게 측정된다.

81 눈물층과 형성하는 물질이 존재하는 곳이 올바르게 연결된 것은?

① 지방층 – 크라우제샘
② 수성층 – 주눈물샘
③ 점액층 – 상피세포
④ 수성층 – 술잔세포
⑤ 점액층 – 마이봄샘

82 다음의 설명에 해당하는 눈의 해부학적 구조는?

- 빛의 양에 따라 크기가 변함
- 렌즈의 광학부 직경과 연관됨

① 각막
② 결막
③ 동공
④ 공막
⑤ 눈꺼풀

83 함수율에 대한 설명 중 옳은 것은?

① 함수율이 증가할수록 침전물의 양도 증가한다.
② 함수율이 증가할수록 착용감이 저하된다.
③ 함수율이 증가할수록 취급하기 쉽다.
④ 함수율이 증가할수록 건성안 환자에게 적합하다.
⑤ 함수율이 증가할수록 장시간 착용하기 어렵다.

84 콘택트렌즈 교정을 위한 검사 결과가 다음과 같을 때 각막난시는?

- 안경교정굴절력
  S-3.25D C C-1.00D, Ax 180°
- 각막곡률 측정값
  41.50D, @ 180°, 43.00D, @ 90°

① 1.00D 직난시
② 1.00D 도난시
③ 1.50D 사난시
④ 1.50D 도난시
⑤ 1.50D 직난시

85 연속착용 렌즈를 착용하고 수면 중 각막부종을 8%로 유지하기 위한 EOP는?

① 9.9%

② 12.1%

③ 15.5%

④ 17.9%

⑤ 20.9%

86 건성안 진단을 받아 인공눈물을 사용하면서 콘택트렌즈를 착용 중인 피검사자에게 권장해 줄 수 있는 콘택트렌즈의 재질은?

① 이온성 – 고함수 렌즈

② 이온성 – 저함수 렌즈

③ 비이온성 – 고함수 렌즈

④ 비이온성 – 저함수 렌즈

⑤ 고함수 – 두께 얇은 렌즈

87 다음 설명에 해당하는 콘택트렌즈 제조방법은?

- 생산단가가 저렴하다.
- 대량 생산이 가능하다.
- 다양한 디자인 변수를 적용하지 못한다.
- 렌즈의 전면과 후면을 각각 설계할 수 있다.

① 회전 주조법

② 주형 주조법

③ 선반 절삭법

④ 플라즈마법

⑤ 사출 성형법

88 토릭 소프트 콘택트렌즈의 축 회전 안정성 평가를 하려고 할 때, 최소한 렌즈 착용 후 얼마 후에 안정성 평가를 하는 것이 좋은가?

① 착용 즉시

② 눈물흘림이 멈추면 즉시

③ 착용 5분 후

④ 착용 15~20분 후

⑤ 착용 1시간 후

89 소프트 콘택트렌즈의 이상적인 피팅에 해당하는 렌즈 움직임은?

① 움직임 없음

② 0.5~1.0mm

③ 1.0~2.0mm

④ 2.0~3.0mm

⑤ 3.0~4.0mm

90 기본커브 8.00mm, 적체 직경 14.00mm인 소프트 콘택트렌즈를 착용 중인 피검사자에게 직경 14.50mm의 새로운 콘택트렌즈를 이용하여 기존과 동일한 피팅 상태를 유지하려고 한다. 이때 새로운 소프트 콘택트렌즈의 기본커브(BCR)로 적절한 것은?

① 8.30mm

② 8.15mm

③ 8.00mm

④ 7.85mm

⑤ 7.70mm

91. 콘택트렌즈의 중력중심위치가 렌즈의 전면(앞쪽) 방향으로 이동하는 경우는?

① 렌즈의 중심두께가 얇아진 (+)렌즈
② 렌즈의 전체 직경이 증가된 (−)렌즈
③ 새그깊이가 증가된 (−)렌즈
④ 굴절력이 증가된 (+)렌즈
⑤ 기본커브가 Steep하게 처방된 (+)렌즈

92. HEMA 재질의 소프트 콘택트렌즈의 피팅 평가에서 렌즈의 움직임을 감소시키는 방법은?

① 후면광학부직경(OZD)을 작게 한다.
② 후면광학부곡률반경(BCR)을 길게 한다.
③ 렌즈의 중심두께를 두껍게 한다.
④ 새그깊이(Sagittal Depth)를 감소시킨다.
⑤ 렌즈의 전체직경(TD)을 크게 한다.

93. S−4.00D ◯ C−1.00D, Ax 175°의 완전교정값을 처방받은 피검사자가 토릭 콘택트렌즈를 원하지 않아서 구면 굴절력만으로 처방해야 할 때 적절한 처방 굴절력은? (단, 정간거리 10mm)

① S−3.75D
② S−4.00D
③ S−4.25D
④ S−4.50D
⑤ S−5.00D

94. 직업 및 취미활동을 고려한 콘택트렌즈의 처방이 올바른 것은?

① 수영 · 스쿠버 다이빙 − 일회용 소프트렌즈
② 축구 · 농구 − RGP 콘택트렌즈
③ 사격 · 양궁 − HEMA 재질 소프트렌즈
④ 비행기 승무원 − 고함수 재질 소프트렌즈
⑤ 건성안 환자 − 고함수 이온성 재질 소프트렌즈

95. 구면 RGP 콘택트렌즈 피팅을 위한 검사 결과가 다음과 같다. 처방할 교정 굴절력은?

- 안경 교정 굴절력(VD 10mm)
  S−3.25D ◯ C−0.75D, Ax 180°
- 각막곡률 측정값
  7.85mm @ 180°, 7.7mm @ 90°
- 시험렌즈 : S−3.00D, 7.85mm

① S−3.00D
② S−3.25D
③ S−3.50D
④ S−3.00D ◯ C−0.75D, Ax 180°
⑤ S−3.50D ◯ C−0.75D, Ax 180°

96. 정점간거리(VD)를 10mm인 S−4.50D ◯ C−1.50D, Ax 60° 안경착용자가 토릭 소프트 콘택트렌즈를 착용하고자 할 때 적절한 교정 굴절력은?

① S−4.25D ◯ C−1.50D, Ax 60°
② S−4.50D ◯ C−1.25D, Ax 60°
③ S−4.25D ◯ C−1.25D, Ax 60°
④ S−4.00D ◯ C−1.25D, Ax 60°
⑤ S−4.00D ◯ C−1.50D, Ax 60°

97 양주경선의 각막곡률반경이 43.50D로 동일하고 장용 안경 굴절력이 S−1.50D ◯ C−0.50D, Ax 90°인 피검사자에게 처방하기 적합한 콘택트렌즈의 종류는?

① 등가구면 값이 처방된 구면 소프트 콘택트렌즈

② 등가구면 값이 처방된 구면 RGP 콘택트렌즈

③ 등가구면 값이 처방된 비구면 RGP 콘택트렌즈

④ 안경 굴절력이 그대로 처방된 양면토릭 RGP 콘택트렌즈

⑤ 안경 굴절력이 그대로 처방된 후면토릭 소프트 콘택트렌즈

98 토릭 소프트 콘택트렌즈 처방을 위해 OS : S−1.50D ◯ C−2.25D, Ax 160°의 시험렌즈를 착용하였더니 축 참고마크가 그림과 같이 회전되어 안정되어 있다면, 최종 처방으로 옳은 것은?

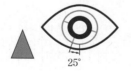

① S−1.50D ◯ C−2.25D, Ax 160°

② S−1.50D ◯ C−2.25D, Ax 145°

③ S−1.50D ◯ C−2.25D, Ax 175°

④ S−1.50D ◯ C−2.25D, Ax 5°

⑤ S−1.50D ◯ C−2.25D, Ax 135°

99 굴절 이상도가 +4.00D, 각막 양주경선의 곡률반경이 7.95mm인 피검사자가 S−3.00D, BCR 8.00mm의 RGP 시험렌즈를 착용한 상태에서의 덧댐 굴절검사 결과가 S−0.75D이었다. 이 피검사자에게 최종적으로 처방할 RGP 콘택트렌즈의 굴절력은?

① S+3.75D

② S+3.50D

③ S−4.25D

④ S−3.50D

⑤ S−3.75D

100 콘택트렌즈의 관리 용액의 삼투압 농도보다 눈물의 삼투압 농도가 높을 때 유발될 수 있는 눈의 문제점으로 옳은 것은?

① 각막부종

② 각막탈수

③ 가려움증

④ 거대유두결막염

⑤ 각막혼탁

101 검사거리 3m용 란돌트 고리시표에서 0.5 시력에 해당하는 시표의 틈새 간격은 몇 mm인가?

① 0.6mm

② 1.2mm

③ 1.8mm

④ 2.4mm

⑤ 3.0mm

102 검사거리 50cm에서 발산광선으로 검영했을 때 반사광의 움직임이 역행으로 나타날 수 있는 처방에 해당하는 것은?

① +2.00D 원시
② 정시
③ −0.50D 근시
④ −2.00D 근시
⑤ −3.00D 근시

104 안경 또는 콘택트렌즈 처방을 위한 검사기기 중에서 검사자의 조절 개입 방지를 위해 시도조절을 실시해야 하는 기기의 조합으로 옳은 것은?

① 망원경식 정점굴절력계 · 각막곡률계
② 투영식 정점굴절력계 · 안굴절력계
③ 세극등 현미경 · 검영기
④ 안굴절력계 · 포롭터
⑤ 망원경식 정점굴절력계 · 버튼램프

103 다음 그림과 같은 시표를 사용하여 가입도 검사를 하고자 한다. 이때 사용할 포롭터의 보조렌즈로 옳은 것은?

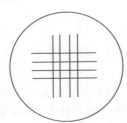

① PH
② ±0.50D
③ GL
④ R
⑤ 6^U

105 각막곡률계(Keratometer)를 이용한 각막 굴절력을 측정하였더니, 다음 그림과 같이 표기되었다면 각막의 굴절력은 몇 D인가?

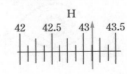

① 수평경선 굴절력, +43.25D
② 수직경선 굴절력, +43.25D
③ 수직경선 굴절력, +43.125D
④ 수평경선 굴절력, +43.125D
⑤ 수평경선 굴절력, +43.00D

01 피검사자에 대한 문진의 결과가 아래와 같다. 예측해 볼 수 있는 문제점은?

> • 성별 / 나이 : 남 / 6세
> • 안과 처방 : S+4.50D
> • 나안시력 : 원/근거리 모두 선명, 오래 지속 못함
> • 내사시 증상 보임

① 가성 근시
② 굴절조절내사시
③ 절대성 원시
④ 병적 근시
⑤ 약시

02 나안시력이 0.5 이하로 나올 경우, (−)구면렌즈를 추가하여 구분해야 하는 것은?

① 정시안과 근시안 구분
② 정시안과 원시안 구분
③ 근시안과 절대성 원시안 구분
④ 근시안과 수의성 원시안 구분
⑤ 근시안과 약시안 구분

03 아래 그림에 해당하는 검사의 목적은?

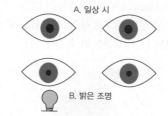

① 동공반응검사
② 사시각 검사
③ 동공간거리 검사
④ 대면시야 검사
⑤ 안구운동능력 검사

04 검사거리 50cm에서 발산광선으로 검영법을 시행하였을 때 총검영값이 S+1.50D일 때 이 피검사자의 순검영값은?

① S+3.50D
② S+1.50D
③ S+0.50D
④ S−0.50D
⑤ S−3.50D

05 안모형통의 기준선을 +1.00에 맞추고, 렌즈 받침대에 C+1.00D, Ax 30°의 렌즈를 장입하였다. 그 후 50cm 거리에서 발산광선을 이용하여 검영할 때, 안모형통의 순검영값은?

① S+1.00D ⊃ C+1.00D, Ax 30°
② S+2.00D ⊃ C−1.00D, Ax 120°
③ S+2.00D ⊃ C+1.00D, Ax 120°
④ S+1.00D ⊃ C−1.00D, Ax 120°
⑤ C+1.00D, Ax 120°

06 자각적 굴절검사에서 사용되는 열공판 (Stenopaeic Slit)의 선 방향이 다음 그림과 같을 때 가장 선명하다고 응답하였다면, 이 피검사자의 교정 (-)원주렌즈의 축 방향은?

① Ax 90°
② Ax 180°
③ Ax 30°
④ Ax 45°
⑤ Ax 60°

07 구면 굴절력에 의한 굴절검사의 결과가 다음과 같을 때 최적 구면 굴절력(B.V.S)으로 옳은 것은?

교정 굴절력(D)	교정 시력
S−2.25	0.5
S−2.50	0.6
S−2.75	0.7
S−3.00	0.7
S−3.25	0.7

① S−3.25D
② S−3.00D
③ S−2.75D
④ S−2.50D
⑤ S−2.25D

08 피검사자가 운무 후 방사선 시표를 보았을 때 2–8시 방향의 선이 선명하다고 응답하였다. 이 피검사자의 교정 (-)원주렌즈의 축 방향은?

① 90°
② 120°
③ 180°
④ 60°
⑤ 150°

09 포롭터에 내장된 크로스실린더와 점군시표를 이용한 난시 굴절력 정밀검사에서 시표의 선명도를 비교하며 검사했더니, 2회 비교검사 결과 C 값이 2단계 추가되어 C−1.50D로 교정되었다. 다음 조작으로 옳은 것은? (단, 포롭터에는 S+0.50D ⊃ C−1.00D, Ax 30°이 장입된 상태에서 검사를 시작하였다)

① S+0.25D로 조정한다.
② S+0.75D로 조정한다.
③ C−1.50D로 검사를 마친다.
④ C−1.25D로 조정한다.
⑤ S 0.00D로 조정한다.

10 다음 그림의 시표에 대한 설명 중 옳은 것은?

① 안위 이상 유무를 측정하기 위해 사용한다.
② 프리즘 분리법을 사용한다.
③ 적록 필터렌즈를 보조렌즈로 사용한다.
④ 색각 검사를 할 수 있다.
⑤ 양안조절균형검사를 할 수 있다.

11 정시, 정위인 노안의 최대조절력이 +3.00D이고 주 작업거리가 눈앞 25cm일 때 처방해야 할 근용안경 굴절력(D)은? (단, 유용 조절력은 1/2로 한다)

① S 0.00D
② S+1.50D
③ S+2.00D
④ S+2.50D
⑤ S+3.00D

12 크로스실린더와 격자시표를 활용한 노안 가입도 검사 결과이다. 이론적 가입도(D)는? (단, 크로스실린더의 (–)축을 수직으로 장입)

- 원용 교정값 : S–1.00D
- 가로선과 세로선의 선명도가 처음으로 동일할 때 : S+0.50D
- 세로선이 가로선보다 처음으로 선명할 때 : S+1.00D

① –1.00D
② –0.00D
③ +1.00D
④ +1.50D
⑤ +2.00D

13 안경처방서의 명기사항 중에서 사위안 교정일 때만 기록하는 것은?

① 구면렌즈 상측정점굴절력(S)
② 가입도(Add)
③ 프리즘렌즈 기저방향(Base)
④ 원주렌즈 상측정점굴절력(C)
⑤ 동공간거리(PD)

14 정식계측방법으로 측정한 아래 그림에서 기준 점간거리(FPD 또는 DBC)에 해당하는 것은?

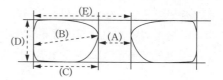

① (A)
② (B)
③ (C)
④ (D)
⑤ (E)

15 OS : S–1.75D C C–1.00D, Ax 120°, 0.5△ B.I으로 완성된 조가 PD가 65mm이다. 이 피검사자의 기준 PD(mm)는?

① 61mm
② 63mm
③ 65mm
④ 67mm
⑤ 69mm

16 자동기기병행 형식에 의한 조제 및 가공의 순서로 옳은 것은?

① 설계점 설정 – 렌즈 인점 찍기 – 자르기 · 산각 세우기 – 렌즈 끼우기 – 가공 후 피팅
② 렌즈 인점 찍기 – 설계점 설정 – 자르기 · 산각 세우기 – 렌즈 끼우기 – 가공 후 피팅
③ 설계점 설정 – 렌즈 끼우기 – 렌즈 인점 찍기 – 자르기 · 산각 세우기 – 가공 후 피팅
④ 렌즈 끼우기 – 렌즈 인점 찍기 – 설계점 설정 – 자르기 · 산각 세우기 – 가공 후 피팅
⑤ 가공 후 피팅 – 자르기 · 산각 세우기 – 렌즈 인점 찍기 – 렌즈 끼우기 – 설계점 설정

17 누진굴절력렌즈의 근용 양안 P.D.에 대한 설명으로 옳은 것은?

① 좌우안의 Eye Point 사이의 수평거리
② 좌우안의 각막 반사상 사이의 수평거리
③ 좌우안의 근용부 참조원 중앙점 사이의 수평거리
④ 좌우안의 자렌즈 상부경계선 중앙점 사이의 수평거리
⑤ 좌우안의 중간부 상부경계선 중앙점 사이의 수평거리

18 안경을 착용하고 농구 경기를 하다가 정면으로 오는 농구공에 안경을 맞았을 경우 달라질 피팅 요소는?

① 정점간거리가 짧아진다.
② 코받침 간격이 좁아진다.
③ 코받침 위치가 올라간다.
④ 다리벌림각이 작아진다.
⑤ 경사각이 커진다.

19 아래와 같은 변수를 모두 만족시키는 조가 Oh는?

> · 원용 OD : S+2.00 D ◯ 1.0△ B.U
> · 경사각 12°
> · 자연스러운 자세에서 측정한 Oh : 23mm

① 약 29mm
② 약 27mm
③ 약 25mm
④ 약 23mm
⑤ 약 21mm

20 자동옥습기를 사용하여 조제가공을 할 경우 냉각수를 거의 사용하지 않는 안경렌즈는?

① 중굴절 플라스틱렌즈
② 크라운 유리렌즈
③ 고굴절 플라스틱렌즈
④ 폴리카보네이트렌즈
⑤ 프리즘렌즈

21 다음과 같은 삼중초점렌즈 처방일 때 근용부 굴절력은? (단, 중간부 굴절력은 Add/2를 적용한다)

> · 원용부 : S+1.00D ◯ C+1.00D, Ax 90°
> · 중간부 : S+2.00D ◯ C+1.00D, Ax 90°

① S+3.00D ◯ C+1.00D, Ax 180°
② S+4.00D ◯ C+1.00D, Ax 180°
③ S+4.00D ◯ C−1.00D, Ax 90°
④ S+3.00D ◯ C−1.00D, Ax 180°
⑤ S+4.00D ◯ C−1.00D, Ax 180°

22 아래 처방으로 조제가공한 안경의 조가 PD가 허용오차 범위를 벗어난 것은?

> · 근용 OU : S+2.50D
> · PD : 62mm (단, Oh는 정확함)
> · 허용오차 큰 방향 : 1△
> · 허용오차 작은 방향 : 0.5△

① 58mm
② 60mm
③ 62mm
④ 64mm
⑤ 66mm

23 콧등돌출각(Crest Angle)에 대응하는 코받침 (Nose Pad) 부위의 각은?

① 코능각

② 코받침능각

③ 코옆퍼짐각

④ 코받침경사각

⑤ 코받침옆퍼짐각

24 아래 그림의 플라이어의 용도는?

① 포인트테 나사 절단용

② 경사각 조정용

③ 림 커브 조정용

④ 코받침 조정용

⑤ 코받침 기둥 조정용

25 근용안경에서 프리즘 처방에 따른 산각줄기의 위치로 옳은 것은?

① (−)렌즈에서 기저내방 프리즘 처방일 경우, (−)면에 평행하게 산각줄기를 세운다.

② (+)렌즈에서 기저내방 프리즘 처방일 경우, (−)면에 평행하게 산각줄기를 세운다.

③ (+)렌즈에서 기저외방 프리즘 처방일 경우, (+)면에 평행하게 산각줄기를 세운다.

④ (−)렌즈에서 기저내방 프리즘 처방일 경우, (+)면에 평행하게 산각줄기를 세운다.

⑤ 근용안경에서는 프리즘 처방은 산각줄기에 영향을 주지 않는다.

26 자동옥습기에 의한 조제가공에서 메탈과 플라스틱 등 테 종류 선택 시 클릭해야 할 버튼은?

Lens Type	Lens	Frame	Safety Bevel	Polish	Mode
Single	Plastic	Metal	F & B(S)	Yes	Auto
F1	F2	F3	F4	F5	F6

① F1

② F2

③ F3

④ F4

⑤ F5

27 굴절부등시안의 이중초점렌즈 착용을 위해 슬 래브업(Slab Off) 가공을 하려고 한다. 가공해야 할 렌즈와 프리즘 효과에 대한 내용으로 옳은 것은?

- 원용 OD : S−2.00D
    OS : S+2.00D
- 가입도 : +2.50D

① OD, B.U 효과

② OD, B.D 효과

③ OS, B.D 효과

④ OS, B.U 효과

⑤ OU, B.U 효과

28 복식알바이트안경의 처방이 아래와 같을 때 뒷렌즈의 굴절력과 앞렌즈의 굴절력은?

> - 원용 OU : S−3.00D
> - 가입도 : +2.00D
> - 원용 PD 64mm, 근용 PD 60mm
> - 뒷렌즈 = 근용, 앞 + 뒷렌즈 = 원용

① 뒷렌즈 : S+2.00D, 앞렌즈 : S−2.00D
② 뒷렌즈 : S+2.00D, 앞렌즈 : S−3.00D
③ 뒷렌즈 : S−1.00D, 앞렌즈 : S−2.00D
④ 뒷렌즈 : S−1.00D, 앞렌즈 : S+2.00D
⑤ 뒷렌즈 : S+2.00D, 앞렌즈 : S−1.00D

29 망원경식 렌즈미터에서 6△ 이상의 프리즘 굴절력을 측정하고자 할 때 측정 방법은?

① 측정할 수 없으므로 자동렌즈미터를 사용한다.
② 크로스라인 타깃 회전환을 돌려 측정한다.
③ 프리즘렌즈의 위치를 이동시켜 가면서 측정한다.
④ 굴절력 측정 핸들을 최대로 돌리면서 프리즘 굴절력을 측정한다.
⑤ 프리즘컴펜세이터를 장착 후 측정한다.

30 안경 착용 시 렌즈삽입부 아랫부분이 볼에 닿는 경우 그 원인으로 적절한 것은?

① 경사각이 작은 상태이다.
② 좌우 코받침 사이 간격이 넓은 상태이다.
③ 정점간거리가 긴 상태이다.
④ 안경테의 렌즈삽입부 크기가 작다.
⑤ 좌우 코받침 높이가 높은 상태이다.

31 양안동향운동검사에서 왼쪽 아래를 주시할 때의 좌우안의 동향근의 조합으로 옳은 것은?

① 우안 아래곧은근 · 좌안 위빗근
② 우안 아래곧은근 · 좌안 위곧은근
③ 우안 위빗근 · 좌안 아래곧은근
④ 우안 위빗근 · 좌안 아래빗근
⑤ 우안 위곧은근 · 좌안 아래빗근

32 폰 그라페(Von Graefe)법을 이용한 사위검사를 하였다. 검사가 종료되었을 때 로터리 프리즘의 세팅이 아래 그림과 같을 때 이 피검사자의 안위이상은? (단, OD는 분리 프리즘, OS는 측정 프리즘 장입)

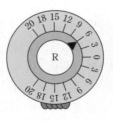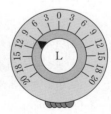

① 정위
② 내사위
③ 외사위
④ 좌안상사위
⑤ 좌안하사위

33 크로스링 시표를 활용한 사위검사의 결과가 아래 그림과 같다. 이를 교정하기 위한 로터리 프리즘의 '0△' 위치와 회전 방향으로 옳은 것은? (단, OD에 측정 프리즘 장입)

정상 시표	OD (RF장입)	OS (GF장입)	OU
 ⊕	+	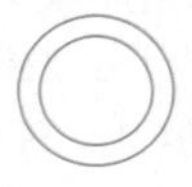 ◯	 ⊕

① 코 방향, 위로 회전
② 코 방향, 아래로 회전
③ 위 방향, 왼쪽으로 회전
④ 위 방향, 오른쪽으로 회전
⑤ 정위, 교정 프리즘 없음

34 상대조절력 검사에서 PRA는 S-2.00D로 측정되었고, NRA는 +3.50D로 너무 높게 측정되었다면 예상해 볼 수 있는 문제점으로 옳은 것은? (단, 피검사자는 원시안이다)

① 조절과다를 의심해 본다.
② 노안을 의심해 본다.
③ 조절부족을 의심해 본다.
④ 가성근시를 의심해 본다.
⑤ 피검사자의 원시 미교정을 원인으로 의심해 본다.

35 플리퍼를 이용한 조절효율검사 결과 '조절과다로서 NRA가 낮음'이라는 진단을 받았다. 예측해 볼 수 있는 결과로 옳은 것은?

① (-)렌즈에서 지체반응을 보인다.
② (+)렌즈에서 지체반응을 보인다.
③ B.I 프리즘에서 지체반응을 보인다.
④ B.O 프리즘에서 지체반응을 보인다.
⑤ 억제반응을 보인다.

36 다음 중 착용했을 때 폭주부담을 유발하게 되는 안경은?

① 안경렌즈의 광학중심점과 설계점이 일치된 안경
② 프리즘렌즈의 기저가 코 방향으로 조제된 안경
③ 근시안경의 조가 PD가 기준 PD보다 크게 조제된 안경
④ 원시안경의 조가 PD가 기준 PD보다 크게 조제된 안경
⑤ 근시성 난시 교정용 토릭렌즈의 난시축이 90° 반대로 조제된 안경

37 4△ B.O Test에서 검사 결과가 다음과 같다. 예상할 수 있는 눈의 이상은?

① 우안 억제
② 좌안 억제
③ 양안 억제
④ 이상망막대응
⑤ 정상, 억제 없음

38 원거리 4△, Exo인 피검사자의 융합력 검사를 한 결과에 대한 설명 중 옳은 것은?

- 원용교정굴절력 : S−2.50D
- 음성융합버전스(B.I) : X / 8 / 6
- 양성융합저전스(B.O) : 13 / 19 / 16

① 절대 원시안이다.
② 개산여력(NRC)은 13△이다.
③ 폭주여력(PRC)은 8△이다.
④ 음성융합성폭주(NFC)량은 12△이다.
⑤ 양성융합성폭주(PFC)량은 17△이다.

39 근거리 내사위로 불편함을 호소하는 피검사자에게 구면가입도 처방으로 교정하고자 할 때 구면가입도 처방값은? [단, 사위교정 프리즘양은 퍼시발(Percival) 기준으로 정한다]

- 근거리 사위 : 7△ Eso
- 근거리 양성융합력(B.O) : 21/26/23
- 근거리 음성융합력(B.I) : 6/10/8
- AC/A 비 : 6(△/D)

① +0.00D
② +0.50D
③ +1.00D
④ −1.00D
⑤ −0.50D

40 시기능검사의 결과가 다음과 같을 때 예상해 볼 수 있는 시기능 이상은?

- 원거리에서 큰 외사위
- 원거리 양성융합성폭주 범위가 작음
- 원거리 음성융합성폭주 범위가 큼
- High AC/A 비
- 융합용이성검사에서 B.O에서 실패 또는 지체

① 폭주과다
② 폭주부족
③ 개산부족
④ 개산과다
⑤ 조절용이성 부족

41 콘택트렌즈의 피팅상태를 확인할 때 사용하는 세극등 현미경에서의 조명법은?

① 직접 조명법(Direct Illumination)
② 간접 조명법(Indirect Illumination)
③ 역 조명법(Retro Illumination)
④ 공막산란 조명법(Sclerotic scatter Illumination)
⑤ 경면반사 조명법(Specular reflection Illumination)

42 다음 설명에 해당하는 눈물검사 방법은?

- 눈물량을 측정하는 검사
- 5분 동안 눈물에 젖은 검사용지의 길이를 측정
- 아래눈꺼풀에 검사용지를 5분간 장입

① 눈물막파괴시간 검사
② 페놀 붉은실 검사
③ 눈물프리즘 높이 검사
④ 쉬르머 검사
⑤ 로즈벵갈 염색법

43 소프트 콘택트렌즈의 기본커브(Base Curve)를 결정하는 기준으로 옳은 것은?

① 편평한 각막곡률값과 가파른 각막곡률값의 평균 값
② 편평한 각막곡률값보다 약 0.7~1.3mm 정도 긴 값
③ 편평한 각막곡률값보다 약 0.7 ~ 1.3mm 정도 짧은 값
④ 가파른 각막곡률값
⑤ 편평한 각막곡률값

44 일회용 콘택트렌즈의 장점에 대한 설명 중 옳은 것은?

① 관리용액을 항상 휴대하고 다녀야 한다.
② 개봉 후 착용, 제거 후 버리면 되어 관리가 편하다.
③ 관리용액에 의한 오염에 취약하다.
④ 다양한 피팅 변수를 적용할 수 있다.
⑤ 일일 권장 착용시간은 16시간이다.

45 콘택트렌즈의 움직임 평가를 하였더니 움직임이 적어 렌즈의 변수를 조정하려고 한다. 적은 움직임을 증가시키기 위한 방법은?

① 렌즈의 전체 직경을 크게 한다.
② 렌즈의 기본커브 곡률반경을 짧게 한다.
③ 렌즈의 중심두께를 얇게 한다.
④ 렌즈의 주변부 곡률반경을 짧게 한다.
⑤ 렌즈의 기본커브 곡률반경을 길게 한다.

46 하드 콘택트렌즈의 기본커브(BCR)를 8.10mm에서 8.00mm로 변화시킬 때 발생하는 눈물렌즈의 굴절력은?

① +0.50D
② +0.25D
③ 0.00D
④ −0.25D
⑤ −0.50D

47 플루레신 용액으로 눈물을 염색한 다음, RGP 콘택트렌즈의 피팅 상태를 관찰하였더니 다음 그림과 같이 중심부에만 눈물이 고인 것이 보였다. 현재 피팅 상태에 대한 설명 중 옳은 것은?

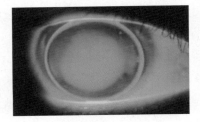

① Steep한 피팅이다.
② Flat한 피팅이다.
③ 렌즈의 움직임이 많다.
④ (−)D 눈물렌즈가 발생한다.
⑤ 눈물 교환이 잘 된다.

48 토릭 소프트 콘택트렌즈 처방을 위한 시험렌즈 착용의 결과가 아래 그림과 같다. 축 참고마크가 그림과 같이 회전되어 안정되어 있다면, 최종 처방으로 옳은 것은? (단, 완전교정 굴절력은 S−1.50D $\circ$ C−0.75D, Ax 10°이다)

① S−1.50D $\circ$ C−0.75D, Ax 165°
② S−1.50D $\circ$ C−0.75D, Ax 5°
③ S−1.50D $\circ$ C−0.75D, Ax 15°
④ S−1.50D $\circ$ C−0.75D, Ax 25°
⑤ S−1.50D $\circ$ C−0.75D, Ax 175°

49 하드 콘택트렌즈 처방을 위한 검사 결과가 아래와 같을 때 이에 대한 설명 중 옳은 것은?

> • 안경 교정 굴절력 OU : S−4.50D(VD 12 mm)
> • K − reading
>   7.85 mm, @ 180° / 7.95mm, @ 90°
> • 시험렌즈 : S−3.00D, BCR 7.85mm

① 각막난시는 C−0.50D, Ax 180°이다.
② 눈물렌즈는 −0.50D이다.
③ 정점보정은 하지 않아도 된다.
④ 토릭 소프트렌즈로 교정할 수 있다.
⑤ 최종 처방 굴절력은 S−4.75D이다.

50 콘택트렌즈 관리용액과 그 기능에 대한 설명 중 옳은 것은?

① 폴리쿼드 − 완충제
② 염화나트륨 − 단백질 분해제
③ 킬레이팅제 − 칼슘 침전물 제거제
④ 붕산, 인산 − 삼투압 조절제
⑤ 계면활성제 − 방부제

51 다음과 같은 특성을 가진 금속 안경테 표면처리 방법은?

> • 초경질 피막 형성
> • 무공해 공정
> • 진공증착법
> • 제조단가 높음

① 금도금(Gold Plate, GP)
② 금장(Gold Filled, GF)
③ 이온도금(Ti−IP)
④ 습식 도금
⑤ 전해 도금

52 금속 안경테 표면처리에 대한 내구성 테스트 방법으로 염수를 분무하여 부식 조건을 형성한 후 내식성 검사를 실시하는 품질 평가법은?

① 염수분무시험(CASS)
② 모스 경도 측정법
③ 강구낙하시험법
④ 록크웰 경도 측정법
⑤ 빅커스 경도 측정법

53 다음과 같은 특성을 가진 비금속 안경테 소재는?

> • 항공기 부품 소재로 주로 이용됨
> • 자외선 및 방사선 저항성 높음
> • 우수한 내열성과 난연성
> • 고탄성으로 우수한 복원력
> • 상품명 "울템 Ultem"

① 폴리에테르이미드(Polyetherimide)
② 셀룰로이드(Celluloid)
③ 아세테이트(Acetate)
④ 옵틸(Optyl)
⑤ 나일론(Polyamide)

54 열가소성 수지의 종류로 발화점이 낮아 화재를 일으킬 수 있고 햇빛에 의해 변색이 되는 단점으로 인해 창가에 진열하기 어려운 안경테 소재는?

① 아세테이트
② 셀룰로이드
③ 나일론
④ TR
⑤ 프로피오네이트

55 다음과 같은 특성을 지닌 안경렌즈는?

> • 열가소성 플라스틱
> • 내충격성이 가장 우수
> • 내마모성은 낮음(하드코팅 필수)
> • 보호용, 스포츠 고글용 렌즈로 사용

① CR-39
② Crown Glass
③ PC
④ Flint Glass
⑤ PMMA

56 유리렌즈와 비교한 플라스틱렌즈의 특성으로 옳은 것은?

① 렌즈의 굴절률 상향선은 유리렌즈보다 높다.
② 유리렌즈보다 비중이 크다.
③ 유리렌즈보다 두께가 두껍다.
④ 유리렌즈보다 내충격성이 낮다.
⑤ 유리렌즈보다 경도가 낮아 하드코팅이 필수이다.

57 무수정체안용 안내렌즈(I.O.L)의 소재로 사용되는 것은?

① 울템(Ultem)
② 셀룰로이드(Celluloid)
③ 아세테이트(Acetate)
④ 아크릴(PMMA)
⑤ 나일론(Polyamide)

58 편위를 교정할 목적으로 사용하는 다음 그림에 해당하는 렌즈는?

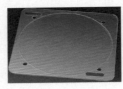

① 편광렌즈
② 가림렌즈
③ 사이즈렌즈
④ 프레넬 프리즘렌즈
⑤ 누진굴절력렌즈

59 최근 코팅 형식으로도 제작이 되며 자외선(UV)에 반응하여 선글라스처럼 착색이 되었다가 실내로 들어가면 일반 안경처럼 퇴색이 되는 안경과 선글라스 효과를 한꺼번에 볼 수 있는 렌즈는?

① 편광렌즈
② 가림렌즈
③ 조광(감광)렌즈
④ 프레넬 프리즘렌즈
⑤ 렌티큘러렌즈

60 플라스틱 안경렌즈 위에 하드, AR, 수막방지코팅을 하려고 한다. 안쪽부터 코팅막을 형성하는 순서로 옳은 것은?

① 하드코팅 – AR코팅 – 수막방지코팅
② 하드코팅 – 수막방지코팅 – AR코팅
③ AR코팅 – 수막방지코팅 – 하드코팅
④ AR코팅 – 하드코팅 – 수막방지코팅
⑤ 수막방지코팅 – AR코팅 – 하드코팅

2025 최신개정판

YouTube 복쌤TV

4C그
2O가
37O늘

합격에듀
시대에듀

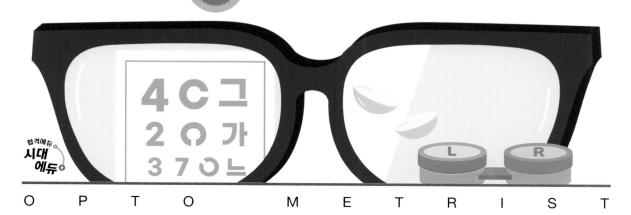

O P T O M E T R I S T

안경사
최종모의고사
+ 무료강의

정답 및 해설

최종모의고사
정답 및 해설

제1회   1~3교시 정답 및 해설

제2회   1~3교시 정답 및 해설

제3회   1~3교시 정답 및 해설

제4회   1~3교시 정답 및 해설

제5회   1~3교시 정답 및 해설

목적과 그에 따른 계획이 없으면 목적지 없이 항해하는 배와 같다.

- 피츠휴 닷슨 -

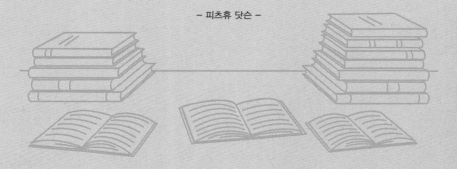

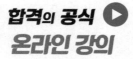

제1회 | 최종모의고사 정답 및 해설

1교시 | 시광학이론

01	02	03	04	05	06	07	08	09	10
④	①	④	②	③	④	⑤	①	②	①
11	12	13	14	15	16	17	18	19	20
①	②	②	④	⑤	③	⑤	③	②	③
21	22	23	24	25	26	27	28	29	30
②	③	①	③	①	④	④	④	②	④
31	32	33	34	35	36	37	38	39	40
④	③	④	④	⑤	①	①	④	②	④
41	42	43	44	45	46	47	48	49	50
④	①	④	②	③	③	①	①	⑤	④
51	52	53	54	55	56	57	58	59	60
②	④	④	①	①	③	②	②	⑤	②
61	62	63	64	65	66	67	68	69	70
③	③	②	④	①	⑤	①	②	⑤	④
71	72	73	74	75	76	77	78	79	80
③	③	⑤	①	⑤	⑤	②	④	④	②
81	82	83	84	85					
④	③	②	②	⑤					

01

① 섬모체신경에 연결된 신경이 분포하며, 상공막에는 혈관이 존재한다.
② 각막의 곡률반경이 더 작고, 곡률은 더 크다.
③ 곧은근 부착 부위는 공막 중 가장 얇은 부분(약 0.3mm)이다.
⑤ 공막실질의 불규칙한 구조로 인해 불투명하다.

02

데스메막을 제외한 각막의 나머지 4개의 층은 다른 조직으로 이행한다.
② 각막내피 – 홍채전면
③ 각막실질 – 공막실질
④ 보우만층 – 안구집
⑤ 각막상피 – 결막

03

① 앞쪽으로 홍채, 뒤쪽으로 맥락막과 연속된다.
② 섬모체소대는 앞쪽 주름부에 연결되어 있다.
③ 또아리정맥은 혈액을 유출하는 경로이다.
⑤ 방수를 생산하는 곳은 안쪽 무색소상피이다.

04

② 긴뒤섬모체동맥은 시신경주변에서 공막을 뚫고 들어와 안구의 앞쪽까지 진행하여 앞섬모체동맥과 함께 홍채큰동맥고리를 형성한다.

05

① 중심오목 부위가 가장 얇다.
② 앞쪽은 톱니둘레로 되어 있는데, 섬모체의 평면부 경계선이다.
④ 톱니둘레는 망막의 앞쪽 경계이다.
⑤ 망막의 바깥층에는 색소상피세포가 존재한다.

06

①·②·③·⑤ 시세포, 두극세포, 신경절세포, 수평세포는 모두 신경세포로 빛의 정보를 전달하는 역할을 한다.

07

① 안구의 구조물 중 가장 부피가 큰 것은 유리체이다.
② 방수는 혈관이 없는 각막과 수정체에 영양을 공급한다.
③ 안구내용물은 대부분이 물로 구성되고 혈관이나 신경은 존재하지 않는다.
④ 안압 조절과 관련된 것은 방수이다.

09

② 안와는 안구를 둘러싸고 있는 7개의 뼈로 구성되어 있으며, 전체 부피는 약 30mL로 안구를 포함하여 눈물기관, 신경, 지방, 결합조직들이 부피를 차지한다. 시신경공, 위안와틈새, 아래안와틈새를 통해 안구로 연결되는 혈관과 신경이 지나간다.

10

교감신경

위눈꺼풀올림근과 뮐러근의 수축으로 눈을 뜨는 운동이 이루어지는데, 위눈꺼풀올림근은 수의근으로 눈돌림신경의 지배를 받아 수축하고, 뮐러근은 교감신경의 지배를 받는 불수의근이다. 교감신경은 자율신경 중 위급상황에 대처하는 신경으로 불수의적(무의식적)으로 신체적인 활동에 관여하는데, 놀라는 상황 등의 위급한 상황에서 위눈꺼풀을 들어올리는 운동을 한다.

11

눈물의 생산

- 지방층 : 마이봄샘, 짜이스샘
- 수성층 : 주눈물샘, 덧눈물샘(크라우제샘, 볼프링샘)
- 점액층 : 결막상피의 술잔세포

12

① 각막 가장자리로부터 가장 가까운 것은 안쪽곧은근이다.
③ 안쪽곧은근과 가쪽곧은근은 각각 안쪽돌림, 가쪽돌림의 주 작용만을 가진다.
④ 위빗근을 지배하는 신경은 도르래신경이다.
⑤ 가장 길이가 긴 것은 위빗근이다.

13

① 시신경은 3개의 막으로 둘러싸여 있다. – 연질막, 거미막, 경질막
③ 안와 속 시신경은 안와의 길이보다 길어 S자 모양으로 위치한다.
④ 시신경교차의 위치는 안와를 통과한 이후이다.
⑤ 시신경섬유는 시섬유 80%와 동공섬유 20%로 이루어져 있다.

14

④ 5m 거리에서 전체 직경 7.5mm의 란돌트 고리시표의 끊어진 방향을 판별했을 때의 시력 = 1.0
전체 직경 15mm의 시표는 2배의 크기이므로 시력은 0.5로 판단한다(시표의 크기와 시력은 반비례한다).

15

① 정적시야검사는 시표가 고정된 상태에서 검사한다.
② 동적시야검사는 시표를 주변부에서 중심부로 이동시키면서 검사한다.
③ 시야검사는 단안으로 진행한다.
④ 대면법은 주변시야의 상태를 대략적으로 확인하는 검사이다.

16

① 최종 교정시력이 0.3 이하일 때 저시력이라 한다.
② 후천적 눈 질환에 의해 저시력, 시력장애 등이 발생한다.
④ 원거리를 보기 위해 망원경을 사용한다.
⑤ 저시력자의 광학보조기구를 처방할 때 배율, 시야 등을 고려해야 한다.

17

① 시각차단약시 : 백내장, 눈꺼풀처짐 등으로 시각적 자극이 차단되어 발생하는 약시
② 굴절부등약시 : 양안의 굴절이상의 정도가 달라 한 눈의 비정상적 시력발달로 발생하는 약시
④ 굴절이상약시 : 굴절이상이 심한 경우 발생하는 약시
⑤ 기질약시 : 세극등, 검안경 검사로 발견할 수 없는 기질적 질환에 의해 발생하는 약시

18

명소시

• 원뿔세포의 기능 활성화
• 555nm(황록색)의 감도가 가장 높고, 색 구분 가능
• 동공 축소(축동)
• 중심오목에 맺힌 상이 가장 선명한 상태

19

색각검사

• 배열검사 : 판스워스-먼셀 100색상 검사, D-15 검사
• 가성동색표 검사 : 이시하라 검사, 하디-란드-리틀러 검사
• 색등검사
• 색각경검사 : 나겔의 색각경 검사

21

① 조절 시 수정체의 곡률이 커지면서 굴절력이 증가한다.
③ 40세 이후에도 조절력은 계속 저하된다.
④ 나이에 따라 조절력이 저하되면서 근점거리는 점점 멀어진다.
⑤ 조절력은 6~8세 때 가장 높고 이후부터 점차 저하된다.

22

수정체없음증

백내장 등 수정체의 혼탁으로 인해 수정체를 제거한 눈으로, 수정체 제거로 인해 조절력의 상실 및 심한 원시상태를 보이며 근거리 시력의 저하 등의 증상이 있다. 안경, 콘택트렌즈, 인공수정체 등으로 교정이 가능하고 정간거리에 따라 확대 정도가 다르다(상의 배율 차이 : 안경 30%, 콘택트렌즈 10%, 인공수정체 2%).

23

우안 외사시

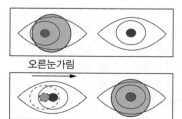

오른눈가림

왼눈가림

오른쪽 눈을 가릴 때 왼쪽 눈은 주시를 유지하고 있는 상태로 그 다음 왼쪽 눈을 가리면, 주시안(왼눈)이 차폐되어 사시안(오른눈)이 주시를 위해 편위되어 있던 쪽에서 코쪽으로 이동한다.

25

구심동공운동장애

한쪽 눈의 망막이나 시신경질환이 있을 때 질환이 있는 눈으로 들어오는 빛의 자극이 뇌로 전달되지 못하여 동공수축이 일어나지 못하고, 정상 눈으로 들어오는 빛의 자극은 뇌로 전달되어 양안의 동공수축이 모두 일어나는 현상이다.

26

동공운동

• 구심성 경로 : 빛의 자극이 뇌로 전달되는 경로[망막 → 시신경 → 시신경교차 → 시각로 → 중뇌(E-W핵)]
• 원심성 경로 : 뇌에 전달된 빛의 자극으로 인해 축동이 일어나는 경로[중뇌(E-W핵) → 눈돌림신경 → 섬모체신경절 → 짧은뒤섬모체신경 → 동공조임근]

27

① A-scan : 초음파검사. 안축, 앞방의 깊이, 수정체의 두께 등의 측정
② 망막전위도검사 : 빛 자극에 의한 망막활동전위의 변화 기록
③ 눈전위도검사 : 눈에 존재하는 상존전위의 기록
⑤ 빛간섭단층촬영 : 눈 속 구조물의 단면을 보는 검사

28

플릭텐각결막염

• 결핵균, 포도알균에 대한 지연과민반응
• 각막 가장자리에 발생하는 회백색 융기
• 주로 10대 중반에 발생
• 반복된 플릭텐 발생 시 각막 혼탁과 신생혈관 발생
• 원인균 제거를 위한 스테로이드, 항생제 등으로 치료

29

노출각막염

• 눈꺼풀이 잘 감기지 않아 각막이 노출되어 발생
• 각막이 노출되는 원인 : 심한 안구돌출, 눈둘레근 마비, 눈꺼풀겉말림 등

30

노년백내장의 진행과정

- 피질백내장의 초기 : 수정체피질에 수분 증가, 주변부 쐐기모양 백내장
- 팽대백내장 : 수분 증가, 수정체 부피 증가, 시력감퇴, 한눈복시 증상
- 성숙백내장 : 피질 전체의 혼탁, 수분 감소로 수정체 부피 정상범위 회복
- 과숙백내장 : 성숙백내장 이후 수정체피질의 액화
- 모르가니백내장 : 수정체피질이 액화되면서 수정체핵이 가라앉는 경우

31

날파리증

유리체의 액화로 인해 나타나는 증상

32

급성출혈결막염

- 원인 : 장내바이러스 제70형
- 증상 : 통증, 이물감, 눈부심, 눈물흘림, 충혈 등
- 짧은 잠복기와 경과기간
- 아폴로눈병이라고도 불림

34

④ 뒤포도막염은 맥락막과 망막의 질환이며 유리체에도 영향을 끼친다.

36

② 각막 중심의 궤양으로 각막지각이 저하되어 통증이 없는 것이 특징이다.

③ 각막 중심부의 궤양이며 삼차신경을 침범하기 때문에 삼차신경이 지배하는 얼굴 부위의 피부 증상을 동반하고 각막지각은 저하된다.

④ 각막 가장자리(각막윤부)에서 나타나 안구결막과 각막까지 침범할 수 있는 질환이며 이물감, 눈부심 등의 증상을 호소한다.

⑤ 눈둘레근 마비, 안구돌출, 눈꺼풀겉말림 등으로 인해 눈꺼풀이 잘 감기지 않아 각막이 오래 노출되어 건조해지면서 외상을 쉽게 입을 수 있고 이로 인한 궤양은 각막 아래쪽 부위에 주로 발생한다.

37

②·③·④·⑤ 광범위공막염, 결절공막염, 괴사공막염, 뒤공막염 모두 공막 심층부의 염증이다.

38

폐쇄각녹내장

- 가족력의 영향, 원시안이나 앞방이 얕은 눈에서 쉽게 발생
- 급격한 안압 상승으로 인해 눈의 심한 통증이나 두통을 동반한 시력저하 발생
- 동공확대, 대광반사 소실, 구역 또는 구토 증상

41

템플(Temple, 템플팁)

코받침과 함께 안경의 무게를 지지하는 부품이다.

42

② 열가소성 수지보다 20~30% 경량이다.

③ 열경화성 수지이다(동물성 소재 : 귀갑테).

④ 내약품성, 내화학성이 우수하다.

⑤ 자외선에 변색되는 소재 : 셀룰로이드

43

융제의 종류

붕산, 붕사, 불화가리, 염화리튬

44

① 색수차는 작을수록 좋다.

③ 아베수는 클수록 좋다.

④ 굴절률과 아베수는 반비례 관계이다.

⑤ 표면반사율은 낮아야 한다(표면반사율 + 투과율 = 빛의 양).

45

크라운 유리렌즈와 CR-39(ADC 렌즈)의 비교

- 강도(내충격성) : 크라운 유리 < CR-39
- 경도(표면경도) : 크라운 유리 > CR-39
- 염색성(착색성) : 크라운 유리 < CR-39
- 투과율 : 크라운 유리 > CR-39

46

③ 색분산이 크다 = 아베수가 작다. 즉, 색분산이 가장 큰 렌즈는 아베수가 30으로 가장 작은 PC 렌즈이다.

48

② 형상기억합금(NiTiNol)은 니켈(Ni) 50% + 티타늄(Ti) 50%의 합금이다.

③ 충격흡수가 뛰어나 아이림, 템플 등에 사용된다.

④ 합금비는 니켈(Ni) 50% + 티타늄(Ti) 50%이고 중량비는 니켈(Ni) 55 + 티타늄(Ti) 5이다.

⑤ 파손될 경우 티타늄 때문에 공기 중에서 땜질하기 어렵다.

49

① 색분산이 증가한다.

② 아베수가 감소한다.

③ 근시용 렌즈에서는 굴절률이 높아질수록 중심부 두께가 감소한다.

④ 굴절률이 증가할수록 비중이 증가한다.

50

① 블랑카-Z : 구리(Cu) + 니켈(Ni) + 아연(Zn) + 주석(Sn)

② 청동 : 구리(Cu) + 주석(Sn)

③ 황동 : 구리(Cu) + 아연(Zn)

⑤ 하이니켈 : 니켈(Ni) + 크롬(Cr)

51

안광학계

• 빛의 굴절은 각막, 수정체에서 대부분 진행된다.

• 굴절률 : 방수 · 유리체(1.33) < 각막(1.376) < 수정체 피질(1.386) < 수정체핵(1.406)

• 조절 시 수정체 직경은 감소하며 두께 및 굴절력이 증가한다.

52

① 안구회선점 : 양안시와 동적시야의 기준으로 동공간거리 측정의 기준점

② 주점 : 횡배율이 1인 지점. 거리 측정의 기준점

③ 절점 : 각 배율이 1인 지점. 시각, 정적시야 크기 측정의 기준점

⑤ 정점 : 안축 또는 광축이 각막과 만나는 점

53

① 광축 : 각막정점과 안구의 후극을 연결한 직선

② 시선 : 주시점과 중심와를 잇는 직선

③ 주시선 : 주시점과 안구회전점을 잇는 직선

⑤ 조준선 : 주심점과 입사동점을 잇는 직선, 시선과 주시전의 임상적 대용선

54

② 카파각 : 동공중심선과 조준선이 절점에서 이루는 각. 이론적 각

③ 알파각 : 광축과 시축이 절점에서 이루는 각

④ 감마각 : 광축과 주시축이 회전점에서 이루는 각

55

정식 모형안

• 6개의 굴절면(각막 전 · 후면, 수정체 피질 전 · 후면, 수정체 핵 전 · 후면)

• 수정체 굴절력 : 약 +19D(정적) ~ 약 +33D(최대동적)

• 수정체 조절력 : 약 14D

56

입사동, 홍채, 출사동의 비교

• 크기 : 입사동 > 출사동 > 홍채

• 위치 : 각막 – 입사동 – 홍채 – 출사동 – 수정체

57

② 안광학계의 굴절력(D')에 비례한다.

① 동공(p)의 직경에 반비례한다.

③ 물체버전스(S)의 크기에 반비례한다.

④ 물체거리(s)에 비례한다.

⑤ 허용최대착란원 직경(ρ_0)의 크기에 비례한다.

피사체심도

공식 : 피사체심도 $= \dfrac{\rho_0}{\kappa p}(\kappa D' + S)$

58

잠복원시량

- 잠복원시 = 전원시 − 현성원시
- 전원시 : 조절마비 굴절검사에 의한 원시교정 값 (+4.50D)
- 현성원시 : 운무법에 의한 굴절검사 값(+3.00D)
- 절대원시 : 교정시력 1.0을 유지하기 위한 최소 굴절검사 값(+1.75D)

59

① 야간 근시 : 밤이 되면 어두워져 동공 확대 → 구면수차의 영향 증가
② 공간 근시 : 구름 한 점 없는 하늘과 같은 특별히 주시할 것이 없는 경우 → 조절 개입
③ 암소시 초점 조절상태(조절안정위 상태) : 조절휴지상태
④ 조절안정위 상태 : 조절휴지상태

60

① 눈의 총 굴절력이 정시보다 높은 경우 → 굴절성 근시
③ 눈 매질의 굴절률이 커진 경우 → 굴절성 근시
④ 안축장의 길이가 정시보다 길어진 경우 → 축성 근시
⑤ 각막 전면의 곡률반경이 짧아진 경우 → 굴절성 근시

61

근시성 복성 도난시

- 강주경선 : 수평(180°), 약주경선 : 수직(90°)
- 전초선 : 수직(6−12시) 방향, 후초선 : 수평(3−9시) 방향
- 방사선 시표 : 후초선이 망막에 가까움 = 수평(3−9시) 방향선이 선명

62

① 안경으로 교정 시 정점간거리로 인해 조절효과의 영향을 받는다.
② · ⑤ 근시의 필요 조절력 비교 : 나안 < 안경교정 < 콘택트렌즈(=정시)
④ 원시의 필요 조절력 비교 : 나안 > 안경교정 > 콘택트렌즈(=정시)

63

정점간거리 보정값

- 근시안 : 교정안경 굴절력 > 교정콘택트렌즈 굴절력
- 원시안 : 교정안경 굴절력 < 교정콘택트렌즈 굴절력
- 공식 : $D' = \dfrac{D_0'}{1 - (\iota - \iota_0)D_0'}$ (ι : 변화 정점간거리, ι_0 : 처음 정점간거리, D_0' : 변화 전 굴절력)

64

유용 조절력

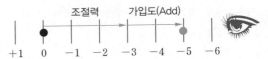

- 공식 : $D_N' = D_F' - (A_C + S)$
- 작업거리 눈앞 20cm = 5D 조절력 필요
- 유용 조절력 : 총 4.50D 중에서 2/3만 사용. 즉, 3.00D 조절력
- 근용 가입도 : +2.00D
- 근용안경 굴절력(+2.00D) = 원용교정 굴절력(OD) + 가입도(+2.00D)

65

① S+3.00D, Add 3.00D : 원용부와 근용부 광학중심점 사이에 존재
② S−3.00D, Add 2.00D : 원용부 광학중심점 위쪽에 존재
③ S−2.00D, Add 2.00D : 존재하지 않음(서로 상쇄)
④ S−2.00D, Add 3.00D : 근용부 광학중심점 아래쪽에 존재
⑤ S 0.00D, Add 2.00D : 근용부 광학중심점과 일치

66

편심량

- 수평 굴절력 : −2.00D, 수직 굴절력 : −3.00D
- 수평 프리즘 : 2.0△ B.O(−렌즈이므로, 광학중심점은 동공중심을 기준으로 코 방향 이동)
  20△ = |−2| × h(cm), h(cm) = 1cm 코 방향
- 수직 프리즘 : 1.5△ B.U(−렌즈이므로, 광학중심점은 동공중심을 기준으로 아래 방향 이동)
  1.5△ = |−3| × h(cm), h(cm) = 0.5cm 아래 방향

67

② 비정시안이 교정했을 때와 정시안의 망막상 크기의 비
   = 상대배율
③ 안경렌즈의 자기배율이 콘택트렌즈의 배율보다 작다
   (축소 배율).
④ 근시 교정용 렌즈의 자기배율 절댓값의 크기는 정점간
   거리(VD)가 길수록 작아진다.
⑤ 근시 교정용 렌즈의 자기배율 절댓값의 크기는 두께가
   얇을수록 작아진다.

68

저시력용 보조기구
• 시력을 교정하는 굴절력이 아닌 배율, 시야, 작업거리를
  우선 고려해야 한다.
• 용도에 따라 원용(망원경), 중간거리용(망원현미경), 근
  거리용(현미경)으로 구분한다.

69

빛의 굴절
• 공기에서 물로 이동 = 소한 매질에서 밀한 매질로 이동
• 입사각 > 굴절각이 된다.

70

① · ⑤ 버전스(D) = n(굴절률)/s(거리)
② 버전스는 광선의 집산도(D)를 표현하는 값으로 수렴하
   거나 발산하는 정도를 나타낸다.
③ 발산 버전스 (−)D, 수렴 버전스 (+)D이다.

71

평면거울의 이동
• 평면거울의 이동량 × 2 = 거울에 의한 반사상의 이동량
• 이동량 × 2 = 40cm
∴ 이동량은 20cm

72

① 입사각이 클수록 반사각도 비례하여 커진다.
② 매질의 굴절률이 클수록 매질 속에서의 빛의 속도는 느
   려진다.
④ 매질의 굴절률이 클수록 매질 속에서의 빛의 파장은 짧
   아진다.
⑤ 입사각 > 굴절각이 된다.

73

① 전반사는 자유단 반사 조건이며, 반사광선의 위상 변화
   가 없다.
② 전반사는 밀한 매질에서 소한 매질로 진행할 때 일어
   난다.
③ 반사광선과 굴절광선이 90°를 이룰 때의 입사각의 크기
   는 브루스터각이다.
④ 굴절각이 90°가 될 때의 입사각의 크기를 의미하는 것
   은 임계각이다.

74

아베수(v_d)
• 아베수 공식 : $v_d = \dfrac{n_d - 1}{n_f - n_c}$

• 색분산능 공식 : 색분산 = $\dfrac{n_f - n_c}{n_d - 1}$

(단, n_c, n_d, n_f는 각각 C선, d선, F선에 대한 굴절률이다)

75

프리즘 최소꺾임각
• 제1면에 입사하는 입사광선과 제2면에서 굴절되는 굴절
  광선이 이루는 각
• 공식 : $\delta m = (n - 1)\alpha$
∴ $(1.6 - 1) \times 6 = 3.6\triangle$

76

오목구면거울

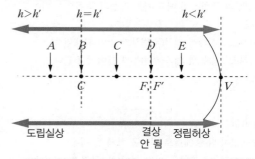

• 곡률중심(C), 물체거리(s), 물체크기(h), 상크기(h′)
• s > C : h > h′ (축소된 상)
• s = C : h = h′ (동일 크기)
• s < C : h < h′ (확대된 상)
• s > F : 도립실상
• s = F : 평행광선이 됨(결상 안 됨)
• s < F : 정립허상

77

합성렌즈 굴절력

- 얇은 두 매 렌즈를 일정거리로 두었을 경우 발생하는 합성렌즈 상측주점 굴절력 구하기
- $D' = D_1' + D_2' - (d \times DD_1' \times D_2')$
- $+10D = (+10) + (+30) - (d \times 10 \times 30)$

$\therefore d = 0.1\text{m}(10\text{cm})$

78

주점 위치

- 안경렌즈 : 메니스커스 렌즈 형상이다.
- 메니스커스 렌즈 : 양주점이 모두 렌즈 외부에 위치한다.
- 위치 순 : V(물측정점) – V'(상측정점) – H(물측주점) – H'(상측주점)

79

텔리센트릭(Telecentric) 광학계

- 입사동 또는 출사동이 무한원에 있는 광학계
- 물측이 텔리센트릭인 경우 : 구경조리개(입사동)가 상측초점(F')에 위치하는 광학계이다.
- 상측이 텔리센트릭인 경우 : 구경조리개(입사동)가 물측초점(F)에 위치하는 광학계이다.

80

왜곡수차

- 중심부와 주변부의 배율 차이로 상의 주변부가 휘어지는 현상
- (+)렌즈 : 실패형 왜곡(주변부가 많이 확대된다)
- (−)렌즈 : 술통형 왜곡(주변부가 많이 축소된다)

81

빛의 파장

빛이 매질이 다른 매질로 진행을 하게 될 경우

- 변하는 것 : 속도(V), 파장 길이(λ), 굴절각, 경로 등
- 변하지 않는 것 : 진동수(f), 주기(T)

82

파동방정식

$y = 10\sin(4x - 8t)$

$y = A_0\sin(kx - \omega t)$

$y = 진폭\ \sin(파수\,x - 각진동수\,t)$

83

고정단 반사

- 소한 매질에서 밀한 매질로 빛이 진행할 때 반사파의 위상은 180° 달라짐
- A : 공기(n 1.0) < n 1.56 → 고정단 반사
- B : n 1.56 > n 1.38 → 자유단 반사
- C : n 1.38 < n 1.74 → 고정단 반사
- D : n 1.74 > 공기 n 1.0 → 자유단 반사

84

회절

- 작은 틈새를 통과하면서 평면파가 구면파로의 변화하는 것을 회절 현상이라 부른다.
- 호이겐스의 법칙에서 회절 현상을 설명하고 있다.

85

빛의 산란

- 빛이 공기보다 작은 입자를 가진 장애물을 만날 경우 산란 현상이 발생하여 튕겨 나간다.
- 단파장일수록 산란효과가 크다.
- 산란된 빛은 편광된다.

01	02	03	04	05	06	07	08	09	10
③	⑤	①	④	③	⑤	②	②	④	②
11	12	13	14	15	16	17	18	19	20
⑤	③	①	⑤	①	②	③	⑤	④	②
21	22	23	24	25	26	27	28	29	30
①	④	③	⑤	②	④	⑤	⑤	⑤	①
31	32	33	34	35	36	37	38	39	40
③	④	⑤	④	④	③	⑤	①	②	③
41	42	43	44	45	46	47	48	49	50
④	②	④	③	⑤	④	①	①	②	②
51	52	53	54	55	56	57	58	59	60
③	②	⑤	①	④	①	①	③	①	④
61	62	63	64	65	66	67	68	69	70
③	⑤	③	④	④	⑤	④	④	②	③
71	72	73	74	75	76	77	78	79	80
⑤	⑤	④	②	①	⑤	②	③	④	④
81	82	83	84	85	86	87	88	89	90
④	⑤	①	③	②	①	④	③	⑤	②
91	92	93	94	95	96	97	98	99	100
①	④	⑤	③	②	③	①	①	④	④
101	102	103	104	105					
④	②	⑤	①	③					

01

목적(의료법 제1조)

이 법은 모든 국민이 수준 높은 의료 혜택을 받을 수 있도록 국민의료에 필요한 사항을 규정함으로써 국민의 건강을 보호하고 증진하는 데에 목적이 있다.

02

의료인(의료법 제2조 제1항)

이 법에서 "의료인"이란 보건복지부장관의 면허를 받은 의사 · 치과의사 · 한의사 · 조산사 및 간호사를 말한다.

03

의료인의 임무(의료법 제2조 제2항)

의료인은 종별에 따라 다음의 임무를 수행하여 국민보건 향상을 이루고 국민의 건강한 생활 확보에 이바지할 사명을 가진다.

- 의사는 의료와 보건지도를 임무로 한다.
- 치과의사는 치과 의료와 구강 보건지도를 임무로 한다. (③)
- 한의사는 한방 의료와 한방 보건지도를 임무로 한다. (②)
- 조산사는 조산(助産)과 임산부 및 신생아에 대한 보건과 양호지도를 임무로 한다. (④)
- 간호사는 다음의 업무를 임무로 한다.
  - 환자의 간호요구에 대한 관찰, 자료수집, 간호판단 및 요양을 위한 간호
  - 의사, 치과의사, 한의사에 지도하에 시행하는 진료의 보조 (⑤)
  - 간호 요구자에 대한 교육 · 상담 및 건강증진을 위한 활동의 기획과 수행, 그 밖의 대통령령으로 정하는 보건활동
  - 간호조무사가 수행하는 업무보조에 대한 지도

04

무면허 의료행위 등 금지(의료법 제27조 제1항)

의료인이 아니면 누구든지 의료행위를 할 수 없으며 의료인도 면허된 것 이외의 의료행위를 할 수 없다. 다만, 다음의 어느 하나에 해당하는 자는 보건복지부령으로 정하는 범위에서 의료행위를 할 수 있다.

- 외국의 의료인 면허를 가진 자로서 일정 기간 국내에 체류하는 자
- 의과대학, 치과대학, 한의과대학, 의학전문대학원, 치의학전문대학원, 한의학전문대학원, 종합병원 또는 외국 의료원조기관의 의료봉사 또는 연구 및 시범사업을 위하여 의료행위를 하는 자 (④)
- 의학 · 치과의학 · 한방의학 또는 간호학을 전공하는 학교의 학생

05

의료인과 의료기관의 장의 의무(의료법 제4조 제6항)

의료인은 일회용 의료기기(한 번 사용할 목적으로 제작되거나 한 번의 의료행위에서 한 환자에게 사용하여야 하는 의료기기로서 보건복지부령으로 정하는 의료기기를 말한다)를 한 번 사용한 후 다시 사용하여서는 아니된다.

면허 취소와 재교부(동법 제65조 제2항)

제4조 제6항을 위반하여 사람의 생명 또는 신체에 중대한 위해를 발생하게 한 경우로 면허가 취소된 경우에는 취소된 날부터 3년 이내 재교부를 금지한다.

06

세탁물 처리(의료법 제16조 제1항)

의료기관에서 나오는 세탁물은 의료인 · 의료기관 또는 특별자치시장 · 특별자치도지사 · 시장 · 군수 · 구청장에게 신고한 자가 아니면 처리할 수 없다.

07

지도와 명령 및 벌칙(의료법 제59조 제2항, 제3항 및 제88조)

보건복지부장관, 시 · 도지사 또는 시장 · 군수 · 구청장은 의료인이 정당한 사유 없이 진료를 중단하거나 의료기관 개설자가 집단으로 휴업하거나 폐업하여 환자 진료에 막대한 지장을 초래하거나 초래할 우려가 있다고 인정할 만한 상당한 이유가 있으면 그 의료인이나 의료기관 개설자에게 업무개시 명령을 할 수 있으며, 의료인과 의료기관 개설자는 정당한 사유 없이 거부할 수 없다. 만약 어길 시 3년 이하의 징역이나 3천만 원 이하의 벌금에 처한다.

08

태아 성 감별 행위 등 금지(의료법 제20조 제1항, 제88조의2)

의료인은 태아 성 감별을 목적으로 임부를 진찰하거나 검사하여서는 아니 되며, 같은 목적을 위한 다른 사람의 행위를 도와서도 아니 된다. 이를 위반한 자는 2년 이하의 징역이나 2천만 원 이하의 벌금에 처한다.

09

목적(의료기사 등에 관한 법률 제1조)

- 주 목적 : 국민의 보건 및 의료향상에 이바지함을 목적으로 한다.
- 보조 목적 : 의료기사, 의료기사 등의 자격 · 면허 등에 관하여 필요한 사항을 정한다.

10

의료기사의 종류(의료기사 등에 관한 법률 제1조의2 및 제2조)

- 의료기사(6종) : 치과기공사, 치과위생사, 물리치료사, 작업치료사, 방사선사, 임상병리사
- 의료기사 등(2종) : 안경사, 보건의료정보관리사

11

업무 범위와 한계(의료기사 등에 관한 법률 제2조 및 제3조)

- 임상병리사 : 각종 화학적 또는 생리학적 검사 (⑤)
- 방사선사 : 방사선 등의 취급 또는 검사 및 방사선 등 관련 기기의 취급 또는 관리
- 물리치료사 : 신체의 교정 및 재활을 위한 물리요법적 치료
- 작업치료사 : 신체적 · 정신적 기능장애를 회복시키기 위한 작업요법적 치료
- 치과기공사 : 보철물의 제작, 수리 또는 가공
- 치과위생사 : 치아 및 구강질환의 예방과 위생 관리 등

12

실태 등의 신고(의료기사 등에 관한 법률 제11조 제1항)

의료기사 등은 최초로 면허를 받은 후부터 3년마다 그 실태와 취업상황을 보건복지부장관에게 신고하여야 한다.

13

결격사유(의료기사 등에 관한 법률 제5조)

다음의 어느 하나에 해당하는 사람에 대하여는 의료기사 등의 면허를 하지 아니한다.

- 정신질환자(전문의가 적합으로 인정한 경우는 제외)
- 마약류 중독자
- 피성년후견인, 피한정후견인 (①)
- 의료법 등을 위반으로 금고 이상의 실형을 선고받고 그 집행이 끝나지 아니하거나 면제되지 아니한 사람

14

① 마약류 중독자는 결격사유에 해당하여 국가시험에 응시할 수 없다.
② 정신질환자는 결격사유에 해당하여 국가시험에 응시할 수 없다.
③ 국민건강보험법을 위반하여 금고 이상의 실형을 선고받고 면제된 자는 국가시험에 응시할 수 있다.
④ 대리시험을 치르거나 치르게 하는 행위가 발각되면 이후 3회에 한해 응시자격을 제한한다.

15

안경업소의 개설등록 등(의료기사 등에 관한 법률 제12조 제3항)
안경업소를 개설하려는 사람은 보건복지부령으로 정하는 바에 따라 특별자치시장·특별자치도지사·시장·군수·구청장에게 개설등록을 하여야 한다.

16

품위손상 행위(의료기사 등에 관한 법률 시행령 별표 1)
안경사는 6세 이하의 아동을 위한 안경은 의사의 처방에 따라 조제·판매하여야 한다.

17

청문(의료기사 등에 관한 법률 제26조)
보건복지부장관 또는 특별자치시장·특별자치도지사·시장·군수·구청장은 다음의 어느 하나에 해당하는 처분을 하려면 청문을 하여야 한다.
• 면허의 취소
• 등록의 취소

18

권한의 위임 또는 위탁(의료기사 등에 관한 법률 제28조 제1항)
이 법에 따른 보건복지부장관의 권한은 그 일부를 대통령령으로 정하는 바에 따라 소속 기관의 장, 특별시장·광역시장·특별자치시장·도지사·특별자치도지사, 시장·군수·구청장 또는 보건소장에게 위임할 수 있다.

19

안경업소의 개설등록 등 벌칙(의료기사 등에 관한 법률 제31조 제2호)
안경사는 1개의 안경업소만을 개설할 수 있으며, 만약 2개소 이상의 안경업소를 개설한 자는 500만 원 이하의 벌금에 처한다.

20

과장광고 등의 금지 및 벌칙(의료기사 등에 관한 법률 제14조 제2항 및 제31조 제4호)
누구든지 영리를 목적으로 특정 치과기공소·안경업소 또는 치과기공사·안경사에게 고객을 알선·소개 또는 유인하여서는 아니 된다. 해당하는 자는 500만 원 이하의 벌금에 처한다.

21

② 안경사는 안경광학에 관한 새로운 지식습득과 연구 개발하는 창조적 자세를 추구하여야 한다.
③ 안경사는 우수 안경제품을 제공하여 국민에게 신뢰감을 주며 안경사 상호간의 유대강화에 힘쓰고 건전한 유통질서 확립에 서로 협력한다.
④ 안경사는 국제교류 증진과 산학협동을 통한 안경산업의 세계화 진전에 적극 참여하여야 한다.
⑤ 안경사는 항상 품위를 유지하여 타의 모범이 되고, 봉사와 희생정신을 발휘하여 지역사회 발전에 역할을 다하여야 한다.

22

① 정적굴절 상태에서 원점의 위치는 눈앞 유한거리이다.
② 정적굴절 상태에서 상측초점의 위치는 망막(중심와) 앞이다.
③ 가성근시는 과도한 근업으로 조절경련 증상이 나타나 수정체의 조절력이 풀리지 않은 상태이다.
⑤ 근시안은 과교정으로 인한 조절유도를 막기 위해 일반적으로 저교정 처방을 한다.

23

초선 위치
• S-1.00D ⊂ C-1.00D, Ax 180°(동일한 렌즈)
• 근시성 복성 직난시 처방(후초선이 망막에 가깝게 위치)
 - 강주경선 : 수직경선

- 약주경선 : 수평경선
- 전초선 : 가로선(180°)
- 후초선 : 세로선(90°)

24

굴절부등시
- 양안의 굴절력 차이값이 2.00D 이상인 경우에 해당한다.
- 안경으로 교정 시 부등상시를 주의해야 한다.

25

나안시력검사
- 원거리 나안시력 1.0 미만 : 근시와 절대성 원시 구분
  → (−)구면렌즈를 추가하여 구분해야 함(시력 향상 = 근시, 시력 저하 = 절대성 원시)
- 원거리 나안시력 1.0 이상 : 정시와 수의성 원시 구분
  → (+)구면렌즈 추가하여 구분해야 함(시력 향상 또는 유지 = 원시, 시력 저하 = 정시)

26

핀홀 검사
- 나안시력이 0.5 이상 나오지 않을 때 시력저하의 원인을 대략적으로 알기 위한 검사법이다.
- 핀홀 검사로 시력이 향상되면 광학적 교정이 가능하며 시력 저하 또는 유지인 경우 안과질환을 의심해야 한다.

27

색각 검사
- 가장 흔하게 실시하는 색각이상 검사법
- 가성동색시표
- 검사 시기 : 학령기 아동, 신체검사, 운전면허시험 신체검사 등

28

폭주근점검사(NPC)
- 최대폭주력 검사법
- 정상기댓값 : 5~8cm(주시 시표 기준)
- 타각적 판정 : 검사 진행과정에서 한쪽 눈이 안구운동을 멈추거나 외전하는 경우
- 자각적 판정 : 검사 진행과정에서 시표가 2개로 보이는 복시 증상이 나타나는 경우

29

검영법 검사거리 보정렌즈
- 40cm=2.50D이다.
- 검영법 검사거리는 눈앞이므로 (−)D를 가진다. 따라서, 보정(=상쇄)하기 위해서는 (+)D가 사용된다.

30

검영법
- 수렴광선 사용, 반사광 움직임 '동행' = 발산광선 사용, 반사광 움직임 '역행'
- 40cm 검사거리 = −2.50D 중화
- (수렴)동행 또는 (발산)역행 : −2.50D 초과 근시

31

① 양주경선 균형상태의 혼합난시 : 최소착란원이 망막 중심오목에 위치
② 근시성 단성난시 : 후초선이 망막 중심오목에 위치
④ 원시성 복성난시 : 전초선보다 앞에 망막 중심오목이 위치
⑤ 근시성 복성난시 : 후초선보다 뒤에 망막 중심오목이 위치

32

① 수평(180°)경선의 각막 굴절력은 43.50D이다.
② 수직(90°)경선의 각막 굴절력은 44.25D이다.
③ 각막난시는 C−0.75D, Ax 180°이다.
⑤ 각막 약주경선은 수평 방향이다.

33

시력(Visual Acuity)
- 물체의 존재 및 형태를 인식하는 눈의 능력
- 분리력, 가시력, 가독력, 판별력 등으로 분류

34

최초장입굴절력
- 최초장입굴절력(D) = 타각적굴절검사(D) + 운무렌즈(D)
- S+1.00D = (−2.00D) + (+3.00D)

35

① 집중력 향상을 위해 시표 주변은 어둡게, 시표는 밝게 유지한다.
② 주시하는 시간이 길어지게 되면 조절개입이 된다.
③ 정확한 검사를 위해 고개는 기울어지지 않게 주의한다.
④ 전체적인 선명도가 비슷하면 검사를 종료한다.

36

근시성 단성 도난시

• 강주경선 – 수평경선, 약주경선 – 수직경선
• 전초선 – 수직선, 후초선 – 수평선
• 후초선이 망막에 가깝게 위치 = 수평선(3-9시 방향)이 선명하게 보인다.

37

적록이색검사

• 구면굴절력의 과교정과 저교정을 판단하기 위한 검사
• 적색바탕이 선명
  – 초점이 전반적으로 망막 앞(근시 상태)
  – (−)구면굴절력 증가
  – 근시안은 저교정, 원시안은 과교정 상태
• 녹색바탕이 선명
  – 초점이 전반적으로 망막 뒤(원시 상태)
  – (−)구면굴절력 감소
  – 근시안은 과교정, 원시안은 저교정 상태

38

① 점군 시표 : 난시정밀검사
② 편광적록 시표 : 양안조절균형검사
③ 편광십자 시표 : 사위검사
④ 워쓰 4점 검사 시표 : 억제 유무 검사
⑤ 격자 시표 : 조절래그, 노안 가입도, 구면 굴절력 정밀 검사

40

최대조절력 검사 Push-up 법

• 지속 흐림이 나타날 때 주시시표로부터 눈(안경)까지의 거리 cm → D로 환산
• 8cm → 12.50D

41

조절래그 Nott법

• 시표와의 거리 33cm = 3.00D
• 중화될 때 검영기까지 거리 40cm = 2.50D
→ 조절래그량 = 조절자극량(시표 거리) − 조절반응량(검영기 거리)
∴ +0.50D = (+3.00D) − (+2.50D)

43

안경처방전 명기 사항

• 구면렌즈 상측정점 굴절력
• 원주렌즈 상측정점 굴절력 · 축 방향
• 동공간거리
• 프리즘 굴절력 · 기저방향
• 용도(원/중/근)
• 노안 가입도

44

O.U 처방전 해석

• O.U 처방은 OD와 OS 처방이 같을 때 한 번만 기록하기 위한 것이다.
• OD. B.I을 T.A.B.O. 각으로 표현하면 0°이고, OS. B.I을 T.A.B.O. 각으로 표현하면 180°이다.
• 프리즘 굴절력은 O.U값 그대로 OD와 OS에 기록한다.

45

① S 또는 Sph : 구면렌즈 굴절력
② C 또는 Cyl : 원주렌즈 굴절력
③ Oh : 광학중심점 높이
④ Base : 프리즘렌즈 기저방향

46

원시 교정용 렌즈에서는 중심부 두께가 두꺼워 렌즈직경을 작게 하는 것이 유리하다.

• 최소렌즈직경$(\varnothing)=FPD-PD+E.S+$여유분
• $50(\text{mm})=54-48+42+2$

48

② 기본 피팅 : 고객이 안경테를 선택한 다음 설계점 설정을 위한 피팅 과정
③ 미세부분 피팅 : 조제 가공 후 안경을 고객 얼굴에 맞추어 주는 피팅(응용 피팅 포함)
④ 응용 피팅 : 고객의 얼굴에 맞추어 주는 피팅
⑤ 사용 중 피팅 : 고객이 안경 착용을 하고 일상생활을 하면서 틀어진 것을 맞추는 피팅

49

① 오른쪽 렌즈용 형판이다.
③ 이 테의 FPD는 74(56+18)mm이다.
④ 1-203은 테와 색상 번호이다.
⑤ 디올은 메이커명이다.

50

설계점
- 기준점(FPD) : E.S(52) + B.S(16) = 68(단안 34)
- 설계점
  - R.PD 35 > 기준점 34 : 기준점 기준 설계점은 귀 방향 1mm
  - L.PD 33 < 기준점 34 : 기준점 기준 설계점은 코 방향 1mm

52

다리벌림각 피팅
- 다리벌림각의 표준상태는 90~95°이다.
- 다리벌림각이 작은 쪽 : 정점간거리가 길어지고, 귀를 당기며 코받침이 뜨게 된다.
- 다리벌림각이 큰 쪽 : 정점간거리가 짧아지고, 코 부위가 눌린다.

53

굴절력 표기전환
- S+C 표기 : S-2.00D ⊂ C+1.00D, Ax 105°
- S-C 표기 : S-1.00D ⊂ C-1.00D, Ax 15°
- C C 표기 : C-1.00D, Ax 105° ⊂ C-2.00D, Ax 15°

54

산각줄기
- 근용안경. B.I(기저내방)인 경우 : (−), (+) 모두 (+)면에 평행하게 산각줄기를 세운다.
- 근용안경. B.O(기저외방)인 경우 : (−), (+) 모두 (−)면에 평행하게 산각줄기를 세운다.
- (+)렌즈, 외면 토릭렌즈 : (−)면에 평행하게 산각줄기를 세운다.
- 강도 (−)굴절력 렌즈 : 외관상을 중시하여 (+)면에 산각줄기를 세운다.

55

① 취형기 : 안경테 형상을 스캔하기 위한 기기
② 옥습기 : 안경렌즈를 가공하기 위한 기기
③ 렌즈미터 : 안경렌즈 굴절력과 축 방향, 프리즘 굴절력을 측정하기 위한 기기
⑤ 왜곡검사기 : 안경테에 끼워진 안경렌즈의 왜곡을 측정하기 위한 기기

56

프리즘 효과
- PD 오차로 인한 프리즘 영향이 발생한다.
- 수평방향의 굴절력(D)이 0.00D이면 프리즘 효과가 발생하지 않는다.

57

프렌티스 공식
$$\triangle = |D| \times h(cm)$$

58

허용오차
- 원용
  - 큰 방향 : 폭주 방향, B.O(5.00D 렌즈, 1△이므로 기준 PD 64mm > 조가 PD 60mm)
  - 작은 방향 : 개산 방향, B.I(5.00D 렌즈, 0.5△이므로 기준 PD 64mm < 조가 PD 63mm)
- 조제 가공 PD 허용 범위 : 62~65mm

59

- 강주경선 : +1.00D(눈의 굴절력 +59D), 90°
- 약주경선 : +2.00D(눈의 굴절력 +58D), 180°

60

렌즈미터 종류별 비교

구분	망원경식(수동)	투영식(자동)
시도 조절	필요	불필요
관찰자	단일 관찰자	복수의 관찰자
안경 착용자	관찰이 불편함	편하게 관찰 가능
구조	간편함, 소형, 조절력 개입 주의	크고 기동성 없음 (코드 필요)
숙련도	숙련도 필요	초보자 가능

61

렌즈미터 굴절력 읽기

- **방법 1** : C-C로 표기 후 S-C 또는 S+C식으로 표기 전환하기

  C-2.50D, Ax 180° ⊃ C-0.50D, Ax 90° → S-0.50D ⊃ C-2.00D, Ax 180° → S-2.50D ⊃ C+2.00D, Ax 90°

- **방법 2** : 먼저 읽은 D'를 S 값으로 쓰고, C 값은 굴절력 차이, Ax는 두 번째 선명초선 방향 → S-2.50D ⊃ C+2.00D, Ax 90°

63

광학중심점 높이(Oh)

턱을 살짝 들어올려 = 상방시 = 경사각 0° 자세 → 보정하지 않음 = 측정 Oh 그대로 적용(20mm)

64

슬래브업(Slab Off) 가공

- 좌우안 중에서 (-)방향으로 굴절력이 큰 쪽을 가공 : OD
- 좌우안 굴절력 차이값으로 프리즘 양을 계산
- 3△ = |-3|×1(cm)
- 가공 프리즘 방향 : B.U 가공

65

복식알바이트안경

- 원용 OU : S-3.00D, 64mm
- 근용 OU : S-1.00D, 60mm
- → 가입도(Add) = 근용(S 값) - 원용(S 값) = +2.00D
- ∴ 앞렌즈 굴절력 = - Add = -2.00D

66

② 굴절부등시가 이중초점렌즈를 착용할 때 발생하는 근용부에서의 수직편위를 보정해주기 위한 가공

③ 큰 굴절력을 가진 렌즈의 가장자리 두께와 무게를 줄이기 위해 시선이 거의 닿지 않는 가장자리 부분을 평평하게 하여 얇게 한 렌즈

④ (+)렌즈에서 렌즈 두께를 줄이기 위해 주변부를 얇게 가공한 렌즈

⑤ 부등상시 교정용 렌즈

67

누진굴절력렌즈 설계점

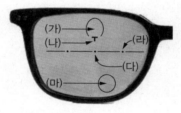

(가) 원용굴절력 측정부

(나) 아이포인트(설계점)

(다) 기하중심점

(라) 수평유지마크

(마) 근용굴절력 측정부

68

양안시의 최고 단계

- 동시시 → 융합(단일시) → 입체시
- 입체시력 : 부피감, 입체감, 속도감, 깊이감 등을 인식하는 능력

69

양안시 단계 융합

- 동시시 → 융합(단일시) → 입체시
- 융합(단일시)이 되지 않으면 '복시'가 나타남(동시시 단계 유지)
- 복시가 지속될 경우 → 억제 발현됨

70

① 단안 및 양안 최대조절력 검사로 주시 시표를 눈앞으로 이동시키면서 지속 흐림이 나타날 때 시표와 눈까지 거리를 측정하는 방법이며, 근접성 폭주량이 개입된다.

② 눈앞에 흐린 상태의 시표를 둔 다음 점점 멀리하여 시표가 선명해질 때 시표와 눈까지 거리를 측정한다.

④ 눈모음 개입을 최소화한 다음, 조절 자극 및 이완 자극에 반응하는 조절력이다.

⑤ 폭주근점, 최대폭주력 검사

71

상대조절력

- 양성상대조절력(PRA) : 정상 기댓값 만족(S-2.00D)
- 음성상대조절력(NRA) : 정상 기댓값보다 낮음(S+2.00D)
- (+)렌즈 반응값 낮음 → 조절과다 또는 양성융합성폭주 부족

72

폭주근점(NPC) 검사

- 최대폭주력 검사법(양안 검사법)
- 정상기댓값 : 5~8cm(주시 시표 기준)
- 타각적 판정 : 검사 진행과정에서 한쪽 눈이 안구운동을 멈추거나 외전하는 경우
- 자각적 판정 : 검사 진행과정에서 시표가 2개로 보이는 복시 증상이 나타나는 경우

73

융합력 검사

- 양안 각각 9△ B.I씩 장입
- B.I 장입 : 음성융합력 검사
- 음성상대폭주 = 개산여력 : 18△ B.I

74

사위검사 : 마독스렌즈(Maddox lens)

- 수평사위검사 = 마독스렌즈 방향 '수평'으로 세팅
- R _ RMH(적색수평마독스), L _ O(개방)

75

사위검사 : 편광십자시표

정상	편위안

- OS가 보는 세로선이 왼쪽으로, 위로 올라감
- OS : 동측성 복시 → 내사위, 위로 올라감 → 좌안하사위
- OD가 보는 가로선이 오른쪽으로, 아래로 내려감
- OS : 동측성 복시 → 내사위, 아래로 내려감 → 우안상사위

77

양안시 이상

- 근거리 8△ 내사위 : 폭주과다
- 음성융합력(B.I) : 수치 저하 = 폭주과다
- NPC : 정상 수치 또는 눈에 가까움

78

프리즘 처방

- 공식 : 퍼시발 기준

$$\triangle = \frac{\text{큰 융합여력} - (\text{작은 융합여력} \times 2)}{3}$$

- $2\triangle\text{B.O} = \frac{18 - (6 \times 2)}{3}$

79

폭주각

- 폭주각(△) = PD(cm) × 주시거리(MA)
- 14(△) = 7(cm) × 2(MA)

80

폭주과다 처방

- 폭주과다 : 눈의 융합력 중에서 가장 큰 힘을 가지는 부분
- High AC/A : 조절 자극에 의한 폭주 반응량이 큼
  → 조절 자극을 줄여주는 구면 가입도 처방 실시

81

눈물층

지방층	• 눈물(수성층) 증발 방지 • 마이봄샘 · 자이스샘
수성층	• 눈물층 대부분을 차지 • 주누선 · 부누선
점액층	• 각막상피를 친수성화 • 구석결막의 술잔세포

83

- ② · ④ 소프트 콘택트렌즈 : 연속착용렌즈, 하이드로겔렌즈, 실리콘 하이드로겔렌즈
- ③ RGP 콘택트렌즈 : CAB, FSA
- ⑤ 역기하 콘택트렌즈 : Orthokeratology Lens

85

FDA 분류

	← Hydrogel →				SiHy →
FDA 분류	Group I	Group II	Group III	Group IV	Group V
함수율	저함수	고함수	저함수	고함수	Silicone Hydrogel groups
이온성	비이온성	비이온성	이온성	이온성	

저함수 ⟨ 50% Water; **고함수** ⟩ 50% Water

86

전체 직경(TD) 피팅

곡률반경을 고정시킨 상태에서 전체 직경(TD)을 작게 하면 플랫(Flat)한 피팅 상태가 된다.

87

습윤성(Wettability)

- 액체 표면과 고체 표면이 이루는 각을 접촉각이라 하고 습윤성을 나타내는 값이다.
- 접촉각이 0°에 가까울수록 친수성이 좋다.

88

안경과 콘택트렌즈 차이

	안경 → 콘택트렌즈	콘택트렌즈 → 안경
근시 (−렌즈)	조절 증가 폭주 증가	조절 감소 폭주 감소
원시 (+렌즈)	조절 감소 폭주 감소	조절 증가 폭주 증가

89

CAB(Cellulose Acetate Butyrate)

- 최초 RGP이지만, 실리콘이 포함되지 않아 DK값이 낮다.
- 극 소수성 재질이다.

90

RGP 콘택트렌즈의 굴곡이 나타나는 원인

- 콘택트렌즈를 착용하고 있는 동안에 발생할 수 있는 일시적인 현상
- RGP 렌즈의 기본 만곡이 가파른 경우
- 렌즈의 중심두께가 얇은 경우
- 광학부 직경이 큰 경우
- 렌즈 재질이 약한 경우
- 각막난시가 심한 경우

91

덧댐굴절검사

- 시험렌즈 착용 후 굴절검사값 = 덧댐굴절검사
- 눈물렌즈 +0.25D 발생되어 있으므로, 중화시켜 줄 굴절력(−0.25D)이 추가로 필요함
- 원용교정값 S−2.50D + 시험렌즈 S−3.00D + 눈물렌즈 중화값 −0.25D → 덧댐굴절검사 : S+0.25D
- 원용교정값 S−3.00D + 덧댐굴절검사 S+0.25D → 최종처방 굴절력 : S−2.75D

92

각막곡률계(Keratometer)

수평(180°) 경선 : 42.50D, 수직(90°) 경선 : 43.25D[C 값은 (−) 부호 표기만 가능]

→ 큰 굴절력을 가진 경선에만 (−)Cyl 값을 교정한다.

→ C−0.75D, Ax 180°

93

시험렌즈 베이스커브(BCR)

- 눈물렌즈 $-0.75D$: 시험렌즈 BCR > 각막 Flat K, $0.75D = 0.15mm$ 차이값 존재
- 움직임 많음 : Flat한 피팅 상태

95

권장 콘택트렌즈 재질

- 장시간 착용 + 건조안 증상 호소 → DK 높은 렌즈
- 착용주기가 불규칙 → 소프트 콘택트렌즈
- 실리콘 하이드로겔렌즈

96

① 지속적인 달무리 → 이상 증상(착용 직후 달무리 증상은 적응 증상)
② 교정시력 변화 → 이상 증상
④ 렌즈 제거 후 지속적인 안경흐림(Spectacle Blur) 발생 → 이상 증상
⑤ 심한 충혈 및 착용감 저하 → 이상 증상

97

콘택트렌즈 재질

- 함수율이 높을수록 산소침투성(DK)이 높아진다.
- 단백질 침전물 많은 경우 이온성 재질(표면에 부착 방지)을 권장한다.
- 함수율이 높을수록 착용감이 좋다.

99

방부제

- 종류 : 다이메드, 폴리쿼드, 솔베이트, 치메로살
- 기능 : 미생물 성장 억제

100

① 킬레이팅제 : 칼슘 침전물 제거
② 효소분해제 : 단백질 침전물 제거
③ 염화나트륨 : 삼투압 조절제
⑤ 교차결합제 : 단량체(monomer)들의 결합을 도와주는 물질

101

열공판(Stenopaeic Slit)

- 난시 유무 및 난시 축 방향 검사
- 가장 선명할 때 열공판 선 방향 = $(-)$원주렌즈의 축 방향

102

각막곡률계(Keratometer)

- 타각적 검사기기
- 각막의 전면 곡률반경과 굴절력 측정
- 마이어상을 통해 눈물막 파괴시간 측정

103

⑤ R : 검영법 검사거리보정 렌즈
① PH : 핀홀렌즈
② P : 편광렌즈
③ RL : 적색 필터렌즈
④ RMH : 적색수평마독스렌즈

104

망원경식 렌즈미터

- 수치를 확인할 수 있는 접안렌즈가 필요하다.
- 시도조절을 할 수 있는 시도조절환이 필요하다.
- 타깃 회전을 위한 타깃회전다이얼이 필요하다.

01	02	03	04	05	06	07	08	09	10
④	③	①	②	④	②	①	④	①	④
11	12	13	14	15	16	17	18	19	20
③	③	④	⑤	①	③	②	①	④	③
21	22	23	24	25	26	27	28	29	30
⑤	①	③	④	④	⑤	②	②	①	②
31	32	33	34	35	36	37	38	39	40
④	①	②	⑤	③	①	④	⑤	②	②
41	42	43	44	45	46	47	48	49	50
①	③	①	②	②	⑤	④	②	①	③
51	52	53	54	55	56	57	58	59	60
③	④	④	②	③	⑤	①	④	①	③

01

나안시력검사

- 원거리 나안시력 1.0 미만 : 근시와 절대성 원시를 구분
  → (−)구면렌즈를 추가하여 구분해야 함(시력 향상 = 근시, 시력 저하 = 절대성 원시)
- 원거리 나안시력 1.0 이상 : 정시와 수의성 원시 구분
  → (+)구면렌즈를 추가하여 구분해야 함(시력 향상 또는 유지 = 원시, 시력 저하 = 정시)

02

가림검사

- 좌안을 가렸을 때 우안이 귀 방향으로 움직임 → 우안 내사시(정면을 보기 위해 움직임)
- 우안을 가렸을 때 좌안이 귀 방향으로 움직임 → 좌안 내사시(정면을 보기 위해 움직임)
- 양안이 모두 내사시 움직임을 보임 = 교대성 내사시

03

난시 검영법

선조광과 반사광의 방향이 일치되지 않음 → 난시 축이 맞지 않음 → 슬리브를 돌려 선조광을 회전시켜 반사광 방향과 일치시킴

04

검영법

- 검사거리 보정렌즈 장입 : 검사거리를 무시할 수 있음
  → 총 검영값 = 순 검영값
- 선조광 수직 : 수평경선을 검사, −1.00D로 중화
- 선조광 수평 : 수직경선을 검사, +0.50D로 중화
- S+0.50D ◯ C−1.50D, Ax 90°

05

① 현성 원시 : 운무 후 검사에 의한 원시량이다.
② 수의 원시 : 조절력이 충분한 원시로 원/근거리 모두 선명하게 본다.
③ 상대 원시 : 조절력이 원용굴절력만 보정된다. 근거리는 흐리게 보이며 근거리용 안경이 필요하다.
⑤ 잠복 원시 : 생리적 또는 긴장성 조절력에 의해 보상되는 원시이다.

06

D−15 Test

- 색 배열 검사
- 가성동색시표와 함께 기본 색각 검사로 활용

07

방사선 시표

- 나안으로 볼 때 6시 방향이 선명 : 근시안일 경우, 후초선 방향 '수직' = 직난시
- 나안으로 볼 때 6시 방향이 선명 : 원시안일 경우, 전초선 방향 '수직' = 도난시

08

적록이색검사

- 적색바탕 시표가 더 선명
  - 최소착란원이 망막 앞에 위치
  - 근시는 저교정, 원시는 과교정 상태
  - (−)구면굴절력을 추가 또는 (+)구면굴절력을 감소
- 녹색바탕 시표가 더 선명
  - 최소착란원이 망막 뒤에 위치
  - 근시는 과교정, 원시는 저교정 상태
  - (−)구면굴절력을 감소 또는 (+)구면굴절력을 추가

09

난시정밀검사

- 예상 난시 축 방향 = 'A'를 위치
- 그림 (나)가 더 선명하다고 응답할 경우 → 붉은 점의 위치로 난시 축을 10° 회전시킴

10

양안조절균형검사

- 잘 보인다고 응답한 시표를 보는 눈에 S+0.25D를 추가한다.
- 양안에 교대로 굴절력이 추가되어도 균형이 맞지 않으면 '우세안' 방향이 선명하도록 유지한다.

11

① 적녹 필터렌즈 – 워쓰 4점 시표, 크로스링 검사
② 편광렌즈 – 십자시표, 입체시 시표
④ 핀홀렌즈 – 일반적인 시력표
⑤ 6ᐃU – 세로 줄 시표, 사위검사

12

이론적 가입도

- 상대조절력 평균값에 의한 가입도 처방
- 공식 : 가입도(Add) $= \dfrac{PRA + NRA}{2}$

13

광학중심점 높이(Oh)

- 안경테 하부림에서 동공중심까지의 높이이다.
- 표준상태피팅, 기본피팅이 되어 있어야 한다.

14

① 정점굴절력계 : 안경렌즈 상측정점 굴절력 측정
② 각막곡률계 : 각막전면 곡률반경 측정
③ 안굴절력계 : 눈 전체 굴절력 측정
④ 옥습기 : 안경렌즈 가공

15

기본 피팅 실시 이유

- 설계점을 정확하게 설정하기 위해 실시한다.
- 정확한 광학중심점 높이를 측정하기 위해 실시한다.
- 표준상태 피팅 이후 고객이 선택한 테로 기본 피팅을 실시한다.

16

설계점

- 기준점(FPD) : E.S(50) + B.S(14) = 64(단안 32)
- 설계점
  - R.PD 33 > 기준점 32 : 기준점 기준 설계점은 귀 방향 1mm
  - L.PD 31 < 기준점 32 : 기준점 기준 설계점은 코 방향 1mm

17

정식계측방법

- 상하 최고돌출부, 높이의 2등분선 : 데이텀라인시스템
- 좌우 교점간 거리 = 렌즈삽입부 크기(E.S)
- 코 방향 교점간 거리 = 연결부 크기(B.S)

18

광학중심점 높이(Oh)

- 공식 : $d = 25 \times \mathrm{Sin}\,\theta$($d$: 보정할 길이, θ : 경사각)
- 경사각 1°당 = 0.43mm만큼 내림으로 보정
- 상방시 = 턱을 든 상태 = 경사각 0° 상태는 보정하지 않음
- 일상시 = 자연스러운 자세로 측정한 Oh는 경사각만큼 보정

19

굴절력 표기

- 강주경선 : −4.00D, T.A.B.O. 각 120°
- 약주경선 : −2.50D, T.A.B.O. 각 30°
- S−2.50D ⊂ C−1.50D, Ax 30°, S−4.00D ⊂ C+1.50D, Ax 120°
  → C−2.50D, Ax 120° ⊂ C−4.00D, Ax 30°

20

최소렌즈직경

- 공식 : 최소렌즈직경$(\varnothing) = FPD - PD + E.D +$ 여유분 $+$ 홈 깊이
- $65(\varnothing) = (54 + 18) - 66 + 56 + 2 + 1$

21

① 타깃의 방향성이 있다.
② 축 맞춤의 정확도가 높다.
③ 타깃의 회전조작이 번거롭다.
④ 타깃의 형태는 주경선이 직교하는 십자선 모양이다.

22

처방전 해석

- O.U 처방은 OD와 OS 처방이 같을 때, 한 번만 기록하기 위함이다.
- OD. B.O을 T.A.B.O. 각으로 표현하면 $180°$이고, OS. B.O을 T.A.B.O. 각으로 표현하면 $0°$이다.
- 프리즘 굴절력은 O.U값 그대로 OD와 OS에 기록한다.

23

① 마비사시인 경우 안구가 고정되어 있으므로 정상안을 가리지 않는다.
③ P.D.미터를 이용할 경우 가리개를 이용하여 좌안이나 우안을 가리고 측정한다.
④ · ⑤ 사시안의 P.D를 측정할 때는 단안 PD를 기준으로 한다.

24

이중초점렌즈

- 상부 경계선이 커브 형태 : Curved Top
- 중심선에서 왼쪽에 위치 : 왼쪽 렌즈

25

프리즘 효과

- 근시 교정용 렌즈 : 프리즘렌즈 2매가 정점방향이 서로 붙은 형상(발산 렌즈)
  - 기준 PD > 조가 PD : B.O 효과
  - 기준 PD < 조가 PD : B.I 효과
- 원시 교정용 렌즈 : 프리즘렌즈 2매가 기저방향이 서로 붙은 형상(수렴 렌즈)
  - 기준 PD > 조가 PD : B.I 효과
  - 기준 PD < 조가 PD : B.O 효과

26

허용오차 범위

- 원용
  - 큰 방향 : 폭주 방향, B.O
  - 작은 방향 : 개산 방향, B.I
- 근용
  - 큰 방향 : 개산 방향, B.I
  - 작은 방향 : 폭주 방향, B.O

27

렌즈미터 굴절력 측정

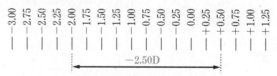

실제 굴절력 = 측정치 − 기기오차 = −2.00D − (+0.50D) = −2.50D

28

복식알바이트안경

- 뒷렌즈 : 근용 안경
- 근용굴절력 : 원용굴절력 + 가입도 → (−1.00D) + (+1.00D) = 0.00D

29

② 좌우 코받침 간격을 넓게 할 경우 아래로 내려간다.

③ 좌우 코받침 위치를 위로 올릴 경우 아래로 내려간다.

④ 연결부를 플라이어를 이용하여 커브를 만들어주면 VD가 달라진다.

⑤ 경사각을 크게 할 경우 아래로 내려간다.

30

역산각 홈 크기 조정

- 깊이는 나일론 줄 직경의 1/2~2/3로 한다.
- 폭은 나일론 줄 직경과 거의 동일하게 정한다.

31

충동안구운동 검사

- 가장 빠른 안구운동
- 양안시에서 중요한 안구운동
- 물체를 빠르게 인식하기 위한 안구운동
- 좌우 번갈아 보기로 검사 = 충동안구운동 = 핵보기 운동

32

폰 그라페(Von Graefe)법

- OD(우안) 측정 프리즘. 3△ B.D → 우안 상사위 교정
- OS(좌안) 분리 프리즘

33

허쉬버그 검사

- 각막반사점(카파각)이 귀 방향 : (−)카파각, 내사시 의심
- 각막반사점 위치 : 각막 가장자리 = 45°

34

양성상대조절력(PRA)

- 최초 흐림이 나타날 때까지 추가된 (−)구면굴절력 값
- (+)1.50D → (−)0.50D일 때 최초 흐림이 나타남

∴ PRA : −2.00D

35

최대조절력

- 최대조절력 측정값 : Push−up 방법 > (−)렌즈 부가법
- Push−up 방법
  - 폭주 개입으로 폭주성조절이 개입됨
  - 시표가 가까워지면서 시각이 커짐 = 확대 배율이 적용됨
  - 시표의 이동거리 측정 × → 시표에서 눈까지의 거리를 측정

36

양성융합버전스 검사

- B.O 프리즘을 추가하여 폭주(눈모음) 능력치를 측정하는 검사이다.
- 흐린점, 분리점, 회복점 순으로 기록한다.

37

음성융합성폭주량(NFC)

- 음성상대폭주(NRC) : B.I 프리즘을 추가하여 흐린점을 인식할 때 추가된 값
- 음성융합석폭주(NFC) : 내사위 + NRC 또는 외사위 − NRC → 4△ Eso(내사위) + 6△(NRC) = 10△

38

4△ B.O Test

- OD에 B.O 프리즘 장입 → OD 내전 → OS 외전 → OS 내전하면서 정위로 돌아옴
- 만약 OD에 억제 암점이 있다면, OD에 B.O 프리즘 장입 → 눈 움직임 없음
- OS에 억제 암점이 있다면, OD에 B.O 프리즘 장입 → OD 내전 → OS 외전 → 정지

39

Fly Test

- 입체시 검사 시표
- 편광렌즈 착용 후 검사
- 근거리 입체시 검사

40

가입도 처방

- AC/A 비가 높을 경우 : 폭주과다형 내사위(Eso)인 경우에 적절한 방법
- 공식 : 쉐어드 기준 $\triangle = \dfrac{2 \times 사위량 - 융합여력}{3}$

  (Eso − NRC, Exo − PRC 조합)
- 공식 : 가입도 $= \dfrac{Prism}{AC/A} \rightarrow +0.50D = \dfrac{+4}{8}$
- 최종처방 : 근용처방(S−1.50D) + Add(+0.50D) = S−1.00D

41

② 홍채 구조, 동공 괄약근, 상피 수포 관찰
③ 홍채에서 반사된 빛으로 각막 후면 관찰
④ 각막부종 유무 · 정도 관찰
⑤ 각막내피세포 크기 · 형태 관찰

42

① 렌즈의 기본커브(BCR)에 적용
② 렌즈 중심안정 및 DK/t에 적용
④ 렌즈 전체 직경(TD = OAD)에 적용
⑤ 렌즈 전체 직경(TD = OAD)에 적용

43

습윤성

- 눈물의 퍼지는 정도를 의미한다.
- 습윤각 측정을 통해 평가한다.
  - 습윤각이 0°에 가까울수록 친수성
  - 습윤각이 180°에 가까울수록 소수성
- 습윤각이 90° 이하인 경우에만 콘택트렌즈 재질로 사용 가능하다.

44

① 구면 소프트 콘택트렌즈 : 굴절난시 ×, 각막난시 ○ 또는 ×
③ 전면 토릭 소프트렌즈 : 굴절난시 ○, 각막난시 ×
④ 후면 토릭 소프트렌즈 : 굴절난시 ○, 각막난시 ○(하드렌즈 처방을 못할 경우)
⑤ 비구면 하드 콘택트렌즈 : 굴절난시 ○, 각막난시 ○

45

RGP 전체 직경(TD)

- 수평방향가시홍채직경(HVID) − 2 mm = RGP 렌즈 전체 직경(TD)
- 수평방향가시홍채직경(HVID) + 2 mm = Soft 렌즈 전체 직경(TD)

46

① 파손의 위험률이 높다.
② 다양한 용액에 대한 민감도가 높다.
③ 저함수보다 탈수 가능성이 높은 편이다.
④ 건조안 환자에게는 처방을 최대한 자제한다.

47

눈물렌즈 굴절력

- 눈물렌즈는 렌즈와 각막 곡률 차이에 의해 발생한다.
- 눈물렌즈(D) = 렌즈 BCR 8.00 < 각막 편평한 경선 8.05
- BCR 0.1mm 차이 = 0.50D 차이와 동일 효과
- ∴ 눈물렌즈(D) = +0.25D

48

토릭 콘택트렌즈(LARS ; Left Add Right Subtract)

- 왼쪽(시계 방향)으로 돌아가면 돌아간 축만큼 더한다.
- 오른쪽(반시계 방향)으로 돌아가면 돌아간 축만큼 빼준다.

49

단안시(Monovision)

- 우세안 : 원용, 비우세안 : 근용 처방을 통해 양안이 서로 다른 거리를 보게 처방한다.
- 입체시 감소, 대비감도 감소 등의 단점이 발생한다.

50

소프트 콘택트렌즈 침착물

- 소프트 콘택트렌즈의 침착물은 대부분 '단백질'이다.
- 눈물 단백질인 '라이소자임'에 의한 침착물이다.
- 효소분해제를 통해 제거한다.
- 비이온성 계면활성제가 포함된 관리용액을 사용한다.

51

① 강도와 경도가 모두 우수하다.
② 내부식성이 우수하다.
④ 테 파손 시 공기 중에서의 땜질이 아닌 알곤(아르곤) 가스 주입 후 땜질을 해야 한다.
⑤ 금속 합금 중 가장 가벼운 것은 마그네슘 합금이다.

52

아세테이트

• 열가소성 플라스틱
• 반응물질 : 빙초산
• 가소제 : 디메틸프탈레이트(D.M.P)
• 촉매제 : 황산

53

① 땜질성은 금속테의 조건에 해당한다.
② 내부식성은 금속테의 조건에 해당한다.
③ 가공성, 내열성 등은 열가소성 플라스틱에서 중요한 요소이다.
⑤ 적절한 탄력성은 필수이다.

54

① 아세테이트 : 열가소성 플라스틱으로, 가소제를 사용하며, 난연성을 가진다.
③ 폴리아미드 : 안경테 소재는 66-Nylon이며, 내약품성이 좋고 융점이 250℃이다.
④ 울템 : 열가소성 수지로, 내열성이 우수하고. 복원력과 착용감이 우수하다.
⑤ 에폭시 : 열경화성 수지로, 안경테 소재는 옵틸이다.

55

염색액 온도

• 염색 착색법 : 플라스틱테 착색 방법
• 적정 온도 : 80~90℃
• 탈색 온도 : 110~120℃

56

① 산화납(PbO) + 크라운 유리 = 플린트 유리
② 산화철(Fe_2O_3) : 적외선 차단 물질
③ 이산화티탄(TiO_2) : 굴절률 증가 + 비중 감소
④ 이산화세륨(CeO_2) : 자외선 차단 물질

57

무수정체안 배율

• 무수정체안 교정시 : 약 +12~+16D 교정
• 안경렌즈 확대 배율 : 약 30~33%
• 콘택트렌즈 확대 배율 : 약 10~12%
• 안내렌즈(I.O.L) 확대 배율 : 약 2%

58

누진굴절력렌즈 Inset량

누진굴절력렌즈는 하나의 렌즈로 원거리와 근거리를 모두 볼 수 있는 렌즈이다. 따라서 설계 시에 원거리와 근거리 PD를 모두 고려하여야 한다. 5m 거리를 원용부, 40cm 거리를 근용부로 하였을 때, 원용 기준 PD와 근용 기준 PD의 차이는 약 5mm이다. 렌즈 설계는 단안 설계를 기준으로 하므로 5/2 = 2.5mm를 렌즈의 광학중심점 편심량으로 적용한다.

59

② 자외선이 강한 맑은 날에 착색 반응이 빠르다.
③ 안개 낀 날은 착색 시간은 오래 걸리고, 농도는 연하게 된다.
④ 반사방지막코팅을 한 안경렌즈는 연하게 착색된다.
⑤ 기온이 낮을 때 진하게 착색된다.

60

③ 플라스틱렌즈는 경도(내마모성)가 낮으므로 하드(긁힘 저항성)코팅이 필수이다.

1교시 | 시광학이론

01	02	03	04	05	06	07	08	09	10
①	③	①	⑤	①	④	③	②	③	⑤
11	12	13	14	15	16	17	18	19	20
④	③	②	④	②	④	①	①	④	①
21	22	23	24	25	26	27	28	29	30
②	④	①	④	②	⑤	③	⑤	③	③
31	32	33	34	35	36	37	38	39	40
②	②	⑤	②	④	③	③	③	④	④
41	42	43	44	45	46	47	48	49	50
①	①	⑤	②	③	⑤	①	②	⑤	③
51	52	53	54	55	56	57	58	59	60
②	⑤	①	③	⑤	③	④	⑤	④	①
61	62	63	64	65	66	67	68	69	70
①	④	②	④	②	①	④	⑤	③	②
71	72	73	74	75	76	77	78	79	80
③	①	④	①	③	④	③	③	②	②
81	82	83	84	85					
②	②	④	⑤	②					

01

맥락막의 혈액공급

- 앞섬모체동맥(7개), 긴뒤섬모체동맥(2개), 짧은뒤섬모체동맥(다수)
- 앞섬모체동맥과 긴뒤섬모체동맥이 큰홍채동맥고리를 형성

02

① 중심부의 두께는 약 0.5mm, 가장자리 두께가 약 0.7mm로 가장자리가 더 두껍다.
② 무혈관 구조이나 신경이 분포한다.

④ 수직방향의 직경은 약 10.8mm이며, 수평방향의 직경은 약 11.4mm로 수직방향의 직경이 수평방향의 직경보다 작다.
⑤ 각막에는 멜라닌세포가 존재하지 않는다.

03

② 긴뒤섬모체동맥은 앞섬모체동맥과 함께 홍채큰동맥고리를 형성하고 이곳을 통해 섬모체 혈액이 공급된다.
③ 무색소상피에서 방수를 생성한다.
④ 섬모체근이 이완하면 섬모체 소대가 팽팽해지면서 수정체가 얇아진다.
⑤ 안쪽 상피는 무색소상피, 바깥쪽 상피는 색소상피이다.

05

② 중심오목에는 원뿔세포가 밀집되어 있다.
③ 로돕신(Rhodopsin)은 막대세포의 시색소이다.
④ 광수용체세포-두극세포-신경절세포의 순서대로 연결된다.
⑤ 망막의 바깥쪽 1/3 부분의 영양공급은 맥락막의 모세혈관으로부터 이루어진다.

06

망막의 10개 층

색소상피층 → 광수용체세포층(광수용체세포의 바깥조각) → 바깥경계막 → 바깥핵층(광수용체세포의 핵) → 바깥얼기층 → 속핵층(두극세포의 핵) → 속얼기층 → 신경절세포층(신경절세포의 핵) → 신경섬유층(신경절세포의 축삭) → 속경계막

07

수정체의 노화현상

- 수정체는 일생 동안 성장함
- 수분과 탄력성 감소
- 가용성 단백질이 감소하고 불용성 단백질 증가
- 글루타티온, 아스코르빈산 함량, 산소 소모량 감소 등

09

③ 눈꺼풀의 마이봄샘, 짜이스샘, 결막의 덧눈물샘, 술잔 세포 등에서 눈물을 생산한다.

10

① 얼굴신경 : 눈둘레근
② 눈돌림신경 : 윗눈꺼풀올림근, 위곧은근, 아래곧은근, 안쪽곧은근, 아래빗근
③ 교감신경 : 뮐러근, 동공확대근
④ 가돌림신경 : 가쪽곧은근

11

① 덧눈물샘은 결막에 위치하고 안와의 위벽에는 주눈물샘 이 위치한다.
② 눈물점은 코쪽 눈구석에서 약 5mm 떨어진 곳에 위치 한다.
③ 눈물소관으로 빠져나간 눈물은 눈물주머니를 지나 코눈 물관으로 나간다.
⑤ 평상시에 안구를 촉촉하게 유지하는 눈물은 덧눈물샘에 서 분비된다.

12

외안근의 지배신경
• 위빗근 : 도르래신경
• 가쪽곧은근 : 가돌림신경
• 아래빗근, 안쪽곧은근, 위곧은근, 아래곧은근 : 눈돌림 신경

13

① 최소가독력은 읽고 판단할 수 있는 형태의 최소크기를 말한다.
③ 숫자시표로 측정하는 것은 최소가독력이다.
④ 최소가독력은 지식 또는 심리적 영향에 따라 측정값이 달라질 수 있다.
⑤ 떨어져 있는 2개의 점을 분리된 것으로 인식하는 시력 은 최소분리력이다.

15

② 왼쪽 눈이 시신경 손상일 때 오른쪽 눈에는 영향이 없고 왼쪽 눈의 모든 시각정보가 차단된다.

17

암순응과 명순응
• 암순응 : 막대세포의 활성화 상태로 주변부 시야의 감각 이 예민하며 505nm 파장에 가장 민감하다. 암순응의 과 정은 약 50분 정도 소요된다.
• 명순응 : 원뿔세포의 활성화 상태로 555nm 파장에 가 장 민감하고 명순응의 과정은 1~2분 정도 소요된다.

18

주간맹
어두운 환경보다 밝은 환경에서의 시력 저하가 나타나는 상태이며, 원뿔세포의 기능장애 또는 각막이나 수정체의 중심부 혼탁이 있을 때 나타난다.

19

색각이상
• 선천성 색각이상 : 유전적인 요인으로 주로 남성에게 나 타나며 일생 동안 경과의 변화는 없다.
• 후천성 색각이상 : 성별에 따른 발병비율은 차이가 없고 단안 또는 양안에 발생할 수 있다.

20

② 원거리 및 근거리 시력저하가 나타난다.
③ 원주렌즈 또는 토릭렌즈로 교정한다.
④ 강주경선의 위치가 90°에 위치할 때 직난시로 판단한다.
⑤ 난시일 때 상의 흐림으로 조절이 일어날 수 있지만 조절 만으로 선명한 상을 얻기 어렵다.

21

① 반사성조절 : 상의 흐림에 반응하여 선명한 상을 유지 하기 위해 작용하는 조절
③ 융합성조절 : 눈모음 자극 시의 조절
④ 근접성조절 : 물체가 가까이에 있다고 느낄 때 작용하 는 조절
⑤ 지속성조절 : 조절의 종류에 해당하지 않음

23

② 조절내사시 : 과도한 조절로 인해 유발
③ 간헐외사시 : 주로 원거리 주시 시 피곤하거나 열이 날 때 한쪽 눈이 귀쪽으로 편위
④ 거짓사시 : 정위이나 외견상 사시로 보이는 경우
⑤ 마비사시 : 외안근이 마비되어 마비근의 작용방향에서 안구운동이 제한되는 경우

24

① 생리적눈모음 : 생리적인 근육의 긴장으로 발생하는 눈모음
② 긴장성눈모음 : 양안으로 원거리의 한 점을 주시할 때의 눈모음
③ 조절성눈모음 : 조절의 자극으로 발생하는 눈모음
⑤ 근접성눈모음 : 가까운 곳을 본다고 자각할 때의 눈모음

25

원심동공운동장애는 빛의 자극으로 인한 반응으로 동공수축을 일으키는 경로에서의 장애이며, 양안의 직접·간접대광반사가 모두 소실된다.

26

① 평상시 정상 동공의 크기는 2~4mm이다.
② 10~20대 연령대에서 가장 크다.
③ 20대 이후 나이가 들수록 작아진다.
④ 부교감신경－동공조임근(축동) / 교감신경－동공확대근(산동)

28

대상포진각막염

• 원인 : 수두－대상포진바이러스
• 증상 : 삼차신경을 침범하여, 삼차신경이 지배하는 얼굴 부위에 반점 발생 및 각막지각 저하 등을 유발함

30

① 조절능력은 수정체의 고유한 기능이다.
② 안경으로 교정 시, 30% 정도의 상 확대가 나타난다.
④ 안경 착용 시의 상 확대율은 30%이고, 콘택트렌즈 착용 시의 상 확대율은 10%이다.
⑤ 수정체를 적출한 이후에는 심한 원시 상태가 된다.

31

섬광유리체융해

• 40세 이전 양안에 발생한다.
• 황색의 콜레스테롤 결정체가 유리체강 내에 떠다니는 질환이다.
• 안구를 움직일 때 떠다니며 치료는 필요없다.

32

① 주로 아데노바이러스 제8형이 원인이다.
③ 핑크아이는 급성세균결막염의 별명이다.
④ 환자의 절반 정도에서 결막염 발생 후 수일 내에 각막염증을 동반한다.
⑤ 충혈, 통증, 눈물흘림의 증상이 있다.

37

개방각녹내장

• 앞방각이 개방되어 있고 선행되는 눈 질환이나 전신질환이 없다.
• 서서히 안압이 상승하여 말기까지 자각증상이 거의 없다.
• 녹내장의 진행에 따라 주변 시야 협착이 일어난다.

38

① 색소상피층과 망막 안쪽의 감각신경망막층이 분리되어 있다.
② 백내장과 망막박리의 직접적인 연관성은 낮은 편이다.
④ 고도근시로 인해 망막에 열공이 발생하고 액화된 유리체가 열공으로 유입되면 망막박리가 일어난다.
⑤ 망막박리는 대개 주변부에서 시작하고 황반이 박리되기도 하는데 황반이 박리되면 중심시력 저하가 크게 나타나고 변형시증, 색각장애 등을 동반한다.

39

망막중심정맥폐쇄

• 고혈압, 당뇨병, 동맥경화 등의 원인으로 발생하는 정맥폐쇄
• 시신경의 사상판 부근 정맥 폐쇄
• 비허혈성 : 경도의 시력저하, 출혈, 황반부종, 면화반 등이 관찰됨
• 허혈성 : 심한 시력저하, 망막출혈, 면화반, 유두부종 등이 관찰됨

40

허혈시신경병증

- 시신경의 사상판 앞부위는 뒤섬모체동맥으로부터 혈액 공급을 받으며, 이 부위의 경색으로 인해 나타나는 질환을 허혈시신경병증이라 한다.
- 비동맥염(증상 경미함)과 동맥염(치료에 대한 예후 나쁨)으로 구분된다.

41

② 알바이트테 : 일반 안경테에 Front 부분만 덧붙여 이중으로 만든 테이다.

③ 써몬트브로우테 : 렌즈삽입부 윗부분인 덮개부분만 비금속인 테이다.

④ 오토브로우테 : 렌즈 삽입부 아랫부분만 금속이며, 다른 부분은 비금속이다.

⑤ 포인트테 : 일명 '무테' 안경으로 불린다.

42

열경화성 수지

- 주입성형 또는 주형중합법
- 에폭시 수지로 만든 안경테의 상품명 '옵틸'

43

옵틸

- 열경화성 플라스틱이다.
- 소재는 에폭시 수지이다.
- 셀룰로이드, 아세테이트보다 가볍다.
- 치수 안정성이 크고, 탄력성이 우수하다.

44

① 내충격성(강도)은 높아야 함 = 덜 깨져야 함

③ 열팽창계수는 작을 것

④ 표면반사율이 낮을 것(높은 투과율)

⑤ 비중은 작을 것(경량)

45

① 강화처리시간 : 열강화법(2~5분) < 화학강화법(16~20시간)

② 렌즈최소두께 : 열강화법을 하기 위해서는 최소 2mm 이상 필요하며 화학강화법이 항상 가능함

④ 열강화법 : 600℃로 가열 후 급냉
화학강화법 : 450℃로 가열된 질산칼륨(KNO_3) 20시간 침지

⑤ 열강화법은 렌즈 가공 후, 화학강화법은 강화 후 렌즈 가공 가능

46

① 코발트(Co) : 진한 청색

② 구리(Cu) : 적색

③ 망간(Mn) : 자주색

④ 크롬(Cr) : 녹색

47

① Kryp-tok형 : 원형 형상의 자렌즈를 가진 이중초점렌즈(경계선에서 중심까지 거리가 길어 상의 도약량이 많음)

48

② 원용부 주변부는 수차몰림부에 해당한다.

49

① 착색 속도가 탈색 속도보다 빠르다.

② 기온이 낮을수록 착색 속도 · 농도가 빠르고 진하다.

③ 렌즈 두께가 두꺼울수록 착색이 연하다.

④ 할로겐화합물은 AgCl, AgBr, AgI이다.

50

① 금을 사용하지 않는다.

② 얇은 박막형태의 금을 씌운 것은 금장이다.

④ 건식 방법으로 내마모성이 우수하다.

⑤ 도금액 제거를 위한 추가 세척이 필요한 것은 금도금(습식 도금)에 해당한다.

51

① 수정체 곡률 : 전면 < 후면
③ 각막 곡률반경 : 중심부 < 주변부
④ 각막 곡률반경 : 전면 > 후면
⑤ 각막 : (−)메니스커스 형상이지만, +43D의 굴절력을 가짐

52

안광학계 주요점

• 주점 : 거리 측정 기준점
• 절점 : 정적 시야 측정 기준점

53

안광학계 조준선

• 주시점과 입사동점을 이은 직선이다.
• 시선, 주시축의 임상적 대용축이다.

54

광학적 모형안

• 정식 : 6개 굴절면(각막 전·후면, 수정체 피질 전·후면, 수정체핵 전·후면)
• 약식 : 3개 굴절면(각막, 수정체 전·후면)

55

③ 눈의 중심시는 물체의 색을 구분할 수 있고 중심와에 상이 맺어질 때의 시력이다.
①·④ 주로 원뿔세포에 의한 능력이며, 직접시라고 부르기도 한다.
② 물체의 형태나 명암을 구분할 수 있는 능력은 막대세포의 능력에 해당한다.
⑤ 물체 또는 빛에 대한 감각이 매우 예민한 시력이지만 색감이 없는 것은 막대세포의 능력에 해당한다.

56

안광학계

• 원점거리 : 눈앞 50cm
• 원점굴절도 : −2.00D
• 굴절이상도 : +2.00D
• 근시안의 상측초점(F′)의 위치 : 망막 중심오목 앞

57

비점수차량

• 마틴의 식으로 계산한다.
• 공식 : 비점수차 $= D' \sin^2 \iota = C$
• $(-6) \sin^2 30° \rightarrow (-6) \times 1/4 = C-1.50D$

58

⑤ 수의 원시 : 조절력 > 원점굴절도, 조절력으로 원거리와 근거리를 모두 선명하게 볼 수 있음
① 전(총) 원시 : 조절마비 굴절검사 값
② 현성 원시 : 운무법 굴절검사 값
③ 잠복 원시 : 생리적 조절량, 전원시−현성 원시
④ 절대 원시 : 교정시력 1.0이 나오는 최소 교정값

60

난시안

• 전초선이 망막 뒤 = 모든 초점(초선)과 최소착란원이 망막 뒤에 위치
• 원시성 복성 난시안
• 강주경선 수직방향 = 후초선 방향
• 원시안은 나안으로는 전초선 = 수평선 = 3−9시 방향
• 운무 후 후초선 = 수직선 = 6−12시 방향이 망막에 가깝게 위치

61

정점간거리(VD)

• 교정 안경의 정점간거리가 짧아지게 된 경우 : 근시교정용은 과교정 상태가 되며 원시교정용은 저교정 상태가 되므로 (+)구면굴절력을 추가해야 한다.
• 교정 안경의 정점간거리가 길어지게 된 경우 : 근시교정용은 저교정 상태가 되며 원시교정용은 과교정 상태가 되므로 (−)구면굴절력을 추가해야 한다.

62

방사선 시표

• 원시안이 나안일 경우 : 전초선이 망막 가깝게 위치한다. 즉, 약주경선 방향이 선명하다.
  → S+C식 표기로 한 다음, Ax ÷ 30 = 선명 시간
• 원시안이 운무할 경우 : 후초선이 망막 가깝게 위치한다. 즉, 강주경선 방향이 선명하다.
  → S−C식 표기로 한 다음, Ax ÷ 30 = 선명 시간

63

② 불명시역은 조절력 < 가입도(Add)일 경우 발생한다.

64

유용 조절력

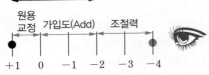

- 공식 : $D_N' = D_F' - (A_C + S)$
- 작업거리 눈앞 25cm = 4D 조절력이 필요
- 유용 조절력 : 총 3.00D 중에서 2/3만 사용. 즉, 2.00D 조절력
- 근용 가입도 : +2.00D
- 근용안경굴절력(+3.00D) = 원용교정 굴절력(+1.00D) + 가입도(+2.00D)

65

가입도

- 40cm 주시할 때 필요 조절력 : 2.50D
- 40cm 근거리 시표를 보기 위해 +1.50D를 추가로 장입 → 즉, +1.50D = 가입도, +1.00D = 조절력

66

② 케플러식은 갈릴레오식보다 전체적인 길이가 길다.
③ 케플러식은 갈릴레오식보다 투과율이 낮다.
④ 케플러식은 갈릴레오식보다 상의 질이 좋다.
⑤ 케플러식은 갈릴레오식보다 확대 배율이 크다.

67

콘택트렌즈 배율

- 콘택트렌즈는 정점간거리가 0이므로 굴절력 계수가 '1', 중심두께는 0에 가까워 형상 계수를 '1'로 볼 수 있다.
- 콘택트렌즈의 배율 효과는 '1'에 가깝다(정시).

68

시야 범위

- (+)굴절력 안경 : 확대 배율 → 시야 축소, (+)굴절력 콘택트렌즈 : 배율 = 1
- (−)굴절력 안경 : 축소 배율 → 시야 확대, (−)굴절력 콘택트렌즈 : 배율 = 1

69

스넬의 법칙을 활용한다.

상대굴절률 $n_{12} = \dfrac{n_2}{n_1} = \dfrac{v_1}{v_2} = \dfrac{\lambda_1}{\lambda_2} = \dfrac{\sin\theta_1}{\sin\theta_2}$

대입하면 $\dfrac{n_{공기}}{n_{매질}} = \dfrac{\sin 30}{\sin 45}$ ∴ $n_{매질} = \sqrt{2}$

70

축소 거리

공식 : $l = \left(\dfrac{n-1}{n}\right)t$

(n : 매질의 굴절률, t : 유리판 두께, l : 떠 보이는 양)

71

고정단 반사

- 굴절률 : 공기 < 유리
- 소한 매질(공기) → 밀한 매질(유리)로 진행한다.
- 자유단 반사의 조건에 해당된다.
- 반사광선, 투과광선 모두 위상변화 없이 그대로 진행한다.

72

내부 전반사

- 밀한 매질 → 소한 매질로 빛이 진행할 때
- 입사각 크기 > 임계각 크기일 때
- 임계각 : 굴절각이 90°가 될 때의 입사각

73

오목구면거울

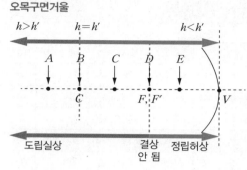

도립실상 ... 결상 안 됨 ... 정립허상

- 곡률중심(C), 물체거리(s), 물체크기(h), 상크기(h')
- $s > C$: $h > h'$ (축소된 상)
- $s = C$: $h = h'$ (동일 크기)
- $s < C$: $h < h'$ (확대된 상)
- $s > F$: 도립실상
- $s = F$: 평행광선이 됨(결상 안 됨)
- $s < F$: 정립허상

74

볼록거울 결상식

- 축소된 정립허상만 결상되며, 물체 크기(h=6cm)이므로 상 크기는 6cm보다 작아야 한다.
- 가우스결상식 $\frac{1}{s'}+\frac{1}{s}=\frac{1}{f'}$ or $\frac{1}{s'}=\frac{1}{f'}-\frac{1}{s}$

  대입하면 $\frac{1}{s'}=\frac{1}{5}-\frac{1}{-5}$ ∴ $s'=+2.5$cm

  횡배율$=-(\frac{s'}{s})$, $-(\frac{+2.5}{-5})=+\frac{1}{2}$ or $(+0.5)$

  ∴$h \times$횡배율$=$상의 크기, 6cm$\times\frac{1}{2}=3$cm

75

오목구면거울

- 물체 크기 2배의 도립상 : 횡배율이 -2라는 것과 같다.
- 횡배율 $= -(s'/s)$
- 결상식 $= \frac{1}{s}+\frac{1}{s'}=\frac{1}{f'}$
- 물체거리 $= \frac{f+2f}{2}$일 경우, 상거리(s') $= 3f'$가 된다.

76

③ 호칭면굴절력(D_N') : $+5D(D_N'=D_v'-D_2')$
① 렌즈의 형상 : 볼록 메니스커스 렌즈(전체 $+D$, 전면 $+D=$후면 $+D$)
② 상측주점굴절력(D') : $+8D(D'=D_1'+D_2')$
④ 형상계수(F_S) : $1.25(D_N'=F_S\times D_1')$
⑤ 렌즈미터로 측정한 굴절력 = 상측정점굴절력 : $+9D$

77

구경조리개

- 입사하는 광선의 양을 제한하는 조리개이다.
- 렌즈 전방에 위치한 구경조리개는 입사동이라 부른다.

78

주점 위치

- 양볼록·양오목렌즈 : 물측·상측 주점 모두 렌즈 내부에 존재한다.
- 평볼록·평오목렌즈 : 하나의 주점은 곡률면, 하나의 주점은 렌즈 내부에 존재한다.
- 메니스커스렌즈 : 물측·상측 주점 모두 렌즈 외부에 존재한다.

79

② Achromat : 2차 스펙트럼 이전 색수차를 제거한 렌즈
① Apochromat : 2차 스펙트럼을 제거한 렌즈
③ Aplanat : 구면수차, 코마수차를 보정한 렌즈
④ Anastigmat : 비점수차를 보정한 렌즈
⑤ Asphrical : 비구면렌즈

80

코마수차

- 광축 외의 물점에 의해 발생하는 수차이다.
- 렌즈계를 통과하는 높이 차이에 의한 선명도 차이와 횡배율 차이가 발생한다.
- 정점부근이 가장 선명하고 멀어질수록 상의 밝기는 감소한다.
- 혜성(coma)의 모습과 닮았다고 하여 코마수차라 불린다.

81

① $n_1 > n_2$일 때 투과파 : 위상 변화 없다.

③ $n_1 < n_2$일 때 투과파 : 위상 변화 없다.

④ $n_1 < n_2$일 때 반사파 : 180°의 위상 변화가 일어난다.

⑤ $n_1 > n_2$일 때 반사파 : 위상 변화 없다.

고정단 반사

소한 매질에서 밀한 매질로 이동할 때 나타나는 파동의 반사의 한 종류로 반사파의 위상은 180° 바뀌지만, 투과파의 위상은 바뀌지 않는다.

82

진동수와 주기

- 진동수(f) : 1초(s) 동안 진동한 횟수(H_z)
- 주기(T) : 1회 진동하는 데 걸리는 시간(s)
- 진동수(f)$=\dfrac{1}{주기(T)}$, 주기(T)$=\dfrac{1}{진동수(f)}$

83

영의 이중슬릿 간섭실험

- 공식 : 파장(λ)$=\dfrac{dy}{mL}$

  (m : 무늬 차수, L : 슬릿~스크린까지 거리, d : 슬릿 간 간격, y : 무늬 간 간격)

- 파장(λ)$=\dfrac{0.2\text{mm} \times 8\text{mm}}{2 \times 2\text{m}} \rightarrow 400\text{nm}$

84

빛의 회절

- 파장이 길 때 회절은 잘 일어난다.
- 새 간격이 좁을 때 회절은 잘 일어난다.

85

말류스의 법칙

- 공식 : $I = 1/2 \times I_0 \times \cos^2\theta$
- 공식 : $I = 1/2 \times I_0 \times 1^2$
- $\therefore 1/2\, I_0$

2교시 1과목 의료관계법규 2과목 시광학응용

01	02	03	04	05	06	07	08	09	10
③	⑤	①	③	③	⑤	④	②	④	②
11	12	13	14	15	16	17	18	19	20
⑤	②	①	④	①	④	③	①	④	③
21	22	23	24	25	26	27	28	29	30
⑤	②	②	③	③	①	③	④	④	①
31	32	33	34	35	36	37	38	39	40
④	④	④	⑤	③	③	①	②	②	④
41	42	43	44	45	46	47	48	49	50
⑤	③	①	③	⑤	①	①	③	①	⑤
51	52	53	54	55	56	57	58	59	60
①	③	⑤	④	①	②	④	⑤	①	④
61	62	63	64	65	66	67	68	69	70
③	⑤	②	④	②	①	①	④	②	③
71	72	73	74	75	76	77	78	79	80
①	⑤	③	⑤	①	①	③	⑤	③	②
81	82	83	84	85	86	87	88	89	90
③	④	③	①	⑤	②	①	④	③	②	①
91	92	93	94	95	96	97	98	99	100
④	④	④	①	②	③	③	①	④	⑤
101	102	103	104	105					
⑤	④	②	①	③					

01

의료인(의료법 제2조 제1항)

이 법에서 "의료인"이란 보건복지부장관의 면허를 받은 의사ㆍ치과의사ㆍ한의사ㆍ조산사 및 간호사를 말한다.

02

① 의원 : 주로 외래 환자를 대상으로 진료를 보는 의료기관이다(의료법 제3조 제2항 제1호).

② 병원 : 주로 입원 환자를 대상으로 진료를 보는 의료기관이다(동법 제3조 제2항 제3호).

③ 의원 또는 조산원을 개설하려는 자는 시장ㆍ군수ㆍ구청장에게 신고하여야 한다(동법 제33조 제3항).

④ 요양병원 또는 정신병원을 개설하려는 자는 시·도지사의 허가를 받아야 한다(동법 제33조 제4항).

03

진단서(의료법 제17조 제2항)

의료업에 종사하고 직접 조산한 의사·한의사 또는 조산사가 아니면 출생·사망 또는 사산 증명서를 내주지 못한다. 다만, 직접 조산한 의사·한의사 또는 조산사가 부득이한 사유로 증명서를 내줄 수 없으면 같은 의료기관에 종사하는 다른 의사·한의사 또는 조산사가 진료기록부 등에 따라 증명서를 내줄 수 있다.

04

변사체 신고(의료법 제26조)

의사·치과의사·한의사 및 조산사는 사체를 검안하여 변사(變死)한 것으로 의심되는 때에는 사체의 소재지를 관할하는 경찰서장에게 신고하여야 한다.

05

의료기관 개설(의료법 제33조 제2항)

다음의 어느 하나에 해당하는 자가 아니면 의료기관을 개설할 수 없다. 이 경우 의사는 종합병원·병원·요양병원·정신병원 또는 의원을, 치과의사는 치과병원 또는 치과의원을, 한의사는 한방병원·요양병원 또는 한의원을, 조산사는 조산원만을 개설할 수 있다.
- 의사, 치과의사, 한의사 또는 조산사
- 국가나 지방자치단체
- 의료업을 목적으로 설립된 법인
- 민법이나 특별법에 따라 설립된 비영리법인
- 공공기관의 운영에 관한 법률에 따른 준정부기관, 지방의료원의 설립 및 운영에 관한 법률에 따른 지방의료원, 한국보훈복지의료공단법에 따른 한국보훈복지의료공단

06

전문의(의료법 제77조 제1항)

의사·치과의사 또는 한의사로서 전문의가 되려는 자는 대통령령으로 정하는 수련을 거쳐 보건복지부장관에게 자격인정을 받아야 한다.

전문간호사(간호법 제5조 제1항)

보건복지부장관은 간호사에게 간호사 면허 외에 전문간호사 자격을 인정할 수 있다.

07

① 조건 이행 + 1년 이내 재교부 금지(의료법 제65조 제1항 제3호 및 제2항 참조)
② 면허 취소 + 2년 이내 재교부 금지(동법 제65조 제1항 제2호 및 제2항 참조)
③ 3년 이내 재교부 금지(동법 제65조 제1항 제4호 및 제2항 참조)
⑤ 사유가 사라지면 즉시 재교부할 수 있다(동법 제65조 제1항 제1호 및 제2항).

08

벌칙(의료법 제87조)

제33조 제2항(무자격자 의료기관 개설)을 위반하여 의료기관을 개설하거나 운영하는 자는 10년 이하의 징역이나 1억 원 이하의 벌금에 처한다.

09

의료기사의 정의 및 종류(의료기사 등에 관한 법률 제1조의2 및 제2조)

- 의료기사(6종) : 치과기공사, 치과위생사, 물리치료사, 작업치료사, 방사선사, 임상병리사
- 의료기사 등(2종) : 안경사, 보건의료정보관리사

10

안경사의 업무 범위(의료기사 등에 관한 법률 시행령 별표 1)

안경·콘택트렌즈의 도수를 조정하기 위한 목적으로 수행하는 타각적(객관적) 굴절검사로서 약제를 사용하지 않는 검사 중 자동굴절검사기기를 이용한 검사

11

목적(의료기사 등에 관한 법률 제1조)

이 법은 의료기사, 보건의료정보관리사 및 안경사의 자격·면허 등에 관하여 필요한 사항을 정함으로써 국민의 보건 및 의료 향상에 이바지함을 목적으로 한다.

12

국가시험의 시행과 공고(의료기사 등에 관한 법률 시행령 제4조 제2항)

국가시험관리기관의 장은 국가시험을 실시하려는 경우에는 미리 보건복지부장관의 승인을 받아 시험일시·시험장소·시험과목, 응시원서 제출기간, 그 밖에 시험 실시에 필

요한 사항을 시험일 90일 전까지 공고하여야 한다. 다만, 시험장소는 지역별 응시인원이 확정된 후 시험일 30일 전까지 공고할 수 있다.

13

면허(의료기사 등에 관한 법률 제4조 제2항 제1호)
의료기사 · 안경사 : 대학 등에서 취득하려는 면허에 상응하는 보건의료에 관한 학문을 전공하고 보건복지부령으로 정하는 현장실습과목을 이수하고 6개월 이내에 졸업할 것으로 예정된 사람은 보건의료정보 관련 학문을 전공하고 보건복지부령으로 정하는 교과목을 이수하여 졸업한 사람으로 본다.

14

④ 안경사 면허가 있어도 안경업소 외에서 안경 조제 행위를 할 수 없다(의료기사 등에 관한 법률 제3조).

15

보수교육 관계 서류의 보존(의료기사 등에 관한 법률 시행규칙 제21조)
보수교육실시기관의 장은 다음의 서류를 3년 동안 보존하여야 한다.
- 보수교육 대상자 명단(대상자의 교육 이수 여부가 적혀 있어야 한다)
- 보수교육 면제자 명단
- 그 밖에 교육 이수자가 교육을 이수하였다는 사실을 확인할 수 있는 서류

16

① 타인에게 의료기사 등의 면허증을 빌려준 경우 면허 취소 처분을 받을 수 있다(의료기사 등에 관한 법률 제21조 제1항 제3호).
② 3회 이상 면허자격정지 또는 면허효력정지 처분을 받은 경우 면허 취소 처분을 받을 수 있다(동법 제21조 제1항 제4호).
③ 치과기공사가 치과기공물제작의뢰서 없이 치과기공물을 제작한 경우 면허 취소 처분을 받을 수 있다(동법 제21조 제1항 제3의2).
⑤ 면허 정지 기간은 6개월 이내이다(동법 제22조 제1항).

17

업무의 위탁(의료기사 등에 관한 법률 시행령 제14조 제3항)
보건복지부장관은 의료기사 등에 대한 보수교육을 해당 의료기사 등의 면허에 관련된 학과가 개설된 전문대학 이상의 학교, 중앙회, 해당 의료기사 등의 업무와 관련된 연구기관 중 교육 능력을 갖춘 것으로 인정되는 기관에 위탁한다.

18

개설등록의 취소 등(의료기사 등에 관한 법률 제24조 제1항)
특별자치시장 · 특별자치도지사 · 시장 · 군수 · 구청장은 치과기공소 또는 안경업소의 개설자가 다음의 어느 하나에 해당할 때에는 6개월 이내의 기간을 정하여 영업을 정지시키거나 등록을 취소할 수 있다.
- 2개 이상의 치과기공소 또는 안경업소를 개설한 경우
- 거짓광고 · 또는 과장광고를 한 경우
- 안경사의 면허가 없는 사람으로 하여금 안경의 조제 및 판매와 콘택트렌즈의 판매를 하게 한 경우
- 이 법에 따라 영업정지처분을 받은 치과기공소 또는 안경업소의 개설자가 영업정지기간에 영업을 한 경우
- 치과기공사가 아닌 자로 하여금 치과기공사의 업무를 하게 한 때
- 시정명령을 이행하지 아니한 경우

19

면허의 취소 등(의료기사 등에 관한 법률 제21조 제1항 제1호)
피성년 · 피한정후견인에 해당하면 면허를 취소하여야 한다.

20

③ 면허증 대여 – 3년 이하의 징역 또는 3천만 원 이하의 벌금(의료기사 등에 관한 법률 제30조 제1항 제2호)
① 보수교육 미이수자 – 벌칙 규정 없음(면허 미신고 시 자격정지처분)
② 실태와 취업 상황을 허위로 신고 – 100만 원 이하의 과태료(동법 제33조 제2항 제1호)
④ 시정명령 위반 – 500만 원 이하의 과태료(동법 제33조 제1항)
⑤ 폐업신고 불이행자 – 100만 원 이하의 과태료(동법 제33조 제2항 제2호)

21

무면허자 업무 금지

- 의료기사 등에 관한 법률 제9조 무면허자의 업무 금지의 경우
- 위반 시 3년 이하의 징역 또는 3천만 원 이하의 벌금 해당의 경우

22

① 정적굴절상태에서 원점의 위치 : 눈 뒤 유한거리이다.
② 정적굴절상태에서 상측초점의 위치 : 망막(중심와) 뒤이다.
④ 절대성 원시 : 조절력이 원점굴절력보다 부족하여 교정안경이 반드시 필요한 원시이다.
⑤ 원시안의 안축장 길이 : 정시(24mm)보다 짧다.

23

등가구면굴절력

- S-3.00D ⊃ C-2.00D, Ax 180°에서 C-1.00D를 줄일 경우이다.
- C-1.00D/2 = 구면렌즈에 처방한다.
- 최소착란원을 망막 중심오목에 위치하도록 하여 선명도를 최대한 유지할 수 있다.

25

핀홀 검사

- 나안시력 0.4인 경우 근시, 절대성 원시, 약시를 구분하기 위해 시행한다.
- (−)D 렌즈 장입 시 시력 향상 → 근시
- (+)D 렌즈 장입 시 시력 향상 → 절대성 원시
- (−)D 및 (+)D 모두에서 시력 향상 없음 → 핀홀 검사로 시력 저하 원인 확인 필요
- 약시인 경우 광학적 교정에 의한 시력 향상 효과 여부를 판단한다.

26

① 원점이 눈 뒤 25cm인 눈 : +56D 눈
② 원점이 눈앞 25cm인 눈 : +64D 눈
③ 굴절이상도가 +3.00D인 눈 : +63D 눈
④ 굴절이상도가 −3.00D인 눈 : +57D 눈
⑤ 원점굴절도가 −4.00D인 눈 : +64D 눈

27

Push−up 검사

- 단안, 양안 값을 각각 측정
- 예비검사 과정
- 연령대별 평균 조절력 수치 < Push−up 수치

28

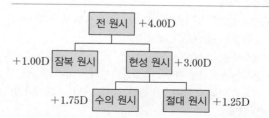

① 전(총) 원시는 +4.00D이다.
② 현성 원시는 +3.00D이다.
③ 잠복 원시는 +1.00D이다.
⑤ 수의 원시는 +1.75D이다.

29

등가구면 굴절력

- 공식 : 등가구면 굴절력$(S.E) = S + \dfrac{C}{2}$
- 등가구면 굴절력 $-2.00D = -1.50 + \dfrac{-1.00}{2}$

31

검영법

- S-2.00D ⊃ C+1.00D, Ax 180°(검사거리 기준값 −2.00D)
- 수평경선 : −2.00D, 중화
- 수직경선 : −1.00D, 동행

33

나안시력검사

0.7^{+2} : 0.7 시력표를 모두 인식하고 다음 줄(0.8) 시력표에서 추가로 2개로 인식한 시력

34

교정렌즈 굴절력

최대교정시력이 나오는 최소한의 (−)굴절력 값

35

난시 유무 확인 : 방사선 시표

- 근시성 단성난시 상태일 때 검사가 가장 정확함
- 후초선이 망막에 위치한 상태

36

방사선 시표

- S+3.00D ⊃ C−1.00D, Ax 180° : 원시성 복성 직난시
- 강주경선 +2.00D(+58D), 90°
- 약주경선 +3.00D(+57D), 180°
- 원시안 + 나안인 경우 : 전초선이 망막 근처에 위치함
- 전초선 방향 = 약주경선 방향, 수평(180°) → 3-9시 방향 선명

37

적록이색검사

- 구면굴절력의 과교정과 저교정을 판단하기 위한 검사
- 적색바탕이 선명
  - 초점이 전반적으로 망막 앞(근시 상태), (+)구면굴절력을 감소
  - 근시안은 저교정, 원시안은 과교정 상태
- 녹색바탕이 선명
  - 초점이 전반적으로 망막 뒤(원시 상태), (+)구면굴절력을 증가
  - 근시안은 과교정, 원시안은 저교정 상태

38

② 양안조절균형검사 : 프리즘분리법으로 검사할 경우, OD 3△ B.D ⊃ OS 3⊃ B.U, OD 3△ B.U ⊃ OS 3⊃ B.D을 장입한다.

39

② 잘 보인다고 응답한 시표를 보는 눈에 S+0.25D를 추가한다. → 왼쪽이 잘 보인다고 응답하여 S−2.00D에 S+0.25D 추가 = S−1.75D

40

④ 최대조절력 측정값 : 푸쉬업법 > 마이너스렌즈 부가법
① 노안에서 마이너스렌즈 부가법에 대한 반응은 매우 작다.
② 검사의 정확도를 위해 3회 반복 측정한다.

③ 마이너스렌즈 부가법은 축소배율이 적용되면서 시표가 점차 작아보인다.
⑤ 시표가 가까워지면서 시각이 커져 확대배율이 적용되는 푸쉬업법에 의한 조절력이 가장 크게 측정된다.

41

① 조절 자극량(+2.50D)이 조절 반응량(+0.50D)보다 크다.
② 가입도(Add)는 +2.00D이다.
③ (+)렌즈 부가법은 일반 근거리 시표와 양안개방 상태로 검사를 진행한다.
④ 조절 자극량은 +2.50D(40cm)이다.

42

유용 조절력

- 공식 : $D_N' = D_F' - (A_C + S)$
- 작업거리 눈앞 40cm = 2.50D 조절력이 필요
- 유용 조절력 : 총 3.00D 중에서 1/2만 사용. 즉, 1.50D 조절력
- 근용 가입도 : +1.00D
- 근용안경굴절력(+1.00D) = 원용교정 굴절력(0.00D) + 가입도(+1.00D)

43

안경처방전 약속사항
최소렌즈직경, 피팅, 광학중심점 높이(Oh) 등

44

O.U 처방전 해석

- O.U 처방은 OD와 OS 처방이 같을 때, 한 번만 기록하기 위함이다.
- OD. B.O을 T.A.B.O. 각으로 표현하면 180°이다.
- OS. B.O을 T.A.B.O. 각으로 표현하면 0°이다.
- 프리즘 굴절력은 O.U 값 그대로 OD와 OS에 기록한다.

46

편심량(mm)

- 공식 : 최소렌즈직경(∅)=FPD−PD+E.D+여유분
- 64∅ =(52+16)−58+52+2
- 최소렌즈직경 64∅ < 주문 렌즈 직경 70∅ → 편심하지 않아도 된다.

47

① 1△의 기준 : 1m 떨어진 위치에서 1cm만큼 상의 위치
를 변화시키는 양

48

② 기본 피팅 : 안경테를 선택한 고객의 PD와 Oh 등 설계
점을 인점하기 위한 과정
① 표준상태 피팅 : 처음 안경테를 구입했을 때 전반적인
균형을 맞추는 과정
③ · ④ 미세부분 피팅 : 조제 가공 후 안경을 고객 얼굴에
맞추어 주는 피팅(응용 피팅 포함)
⑤ 사용 중 피팅 : 고객이 안경 착용을 하고 일상생활을 하
면서 틀어진 것을 맞추는 피팅

49

정점간거리
• 근시 : 안경 D > 콘택트렌즈 D
• −10D 안경 → 약 −9D 콘택트렌즈 처방

50

① 전초선 방향 = 약주경선 방향 = 수평 = 180° → 직난시
안 찾기
② 근시성 복성 도난시
③ 근시성 복성 도난시
④ 원시성 복성 도난시
⑤ −3D 근시안(난시 ×)

52

하프림 또는 반무테 산각 : 1차로 평산각 가공 후 → 2차로
역산각 가공을 한다.

53

굴절력 표기전환
• S+C 표기 : S−1.50D ⊂ C+2.00D, Ax 45°
• S−C 표기 : S+0.50D ⊂ C−2.00D, Ax 135°
• C−C 표기 : C−1.50D, Ax 135° ⊂ C+0.50D, Ax 45°

54

① 기준 PD=원거리, 주시거리 PD=중간 또는 근거리로,
기준 PD가 주시거리 PD보다 길다.
② 주시거리 PD는 주시거리에 따라 달라진다(근거리는
50cm 이내만 해당).
③ 주시거리가 짧을수록 편위량은 커진다(더 많은 눈모임
발생).
⑤ 편위량은 기준 $PD \times \dfrac{주시거리-12}{주시거리+13}$ 로 계산한다.

56

유발 사위
PD 오차로 인한 프리즘 영향 발생
• (−)5.00D 렌즈 : 기준 PD 62 > 조가 PD 60 → 1△
B.O 프리즘 영향 발생
• B.O 프리즘 작용으로 눈은 융합하기 위해 '폭주'됨
∴ 융합하기 위해 폭주하는 눈 = 외사위

57

프리즘 효과
• 원점굴절도 : −3.00D, 근시안
• 수직 프리즘 : 광학중심점 위로 2mm 지점을 통과 =
B.U 효과
• 0.6△ B.U 프리즘 발생

58

허용오차
• 원용
− 큰 방향 : 폭주 방향, B.O.
− 작은 방향 : 개산 방향, B.I
• 근용
− 큰 방향 : 개산 방향, B.I
− 작은 방향 : 폭주 방향, B.O

59

② 135° 경선 : −4.00D
③ 90° 경선 : −3.00D
④ 180° 경선 : −3.00D
⑤ 75° 경선 : −2.50D

60

(A) 굴절력 측정핸들
(B) 인점핀
(C) 시도조절환
(D) 안경테 및 렌즈 수평유지판
(E) 크로스라인타깃 회전핸들

61

렌즈미터 굴절력 읽기

- **방법 1** : C-C로 표기 후 S-C 또는 S+C식으로 표기 전환
  C-2.25D, Ax 90° ⊃ C-2.75D, Ax 180°
  → S-2.25D ⊃ C-0.50D, Ax 180°
  → S-2.75D ⊃ C+0.50D, Ax 90°
- **방법 2** : 먼저 읽은 D′를 S 값으로 쓰고, C 값은 굴절력 차이, Ax는 두 번째 선명초선 방향 → S-2.25D ⊃ C-0.50D, Ax 180°

62

① 입자가 거친 휠은 1차 연삭 시에 사용한다.
② 입자가 고운 휠은 산각 연삭 시에 사용한다.
③ 유리렌즈와 플라스틱렌즈는 렌즈 종류별 가공 휠이 존재한다.
④ 광택을 위한 휠이 있으며 마지막 순서로 연삭된다.

63

광학중심점 높이(Oh)

- 경사각 10° = 4.3mm 보정해야 함
- 기준 Oh 22mm - 4.3mm = 17.7mm(약 18mm)

64

가입도

- 가입도(Add) = 근용굴절력(D) - 원용굴절력(D)
- 원용과 근용의 난시 축 또는 C의 부호가 다를 경우, 통일한 다음 계산하여야 한다.
  - 원용 S-4.50D ⊃ C-1.50D, Ax 90°
  - 근용 S-2.50D ⊃ C-1.50D, Ax 90°
- 가입도 = (-)2.50D - (-)4.50D, Add : +2.00D

65

복식알바이트안경

- 앞렌즈 굴절력 = - Add = -2.00D
- 원용 OU : S-1.00D, 63mm
- 근용 OU : S+1.00D, 60mm
- 가입도(Add) = 근용(S 값) - 원용(S 값) = +2.00D
- 근용안경 착용 + 원용 PD로 볼 경우 발생 프리즘 :
  $0.3\triangle B.I = |+1| \times 0.3cm$
- 앞렌즈(-2.00D) 추가하면서 근용부에서 발생한 프리즘을 상쇄시켜야 한다.
  $: 0.3\triangle B.O = |-2| \times h(cm)$
  $\qquad h = 0.15cm(1.5mm)$
∴ 앞렌즈 원용 PD 63mm - 1.5mm = 61.5mm

66

누진굴절력렌즈 숨김마크에는 가입도, 렌즈 구분 마크, 수평유지표식 등이 표기되어 있다.

67

가입도 측정

- Ex형 이중초점렌즈 : (-)면 측정(①)
- 융착형 이중초점렌즈 : (+)면 측정(④)

68

③ · ④ 비대응점 결상이 되더라도 파눔 융합권 내에 있으면 융합이 된다.
① 좌우안에 맺힌 상의 크기가 거의 같아야 한다.
② 좌우안에 맺힌 상의 모양이 거의 같아야 한다.
⑤ 대응점 결상이 된 상은 융합이 된다.

69

사시의 양안시 적응증상

억제 · 이상대응 → 복시 · 혼란시 → 약시

71

최대조절력 (-)렌즈 부가법

조절력(D) = |흐림이 나타날 때까지 추가된 (-)굴절력|
$\qquad$ + 검사거리버전스(D)
∴ $8.00(D) = |-5.50D| + (+2.50D)$

72

① 기계적 폭주 : 근거리용 기계를 사용할 때 작용으로, 근접성 폭주에 포함됨
② 긴장성 폭주 : 외안근의 긴장에 의한 폭주
③ 근접성 폭주 : 가까이 있다는 인식만으로 개입되는 폭주
④ 조절성 폭주 : 조절자극에 반응하여 사용되는 폭주

73

① 사후 등 외안근이 신경지배를 받지 않을 때의 안구의 위치
② 외안근이 생리적 긴장을 가진 상태에서의 안구의 위치 (마취 상태)
④ 좌우안이 정면, 직전방을 볼 때 정렬된 안구의 위치
⑤ 조절성 폭주 개입 이후의 안구의 위치(가까이 볼 때)

74

4△ B.O 검사

• 억제 유무 검사, 미세사시에 의한 억제 깊이 검사이다.
• OD에 억제 암점이 있다면, OD에 B.O 프리즘 장입 → 양안 모두 움직임이 없다.

75

크로스링 시표

• OD(+ 표시)가 왼쪽으로 이동된 상태 = 교차성 복시 = 외사위
• 외사위(Exo) 교정 프리즘 : B.I(기저내방)

77

양안시 이상

• 원거리 8△ 외사위 → 개산 과다
• 양성융합력(B.O) : 수치 저하 → 폭주 부족
• High AC/A 비 : 6/1 → 개산 과다 또는 폭주 과다

78

프리즘 처방

공식 : 쉐어드 기준

$$\triangle = \frac{(2 \times 사위량) - 융합여력}{3}$$

(내사위 − NRC, 외사위 − PRC 조합)

$$\therefore 3\triangle \text{B.I} = \frac{(2 \times 9) - 9}{3}$$

79

가입도 처방

• AC/A 비가 높을 경우, 폭주과다형 내사위(Eso)인 경우에 적절한 방법
• 공식 : 가입도 $= \dfrac{\text{Prism}}{\text{AC/A}} \rightarrow \dfrac{\text{Prism}}{\text{AC/A}} + 0.50D = \dfrac{+2}{4}$
• 최종처방 : 원용처방 S−2.00D + Add(+0.50D) = S−1.50D

80

프리즘 교정

내사위는 융합하기 개산을 해야 한다. 즉, 개산 부담을 덜어줘야 피로감이 풀린다.
→ 융합하기 위한 개산의 양 = 프리즘 처방량

81

눈물층

지방층	• 눈물(수성층) 증발 방지 • 마이봄샘 · 자이스샘
수성층	• 눈물층 대부분을 차지 • 주누선 · 부누선 • 항균 단백질 '라이소자임'이 존재함
점액층	• 각막상피를 친수성화 • 구석결막의 술잔세포

82

③ 각막 : 각막전면 곡률반경 = 콘택트렌즈 기본커브 (BCR)

83

② 낮에 각막부종을 방지하기 위해서는 EOP가 9.9%가 되어야 한다.
③ 수면 중 일어날 수 있는 4% 이내의 각막부종을 위해서는 EOP가 17.9%가 되어야 한다.
④ 수면 중 일어날 수 있는 8%의 각막부종을 위해서는 EOP가 12.1%가 되어야 한다.
⑤ 연속착용렌즈를 위한 최소한의 EOP는 12.1%이다.

84

(A) 기본 커브
(B) 주변부 커브
(C) 전면부 커브
(D) 엣지(가장자리)
(E) 전체 직경(TD)

85

① 시력을 교정하기 위한 커브 = 중심 커브 = 베이스커브
  이다.
③ 각막난시 교정효과가 큰 커브 = 베이스커브이다.
④ 가장자리 들림이 크면 렌즈 움직임이 커진다.
⑤ 가장자리 들림이 클수록 눈물 순환이 많아진다.

86

얇은 소프트렌즈의 단점

• 굴절력이 낮은 경우 두께가 얇아 쉽게 탈수될 수 있다.
• 굴절력이 낮은 경우 취급하기 어렵다.
• 렌즈가 손상되는 비율이 높다 = 취급하기 어렵다.
• 토릭형 각막일 경우 시력 교정이 쉽지 않다.

88

① 소프트 콘택트렌즈는 주로 주형 주조법 또는 회전 주조
  법으로 만든다.
② 제조비용은 선반 절삭법 > 주형 주조법 > 회전 주조법
  순으로 많이 든다.
④ 주형 주조법은 다양한 렌즈 디자인 변수에 대응하기 어
  렵고 틀 제작이 어렵다.
⑤ 주형 주조법과 회전 주조법은 대량 생산이 가능하다.

90

② (−)렌즈의 BCR(기본커브)이 길어지면 앞쪽으로 이동
  된다.
③ (−)렌즈의 굴절력이 증가하면 뒤쪽으로 이동된다.
④ (+)렌즈의 직경이 감소하면 앞쪽으로 이동된다
⑤ (+)렌즈의 중심두께가 증가하면 앞쪽으로 이동된다.

91

정점간거리 보정

안경에서 콘택트렌즈 또는 콘택트렌즈에서 안경으로 교정
방법이 바뀌는 경우, 각막정점과 안경 또는 콘택트렌즈의
정점간거리가 변화하면서 되면서 교정효과가 변하게 된다.
0.25D를 최소단위로 교정굴절력을 측정하므로, 보정값이
0.25D 이상 나타나는 ±4.00D 이상부터 적용하게 된다.

92

잔여난시

• 굴절난시 ×, 각막난시 ○(C−1.00D, Ax 180°)
• 구면 소프트렌즈로 교정
  − 각막난시가 있지만 잔여난시와 함께 상쇄되어 사라짐
  − 잔여난시 없음

93

전체직경과 베이스커브

• 하드콘택트렌즈 : 직경(T.D)을 0.5mm 증가시켰을 경우
  베이스커브(BC)를 0.05mm 증가시킨다.
• 소프트 콘택트렌즈 : 직경(T.D)을 0.5mm 증가시켰을
  경우 베이스커브(BC)를 0.3mm 증가시킨다.

94

(−)렌즈 모양 디자인

고도원시 교정용일 경우 주변부 두께를 두껍게 하기 위한
디자인이다. 주변부를 두껍게 만들어 하방이탈을 방지할 수
있다.

95

① 광학부직경(OZD) : 어두운 조명에서의 동공 직경 결정
④ 건성안 유무 : 착용 콘택트렌즈의 재질 결정
⑤ 난시 유무 : 교정방법 결정(소프트 토릭 콘택트렌즈 또
  는 하드 콘택트렌즈)

전체 직경(TD) 결정

• 안검열 크기 = 눈꺼풀 테의 크기
• 수평방향가시홍채직경(HVID)
• 위눈꺼풀장력

97

③ 전면토릭 소프트 콘택트렌즈 : 굴절난시 ○, 각막난시 ×

99

각막부종
- 시력저하
- 각막 전체의 수분량 증가로 투명한 조직 내부에 빛 투과가 일정해지지 않음

100

① 붕산 : 완충제
② 인산 : 완충제
③ 염화나트륨(NaCl) : 삼투압 조절제
④ 다이메드(Dymed) : 방부제

101

① PH : 핀홀렌즈
② R : 검영법 검사거리 보정렌즈
③ RL : 적색 필터렌즈
④ $10^{\triangle}I$: 수직사위검사(분리 프리즘)

102

각막곡률계
- 중심부 마이어를 기준으로 위쪽와 왼쪽 마이어가 왼쪽으로 기울어진 상태 → 난시 축이 일치하지 않음
- 본체를 회전시켜 난시 축을 우선 맞춘 다음 곡률반경을 맞춤

103

(A) 보조렌즈 다이얼
(B) 크로스실린더
(C) 로타리프리즘
(D) 난시굴절력 조정 다이얼
(E) 검사창

104

① 주변부와 혈관 사이의 대비를 증가시켜 망막 혈관을 쉽게 관찰하기 위해 사용한다.

105

③ 공막 산란 조명법 : 내부 전반사를 이용하여 각막부종 유무를 확인한다.

01	02	03	04	05	06	07	08	09	10
④	③	⑤	②	⑤	②	①	③	①	③
11	12	13	14	15	16	17	18	19	20
④	③	④	⑤	①	③	④	①	④	④
21	22	23	24	25	26	27	28	29	30
⑤	②	③	⑤	④	⑤	⑤	②	⑤	②
31	32	33	34	35	36	37	38	39	40
④	①	②	②	⑤	③	④	⑤	③	②
41	42	43	44	45	46	47	48	49	50
⑤	④	①	③	⑤	③	①	⑤	②	⑤
51	52	53	54	55	56	57	58	59	60
③	②	③	④	③	④	⑤	④	①	③

01

나안시력
- 공식 : 시력$(VA) = \dfrac{\text{시표 인식거리(m)}}{\text{시표 기준 거리(m)}} \times$ 시표 크기
- $0.04(VA) = \dfrac{2\text{(m)}}{5\text{(m)}} \times 0.1$

02

① · ② 정위와 사위 구분
④ 우세안 구분
⑤ 입체시 유무 및 입체시력 측정

03

피검사자는 근시안(S - 3.00D)이며, 노안 초기 연령대(45세)이다. 최근 가까이 볼 때 안경을 벗고 보는 것이 더 편하다고 하는 것은 조절력 저하에 따른 전형적인 증상이다. 따라서 현재의 조절 기능을 평가하기 위해 조절력 검사를 선행해야 한다.

04

각막 난시

42.75D

44.25D

- 수평경선 : 44.25D, 수직경선 : 42.75D
- C 값은 (−)부호 표기만 가능
  - 큰 굴절력을 가진 경선에만 (−)Cyl 값 교정
  - C−1.50D, Ax 90°, 도난시

05

자동안 굴절력계(Auto−refractometer)

- 눈 전체 굴절력
- 굴절 난시 굴절력 · 축 방향
- 각막 전면 곡률반경

06

① 가성동색표 : 가장 기본적인 색각이상 검사 차트
③ 편광입체시표 검사 : 편광렌즈 사용
④ FLY Test : 편광렌즈 사용
⑤ Lang Test : 보조렌즈 없음, 나안

07

열공판

- 열공판 방향 = 경선 굴절력
- 열공판 수평일 때 S−3.00D → 수평 굴절력 −3.00D
- 열공판 수직일 때 S−4.00D → 수직 굴절력 −4.00D
- S−3.00D ⊃ C−1.00D, Ax 180°

08

적록이색검사

- 구면굴절력의 과교정과 저교정을 판단하기 위한 검사
- 적색바탕이 선명
  - 초점이 전반적으로 망막 앞(근시 상태), (−)구면굴절력을 증가
  - 근시안은 저교정, 원시안은 과교정 상태
- 녹색바탕이 선명
  - 초점이 전반적으로 망막 뒤(원시 상태), (−)구면굴절력을 감소
  - 근시안은 과교정, 원시안은 저교정 상태

09

난시정밀검사

- (가) 예상 난시축과 A(중간기준축) 일치 = 난시축 정밀 검사
- (나) 사용 시표 : 점군 시표

10

양안조절균형검사

- 잘 보이는 방향의 눈에 'S+0.25D' 추가
- S+0.25D를 추가하여도 계속 한쪽 눈만 선명하게 보이는 경우 → 좌우안의 교정시력이 맞지 않은 상태로 자각적굴절검사를 다시 실시

11

방사선 시표

- 근시 + 운무 상태 : 4시 방향이 선명
- 4시 × 30 = 120°
- ∴ 약주경선 방향 : 120°

12

근용 가입도

- 공식 : $D_N' = D_F' - (AC + S)$
- 작업거리 : 눈앞 25cm = 4.00D 조절력 필요
- 유용 조절력 : 총 4.00D 중에서 1/2만 사용. 즉, 2.00D 조절력
- 근용 가입도 : +2.00D

13

회전점 조건

- 눈의 조준선이 렌즈의 설계점을 수직으로 지나게 하는 광학적요소의 기본 조건
- 수직 방향은 경사각, 수평 방향은 앞수평면휨각 등의 영향을 받음

15

안경테 피팅 순서

- 피팅 순서는 안쪽 → 바깥쪽 순으로 진행
- 연결부 → 림 커브 → 엔드피스 → 템플팁

16

설계점 설정

- 기준점(FPD) : E.S(52) + B.S(14) = 66(단안 33)
- 설계점
  - R.PD 33 = 기준점 33 : 기준점과 설계점 일치
  - L.PD 34 > 기준점 33 : 기준점 기준 설계점은 귀 방향 1mm

17

설계점(PD & Oh)과 기준점(FPD)

- 기준값 > 설계점
  - 안경테가 눈 위치보다 큰 경우
  - 눈이 내편위처럼 보일 수 있음
- 기준값 < 설계점
  - 안경테가 눈 위치보다 작은 경우
  - 눈이 외편위처럼 보일 수 있음

18

편심렌즈

- 최소편심량 = 무편심렌즈직경 − 편심렌즈직경 / 2
- 무편심렌즈 직경 − 편심렌즈 직경 = 2 × 최소편심량
- 편심렌즈 직경 = 무편심렌즈 직경 − 2 × 최소편심량 = 65 − 2 × 2 = 61(mm)

19

렌즈미터 굴절력 표기

- 타깃이 중심보다 왼쪽 2칸 : OD 2△ B.O, OS 2△ B.I
- 180° 경선 : −3.50D, 90° 경선 : −1.75D
- OD : S−1.75D ◠ C−1.75D, Ax 90° ◠ 2△ B.O
- OS : S−1.75D ◠ C−1.75D, Ax 90° ◠ 2△ B.I

20

최소렌즈직경

- 공식 : 최소렌즈직경($\varnothing$)=FPD−PD+E.D(또는 E.S)+여유분
- 63($\varnothing$)=(55+18)−67+55+2

21

가입도 측정

- Ex형 이중초점렌즈 : (−)면 측정
- 융착형 이중초점렌즈 : (+)면 측정

22

망원경식 렌즈미터

- 타깃이 중심부에서 오른쪽으로 2칸 이동 = 2△
- OD : 2△ B.I, OS : 2△ B.O
- (−)1.50D일 때 초선이 모두 선명 : 구면렌즈

23

처방전 해석

- (−)Cyl 렌즈의 축 방향 : 약주경선 방향
- 180°는 약주경선이며, 강주경선은 90°(수직)이므로 직난 시이다.
- 표기전환을 하면 S+0.75D ◠ C+0.75D, Ax 180°이므로 '원시성 복성 도난시'를 교정하기 위한 처방이다.

24

P.D 미터기

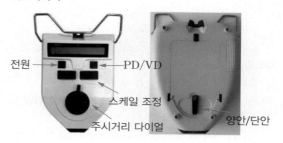

전원 —— PD/VD

—— 스케일 조정

주시거리 다이얼 —— 양안/단안

25

프리즘 효과

원시 교정용 렌즈 : 프리즘렌즈 2매가 기저방향이 서로 붙은 형상, 수렴 렌즈

- 기준 PD > 조가 PD → B.I 효과
- 기준 PD < 조가 PD → B.O 효과
- 기준 Oh > 조가 Oh → B.D 효과
- 기준 Oh < 조가 Oh → B.U 효과

26

① 포인트테의 조제가공 : 평산각 가공
② 하프림테의 조제가공 : 역산각 가공
③ 두꺼운 렌즈를 가공 : 고산각 가공
④ 굴절력이 낮은 근시 교정용 렌즈 : 중산각 가공

27

① 렌즈미터 없이 렌즈 굴절력을 측정하는 방법이다.
② 렌즈미터가 없을 때 사용하는 방법이다.
③ 대략적인 광학중심점은 확인 가능하다.
④ (+)렌즈 : 렌즈이동방향과 상의 이동방향이 반대이다.
   (−)렌즈 : 렌즈이동방향과 상의 이동방향이 동일하다.

28

렌즈미터

- (−)렌즈 : 렌즈의 이동방향과 타깃의 이동방향이 반대 → 역행 → 타깃을 중앙으로 이동시키기 위해 렌즈를 아래로 내려야 함 → 렌즈의 위쪽에 인점이 찍힘 → B.U 프리즘
- (+)렌즈 : 렌즈의 이동방향과 타깃의 이동방향이 같음 → 동행 → 타깃을 중앙으로 이동시키기 위해 렌즈를 위로 올려야 함 → 렌즈의 아래쪽에 인점이 찍힘 → B.U 프리즘

29

다리벌림각 피팅

- 다리벌림각 : 표준상태는 90~95°
- 다리벌림각이 작은 쪽 : 정점간거리가 길어지고 귀를 당기며 코받침이 뜨게 된다.
- 다리벌림각이 큰 쪽 : 정점간거리가 짧아지고 코 부위가 눌린다.

30

① 렌즈 크기가 테의 렌즈 삽입부보다 크다.
③ 평산각으로 가공하게 되면 렌즈가 테의 홈 부분에 들어가지 않으며, 왜곡이 아닌 렌즈 회전 또는 렌즈 빠짐 등의 증상이 나타난다.
④ 림(Rim) 커브와 렌즈의 커브가 일치하지 않는다.
⑤ 테 홈의 각도와 렌즈 산각의 각도가 일치하지 않는다.

31

④ 이향안구운동은 서로 반대 방향으로 움직이는 안구운동으로 눈모음(폭주)은 근거리를 볼 때, 눈벌림(개산)은 원거리를 볼 때 나타나는 안구운동이다.

32

폰 그라페(Von Graefe)법

- 10△ B.I 장입 : 수직사위검사
- 오른쪽 눈으로 보는 상(오른쪽 시표)가 아래로 내려감 → 우안 상사위
- 왼쪽 눈으로 보는 상(왼쪽 시표)가 위로 올라감 → 좌안 하사위

33

가림검사

- 우안을 가리고 좌안을 관찰 : 좌안 움직임 없음
- 좌안을 가리고 우안을 관찰 : 코 방향으로 움직임(정면 주시를 위한 운동) → 우안 외사시

34

조절래그 검사

- 조절래그 : 조절자극량 − 조절반응량
- 자극량 : 2.00D, 반응량 : 0.50D
- 조절래그 : +1.50D(조절부족을 의심)

35

최대조절력 _ (−)렌즈 부가법

- 흐린 점이 나타날 때까지 추가된 (−)굴절력 값 + 근거리 시표를 보기 위한 조절력
- S+1.50D → S−3.50D, 추가 값은 −5.00D
- 33cm 시표를 보기 위한 조절력 : 3.00D
- $|-5.00D| + (+3.00D) = $ 최대조절력 8.00D

36

① 기저외방(Base Out) 프리즘은 내편위를 교정할 때 사용한다.
② 기저내방(Base In) 프리즘은 외편위를 교정할 때 사용한다.
④ 기저외방(Base Out) 프리즘은 외사위를 유발할 수 있다.
⑤ 양성융합성폭주를 검사하기 위해서는 기저외방(Base Out) 프리즘을 사용한다.

37

양성상대폭주(PRC)

- 양성상대폭주(PRC) : B.O 프리즘을 추가하여 흐린 점을 인식할 때 추가된 값
- 흐린 점 15, 분리점 20, 회복점 17

38

워쓰 4점 검사(Worth 4 Dots Test)

- OU(양안개방) 상태에서 보이는 시표 모양으로 결과 판단
- 도형 4개 보임 : 정상, 억제 없음
- 적색 2개만 보임 : 좌안 억제
- 녹색 3개만 보임 : 우안 억제
- 도형 5개로 보임 : 복시. 적색 도형이 오른쪽에 위치 = 동측성 복시 = 내사위

39

편광 입체시표

- 원치감 인식이 어려움 : 외사위 미교정으로 인한 융합성 폭주가 필요하기 때문
- 근치감 인식이 어려움 : 내사위 미교정으로 인한 융합성 개산이 필요하기 때문

40

조절효율검사 : (+)렌즈에서 느림 또는 실패 시

- 조절이 과도하게 유도 또는 개입된 상태, 조절과다, 조절 유도
- NRA 낮게, 조절래그값 낮게 또는 (−)값 예상

41

① 확산 조명법(Diffuse Illumination) : 결막, 눈꺼풀 등 외안부를 빠르게 확인
② 간접 조명법(Indirect Illumination) : 홍채 구조, 동공 괄약근, 상피 수포 관찰
③ 역 조명법(Retro Illumination) : 홍채에서 반사된 빛으로 각막 후면 관찰
④ 공막산란 조명법(Sclerotic Scatter Illumination) : 각막 부종 유무·정도를 관찰

42

전체 직경(TD)

- 수평방향가시홍채직경(HVID) − 2mm = RGP 콘택트렌즈 전체 직경
- 수평방향가시홍채직경(HVID) + 2mm = 소프트 콘택트렌즈 전체 직경

43

② 어두운 환경에서 산동된 동공 직경을 측정한다.
③ 동공간거리는 측정할 필요는 없다.
④ 수평방향가시홍채직경(HVID)을 측정한다.
⑤ 눈물막 파괴시간이 10초 이하일 경우 콘택트렌즈 처방을 피한다.

44

눈물막 파괴시간 검사

- 눈물막 파괴시간 검사는 눈물(막)의 질 또는 안정성을 평가하기 위한 검사이다.
- 건조반은 점액층이 건조해질 때 발생한다.

46

① 거대유두결막염(GPC)의 발생 위험도가 낮다.
② 세척액, 보관액 등의 관리비용이 적게 든다.
④ 적응기간 필요 없이 언제든 착용할 수 있다.
⑤ 피팅 변수를 다양하게 선택할 수 없다.

47

덧댐굴절검사

- 시험렌즈 착용 후 굴절검사값 : 덧댐굴절검사
- 눈물렌즈 +0.50D 발생되어 있으므로 중화시켜 줄 굴절력이 추가로 필요하다.
- 원용교정값 S−3.00D + 시험렌즈 S−3.00D + 눈물렌즈 중화값 −0.50D
- 덧댐굴절검사 : S−0.50D
- 원용교정값 S−3.00D + 덧댐굴절검사 S−0.50D
- 최종처방굴절력 : S−3.50D

48

토릭 콘택트렌즈(LARS ; Left Add Right Subtract)

- 왼쪽(시계 방향)으로 돌아가면 돌아간 축만큼 더한다.
- 오른쪽(반시계 방향)으로 돌아가면 돌아간 축만큼 빼준다.

49

정점간거리 보정값

- 근시안 : 교정 안경 굴절력 > 교정 콘택트렌즈 굴절력
- 공식 : $D' = \dfrac{D_0{}'}{1 - (\iota - \iota_0)D_0{}'}$ (ι : 변화 정점간거리, ι_0 : 처음 정점간거리, $D_0{}'$: 변화 전 굴절력)

- ±4.00D 이상일 경우 보정값을 적용한다.
- 180° 경선 : −4.50D → −4.25D
- 90° 경선 : −6.00D → −5.50D
∴ S−4.25D ◯ C−1.25D, Ax 180°

50

침전물

- 실리콘 하이드로겔 : 실리콘(하드 콘택트렌즈 재질) + 하이드로겔(소프트 콘택트렌즈)
- 하드렌즈(지방) + 소프트렌즈(단백질) + 칼슘 등 복합적인 침전물 발생 : 하나의 침전물 덩어리가 됨 = 젤리 펌프(Jelly Bump)

51

모넬

- 알러지성 아토피 피부염을 자극할 수 있는 소재는 '니켈'
- 모넬은 대표적인 니켈 합금

52

고주파유도가열 용접

고주파 전류를 코일에 흐르도록 하여 생기는 저항열로 가열하는 방법이다.

- 장점
  - 가열시간과 온도를 일정하게 유지할 수 있음
  - 산화작용이 적어서 납재를 절약할 수 있고, 접합력이 강화됨
- 단점
  - 설비비와 유지비가 높음
  - 소량 다품종일 경우 제조원가가 높아짐

53

에폭시 수지

- 열경화성 플라스틱 테 소재
- 상품명 '옵틸'

55

① 염색 착색법 : 플라스틱렌즈 착색법
② 융착 착색법 : 주로 유리렌즈에 사용, 색유리를 접합
④ 진공 증착법 : 플라스틱·유리렌즈 모두 가능
⑤ 침투 착색법 : 진공증착 이후에 실시하는 방법

56

유리렌즈 연마공정

- Blocking : 생지렌즈를 가공기(틀)에 부착하는 과정. 파라핀 왁스를 접착제로 사용
- 황삭 연마 : 렌즈의 커브, 도수, 두께를 결정. 카보랜덤(Sic) 연마제 사용
- 정형 연마 : 지정된 렌즈면 곡률에 근접. 산화알루미나(Al_2O_3, 금강사) 연마제 사용
- 미세 연마 : 정확한 곡률이 완성되는 단계. 가넷트, 에머리 연마제 사용
- 광택 연마 : 마지막 광택 단계. 렌즈 투명성 확보. 산화철(FeO), 산화세륨(CeO_2) 연마제 사용
- 렌즈 분리

57

슬래브업(Slab Off) 렌즈

- 굴절부동시성 + 융착형 이중초점렌즈를 착용
- 좌우안의 상하 프리즘 굴절력 차이를 보완하는 목적

58

① 근용부 시야는 Ex형 이중초점렌즈가 가장 넓다.
② 설계점 설정, 거울 검사 등의 검사가 필요하다.
③ 수차몰림부는 왜곡으로 사용할 수 없다.
⑤ 가격이 비싸며, 시선 이동, 수차몰림부 등으로 적응기간이 필요하다.

59

편광렌즈

- 낚시, 운전용은 수평면 반사가 커진다.
- 편광 투과축은 수평면을 차단하기 위한 90°(수직)로 한다.

60

① 표면반사율을 감소하기 위한 코팅이다.
② 하드코팅 − 반사방지막코팅 − 기타 기능성코팅 순으로 한다.
④ 코팅막의 두께는 위상조건, 코팅물질은 진폭조건에 맞아야 한다.
⑤ 표면을 소수성이 되게 하는 것은 초발수 코팅이다.

1교시 │ 시광학이론

01	02	03	04	05	06	07	08	09	10
④	④	③	③	②	①	⑤	④	②	④

11	12	13	14	15	16	17	18	19	20
⑤	①	②	①	③	④	①	⑤	③	②

21	22	23	24	25	26	27	28	29	30
④	⑤	③	⑤	③	①	④	③	④	③

31	32	33	34	35	36	37	38	39	40
①	④	④	④	②	③	⑤	④	①	②

41	42	43	44	45	46	47	48	49	50
①	④	②	③	③	③	③	①	②	④

51	52	53	54	55	56	57	58	59	60
②	⑤	①	③	④	④	④	⑤	②	②

61	62	63	64	65	66	67	68	69	70
①	④	④	④	④	①	④	③	②	④

71	72	73	74	75	76	77	78	79	80
③	②	④	⑤	⑤	⑤	②	④	④	①

81	82	83	84	85					
⑤	①	④	③	②					

02

각막의 투명성

- 실질 내 교원섬유(아교섬유)의 규칙적인 배열
- 무혈관구조
- 각막내피의 탈수작용

03

① 중막은 혈관색소층으로, 혈관과 색소가 풍부하며 홍채와 섬모체에는 근육이 존재하지만 맥락막에는 근육이 존재하지 않는다.

② 홍채와 섬모체 모두 멜라닌세포가 존재한다.

④ 맥락막의 모세혈관이 망막 일부(바깥쪽 1/3 영역)에 혈액 공급을 담당한다.

⑤ 맥락막의 앞쪽으로는 톱니둘레를 경계로 섬모체와 연속된다.

04

① 동공확대근이 수축할 때 동공이 커진다.

② 동공조임근은 홍채의 중심쪽에, 동공확대근은 홍채의 가장자리에 위치한다.

④ 부교감신경의 지배로 섬모체근과 동공조임근이 수축하여, 조절과 축동이 일어난다.

⑤ 섬모체근이 이완되면 수정체 두께가 감소하고, 눈 전체 굴절력이 감소한다.

05

망막의 10개 층

색소상피층 → 광수용체세포층(광수용체세포의 바깥조각) → 바깥경계막 → 바깥핵층(광수용체세포의 핵) → 바깥얼기층 → 속핵층(두극세포의 핵) → 속얼기층 → 신경절세포층(신경절세포의 핵) → 신경섬유층(신경절세포의 축삭) → 속경계막

07

① 방수의 용적은 약 0.2mL이다.

② 방수의 90%는 슐렘관을 통해 배출된다(10%는 포도막-공막으로 배출).

③ 방수는 섬모체의 주름부 무색소상피에서 생산된다.

④ 정상적인 안압은 약 10~20mmHg이다.

08

① 유리체의 99%는 수분이다.

② 안구 용적 중에서 4/5를 차지한다.

③ 유리체 앞쪽으로는 수정체, 섬모체, 섬모체소대와 닿아 있다.

⑤ 노화과정에서 점차 액화된다.

09

① 결막에는 멜라닌세포가 존재하지 않는다.

③ 결막상피의 술잔세포에서는 눈물의 점액질을 분비한다.

④ 결막의 덧눈물샘에서는 평상시 눈을 적시는 눈물을 분비한다.

⑤ 안구결막과 각막상피가 연속되어 있다.

11

눈물층의 역할

• 지방층 : 눈물 증발 방지

• 수성층 : 미생물의 침입에 대항, 각막에 산소와 영양공급, 안구의 습윤 유지

• 점액층 : 눈물의 표면장력을 낮춤

13

① 각막 – 삼차신경

③ 눈꺼풀 – 눈돌림신경, 얼굴신경, 교감신경

④ 홍채 – 부교감신경, 교감신경

⑤ 눈물샘 – 삼차신경

14

• 시력검사의 기준거리에서 0.1 시표를 판독하지 못했을 때 : 0.1 시표를 판독할 수 있는 거리 측정[측정거리(m)/기준거리(m) × 0.1]

• 1m 거리에서도 0.1 시표를 읽지 못할 때 : 손가락 세기(안전지수 ; FC) – 손 흔들기(안전수동 ; HM) – 빛 인지(광각 ; LP)

15

③ 시신경원판(망막에서 황반보다 코쪽에 위치)에 의해 생기는 생리적 맹점은 귀쪽 시야에 존재한다.

①·② 정상시야의 범위 : 귀쪽(95°) > 아래쪽(65°) > 안쪽(60°) > 위쪽(55°)

④ 가장 좁은 곳은 위쪽이며, 가장 넓은 곳은 귀쪽이다.

⑤ 주변시야 범위의 시력을 담당하는 것은 막대세포로, 색을 잘 구분하기 어렵다.

16

④ 양안에서 모두 시야손실이 나타났고 같은 방향의 시야손실이므로 시신경교차 이후의 오른쪽 진행경로에서 나타난 장애로 볼 수 있다.

17

① 약시는 질환이 없으나 시력장애가 있으면서 안경이나 콘택트렌즈로 교정되지 않는 눈이다.

약시

• 사시약시 : 4세 이전에 주로 발생하는 사시로 인한 약시

• 시각차단약시 : 백내장, 눈꺼풀처짐 등으로 시각적 자극이 차단되어 발생하는 약시

• 굴절이상약시 : 굴절이상이 심한 경우 발생하는 약시

• 굴절부등약시 : 양안의 굴절이상의 정도가 달라 한 눈의 비정상적 시력발달로 발생하는 약시로, 일찍 발견하여 안경을 착용하고 치료를 병행하면 시력회복 가능

18

① 야맹은 막대세포 장애와 관련되며 원뿔세포 장애는 주맹과 관련된다.

② 비타민 A 결핍 시 막대세포와 관련되며 야맹이 나타날 수 있다.

③ 망막색소변성일 때 주변부 망막부터 손상되며 막대세포의 손상증상이 나타난다.

④ 수정체 중앙부 혼탁이 있을 때 축동 시 시력이 저하된다.

19

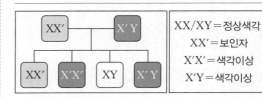

③ 색각이상인 자녀는 딸 1, 아들 1

20

① 축성근시는 정시보다 안구가 길다.

③ 미교정 원시의 과도한 근거리 작업으로 인해 일시적으로 나타나는 근시를 거짓근시라고 한다.

④ 원시는 정적굴절 상태에서 망막 뒤에 초점이 맺힌다.

⑤ 난시에 의한 상은 2개의 초선으로 맺힌다.

21

① 조절부족은 나이에 비해 조절력이 저하된 경우를 말한다.

② 섬모체의 마비는 조절마비 원인 중 하나이다.

③ 조절경련 시 수정체의 굴절력이 증가되어 있는 상태를 유지한다.

⑤ 조절마비 시에는 조절이 불가하다.

22

① 섬유주가 열리면서 방수 유출량이 증가하여 안압이 저하된다.
② 수정체의 두께가 증가한다.
③ 수정체가 앞쪽으로 이동하며 앞방이 좁아진다.
④ 조절 시 축동이 함께 일어난다.

24

① 위쪽 주시 시 아래빗근은 위곧은근의 협력근이다.
② 양안의 움직임이 서로 다른 방향을 향하는 것을 이향운동이라고 한다.
③ 눈모음과 눈벌림은 대표적인 이향운동에 속한다.
④ 눈모음 시 안쪽곧은근(작용근)의 수축, 가쪽곧은근(대항근)의 이완이 일어난다.

25

① 20~40대의 여성에게 흔하다.
② 주로 한쪽 눈에 발생한다.
④ 저농도의 필로카르핀에 의해 동공이 축소된다.
⑤ 대광반사는 소실되고 근접반사에서 축동이 나타난다 (대광-근접반사해리).

26

② 시신경장애(구심동공운동장애)일 때 간접반사는 정상이다.
③ 근접반사는 조절, 폭주, 축동을 말한다.
④ 눈돌림신경의 마비 시 원심동공운동장애가 일어난다.
⑤ 왼쪽 눈 망막질환(구심동공운동장애)일 때 간접반사는 정상이다.

28

단순포진각막염

• 단순포진바이러스에 의한 감염으로 원발형, 재발형이 있음
• 증상 : 대개 단안 증상, 눈의 자극감, 눈부심, 눈물 흘림, 시력장애, 각막지각 저하
• 대표적 징후 : 나뭇가지 모양 궤양
• 앞방축농은 없으나 앞방축농이 동반될 경우 세균 또는 진균의 감염 의심

29

원추각막

• 각막 중심부가 얇아지면서 돌출되는 진행성 질환
• 다운증후군, 아토피 피부염, 망막색소변성, 마르팡증후군 등에 합병
• 특징 : 데스메막 파열, 불규칙한 혈관신생 발생
• 진단 : 문슨징후(아래 주시 시 아래눈꺼풀테가 원추상으로 보임), 플라이셔고리, 각막지형도검사
• 치료 : 초기에는 하드 콘택트렌즈로 시력교정, 이후 증상이 심하면 각막이식

30

③ 눈송이 모양의 혼탁은 당뇨백내장의 대표적인 증상이다.

31

① 광시증은 액화된 유리체가 유리체막과 망막 사이로 들어가 박리가 발생하며, 망막이 잡아당겨지면서 자극이 일어나 눈앞이 번쩍거리는 증상이다.
②·③·④·⑤ 유리체와 관련이 없는 주로 눈앞쪽 부위의 증상이다.

32

① 인두결막열은 바이러스 감염 질환으로 대증요법을 사용한다.
② 아폴로눈병으로 불리는 것은 급성출혈결막염이다.
③ 급성출혈결막염의 증상은 통증, 이물감, 눈부심, 눈물 흘림, 충혈 등이 있다.
⑤ 대상포진은 피부의 증상을 동반하며, 인두결막열에서 목이 아픈 증상이 동반된다.

33

검열반

• 성인에게 흔히 발생한다.
• 눈꺼풀틈새 코쪽 결막에 결절이 발생한다.
• 시력저하 등 다른 증상이 없어 별다른 치료가 필요 없다.
• 통증을 동반하지 않는다.

34

포도막염

- 앞포도막염의 주요 증상 : 충혈, 눈부심, 눈물흘림, 통증 등
- 뒤포도막염의 주요 증상 : 대시증, 소시증, 암점, 색각이상 등
- 앞포도막염은 홍채, 섬모체의 염증이며 뒤포도막염은 맥락막과 망막 또는 유리체의 염증

35

① 눈꺼풀에서의 눈돌림신경은 위눈꺼풀올림근을 지배(눈돌림신경의 장애-눈꺼풀처짐)한다.

③ 속눈썹이 각막을 찌르는 증상은 눈꺼풀속말림, 속눈썹증 등의 증상이다.

④ 위눈꺼풀올림근의 마비로 눈꺼풀처짐이 발생할 수 있다.

⑤ 눈물의 생산과는 관계없고 눈물점이 젖혀져서 눈물 배출에 장애가 발생한다.

37

갑상샘눈병증

- 갑상샘질환과 관련된 자가면역질환
- 증상 : 안구돌출, 눈꺼풀뒤당김, 안구운동장애, 복시, 노출각막염 등
- 눈꺼풀증상 : 눈꺼풀뒤당김(달림플징후), 눈꺼풀내림지체(그레페징후) 등

40

다래끼

- 속다래끼 : 포도알균으로 인해 마이봄샘에 발생하는 급성화농성 염증
- 바깥다래끼 : 포도알균으로 인해 자이스샘과 몰샘에 발생하는 급성화농성 염증
- 콩다래끼 : 마이봄샘의 배출구가 막히면서 축적된 피지로 인한 염증, 통증이 없음

41

② TR 90 : 열가소성 플라스틱

③ 탄화규소 : 탄소

④ 귀갑테 : 동물성 소재

⑤ 아세테이트 : 열가소성 플라스틱

42

② 연화온도로 가열하면 경화(=굳는다)된다.

③ 불량품 재사용은 열가소성의 특징이다.

④ 사출성형은 열가소성, 주입성형은 열경화성에 사용된다.

⑤ 안경테 소재는 에폭시이고, 상품명은 옵틸이다.

43

① 하이니켈 : 니켈(80%) + 크롬(10%)

② 블란카-Z : 구리 합금(구리 + 니켈 + 아연 + 주석)

③ 니티놀 : 형상기억합금(니켈 + 티타늄)

⑤ 스테인리스 스틸 : 철 합금

44

① 광학상수 : 굴절률, 아베수는 모두 높을수록 좋다.

③ 맥리, 기포, 흠집은 없어야 한다.

④ 표면반사율은 낮게, 투과율은 높게 되어야 한다.

⑤ 자외선, 적외선 등의 유해광선은 차단해야 한다.

45

① · ② · ④ · ⑤ 유리의 물성에 변화를 주기 위한 수식산화물이다.

① Al_2O_3 : 유리의 구조를 강화(화학강화법에 사용)한다.

② TiO_2 : 유리의 굴절률을 높이고, 비중을 낮추기 위해 사용한다.

④ BaO : 분산 증가를 막아준다.

⑤ ZnO : 화학강화법에서 이온 교환을 촉진하기 위해 사용한다.

망목형성(산성) 산화물

단독으로 유리를 구성할 수 있는 산화물(SiO_2, B_2O_3, P_2O_5 등)이다.

46

금속테 제조과정

절삭 → 밴딩 → 프레스 → 땜질 → 연마 → 도금 → 조립 → 검사

48

① 하드코팅 = 긁힘저항성코팅

② 전자파차단코팅 = 청광차단코팅

③ 미러코팅 = 반사증폭막코팅, 표면 반사율 증가

④ 편광코팅 = 편광렌즈효과 코팅

49

자외선(U.V) 흡수차단용 소재

- 플라스틱렌즈 : TiO_2, ZnO
- 유리렌즈 : CeO_2

50

구리가속성염수분무시험법(CASS Test)

금속테 내부식성 확인용 검사

51

안광학계의 굴절률

방수 1.335 < 각막 1.376 < 수정체 피질 1.386 < 수정체핵 1.406

52

안광학계 상측절점(N')

- 절점(N) 위치 : 수정체 후면(후극부)에 위치, 약 +7mm
- 주점(H) 위치 : 전방깊이의 절반, 약 +1.5mm

53

카파각

- 카파각이 코 방향에 위치 : (+)부호
- 카파각이 귀 방향에 위치 : (−)부호
- (−)카파각 큼 = 내사시
- (+)카파각 큼 = 외사시 의심

54

적녹이색검사

- 눈의 색수차를 이용한 검사
- 적색 : 장파장, 망막 뒤쪽에 위치
- 녹색 : 단파장, 망막 앞쪽에 위치

55

① 굴절면 1개(정식 6개, 약식 3개)
② 1개의 등가굴절면
③ 주점은 각막정점에, 절점은 굴절면 곡률중심에 위치
⑤ 안축 길이 = 상측초점거리

56

동공과 시력

- 어두워지면이 동공이 산동됨
- 동공이 커지면(산동)
  - 피사체심도 얕아짐
  - 구면수차 등 수차량 증가
  - 회절효과 감소

57

중간경선굴절력

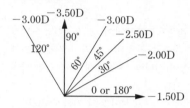

- 공식 : $D' = C \sin^2 \theta$
- 수평경선굴절력 : −1.50D
- 수직경선굴절력 : −3.50D
- 120° 경선 : −3.00D

58

난시 종류

- S−3.50D $\subset$ C+1.50D, Ax 180°(S−2.00D $\subset$ C−1.50D, Ax 90°)
- 강주경선 : 180°, −3.50D, 약주경선 : 90°, −2.00D = 근시성 복성 도난시

59

① 눈의 굴절력이 정시보다 작은 경우 → 굴절성 원시
② 수정체가 정시보다 후방 편위가 된 경우 → 축성 원시
③ 눈 매질의 굴절률이 작아진 경우 → 굴절성 원시
⑤ 각막 전면의 곡률반경이 길어진 경우 → 굴절성 원시

60

난시정밀검사

- 난시교정 원주렌즈 굴절력이 과교정 또는 저교정되면, 크로스실린더 렌즈를 반전할 경우 초선 간 간격이 달라지면서 선명도도 변한다.
- 난시교정 원주렌즈 굴절력이 정교정되면, 전초선과 후초선의 위치만 바뀌기 때문에 선명도의 변화는 없다.

61

정점간거리(VD)

- 교정 안경의 정점간거리가 짧아지면 근시교정용은 과교정 상태, 원시교정용은 저교정 상태가 되며 (+)구면굴절력을 추가해야 한다.
- 교정 안경의 정점간거리가 길어지면 근시교정용은 저교정 상태, 원시교정용은 과교정 상태가 되며 (−)구면굴절력을 추가해야 한다.

62

방사선 시표

- 후초선이 180° = 강주경선의 방향이 180°(수평) = 도난시
- 원시안이 나안일 경우 : 전초선이 망막 가깝게 위치하며, 약주경선 방향이 선명함 → S+C식 표기로 한 다음 Ax ÷ 30 = 선명 시간
- 원시안이 운무할 경우 : 후초선이 망막 가깝게 위치 즉, 강주경선 방향이 선명함 → S−C식 표기로 한 다음 Ax ÷ 30 = 선명 시간

63

명시역

- 원용부 명시역 : 완전교정이므로 0D에서 시작, 조절력 3.00D만큼 눈앞으로 이동
- 근용부 명시역 : 0D에서 가입도(2.00D)만큼 눈앞으로 이동 + 조절력만큼 추가로 이동 → 0D + (+2.00D) + (+3.00D) = 5.00D
- 이중초점렌즈를 통한 명시역 범위는 0~5D. 즉, 눈앞 무한대에서 눈앞 20cm까지

64

유용 조절력

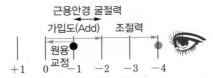

- 공식 : $D_N' = D_F' - (A_C + S)$
- 작업거리 눈앞 25cm = 4D 조절력 필요
- 유용 조절력 : 총 4.00D 중에서 1/2만 사용. 즉, 2.00D 조절력
- 근용 가입도 : +2.00D
- 근용안경 굴절력(+1.00D) = 원용교정 굴절력(−1D) + 가입도(+2.00D)

65

원점과 근점

- 굴절이상도 −2 = 원점굴절도 +2 = +58D 원시안
- 원점거리 눈 뒤 50cm + 최대조절력(+5D) = 근점거리 눈앞 33cm

66

프리즘 효과

- 수평 굴절력 : −2.00D, 수직 굴절력 : −3.00D
- 수평 프리즘 : 기준 PD < 조가 PD이므로 B.I 효과 → 0.5△ B.I = |−2| × 0.25(cm)
- 수직 프리즘 : 기준 Oh < 조가 Oh이므로 B.D 효과 → 0.6△ B.D = |−3| × 0.2(cm)

68

자기배율

- 안경배율 = 형상계수 × 굴절력계수
- 자기배율(안경배율)을 감소시키기 위한 방법
  - VD(정점간거리)를 작게
  - 렌즈의 중심두께를 얇게
  - 전면의 면굴절력(=D_1')를 작게
  - 굴절률(n)을 크게

69

빛의 성질

- 빛은 동일 매질 내에서는 직진만 한다.
- 매질이 달라지면 매질의 경계면에서 반사 또는 굴절하게 된다.
- 굴절률이 큰 매질(밀한 매질)로 진행하게 되면 입사각 > 굴절각이 되고, 빛의 속도, 파장의 길이는 작아지게 된다.

70

겉보기 깊이

- n_1 × 실제 깊이 = n_2 × 겉보기 깊이
- 겉보기 깊이 : 겉보기 깊이(cm) $= \dfrac{240\text{cm}}{\dfrac{4}{3}} \rightarrow 180\text{cm}$

71

두 매의 평면거울에 의한 상의 개수

- 공식 : $N(개수) = \dfrac{360}{\theta}$
- N이 홀수이면 N개
- N이 짝수이면 $N-1$개
- N이 정수, 소수이면 정수개

72

임계각

- 굴절각이 90°가 될 때의 입사각
- 공식 : $\sin ic = \dfrac{n_2}{n_1} \ (n_1 > n_2)$
- $\sin ic = \dfrac{1}{\sqrt{2}} \rightarrow \sin 45°$

73

볼록거울 결상은 물체 거리와 관계없이 항상 '축소된 정립 허상'만 결상된다.

74

단일구면 면굴절력

- 공식 : $D' = \dfrac{(n-1)}{r}$
- $D' = \dfrac{(3-1)}{+0.5\text{m}} \rightarrow +4.00D'$

75

① 입사면에 수직(90°)으로 입사한 광선에 대해서는 굴절 없이 그대로 직진한다.
② (+)굴절력의 안경렌즈에서 광축과 평행하게 입사한 광선 렌즈 중심부로 굴절된다.
③ (−)굴절력의 안경렌즈에서 광축과 평행하게 입사한 광선 렌즈 주변부로 굴절된다.
④ (+)굴절력의 안경렌즈는 두 매의 프리즘 기저끼리 마주 붙은 형태이다.

76

얇은렌즈 결상

- 횡배율 $= \dfrac{s'(상거리)}{s(물체거리)}$
- 횡배율 = +2(2배의 정립허상)
- 물체거리와 상거리의 부호가 동일하면 같은 방향에 위치한다.

77

② 얇은렌즈 결상 : s(물체거리) $= -(s')$ 상거리인 경우 횡배율 = −1 이며, 이러한 결상은 $s = 2f$일 때 가능하다.

78

렌즈 형상

- 양볼록 · 양오목렌즈 : r_1과 r_2의 부호가 다르다.
- 메니스커스렌즈 : r_1과 r_2의 부호가 동일하다.
- $r_1 \cdot r_2$ 모두 > 0 : 좌측으로 볼록하다.
- $r_1 > r_2$: (−)메니스커스렌즈

79

형상계수

- 상측정점굴절력$(Dv') = Fs$(형상계수)$\times D'$(상측주점굴절력)
- $+12D = Fs \times +10D$
- $Fs = 1.2$

80

가시광선의 파장별 색상

- 장파장 : 빨간색
- 단파장 : 보라색

81

① 주기(T)와 진동수(f)는 서로 반비례 관계이다.
② 주기(T)는 매질의 어느 한 점이 1회 진동하는 데 걸리는 시간이다.
③ 진동수(f)는 매질의 어느 한 점이 1초 동안 진동하는 횟수이다.
④ 파장(λ)은 동일한 위상(단, 평형점을 제외)을 가진 이웃한 두 점 사이의 거리이다.

82

도플러 효과

• 거리가 가까워지면 진동수가 증가하고 고음과 큰 소리가 들린다.
• 거리가 가까워지면 진동수가 증가하고 청색이 잘 보이게 된다.

84

생략안의 분해능은 '레일리 기준 공식'으로 구한다. 원형 개구에서는 다음의 공식을 사용한다.

분해능 $\sin\theta = 1.22 \times \dfrac{\lambda}{d}$

(d : 직경, λ : 빛의 파장, 1.22 : 레일리 상수)

85

복굴절

• 하나의 입사광선에 굴절광선이 2개인 경우 관찰할 수 있다.
• 대표적 물질로는 '방해석'이 있다.

2교시 1과목 의료관계법규 / 2과목 시광학응용

01	02	03	04	05	06	07	08	09	10
⑤	①	⑤	⑤	③	④	④	②	④	②
11	12	13	14	15	16	17	18	19	20
②	④	④	②	④	④	③	①	③	④
21	22	23	24	25	26	27	28	29	30
⑤	③	③	④	②	⑤	②	②	③	①
31	32	33	34	35	36	37	38	39	40
④	⑤	⑤	⑤	①	⑤	①	⑤	②	②
41	42	43	44	45	46	47	48	49	50
②	②	④	②	⑤	④	①	④	②	②
51	52	53	54	55	56	57	58	59	60
①	③	⑤	①	③	②	④	③	①	③
61	62	63	64	65	66	67	68	69	70
④	⑤	④	②	⑤	①	②	④	②	③
71	72	73	74	75	76	77	78	79	80
①	⑤	③	②	①	②	①	⑤	③	②
81	82	83	84	85	86	87	88	89	90
②	④	①	⑤	②	①	②	③	①	①
91	92	93	94	95	96	97	98	99	100
④	④	④	②	③	③	③	①	④	⑤
101	102	103	104	105					
⑤	④	②	①	③					

01

상급종합병원 지정(의료법 제3조의4 제1항)

보건복지부장관은 종합병원 중에서 중증질환에 대하여 난이도가 높은 의료행위를 전문적으로 하는 병원을 상급종합병원으로 지정할 수 있다.

03

정보누설금지(의료법 제19조 및 제88조)

의료인이 의료기관에서 진료하는 과정에서 알게 된 환자의 비밀을 누설한 경우 해당 피해자의 고소가 있어야 공소를 제기할 수 있으며, 3년 이하의 징역이나 3천만 원 이하의 벌금에 처한다.

04

면허취소와 재교부(의료법 제65조)

면허를 재교부받은 후 의료인의 품위를 심하게 손상시키는 행위를 하게 된 경우에는 면허취소 및 2년 이내 재교부 금지 처분을 받는다.

05

의료기관의 개설(의료법 제33조 제2항)

의사는 종합병원 · 병원 · 요양병원 · 정신병원 또는 의원을, 치과의사는 치과병원 또는 치과의원을, 한의사는 한방병원 · 요양병원 또는 한의원을, 조산사는 조산원만을 개설할 수 있다.

06

면허 조건과 등록(의료법 제11조 제1항)

보건복지부장관은 보건의료 시책에 필요하다고 인정하면 의사 · 치과의사 · 한의사 및 조산사 면허를 내줄 때 3년 이내의 기간을 정하여 특정 지역이나 특정 업무에 종사할 것을 면허의 조건으로 붙일 수 있다.

07

진료기록부 등의 보존(의료법 시행규칙 제15조 제1항)

- 10년 : 진료기록부, 수술기록
- 5년 : 환자 명부, 검사내용 및 검사소견기록, 방사선 사진(영상물을 포함한다) 및 그 소견서, 간호기록부, 조산기록부
- 3년 : 진단서 등의 부본(진단서 · 사망진단서 및 시체검안서 등을 따로 구분하여 보존할 것)
- 2년 : 처방전

08

② 의료기관 개설자가 될 수 없는 자에게 고용되어 의료행위를 한 자는 500만 원 이하의 벌금에 처한다(의료법 제90조).

09

정의(의료기사 등에 관한 법률 제1조의2 제1호)

의료기사란 의사 또는 치과의사의 지도 아래 진료나 의화학적 검사에 종사하는 사람으로서 한의사의 지도 아래 근무는 해당하지 않는다.

10

개설등록(의료기사 등에 관한 법률 및 제12조 제1항)

안경사가 아니면 안경을 조제하거나 안경 및 콘택트렌즈의 판매업소를 개설할 수 없다.

11

안경사의 업무 범위(의료기사 등에 관한 법률 시행령 별표 1)

- 안경(시력보정용에 한정)의 조제 및 판매와 콘택트렌즈(시력보정용이 아닌 경우를 포함)의 판매에 관한 다음의 구분에 따른 업무
  - 안경의 조제 및 판매. 다만, 6세 이하의 아동을 위한 안경은 의사의 처방에 따라 조제 · 판매해야 한다.
  - 콘택트렌즈의 판매. 다만, 6세 이하의 아동을 위한 콘택트렌즈는 의사의 처방에 따라 판매해야 한다.
  - 안경 · 콘택트렌즈의 도수를 조정하기 위한 목적으로 수행하는 자각적(주관적) 굴절검사로서 약제를 사용하지 않는 검사
  - 안경 · 콘택트렌즈의 도수를 조정하기 위한 목적으로 수행하는 타각적(객관적) 굴절검사로서 약제를 사용하지 않는 검사 중 자동굴절검사기기를 이용한 검사
- 그 밖에 안경의 조제 및 판매와 콘택트렌즈의 판매에 관한 업무

12

결격사유(의료기사 등에 관한 법률 제5조)

- 정신질환자(전문의가 적합으로 인정한 경우는 제외)
- 마약류 중독자
- 피성년후견인, 피한정후견인
- 의료법 등을 위반하여 금고 이상의 실형을 선고받고 그 집행이 끝나지 아니하거나 면제되지 아니한 사람

13

보수교육(의료기사 등에 관한 법률 시행규칙 제18조 제3항)

보건복지부장관은 다음의 어느 하나에 해당하는 사람에 대해서는 해당 연도의 보수교육을 유예할 수 있다.

- 해당 연도에 보건기관 · 의료기관 · 치과기공소 또는 안경업소 등에서 그 업무에 종사하지 않은 기간이 6개월 이상인 사람
- 보건복지부장관이 해당 연도에 보수교육을 받기가 어렵다고 인정하는 요건을 갖춘 사람

14

면허의 등록 등(의료기사 등에 관한 법률 제8조 제1항)

보건복지부장관은 의료기사 등의 면허를 할 때에는 그 종류에 따르는 면허대장에 그 면허에 관한 사항을 등록하고 그 면허증을 발급하여야 한다.

15

시정명령(의료기사 등에 관한 법률 제23조 제1항)

특별자치시장·특별자치도지사·시장·군수·구청장은 치과기공소 또는 안경업소의 개설자가 규정을 위반한 경우에는 위반된 사항의 시정을 명할 수 있다.

16

청문(의료기사 등에 관한 법률 제26조)

보건복지부장관 또는 특별자치시장·특별자치도지사·시장·군수·구청장은 다음의 어느 하나에 해당하는 처분을 하려면 청문을 하여야 한다.
- 면허의 취소
- 등록의 취소

17

면허의 취소 등(의료기사 등에 관한 법률 제21조 제2항)

면허자격정지는 면허가 취소된 것이 아니므로 재발급 대상이 아니다.

18

① 타인에게 의료기사 등의 면허증을 빌려 준 경우 → 면허 취소 사유(의료기사 등에 관한 법률 제21조 제1항 제3호)
② 치과기공물 제작의뢰서를 보존하지 아니한 경우 → 자격의 정지(동법 제22조 제1항 제2의4호)
③ 안경업소에 대한 거짓 광고 또는 과대광고를 한 경우 → 개설등록의 취소(동법 제24조 제1항 제2호)
④ 의료기사 등에 관한 법률에 따른 명령을 위반한 경우 → 자격의 정지(동법 제22조 제1항 제3호)
⑤ 안경업소의 개설자가 될 수 없는 사람에게 고용되어 안경사의 업무를 한 경우 → 자격의 정지(동법 제22조 제1항 제2호)

19

개설등록의 취소 등(의료기사 등에 관한 법률 제24조 제2항)

개설등록의 취소처분을 받은 사람은 그 등록 취소처분을 받은 날부터 6개월 이내에 치과기공소 또는 안경업소를 개설하지 못한다.

20

비밀누설의 금지 및 벌칙(의료기사 등에 관한 법률 제10조 및 제30조 제1항 제3호)

의료기사 등은 이 법 또는 다른 법령에 특별히 규정된 경우를 제외하고는 업무상 알게 된 비밀을 누설하여서는 아니되며, 비밀을 누설한 사람은 3년 이하의 징역 또는 3천만원 이하의 벌금에 처한다.

21

업무상 비밀 누설 금지

- 의료기사 등에 관한 법률 제10조 '비밀누설의 금지' 등에 해당한다.
- 위반 시 3년 이하의 징역 또는 3천만원 이하의 벌금에 처한다.

23

① 총 원시(전체원시) : 조절마비제 점안 후 측정가능한 원시량이다.
② 수의성 원시 : 조절력 > 원점굴절도, 원거리와 근거리 모두 선명하게 본다.
④ 현성 원시 : 운무법 시행 후 측정 가능한 원시량이다.
⑤ 절대성 원시 : 조절력 < 원점굴절도, 교정하지 않으면 원/근거리 모두 선명하게 볼 수 없다.

24

① 경선별로 배율이 다른 사이즈렌즈
② 굴절력이 0.00D인 사이즈렌즈
③·④ 사이즈렌즈에 해당하지 않음

사이즈렌즈

배율을 조정한 부등상시 교정용 렌즈

25

예비검사

- 검사대상은 사위(=잠복 사시)가 있는 피검사자이다.
- 가림검사를 통해 융합이 제거된 상태에서 사위의 종류 및 양을 파악한다.

27

③ 방사선 시표 : 난시유무검사
① 점군 시표 : 난시정밀검사
② 편광적녹 시표 : 구면굴절력 정밀검사
④ 워쓰 4점 시표 : 억제유무검사
⑤ 격자 시표 : 조절래그, 가입도, 구면굴절력 정밀검사

28

③ L 또는 R은 편광렌즈의 효과를 확인하는 시표이다.
⑤ FLY TEST 글씨는 억제 유무를 판정할 수 있는 시표이다.
Fly Test

- 편광렌즈를 보조렌즈로 사용하는 근거리 입체시 검사 시표
- 흔하게 사용하는 시표

29

① 오른쪽 눈에 대한 검사 결과이다.
② 정점간거리는 12mm이다.
④ 근시성 복성 직난시안이다.
⑤ 약주경선의 방향은 180°이다.

31

중화굴절력(총검영값)

- S−1.50D ⊃ C−1.00D, Ax 90°
- 검사거리 50cm : −2.00D 중화
- 수평경선 : −2.50D, 역행, (−)0.50D 필요
- 수직경선 : −1.50D, 동행, (+)0.50D 필요

32

순검영값

- 안모형통 세팅값 = 순검영값(교정굴절력)
- 기준선 수치 −1.00 = 'S'값
- 렌즈 받침대 C+1.00D, Ax 180° = 부호 반대로 적용, C−1.00D, Ax 180°
- S−1.00D ⊃ C−1.00D, Ax 180° = 순검영값(교정굴절력)
- S−2.00D ⊃ C+1.00D, Ax 90°

33

운무법

- 자각적 굴절검사를 실시하고자 할 때 조절개입을 막기 위한 방법을 운무법이라 한다.
- 원시안의 경우, 조절력으로 원점굴절도를 대부분 극복하기 때문에 조절개입을 막는 것이 정확한 자각적 굴절검사를 진행할 수 있다.
- 가성근시 의심 환자, 처음 안경 착용 환자 등에서는 운무법 시행을 권장한다.

34

나안시력검사

- 공식 : 시력$(VA) = \dfrac{\text{시표 인식 거리(m)}}{\text{시표 기준 거리(m)}} \times \text{시표 크기}$
- $0.02(VA) = \dfrac{1(\text{m})}{5(\text{m})} \times 0.1$

35

최초장입굴절력(D)

- 공식 : 최초장입굴절력$(D) = B.V.S + \dfrac{|C|}{2} + (+0.50D)$
- $-1.00(D) = -2.00 + \dfrac{|1.00|}{2} + (+0.50D)$

36

난시유무검사

- 구면굴절력 조절을 통해 시력 증진이 두 단계 이상 반응이 없을 경우 최대시력값을 기준으로 난시유무검사를 실시한다.
- 난시유무검사에서도 시력 향상이 없을 경우 핀홀 렌즈를 이용한 약시유무검사를 실시한다.

37

난시정밀검사

- 예상 난시 축 방향 = 크로스실린더 P점이 일치 = 난시 굴절력 정밀검사
- 적색점이 P점 위치에 있을 때가 더 선명 → C-0.25D 추가

38

난시 종류

- OD : S-1.00D, ◯ C-1.00D, Ax 90° : 근시성 복성 도난시
- OS : S 0.00D, ◯ C-1.50D, Ax 90° : 근시성 단성 도난시

39

적록이색검사

- 구면굴절력의 과교정과 저교정을 판단하기 위한 검사
- 적색바탕이 선명
  - 초점이 전반적으로 망막 앞(근시 상태) : (-)구면굴절력을 증가
  - 근시안은 저교정, 원시안은 과교정 상태
- 녹색바탕이 선명
  - 초점이 전반적으로 망막 뒤(원시 상태) : (-)구면굴절력을 감소
  - 근시안은 과교정, 원시안은 저교정 상태

40

① 시표는 위아래 두 줄 시표로 구성되어 있다.
③ 아래 보이는 시표는 왼쪽 눈이 보는 시표이다.
④ 위쪽 시표는 오른쪽 눈, 아래쪽 시표는 왼쪽 눈으로만 볼 수 있다.
⑤ 아래 시표가 보이지 않는다고 응답할 경우 좌안 억제를 의심해 볼 수 있다.

41

마이너스렌즈 부가법

- 흐린 점이 나타날 때까지 추가된 (-)굴절력 값 + 근거리 시표를 보기 위한 조절력
- S-1.50D → S-5.25D, 추가 값은 -3.75D
- 40cm 시표를 보기 위한 조절력 : 2.50D
- $|-3.75D| + (+2.50D) = $ 최대조절력 6.25D

42

근점

- 굴절이상도 +5 = 원점굴절도 -5 = +65D 근시안
- 눈 굴절력 +65D + 최대조절력(+5D) = 근점거리 눈앞 10cm(10D)

43

① OD : 오른쪽 눈
② OU : 양안
③ Add : 가입도
⑤ PD : 동공간거리

44

프리즘렌즈 기저방향의 T.A.B.O 각도 표기

- Base In : OD Base 0° ◯ OS Base 180°
- Base Out : OD Base 180° ◯ OS Base 0°
- Base Down : OD Base 270° ◯ OS Base 270°
- Base Up : OD Base 90° ◯ OS Base 90°

45

① 안경렌즈의 상측 정점에서 각막 정점까지의 거리는 정점간거리(VD)에 해당한다.
② 안경테 하부림에서 동공중심까지의 높이는 광학중심점 높이(Oh)에 해당한다.
③ 원용 경사각은 10~15°이다.
④ 근용 경사각은 15~20°이다.

46

단안 편심량

- 편위량 : 단안측정기준 PD에서 주시거리에 따라 이동된 PD량
- 공식 : 편위량 $= $ 기준 $PD \times \dfrac{25}{d(주시거리)+13}$

	단안 PD 30	단안 PD 32	단안 PD 33	단안 PD 34	단안 PD 35
25cm	2.9	3.0	3.1	3.2	3.3
30cm	2.4	2.6	2.6	2.7	2.8
33cm	2.2	2.3	2.4	2.5	2.6
40cm	1.9	2.0	2.0	2.1	2.2

48

응용 피팅

조제 및 가공이 완료된 안경렌즈를 끼운 다음 고객에게 착용시켜 보면서 실시하는 피팅

49

① 편심렌즈 표기이다.
③ 2.5mm 편심한 렌즈이다.
④ 실제 렌즈직경은 65∅이다.
⑤ 65∅의 렌즈를 편심하여 70∅ 효과를 낸 것이다.

52

① 경사각은 측면에서 관측한 연직선과 안경테의 측면 림(Rim)이 이루는 각이다.
② 정상일 때의 각도는 180°이다.
④ 근용은 앞 쏠림 상태로 피팅한다.
⑤ 뒷 쏠림 상태가 크면 안경테의 상하림이 얼굴에 접촉된다.

53

다리벌림각 피팅

- 다리벌림각 : 표준상태는 90~95°
- 다리벌림각이 작은 쪽 : 정점간거리가 길어지고, 귀가 당기며 코받침이 뜨게 됨
- 다리벌림각이 큰 쪽 : 정점간거리가 짧아지고, 코 부위가 눌림

54

안경테 전면부를 아래로 내리기 위한 피팅

- 경사각은 크게 한다.
- 코받침 위치를 올린다.
- 코받침 좌우 폭을 넓게 한다.
- 귀받침부 꺾임부를 뒤로(=길게) 한다.

55

정점굴절력계(Lensmeter)

- 원주렌즈의 굴절력과 축 방향
- 프리즘렌즈의 굴절력과 기저방향
- 구면렌즈 상측정점굴절력

56

② 콜리메이터부는 타깃에서 나온 빛을 표준렌즈에 의해 평행광선속으로 만든다.
① 망원경부의 구조는 핀트글래스(스크린), 대물렌즈, 접안렌즈이다.
③ 접안렌즈는 측정자의 비정시를 보정(=시도조절)하고, 핀트글래스를 보기 위함이다.
④ 조명계는 표준렌즈의 타깃에 빛을 비춘다.
⑤ 핀트글라스는 측정된 굴절력을 표시하는 스크린이다.

57

왜곡

- 경사각 : 수직경선에 영향을 주는 요소
- 근시 교정용 렌즈 : 좌우로 길어진 형태
- 원시 교정용 렌즈 : 상하로 길어진 형태

58

허용오차

- 근용
  - 큰 방향 : 개산 방향. B.I(+2.50D 렌즈, 1△이므로 기준 PD 68mm > 조가 PD 64mm)
  - 작은 방향 : 폭주 방향. B.O(+2.50D 렌즈, 0.5△이므로 기준 PD 68mm < 조가 PD 70 mm)
- ∴ 조가 PD 허용범위 : 64~70mm

59

② S−1.50D ⊃ C−1.50D, Ax 90° : 근시성 복성 도난시
③ S−1.50D ⊃ C+1.50D, Ax 90° : 근시성 단성 직난시
④ S−3.00D ⊃ C+1.50D, Ax 180° : 근시성 복성 도난시
⑤ C−1.50D, Ax 180° : 근시성 단성 직난시

60

(A) 굴절력 측정핸들
(B) 인점핀
(C) 시도조절환
(D) 수평유지판
(E) 크로스라인타깃 회전핸들

61

렌즈미터 굴절력 읽기

타깃이 왼쪽으로 한 칸 이동. OD 1△ B.O ⊃ OS 1△ B.I

- **방법 1** : C-C로 표기 후 S-C 또는 S+C식으로 표기 전환하기
  - C-0.75D, Ax 45° ⊃ C-1.25D, Ax 135°
    → OD : S-0.75D ⊃ C-0.50D, Ax 135° ⊃ 1△ B.O
  - OS : S-0.75D ⊃ C-0.50D, Ax 135° ⊃ 1△ B.I
    → OD : S-1.25D ⊃ C+0.50D, Ax 45° ⊃ 1△ B.O
  - OS : S-1.25D ⊃ C+0.50D, Ax 45° ⊃ 1△ B.I
- **방법 2** : 먼저 읽은 D′를 S 값으로 쓰고, C 값은 굴절력 차이, Ax는 두 번째 선명초선 방향 → OS : S-0.75D ⊃ C-0.50D, Ax 135° ⊃ 1△ B.I

63

광학중심점 높이(Oh)

- 경사각 10° = 4.3mm 보정해야 함
- S+2.50D, 1.25△ B.U(기준 Oh < 조가 Oh)
  : $1.25△B.U = |+2.50D| \times h(cm)$
  $$h = 0.5cm(5mm)$$
- ∴ 기준 Oh 24mm + 5mm − 4.3mm = 24.7mm(약 25mm)

64

가입도

- 원용굴절력(D) = 근용굴절력(D) − 가입도(Add)
- 근용굴절력 : S+0.50D ⊃ C-1.00D, Ax 90°
- 가입도 : S+1.50D
- 원용굴절력(D) = (+)0.50D − (+)1.50D
- ∴ S-1.00D ⊃ C-1.00D, Ax 90°

65

복식알바이트안경

- 앞렌즈 굴절력 : − Add = −2.00D(원용굴절력과 근용 굴절력의 C 값의 부호가 달라 부호를 통일해야 함)
- 원용 OU : S-2.00D ⊃ C-2.00D, Ax 180°, 64mm
- 근용 OU : S 0.00D ⊃ C-2.00D, Ax 180°, 60mm
- 가입도(Add) : 근용(S 값) − 원용(S 값) = +2.00D
- 근용안경의 수평굴절력이 0.00D이므로 프리즘이 발생 하지 않음
- 앞렌즈 굴절력 : − Add = −2.00D
- ∴ 조가 PD = 원용 PD 64mm

66

② 누진굴절력렌즈를 처음 착용하는 사람은 적응기간이 필 요하다.
③ 누진굴절력렌즈는 굴절력이 점차적으로 변화하여 불명 시역이 없다.
④ 가입도가 높을수록 주변부 수차량은 증가한다.
⑤ 누진대 길이와 주변부 비점수차량은 비례한다.

67

거울검사(Mirror Test)

- 정점간거리가 큰(멀어진) 상태이다.
- 교정 : 정점간거리를 짧게 하거나, 경사각을 크게 한다.

68

입체시

- 양안시의 최고 단계
- 주시시차 또는 비대응점 결상을 융합하는 과정에서 발생 하는 시각 차이로 인해 입체시 형성

69

생리적 복시

- 양안의 중심와보다 코쪽 망막에 결상된 상은 '원치감'
  → 비교차성(동측성) 복시
- 양안의 중심와보다 귀쪽 망막에 결상된 상은 '근치감'
  → 교차성 복시

70

조절래그 검사

- 조절래그 : 조절자극량 − 조절반응량
- 정상기댓값 : +0.50 ~ +0.75D
- 자극량 : 2.00D, 반응량 : 1.25D
- ∴ 조절래그 = +0.75D

72

양안 동향근

- R _ 위빗근, L _ 아래곧은근 : 왼쪽 아래 보기
- R _ 위곧은근, L _ 아래빗근 : 오른쪽 위 보기

73

융합성폭주량

- 융합을 유지하기 위해 사용한 총 폭주량이다.
- 음성융합성폭주 = 사위량 ± 흐린 점 값
  - 예 외사위(Exo) − 개산여력 = 음성융합폭주(NFC)
    5△ − 14△ = 9△ (차이값이 중요)

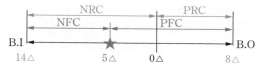

75

① Esophoria : 내사위
② Exophoria : 외사위
③ Hyperphoria : 상사위
④ Hypophoria : 하사위
⑤ Cyclophoria : 회선사위

폰 그라페(Von Graefe)법

아래쪽(OD) 시표가 오른쪽으로 이동 = 동측성 복시 = 내사위

76

② 4△ B.O Test : 좌안이 헤링의 법칙 작용으로 외전 후 정면 위치로 복귀하지 않아 좌안에 중심억제암점이 존재한다.

77

근거리 안위

- 근거리 33cm를 볼 때 필요 조절력 = +3.00D, 필요 폭주력 = 3.00MA이다.
- PD 6cm인 정시안이 33cm를 볼 때는 폭주력 = 3.00MA × 6(cm) = 18△이다.
- AC/A 비 적용 : 5×3.00D = 15△(조절성 폭주 발생) + 3△(근접성 폭주)
- 필요 폭주력은 18△, 조절성 폭주는 18△이므로 즉, 근거리 볼 때 정위처럼 보인다.

78

경사 AC/A 비

- 그레디언트(경사) AC/A 비
- 공식 : $AC/A = \dfrac{\text{자극전 사위량} - \text{자극 후 사위량}}{\text{조절자극량}(D)}$
- $5/1 = \dfrac{(-9)-(-4)}{-1.00(D)} \rightarrow 5 / 1△/D$

79

조절효율검사

- 단안 (+)느림 : 조절과다, 조절유도
- 양안 정상 반응 : 버전스 문제없음

80

검사 렌즈 조합

- PRA : (−)구면렌즈
- NRA : (+)구면렌즈
- PRC : B.O 프리즘렌즈
- NRC : B.I 프리즘렌즈

81

눈물층

지방층	• 눈물(수성층) 증발 방지 • 마이봄샘 · 자이스샘
수성층	• 눈물층 대부분을 차지 • 주누선 · 부누선 • 항균 단백질 '라이소자임'이 존재함
점액층	• 각막상피를 친수성화 • 구성결막의 술잔세포

83

② 교정굴절력이 증가할수록 두께가 증가하므로, 산소투과율은 감소한다.
③ 근시보다 원시의 중심두께가 두꺼우므로, 산소투과율은 감소한다.
④ 함수율이 높은 재질의 렌즈일수록 산소투과율은 높다.
⑤ 소프트 콘택트렌즈는 DK 값이 매우 낮은 편이다.

84

⑤ S−3.50D 근시안에서 S−4.50D 콘택트렌즈를 착용시키면 +1.00D의 원시안이 된다.

86

산소투과율(DK/t)

- 렌즈를 통과해서 각막에 전달되는 산소량
- 단위는 10^{-9}(단, Dk의 단위는 10^{-11})
- 산소침투성(DK) / 중심두께(t)
- $\dfrac{DK}{t(\text{cm})} = \dfrac{78 \times 10^{-11}\,\text{cm}}{0.02\,\text{cm}} = 3,900 \times 10^{-11}$
  $\rightarrow 39 \times 10^{-9}\,\text{cm/s}\ mLO_2/\text{mL} \times \text{mmHg}$

88

① 각막부종의 위험도가 낮다.
② 눈꺼풀에 의한 자극감이 약하다.
④ 취급 시 렌즈 파손의 위험도가 높은 것은 단점에 속한다.
⑤ 눈 위에서 탈수 가능성이 높은 것은 단점에 속한다.

89

② 동공은 빛에 의한 반응속도와 크기 변화를 측정한다.
③ 주로 각막 중심부 두께만을 측정한다.
④ 쉬르머 검사를 통해 눈물의 양을 측정한다.
⑤ 눈물막 파괴시간 검사를 통해 눈물막의 질을 검사한다.

90

안경과 콘택트렌즈(근시안)의 차이

- 조절 및 폭주 요구량이 증가한다.
- 안경은 조절효과의 영향을 받지만, 콘택트렌즈는 조절효과의 영향을 받지 않아(조절효과 = 0) 조절 요구량은 안경 < 콘택트렌즈이다.
- 안경은 B.I 프리즘 영향을 받지만, 콘택트렌즈는 프리즘 효과의 영향을 받지 않아(프리즘 효과 = 0) 폭주 요구량은 안경 < 콘택트렌즈이다.

91

④ 소프트 콘택트렌즈 피팅 평가의 결과로 움직임이 많다고 나온 것은 현재 Loose한 피팅 상태인 것을 알 수 있다.
① · ② · ③ · ⑤ Flat 피팅 상태가 된다.

92

각막난시

- 수평경선(H) : 43.25D
- 수직경선(V) : 42.50D
- 각막난시 : C-0.75D, Ax 90°

93

편평한 각막의 곡률반경

원용교정값 S-3.00D + 시험렌즈 S-3.00D = 덧댐굴절검사 : S 0.00D

- S 0.00D가 아닌 S-0.50D의 덧댐굴절검사 값이 나온 것은 눈물렌즈가 +0.50D를 가지고 있기 때문에 실제 처방 굴절력은 S-3.50D가 된다.
- 눈물렌즈 : +0.50D, BCR의 차이는 0.1mm이다.
- ∴ 시험렌즈 BCR 8.00 < 편평한 각막 BCR 8.10mm

94

① 저함수 렌즈보다 고함수 렌즈에서 더 쉽게 발생한다.
② 침전물이 증가된 상태이다.
④ DK 값이 감소한다.
⑤ BUT 감소한다.

95

RGP 콘택트렌즈 최종처방굴절력

- 시험렌즈 착용 후 굴절검사값 = 덧댐굴절검사
- 눈물렌즈 +0.25D 발생되어 있으므로, 중화시켜 줄 굴절력이 추가로 필요하다.
- S-3.75D(원용교정값) + S-3.00D(시험렌즈) + -0.25D(눈물렌즈 중화값) = S-1.00D(덧댐굴절검사)
- 원용교정값 S-3.00D + 덧댐굴절검사 S-1.00D
- 최종처방굴절력 : S-4.00D

97

(+)렌즈 모양 디자인

- (-)5.00D 이상의 고도근시 교정용 콘택트렌즈에 적용한다.
- 두꺼운 주변부를 얇게 만들어 상방이탈을 방지하기 위함이다.
- 착용감도 좋아지고 렌즈의 부피도 줄어들게 된다.

99

멀티포컬 콘택트렌즈 클레임

- 중심부 근용 디자인
- 야간 시간에 빛 번짐
- ∴ 산동된 동공크기 > 렌즈 광학부 직경

100

소프트 콘택트렌즈의 침전물

- 대부분 단백질(눈물의 라이소자임)로 구성되어 있다.
- 지방 : RGP 콘택트렌즈의 침전물이다.

101

① 슬리브를 좌우로 돌리게 되면 선조광이 회전하며, 난시 유무 확인 시 주로 사용한다.
② 슬리브를 상하로 움직이게 되면 선조광이 발산광선 또는 수렴광선으로 전환된다.
③ 검영법은 시도 조절이 필수인 검사법은 아니다.
④ 타각적 굴절검사 기기이다.

103

편광적녹이색시표

- 양안조절균형검사
- 편광렌즈를 보조렌즈로 사용

105

③ 격자 시표 : 조절래그, 가입도, 구면굴절력 정밀검사
① 란돌트 고리 시표 : 시력검사
② 점군 시표 : 난시정밀검사
④ 워쓰 4점 시표 : 억제유무검사
⑤ 크로스링 시표 : 사위검사

01	02	03	04	05	06	07	08	09	10
②	⑤	①	②	⑤	②	①	③	①	④
11	12	13	14	15	16	17	18	19	20
⑤	⑤	④	⑤	①	④	②	④	④	④
21	22	23	24	25	26	27	28	29	30
②	③	③	①	④	⑤	⑤	③	⑤	②
31	32	33	34	35	36	37	38	39	40
④	⑤	②	⑤	⑤	③	①	⑤	④	②
41	42	43	44	45	46	47	48	49	50
③	④	①	②	⑤	④	①	②	②	③
51	52	53	54	55	56.	57	58	59	60
③	①	④	②	⑤	⑤	⑤	⑤	①	③

01

나안시력 검사

- 1m 거리에서도 0.1 시표를 인식하지 못할 경우
- 안전수지(손가락 개수) → 안전수동(손 흔들기) → 광각(빛 인식) → 교정불능(맹)

02

색등 검사 방법

- 가장 정확도가 높은 색각이상 검사 방법이다.
- 조작이 복잡하고 개인별 결과 차이값이 존재한다.
- 직업 결정 시 사용되는 검진방법이다.

03

검영법

- 그림에서 보이는 결과 = 역행 상태(선조광과 반사광 움직임이 서로 반대)
- 50cm 거리에서 발산광선으로 검영을 할 때
  - 역행이 보이면 : S−2.00D 초과 근시
  - 중화가 보이면 : S−2.00D 근시
  - 동행이 보이면 : S−2.00D 미만 근시, 정시, 원시

04

① 굴절이상 종류 : 원시성 복성 도난시
③ 등가구면 굴절력 : S+1.50D
④ 원시성 복성 도난시안
⑤ 각막수평방향 곡률반경 : 7.70mm

06

대비감도 검사

- 시력의 질적 평가지표
- 밝고 어두움에 대한 대비 구분 능력
- 야간 운전자, 고연령 굴절검사 시 필수 검사

07

② P : 편광렌즈, 사위검사, 입체시 검사
③ RF 또는 GF : 적록이색검사, 워쓰 4점 검사
④ 6△U 또는 10△I : 폰 그라페법 사위검사
⑤ RMV 또는 RMH : 마독스렌즈 사위검사

08

방사선 시표

- 운무 상태 : 3-9시 방향이 선명(후초선)
- 3시 × 30 = 90°, 약주경선 방향
- ∴ 교정 (-)Cyl 렌즈 축 방향 : 90°

09

난시정밀검사

- 예상 난시 축(45°)과 붉은 점 또는 흰 점 위치함 : 난시 굴절력 정밀검사
- 예상 난시 축과 붉은 점 일치될 때 선명 : C-0.25D 추가
- ∴ C-1.00D → C-1.25D로 교정

10

④ 잘 보이는 방향(오른쪽)의 눈에 'S+0.25D' 추가

11

양안조절균형검사

양안조절균형검사 과정에서 균형이 맞지 않을 경우, 우세안이 조금 더 잘 보이는 값에서 검사를 종료한다(단, 시력교정값이 동일할 경우에만 적용).

12

노안의 증상

- 노안이란 조절력이 부족하여 근거리 볼 때 어려움을 느끼는 눈이다.
- 원시안은 원거리 볼 때도 조절력을 사용하므로 비정시 중에 노안을 가장 빠르게 느끼게 된다.

13

① 안경테 유무를 선택한 후 측정할 수 있다.
② 상방시 자세에서 측정 : 경사각이 0°이므로 보정하지 않아도 된다.
③ 자연스러운 자세에서 측정한 광학중심점 높이는 경사각만큼 보정해야 한다.
⑤ 기본 피팅을 실시한 다음 측정한다.

15

광학적 피팅요소

- 경사각, 앞수평면휨각, 정점간거리 등
- 프리즘 효과 또는 굴절력 변화에 영향을 줄 수 있는 요인들

16

정면 관측 시 안경테 한쪽이 올라갔거나 또는 내려갔을 때 피팅

- 올라간 쪽 다리를 올린다(=다리경사각을 크게).
- 내려간 쪽 다리를 내린다(=다리경사각을 작게).

17

정식계측방법

- 렌즈삽입부 크기(E.S) □ 연결부 크기(B.S) 다리 길이순으로 표기
- 기준점간거리(FPD) 72mm = E.S + B.S 16mm, E.S : 56mm
- ∴ 56 □ 16 138

18

코 피팅 각도

- 코능각 – 코받침능각 : 25~30°. 위 또는 아래에서 볼 때
- 콧등돌출각 – 코받침경사각 : 10~15°. 옆에서 볼 때
- 코옆퍼짐각 – 코받침옆퍼짐각 : 평균 20°. 정면에서 볼 때

19

정점굴절력계(Lensmeter) 타깃의 이동방향

(−)구면렌즈 : 렌즈미터 타깃의 이동 방향과 렌즈 이동 방향은 '반대', 중화법에서 렌즈 이동 방향과 상의 이동 방향은 '동일'

20

④ 아래눈꺼풀 – 이중초점렌즈 상부경계선과 일치
① 각막반사점 – 인점에 의한 설계점 설정 시에는 설계점과 일치
② 동공중심점 – 누진굴절력렌즈 또는 단초점렌즈의 설계점과 일치
③ 동공 가장자리 아랫부분 – 삼중초점렌즈 상부경계선과 일치
⑤ 동공 가장자리 윗부분 – 설계점으로 활용하지 않음(설계점으로 설정 시 경우 시선과 겹침)

21

렌즈미터 종류별 비교

구분	망원경식(수동)	투영식(자동)
시도 조절	필요	불필요
관찰자	단일 관찰자	복수의 관찰자
안경 착용자	관찰이 불편함	편하게 관찰 가능
구조	간편함, 소형, 조절력 개입주의	크고 기동성 없음 (코드 필요)
숙련도	숙련도 필요	초보자 가능

22

프리즘 컴펜세이터

• 굴절력 읽기
  C+1.00D, Ax 60° ⊃ C−1.00D, Ax 150°
  (S−C식) S+1.00D ⊃ C−2.00D, Ax 150°
• 프리즘 읽기
  백색 $10\triangle$ = 각도(45°) + 180° = 225°
  즉, $10\triangle$ Base 225°
  ∴ S+1.00D ⊃ C−2.00D, Ax 150°, $10\triangle$ Base 225°

23

원용안경굴절력(D)

• 근용굴절력(D) = 원용굴절력 + 가입도(Add)
• 원용굴절력(D) = 근용굴절력 − 가입도(Add)
• 근용 : S+1.50D ⊃ C−0.75D, Ax 90°
∴ 원용 : C−0.75D, Ax 90°

25

프리즘 효과

근시 교정용 렌즈 = 프리즘렌즈 2매가 정점방향이 서로 붙은 형상, 발산 렌즈
• 기준 PD < 조가 PD → B.I 효과
• B.I 프리즘 장입 → 눈은 정점 방향으로 회전(귀 방향으로 회전)

26

하프림테 조제가공 순서

형판 만들기 → 렌즈 인점 찍기 → 평산각 가공하기 → 역산각 홈 파기 → 렌즈 끼워넣기

27

⑤ 설계 표식이 지워진 누진굴절력렌즈의 설계 형식을 알기 위해서는 수평유지표식을 찾아야 한다.
누진굴절력렌즈 설계

수평유지표식 찾기 → 가입도 읽기 → 기하중심점 찾기 → 아이포인트 찾기

28

복식알바이트안경

• 앞렌즈 굴절력 = − Add = −3.00D(원용굴절력과 근용굴절력의 C 값의 부호가 달라 부호를 통일해야 함)
• 원용 OU : S−3.00D ⊃ C+2.00D, Ax 90°, 66mm
• 근용 OU : S 0.00D ⊃ C+2.00D, Ax 90°, 60mm
  → 가입도(Add) = 근용(S 값) − 원용(S 값) = +3.00D
1. 근용안경 착용 + 원용 PD로 볼 경우 발생 프리즘
  : $1.2\triangle B.I = |+2| \times 0.6cm$
2. 앞렌즈(−3.00D) 추가하면서 근용부에서 발생한 프리즘을 상쇄시켜야 함
  : $1.2\triangle B.O = |-3| \times h(cm)$
  $h = 0.4cm(4mm)$
3. 앞렌즈 원용 PD 66mm − 4mm = 62mm

29

⑤ 먼 곳을 정면으로 보면 흐리고, 고개를 숙여야 선명할 경우 아이포인트가 설계점보다 높게 위치하거나 안경이 올라간 상태이므로 안경을 아래로 내려야 한다.

30

① 가입도는 원용부굴절력 − 근용부굴절력으로 구한다.
③ 모노 디자인에 비해 멀티 디자인의 누진대 폭이 넓고 길이가 길다.
④ 가입도가 높을수록 수차부의 범위를 좁게 하는 것이 좋은 것은 하드 디자인에 속한다.
⑤ 가입도가 높을수록 누진대 길이는 길어진다.

31

① 양안의 교정시력은 1.0으로 동일해야 한다.
② 양안의 망막상의 크기는 거의 같아야 한다.
③ 물체를 2D와 3D 형태 모두 보아야 한다.
⑤ 양안의 조절과 폭주는 기능 + 적절한 균형 상태가 유지되어야 한다.

32

암슬러차트
• A : 정상 시표
• B : 중심부 왜곡 → 변형시 → 황반변성 의심

33

가림벗김검사
• 가렸던 눈이 코 방향으로 움직임 : 융합하기 위해 내전 (폭주) = 외사위
• 외사위 교정은 B.I

35

조절효율(용이성) 검사 : (+)렌즈에서 느림 또는 실패 시
• 조절이 과도하게 유도 또는 개입된 상태, 조절과다 또는 조절유도
• NRA 낮게, 조절래그값 낮게 또는 (−)값 예상

36

처방전 해석
• O.U : 4△ Eso(내사위), 우세안 OD
• 양안균등처방 : OD 4△ B.O ⊃ OS 4△ B.O
• 비우세안 처방 : OS 8△ B.O

37

양성조절성폭주(PAC)
• 조절성폭주량 : 융합력 검사에서 흐린 점~분리점까지 추가 된 프리즘 양
• 양성조절성폭주(PAC) : B.O 프리즘 검사에서 15△ 흐린 점 ~ 20△ 분리점 : 5△

39

경사 AC/A 비
• 그레디언트(경사) AC/A 비
• 공식 : $AC/A = \dfrac{\text{자극 전 사위량} - \text{자극 후 사위량}}{\text{조절자극량}(D)}$
• 6△ Eso + (−1.00D 추가) → 10△ Eso, 4△ 변화
∴ 4 / 1△/ D

40

블록스트링
• 시기능 훈련기구
• 폭주 · 개산 훈련용 기구
• 생리적 복시를 통한 억제 유무도 판단 가능

41

① 결막, 눈꺼풀 등 외안부를 빠르게 확인
② 홍채 구조, 동공 괄약근, 상피 수포 관찰
④ 각막부종 유무 · 정도를 관찰
⑤ 각막내피세포 크기 · 형태 관찰

42

④ 소프트렌즈의 기본 재질인 H.E.M.A에 대한 설명이다.

43

② · ③ · ④ RGP 콘택트렌즈
⑤ 전체 직경(TD) : RGP < 소프트렌즈

44

눈물렌즈 굴절력(D)

눈물렌즈(D) = 시험렌즈(BCR) 7.95 > 각막곡률반경 7.90

∴ − 0.25D 발생(0.05mm = 0.25D)

45

① D −1.50D : 근시 교정용 렌즈

② 전체 직경(DIA) : 14.20mm

③ 베이스커브(BC) : 8.40mm

④ D 55% : 함수율 55%

46

④ 치메로살은 살균력은 강하지만 자극성 문제로 사용이 줄고 있는 대표적인 방부제이다.

①·②·③ 다이메드, 폴리쿼드, 솔베이트 : 비교적 안정적인 방부제

⑤ 킬레이팅제(EDTA) : 칼슘 침전물 제거제

47

RGP 최종처방굴절력

- 눈물렌즈굴절력(D) = 시험렌즈(BCR) 7.95 − 편평한 각막곡률반경 8.05
- 덧댐굴절력(D) = 교정굴절력(D) − 시험렌즈(D) + 눈물렌즈 중화값
  → (−)1.00D = (−)3.50D − (−)3.00D + (−)0.50D
- 최종처방굴절력(D) = 시험렌즈(D) + 덧댐굴절력
  → (−)4.00D = (−)3.00D + (−)1.00D

49

정점간거리 보정값

- 원시안 : 교정 안경 굴절력 < 교정 콘택트렌즈 굴절력
- 공식 : $D' = \dfrac{D_0'}{1 - (\iota - \iota_0)D_0'}$ (ι : 변화 정점간거리, ι_0 : 처음 정점간거리, D_0' : 변화 전 굴절력)
- ±4.00D 이상일 경우 보정값을 적용한다.

∴ S+5.00D → S+5.50D

50

① 용매로는 멸균된 증류수를 사용한다.

② 붕산, 인산 등은 완충제의 역할을 하며 급격한 pH 변화를 방지한다.

④ 삼투압 및 pH = 눈물 성분 pH

⑤ 방부제 : 미생물 성장 억제를 위해 사용하는 것이다(폴리쿼드, 다이메드, 솔베이트, 치메로살).

51

니켈 도금층

- 소지금속과 금장층의 밀착성을 향상을 위한 도금층
- 소지금속의 내부식성을 향상 시키기 위한 도금층

52

니티놀(NiTiNol)

- 형상기억합금으로 일정 온도에서 기억한 형상으로 언제든 회복 가능
- 니켈(50%) + 티타늄(50%)의 조합

53

① 컴비 브로우(Combi Brow) : 렌즈삽입부는 비금속, 나머지는 금속인 테

② 셀몬트 브로우(Cellmont Brow) : 컴비 브로우와 동일하지만 상하로 개폐 가능한 테

③ 써몬트 브로우(Siremont Brow) : 렌즈삽입부 윗부분인 덮개부분만 비금속인 테

⑤ 알바이트(Albeit) : 일반 안경테에 Front Part를 덧붙여 이중으로 만든 테

54

셀룰로이드(Celluloid)

- 열가소성 플라스틱
- 자외선에 변색, 불에 타는 단점을 가짐
- 반응물질로 '황산, 질산'을 사용

55

① + 산화바륨(BaO) : 아베수 증가

② + 이산화티타늄(TiO$_2$) : 굴절률 증가, 비중 감소

④ + 삼산화알루미늄(Al$_2$O$_3$) : 화학적 강화법에서 구조를
강화할 때 첨가

⑤ + 이산화세륨(CeO$_2$) : 자외선 차단

56

① 유효시야 : 구면 < 비구면

② 두께 : 구면 > 비구면

③ 수차 발생 : 구면 > 비구면

④ 편심률(e, 이심률)이 '0'에 가까울수록 구면

58

① 염색 온도 < 탈색 온도로 진행한다.

② 염색은 옅은 색 → 짙은 색 순으로 진행한다.

③ 탈색할 경우 착색농도를 낮추는 것은 가능하지만 완전
탈색은 불가능하다.

④ 염색속도가 느린 색 → 빠른 색 순으로 진행한다.

59

편광렌즈

• 눈부심 감소를 주 목적으로 사용

• 낚시용 고객은 90°(수직) 투과 축을 설정

60

① 유해광선(UV & IR)의 차단율을 높인다.

② 가시광선의 투과율을 증가시킨다.

④ 하드코팅과 함께 실시하므로 내마모성이 증가한다.

⑤ 조광렌즈일 경우 착색에 방해 요소가 된다.

1교시 | 시광학이론

01	02	03	04	05	06	07	08	09	10
②	①	④	③	②	⑤	①	①	⑤	④
11	12	13	14	15	16	17	18	19	20
②	②	①	②	②	②	④	③	⑤	⑤
21	22	23	24	25	26	27	28	29	30
②	④	④	②	④	①	①	②	①	②
31	32	33	34	35	36	37	38	39	40
④	②	④	③	②	②	③	④	①	④
41	42	43	44	45	46	47	48	49	50
②	①	④	②	③	③	④	②	①	③
51	52	53	54	55	56	57	58	59	60
②	⑤	③	③	④	①	①	⑤	④	①
61	62	63	64	65	66	67	68	69	70
①	④	④	②	④	②	④	④	④	②
71	72	73	74	75	76	77	78	79	80
①	②	④	④	①	③	②	③	③	①
81	82	83	84	85					
⑤	④	①	③	②					

01

공막의 두께

- 곧은근 부착부 : 약 0.3mm
- 시신경 주위 : 약 1mm
- 각막공막접합부 : 약 0.8mm
- 적도부 : 약 0.6mm

02

① 각막 곡률 : 전면 < 후면
② 각막실질은 공막실질로 이행한다.
③ 각막실질이 각막 전체 두께의 90%를 차지한다.
④ 각막상피만 재생이 가능하다.
⑤ 각막에는 지각신경(삼차신경 1가지인 눈신경)이 분포되어 통증을 느낀다.

각막윤부에서의 이행

- 각막상피 : 결막
- 보우만층 : 안구집
- 각막실질 : 공막실질
- 각막내피 : 홍채전면

03

① 앞면은 매끄럽지 않고, 뒷면은 편평하다.
② 홍채뿌리 부분은 가장 얇다.
③ 색소 함량이 많으면 짙은 갈색, 적으면 푸른색으로 보인다.
⑤ 동공확대근은 홍채 바깥쪽 부분에 위치한다.

04

① 맥락막 모세혈관에서 망막의 바깥층에 혈액을 공급한다.
② 맥락막의 혈관층은 큰 혈관이 바깥층에 위치하고, 모세혈관이 가장 안쪽층에 위치한다.
④ 홍채작은동맥고리는 동공 가장자리에 위치한다(잔고리 부위).
⑤ 또아리정맥은 적도부 4mm 후방에서 안구 바깥으로 나가는 혈관이다.

05

원뿔세포

- 중심오목에 밀집되어 있는 광수용체세포
- 약 600만 개(막대세포는 1억 2천만 개)
- 세 가지 종류의 원뿔세포의 조합으로, 색을 다양하게 구별 가능
- 명소시의 시각을 담당

06

① 단층의 세포로 구성되어 있다.
② 망막의 가장 바깥쪽에 위치한다(맥락막과 접해 있음).
③ 맥락막의 모세혈관으로부터 영양을 공급받는다.
④ 색소상피층은 망막의 가장 바깥층으로, 황반부의 바깥층도 색소상피층이다.

08

② 방수의 양은 앞방이 뒷방보다 많다.
③ 대부분의 방수는 쉴렘관으로 배출되지만 일부는 섬모체를 통해 배출된다.
④ 섬유주와 쉴렘관이 넓어지면 방수 유출이 원활해져 안압이 낮아진다.
⑤ 방수의 전체용적이 교체되는데 약 1~2시간 정도 소요된다.

09

① 안쪽 벽과 바깥쪽 벽은 약 45° 각도를 이루고, 양안의 바깥쪽 벽은 직각을 이룬다.
②·③ 위쪽 벽에는 눈물샘오목(귀쪽)과 도르래오목(코쪽)이 위치하며, 안쪽 벽에는 눈물주머니오목이 위치한다.
④ 바깥벽이 외부 손상에 가장 강하다(아래 벽이 가장 약하다).

10

① 결막상피의 원주세포는 2개 층 이상이다.
② 눈꺼풀의 가장 안쪽층은 눈꺼풀결막, 각막과 연결된 부분을 눈알결막(안구결막), 두 결막이 연결되는 부분을 구석결막이라고 한다.
③ 결막상피의 술잔세포를 통해 눈물의 점액질이 분비되며, 덧눈물샘은 결막기질에 위치한다.
⑤ 결막의 지배신경은 삼차신경-눈신경이다.

12

① 외안근 중 가장 길이가 짧다(가장 긴 외안근은 위빗근).
③ 안구 뒤쪽에 부착되어 앞쪽으로는 안와 안쪽 벽 아래에 부착된다.
④ 주작용은 외회선이며, 보조작용으로 올림과 가쪽돌림을 한다.
⑤ 눈돌림신경의 지배를 받는다.

13

① 눈을 감을 때 작용하는 근육은 눈둘레근(얼굴신경의 지배)이다.

14

시표 시력검사
• 1분(')각 크기의 문자를 판독할 때의 시력 : 1.0
• 5분(')각 크기의 문자를 판독할 때의 시력 : 1/5 = 0.2

15

② 시신경교차부의 신경은 양안의 코쪽 망막의 신경섬유로 구성되어 있고, 코쪽 망막에 맺힌 상은 주시점을 기준으로 귀쪽 방향의 시야이므로 양안의 귀쪽 방향 시야손실을 예상할 수 있다.

17

① 어두운 환경에서 장파장보다 단파장을 더 예민하게 인식할 수 있다.
② 동공이 커진다.
③ 주변부의 시력을 담당하는 것은 막대세포이므로 색을 구분할 수 없다.
⑤ 암순응의 과정은 약 50~60분이 소요된다.

18

색각이상의 유전 양상

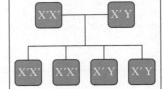

XX/XY	= 정상색각
XX'	= 보인자
X'X'	= 색각이상
X'Y	= 색각이상

19

① 원뿔세포는 중심오목에 밀집되어 있고, 시신경원판(시신경유두)에는 시세포가 존재하지 않는다.
② 시신경 위축 시 색각이상이 나타난다.
③ 단색형 색각의 경우 시력저하가 동반되고, 이상삼색형 색각의 경우 시력은 정상이다.
④ 후천성 색각이상은 남녀의 구별이 없다.

20

① 눈의 굴절력이 정시보다 약한 경우에 발생한다.
② 축성원시의 경우, 정시보다 안구가 짧다.
③ 물체의 상은 망막보다 뒤쪽에 만들어진다.
④ 수의성 원시는 조절로 원점굴절도를 극복할 수 있다.

21

조절 시 수정체의 변화

• 수정체 전체의 곡률, 두께 증가
• 수정체 전면이 각막 쪽으로 이동

23

④ 위쪽을 주시할 때와 아래쪽을 주시할 때, 편위량이 달라지는 사시로는 A형사시와 V형사시가 있다. A형사시의 경우 위쪽을 볼 때 눈이 모이고 아래쪽을 볼 때 눈이 벌어지며, V형사시의 경우 위쪽을 볼 때 눈이 벌어지고 아래쪽을 볼 때 눈이 모인다.

26

① 오른쪽 시신경 손상(구심성경로장애)일 때, 직접반사는 소실되지만 간접반사는 정상이다. 정상안에 빛 자극을 주면 양안의 축동이 모두 정상적으로 나타난다.

27

② 형광안저혈관조영술 : 망막혈관 등 안저이상의 진단
③ 망막전위도검사 : 빛 자극에 의한 망막활동전위의 변화 기록
④ 눈전위도검사 : 눈에 존재하는 상존전위의 기록
⑤ 시유발전위검사 : 시각피질의 전위변화 확인

28

진균각막궤양

• 주로 농부 또는 점안 스테로이드제제 사용자에게 발생
• 증상 : 각막중심부 궤양, 앞방축농 동반, 궤양에서 떨어진 곳에 위성병소(침윤) 관찰
• 진균은 데스메막을 쉽게 통과할 수 있어 앞방까지 침입

30

② 자외선이나 적외선도 백내장의 원인이 될 수 있으나, 해바라기백내장은 수정체 속 구리가 수정체주머니 밑에 녹회색 톱니바퀴 모양의 동그란 혼탁으로 나타난다.

31

별모양유리체증

• 칼슘과 지방산의 화합물인 황백색 물질이 유리체 속에 산재
• 주로 60세 이후의 노인에서 주로 발생
• 대개 단안에 발생하며 특별한 자각증상이나 눈의 이상을 동반하지 않음

32

인두결막열

• 주로 어린이에게 발병하는 아데노바이러스 제3, 4, 7형에 의한 감염
• 증상 : 고열, 인후통, 급성여포결막염 발생

33

① 만성 세균결막염 : 황색포도알균, 모락셀라라쿠나타에 의한 감염
② 인두결막열 : 아데노바이러스 제3, 4, 7형에 의한 감염
③ 트라코마 : 클라미디아트라코마티스에 의한 감염
⑤ 군날개 : 자외선 또는 바람과 먼지의 자극으로 인한 섬유혈관조직의 증식

계절알레르기결막염

• 원인 : 꽃가루, 풀, 동물성 털에 대한 알레르기
• 증상 : 건초열(알레르기비염) 동반, 가려움증, 눈물흘림 등

34

보그트-고야나기-하라다병

• 육아종전체포도막염으로, 주로 20~50세 연령에서 발생
• 눈의 증상 : 시력장애, 변형시, 눈부심, 날파리증
• 피부의 증상 : 백반, 탈모, 백모

35

마이봄샘기능부전

• 마이봄샘의 지방 분비 기능 이상
• 지방 분비의 이상으로 눈물의 지방층이 약하고, 눈물의 증발이 증가하여 안구건조증 동반
• 처치 : 마이봄샘 마사지, 더운 찜질로 마이봄샘의 분비 촉진

36

뒤공막염

• 심한 류마티스관절염이 있을 때 합병되는 공막 뒤쪽의 염증
• 증상 : 주로 단안의 심한 통증, 시력장애, 복시, 안구운동장애 등
• 징후 : 안구돌출, 유두부종, 삼출망막박리

38

망막색소변성

• 유전질환으로, 망막의 시세포 장애를 일으키는 질환
• 초기에는 야맹 증상이 있고, 중심시력은 정상(막대세포부터 변성이 시작)
• 창백한 유두, 검은색 뼛조각 모양이 관찰되며 망막정맥의 주행방향을 따라 진행
• 시야변화 : 고리모양암점 → 협착 → 관모양시야 → 실명
• 치료 불가

39

망막중심동맥폐쇄

• 원인 : 색전, 혈전, 소동맥경화가 원인으로 망막동맥의 분지점 폐쇄되는 초응급 질환
• 통증이 없는 시력장애, 앵두반점(황반부의 붉은 점)
• 직접대광반사는 소실되지만 간접대광반사는 정상

41

안경테 부분별 명칭

(A) 연결부(정점간거리)
(B) 코받침(안경테 높이, 정점간거리 조정, 무게를 지탱하는 부위)
(C) 엔드피스(경사각, 다리벌림각)
(D) 힌지(양다리 접은각)
(E) 템플팁(안경테 높이, 착용감)

43

① 산, 알칼리 등 화학약품에 강하다.
② 열팽창계수가 적어서 열 충격 변화에 강하다.
③ 비금속 중에서 비중이 가장 가벼운 것은 폴리아미드(Polyamide)이다.
⑤ 기본형은 검정색으로 다른 다양한 색조를 내기 어렵다.

44

① 표면 반사율은 낮고, 투과율은 높아야 한다.
③ 색분산은 적고, 아베수는 높아야 한다.
④ 열팽창계수는 1℃ 변화 시 물체의 변화되는 값이므로 작을수록 좋다.
⑤ 좋은 렌즈는 굴절률과 아베수가 모두 높아야 한다.

45

개스킷

• CR-39 렌즈 제조과정에 사용
• 외부로부터 이물질 혼입을 방지하고 렌즈의 중심두께를 결정
• 급격한 온도 변화로부터 소재를 보호

47

광학유리 제조과정

• 배취 : 렌즈 생산을 위한 원료를 배합하는 과정
• 용융 : 용융하는 과정
• 청정 : 가스를 방출하고 액상을 유지시키기 위해 내부 온도를 높이는 작업
• 조정 : 유리의 점성을 높여 성형상태에 이를 수 있도록 도움을 주는 과정
• 배분 : 균일한 온도로 공급하는 과정
• 자동압출성형 : 생지렌즈를 만드는 과정
• 열처리와 서냉 : 렌즈를 서서히 식히는 과정. 성형 시 발생하는 stress와 strain을 극소화함

48

누진굴절력렌즈

• 색수차, 불명시역이 없는 노안교정용 렌즈
• 가입도가 클수록 수차량, 누진대 길이, 적응시간 모두 증가

49

자외선 · 적외선 차단 물질

• 광학유리 : 자외선(CeO_2), 적외선(FeO_2, CrO_2)
• 플라스틱 : 자외선(TiO_2, ZnO), 적외선(소재 자체 흡수)

50

① 콘트라스트(=대비감도)는 향상된다.
② 조제가공 참조마킹과 편광축은 서로 수직이다.
④ 통과하고자 하는 방향(=편광축)만 통과시켜 눈부심을 줄이는 효과를 지닌다.
⑤ 도로면, 수면 등을 볼 때는 편광축을 수직(90°)방향으로 조제한다.

51

각막

각막과 공기의 굴절률 차이 > 각막과 방수의 굴절률 차이

52

주점

- 표기 기호(H, H′), 전방깊이의 절반 위치
- 횡배율 =1인 지점
- 빛의 굴절이 일어나는 지점
- 거리 측정의 기준점

53

카파각

- 좌안으로 시계문자판 중앙을 볼 때 동공중심선 위치 : 귀 방향 아래 = 8시
- 우안으로 시계문자판 중앙을 볼 때 동공중심선 위치 : 귀 방향 아래 = 4시

54

체르닝 타원 곡선

- 비점수차를 제거한 안광학계에 대한 타원 곡선
- 관련요소
  - 주시거리
  - 소재의 굴절률
  - 전면의 면굴절력
  - 렌즈의 면굴절력

55

④ 근시는 원점이 눈앞 유한거리에 위치하므로, 조절 없이도 가까운 것은 잘 보이지만 먼 것은 흐리게 보인다.
① 안정피로 : 난시 > 원시 > 근시
② 노안 인지 : 원시 > 정시 > 근시
③ 근거리를 지속적으로 보면 조절을 적게 하므로 외사위가 될 수 있다.
⑤ 근시안은 근거리를 볼 때 나안으로 보는 것이 편하다.

56

원점의 위치

- 정적굴절상태 : 조절휴지상태 → 조절 개입이 없는 상태
- 원점이 눈앞 40cm : −2.50D = 근시안
- 원점굴절도 : −2.50D
- 굴절이상도 : +2.50D
- 나안에서 상측 초점의 위치 : 망막 앞

57

양주경선

S−2.50D ⊃ C+1.00D, Ax 180°
- 강주경선 : −2.50D, 180°, 약주경선 : −1.50D, 90°
- 전초선 : 수직선, 후초선 : 수평선
- 최소착란원 위치 : 양주경선의 평균값

58

① S−2.50D ⊃ C+1.00D, Ax 180° → 근시성 복성 도난시
② S+2.50D ⊃ C+1.00D, Ax 90° → 원시성 복성 직난시
③ S−2.50D ⊃ C−1.00D, Ax 90° → 근시성 복성 도난시
④ S+2.50D ⊃ C−1.00D, Ax 180° → 원시성 복성 직난시

59

크로스실린더 굴절력 표기

- 붉은 점 : (−)축 방향 = (+)굴절력 방향
- S+0.50D ⊃ C−1.00D, Ax 90°
- S−0.50D ⊃ C+1.00D, Ax 180°
- C+1.00D, Ax 90° ⊃ C−1.00D, Ax 180°

60

기계를 통해 안을 보면 무한거리를 보는 것이지만 가까이 있다고 인지하여 조절 개입을 하는 것은 기계 근시이다.

61

원점굴절도

- 최대동적굴절 상태에서 눈앞 25cm까지 선명하게 볼 수 있다 + 조절력이 4.00D이다 → 근점굴절력이 4.00D 이다
- 근점굴절력 : 원점굴절도 + 조절력

62

방사선 시표

- S−1.50D ⊂ C+1.00D, Ax 60° → 근시성 복성 사난시
- S−0.50D ⊂ C−1.00D, Ax 150
- ∴ 150/30 = 5−11시 방향이 선명하게 보임

63

상 도약량

- 공식 : 상 도약(△)=|Add|×자렌즈 직경의 절반(cm)
- 상 도약(△)=|+2|×1(cm)=2△

64

불명시역

- 조절력 < 가입도(Add)인 경우 발생
- 조절력~가입도 사이 범위 = 불명시역 범위
- 원용부 미교정 굴절력이 존재하는 경우
  - (−)D 미교정일 경우 : 미교정굴절력 + 조절력 = 불명시역 시작점
  - (+)D 미교정일 경우 : 미교정굴절력 − 조절력 = 불명시역 시작점

65

유용 조절력

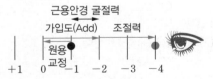

- 공식 : $D_N' = D_F' - (A_C + S)$
- 작업거리 눈앞 25cm = 4D 조절력이 필요
- 유용 조절력 : 총 4.00D 중에서 1/2만 사용. 즉, 2.00D 조절력
- 근용 가입도 : +2.00D
- 근용안경굴절력(+1.00D) = 원용교정 굴절력(−1D) + 가입도(+2.00D)

66

굴절성 부등시

- 양안 굴절력 차이값 4D → 부등시
- 각막 굴절력 차이값 4D → 굴절성 부등시
- 굴절성 부등시 : 콘택트렌즈로 교정(배율 차이 적음)
- 축성 부등시 : 사이즈 안경렌즈로 교정

67

① 초점심도의 깊이와 조절래그량은 비례한다.
② 조절래그량이 크다는 것은 조절반응량이 적다는 의미이다(조절부족).
③ 조절래그량이 작다는 것은 조절반응량이 많다는 의미로 조절과다를 의심해 볼 수 있다.
⑤ 조절래그 정상 기댓값은 +0.50 ~ +0.75D이다.

68

광학적 암점

- 무수정체안 교정 안경 : 약 +12~+16D를 교정한다.
- (+)D 굴절력 안경에서 발생한다.
- 굴절력이 높을수록 범위가 넓다.
- 얇은 안경렌즈와 테 두께로 인해 발생한다.
- 콘택트렌즈는 광학적 암점이 발생하지 않는다.

69

실제 깊이

- 실제 깊이 = 겉보기 깊이 × 매질 굴절률(n)
- 3.0m = 2m × 1.5

70

버전스

- 공식 : $D' = \dfrac{n(굴절률)}{s(거리)}$
- 후방으로 수렴하는 = (+)버전스

71

두 매 평면거울에 의한 꺾임각

- 공식 : $\delta(꺾임각) = 360 - 2\theta$(단, θ는 두 매 평면거울의 사잇각)
- $\delta(꺾임각) = 360 - 2 \times 120 \rightarrow 120°$

72

임계각

- 굴절각이 90°일 때의 입사각의 크기
- 밀한 매질에서 소한 매질로 진행 시 발생($n_1 > n_2$)
- 임계각 < 입사각 경우 : 전반사 현상 발생

73

①·② 페르마의 원리 : 빛은 한 점으로부터 다른 한 점으로 진행해 갈 때 소요시간이 가장 작은 경로를 택한다 (최소시간의 원리).

③ 호이겐스의 원리 : 임의의 파면상의 무수히 많은 모든 점들은 다음에 일어날 이차적인 점파원이 되고, 점파원에서 나온 구면파가 공통으로 접하는 곡면이 다음 순간이 파면이 된다.

⑤ 스넬의 법칙 : 파동의 굴절현상을 정량적으로 정리하여 설명한 법칙이다.

74

(A) 입사각
(B) 반사각
(C) 법선
(D) 굴절각
(E) 경계면(매질 경계면)

75

스넬의 법칙

$n_1 \sin i_1 = n_2 \sin i_2$ (단, n_1은 제1매질의 굴절률, n_2는 제2매질의 굴절률, i_1는 입사각, i_2는 굴절각이다)

76

볼록렌즈 결상식

물측초점(F) = 물체위치(s)일 경우 굴절 후 평행광선이 되어 결상하지 못한다.

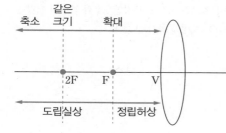

77

상측주점초점거리

- 공식 : $D' = (n-1)\left(\dfrac{1}{r_1} - \dfrac{1}{r_2}\right)$

- $D' = (2-1)\left(\dfrac{1}{+0.05\text{m}} - \dfrac{1}{+0.1\text{m}}\right) \rightarrow +10D'$

  $\rightarrow f' = +10\text{cm}$

78

합성렌즈굴절력

- 얇은 두 매 렌즈를 일정 거리로 두었을 경우 발생하는 합성렌즈 상측주점굴절력 구하기
- $D' = D_1' + D_2' - (d \times D_1' \times D_1')$
- $D' = (+10) + (+10) - (0.2 \times 10 \times 10)$
- $\therefore D' = 0.00D$

79

상측정점굴절력(D_v')

- 상측정점굴절력(D_v') = 호칭면굴절력(D_N') + 2면의 상측면굴절력(D_2')
- $D_v' = +10D + (-5D) \rightarrow D_v' = +5.0D$

80

② 왜곡수차 – 정상 조건
③ 구면수차 – 아베의 정현조건
④ 비점수차 – 언애스티그매트(Anastigmat)
⑤ 색수차 – 애퍼크러매트(Apochromat)

81

빛의 특성

- 입자설 – 뉴턴
- 파동설 – 호이겐스, 토마스 영, 프레넬
- 이중설 – 아인슈타인
- 전자기파설 – 맥스웰
- 광량자설 – 아인슈타인

82

Young's 이중슬릿

- 공식 : $y = \dfrac{m * L * \lambda}{d}$

  (m : 무늬 차수, L : 슬릿~스크린까지 거리, d : 슬릿 간 간격, y : 무늬 간 간격)
- 파장(λ)이 2배가 되면 무늬 간 간격(y)도 2배가 된다.

83

회절 현상

- 소리(종파)도 회절 현상은 일어난다.
- 문틈을 통해 소리가 퍼져 나간다 = 회절 현상

84

브루스터각(Brewter's Angle)

- 반사각과 굴절각이 수직(90°)일 때의 입사각이다.
- 두 매질의 굴절률의 비교 크기 값은 상관없다.
- 공식 : 브루스터각 $= \tan\theta = \dfrac{n_2}{n_1}$

85

① 달무리 – 산란과 굴절 모두 작용
③ 영의 이중슬릿 무늬 – 간섭
④ 코팅렌즈 – 간섭
⑤ 하얀 눈 결정체 – 산란

2교시	1과목 의료관계법규 / 2과목 시광학응용

01	02	03	04	05	06	07	08	09	10
⑤	①	⑤	②	③	④	④	②	④	②
11	12	13	14	15	16	17	18	19	20
②	②	④	②	④	④	③	⑤	④	③
21	22	23	24	25	26	27	28	29	30
①	③	③	⑤	①	③	④	③	③	①
31	32	33	34	35	36	37	38	39	40
④	⑤	③	②	⑤	⑤	②	①	①	④
41	42	43	44	45	46	47	48	49	50
①	②	④	①	⑤	③	①	④	②	⑤
51	52	53	54	55	56	57	58	59	60
⑤	③	⑤	①	③	①	①	③	④	③
61	62	63	64	65	66	67	68	69	70
④	⑤	④	⑤	②	②	②	④	②	②
71	72	73	74	75	76	77	78	79	80
①	⑤	⑤	⑤	①	④	①	③	②	②
81	82	83	84	85	86	87	88	89	90
②	③	①	①	②	④	③	④	②	①
91	92	93	94	95	96	97	98	99	100
①	⑤	③	④	③	①	⑤	④	④	⑤
101	102	103	104	105					
③	⑤	②	①	④					

01

목적(의료법 제1조)

이 법은 모든 국민이 수준 높은 의료 혜택을 받을 수 있도록 국민의료에 필요한 사항을 규정함으로써 국민의 건강을 보호하고 증진하는 데에 목적이 있다.

02

국가시험 등의 시행 및 공고 등(의료법 시행령 제4조 제3항)

국가시험 등 관리기관의 장은 국가시험 등을 실시하려면 미리 보건복지부장관의 승인을 받아 시험 일시, 시험 장소, 시험과목, 응시원서 제출기간, 그 밖에 시험의 실시에 관하여 필요한 사항을 시험 실시 90일 전까지 공고하여야 한다. 다만, 시험 장소는 지역별 응시인원이 확정된 후 시험 실시 30일 전까지 공고할 수 있다.

03

결격사유(의료법 제8조)

- 정신질환자(전문의가 적합으로 인정한 경우는 제외)
- 마약 · 대마 · 향정신성의약품 중독자
- 피성년후견인 · 피한정후견인
- 금고 이상의 실형을 선고받고 그 집행이 끝나거나 그 집행을 받지 아니하기로 확정된 후 5년이 지나지 아니한 자
- 금고 이상의 형의 집행유예를 선고받고 그 유예기간이 지난 후 2년이 지나지 아니한 자
- 금고 이상의 형의 선고유예를 받고 그 유예기간 중에 있는 자

04

지도와 명령(의료법 제59조 제2항)

보건복지부장관, 시 · 도지사 또는 시장 · 군수 · 구청장은 의료인이 정당한 사유 없이 진료를 중단하거나 의료기관 개설자가 집단으로 휴업하거나 폐업하여 환자 진료에 막대한 지장을 초래하거나 초래할 우려가 있다고 인정할 만한 상당한 이유가 있으면 그 의료인이나 의료기관 개설자에게 업무개시 명령을 할 수 있다.

05

의료기관(의료법 제3조 제1항)

이 법에서 '의료기관'이란 의료인이 공중(公衆) 또는 특정 다수인을 위하여 의료 · 조산의 업을 하는 곳을 말한다.

06

진단서(의료법 제17조 제1항)

환자 또는 사망자를 직접 진찰하거나 검안한 의사 · 치과의사 또는 한의사가 부득이한 사유로 진단서 · 검안서 또는 증명서를 내줄 수 없으면 같은 의료기관에 종사하는 다른 의사 · 치과의사 또는 한의사가 환자의 진료기록부 등에 따라 내줄 수 있다.

07

부대사업(의료법 제49조 제1항 및 제2항)

장례식장의 설치 · 운영, 부설주차장의 설치 · 운영, 그 밖에 휴게음식점영업, 일반음식점영업, 이용업, 미용업 등 환자 또는 의료법인이 개설한 의료기관 종사자 등의 편의를 위하여 보건복지부령으로 정하는 사업은 타인에게 임대 또는 위탁하여 운영할 수 있다.

08

진료 요구 거부 금지 및 벌칙(의료법 제15조 제1항 및 제89조)

의료인 또는 의료기관 개설자는 진료나 조산 요청을 받으면 정당한 사유 없이 거부하지 못하며, 위반 시 1년 이하 징역이나 1천만 원 이하의 벌금에 처한다.

09

치과기공소의 개설등록 등(의료기사 등에 관한 법률 제11조의2 제1항)

치과의사 또는 치과기공사가 아니면 치과기공소를 개설할 수 없다.

10

의료기사의 정의 및 종류(의료기사 등에 관한 법률 제1조의2 제1호 및 제2조 제1항)

의료기사란 의사 또는 치과의사의 지도 아래 진료나 의화학적 검사에 종사하는 사람을 말하며, 의료기사의 종류는 임상병리사, 방사선사, 물리치료사, 작업치료사, 치과기공사, 치과위생사로 한다.

11

① 국가시험은 매년 1회 이상 보건복지부장관이 실시한다(의료기사 등에 관한 법률 제6조 제1항).

③ 국가시험에 합격한 후 보건복지부장관의 면허를 받아야 한다(동법 제4조 제1항).

④ 국가시험에 관하여 부정행위를 하여 합격이 무효가 된 자는 그 후 3회에 한하여 국가시험 응시 기회를 제한한다(동법 제7조 제3항).

⑤ 합격자 결정은 필기시험에서는 각 과목 만점의 40퍼센트 이상 및 전 과목 총점의 60퍼센트 이상 득점한 사람으로 하고, 실기시험에서는 만점의 60퍼센트 이상 득점한 사람으로 한다(동법 시행규칙 제9조 제1항).

12

면허증의 재발급 신청(의료기사 등에 관한 법률 시행규칙 제22조 제1항)

의료기사 등이 면허증을 분실 또는 훼손하였거나 면허증의 기재사항이 변경되어 면허증의 재발급을 신청하려는 경우에는 의료기사 등 면허증 재발급 신청서에 서류 또는 자료를 첨부하여 보건복지부장관에게 제출하여야 한다.

13

국가시험(의료기사 등에 관한 법률 제6조)

- 국가시험은 대통령령으로 정하는 바에 따라 해마다 1회 이상 보건복지부장관이 실시한다.
- 보건복지부장관은 대통령령으로 정하는 바에 따라 한국 보건의료인국가시험원법에 따라 한국보건의료인국가시험원으로 하여금 국가시험을 관리하게 할 수 있다.

14

① 중앙회는 사단법인에 관한 규정을 준용하여 비영리법인으로 한다(의료기사 등에 관한 법률 제16조 제3항).
③ 면허증 취득 시 의료인은 당연히 해당하는 중앙회의 회원이 되지만, 의료기사는 당연 가입 조항이 없다(의료법 제28조 제3항 참조).
④ 중앙회는 시·도에 지부를 설치하여야 한다(의료기사 등에 관한 법률 제16조 제4항).
⑤ 외국에 지부를 설치하려면 보건복지부장관의 승인을 받아야 한다(동법 제16조 제4항).

15

안경업소의 시설기준 등(의료기사 등에 관한 법률 시행규칙 제15조)

- 시력표(Vision Chart)
- 시력검사 세트(Phoropter and Unit set)
- 시험테와 시험렌즈 세트(Trial Frame and Trial Lens Set)
- 동공거리계(PD Meter)
- 자동굴절검사기(Auto Refractor Meter)
- 렌즈 정점굴절력계(Lens Meter)

16

시정명령(의료기사 등에 관한 법률 제23조 제1항)

특별자치시장·특별자치도지사·시장·군수·구청장은 치과기공소 또는 안경업소의 개설자가 규정을 위반한 경우에는 위반된 사항의 시정을 명할 수 있다.

17

자격의 정지(의료기사 등에 관한 법률 제22조 및 시행령 제13조)

보건복지부장관은 의료기사 등이 학문적으로 인정되지 아니하거나 윤리적으로 허용되지 아니하는 방법으로 업무를 한 경우 6개월 이내의 기간을 정하여 그 면허자격을 정지시킬 수 있다.

18

자격의 정지(의료기사 등에 관한 법률 제22조 제1항 제2호)

보건복지부 장관은 의료기사 등이 치과기공소 또는 안경업소의 개설자가 될 수 없는 사람에게 고용되어 치과기공사 또는 안경사의 업무를 한 경우 6개월 이내의 기간을 정하여 그 면허자격을 정지시킬 수 있다.

19

보수교육(의료기사 등에 관한 법률 시행규칙 제18조 제4항)

보건기관·의료기관·치과기공소 또는 안경업소 등에서 그 업무에 종사하지 않다가 다시 그 업무에 종사하려는 사람은 제3항 제1호(해당 연도에 보건기관·의료기관·치과기공소 또는 안경업소 등에서 그 업무에 종사하지 않은 기간이 6개월 이상인 사람)에 따라 보수교육이 유예된 연도의 다음 연도에 다음의 구분에 따른 보수교육을 받아야 한다.

- 보수교육이 1년 유예된 경우 : 12시간 이상
- 보수교육이 2년 유예된 경우 : 16시간 이상
- 보수교육이 3년 이상 유예된 경우 : 20시간 이상

20

시정명령(의료기사 등에 관한 법률 제23조 제1항 제1호 및 제33조)

특별자치시장·특별자치도지사·시장·군수·구청장은 시설 및 장비를 갖추지 못한 때 위반된 사항의 시정을 명할 수 있으며, 시정명령을 이행하지 아니한 자에게는 500만원 이하의 과태료를 부과한다.

21

① 원점이 눈앞 25cm = S-4.00D인 근시안

22

③ 최대교정시력이 나오는 가장 강한 (+)굴절력 = S+2.00D

24

⑤ > ② > ① · ④ > ③ 순으로 시력이 좋지 않다.

25

① 나안 + 수의성 원시는 조절력으로 원점굴절도를 이겨낼 수 있어서 모든 선의 선명도가 동일하다.

26

① 원시의 경우 안경교정굴절력보다 콘택트렌즈굴절력이 크다.
② 상측 초점은 망막 뒤 유한거리이다.
④ 근거리를 볼 때 조절량은 원시가 근시보다 크다.
⑤ 안축의 길이는 원시보다 정시(24mm)가 크다.

27

① Push-up 검사 – 최대조절력 검사
② NPC 검사 – 최대폭주력 검사
③ 로젠바흐 검사 – 우세안 검사
⑤ FLY TEST – 입체시 검사

28

검영법
• 발산광선으로 검영
• 동행 : 원점의 위치는 검사자보다 먼 위치(뒤쪽)
• 역행 : 원점의 위치는 검사자와 피검사자 사이
• 중화 : 원점의 위치 = 검사자 위치

29

① 굴절난시 : C-0.75D, Ax 180°
② 잔여난시는 없다.
④ 각막난시는 C-0.75D, Ax 180°이다.
⑤ 각막은 직난시 형상이다.

30

① 회전하는 선조광과 반사광의 각도가 틀어지면 난시축이 어긋나며, 난시가 있는 것으로 판정하고 슬리브를 돌리면서 난시축을 찾는다.

31

교정렌즈 굴절력(순검영법)
• 검사거리 보정렌즈 장입 : 총검영값(중화굴절력) = 순검영값(교정굴절력)
• 30° 경선 : +1.00D, 120° 경선 : +3.00D 중화
∴ S+3.00D ⊃ C-2.00D, Ax 120°

32

안모형통 검영
• 안모형통 세팅값 = 순검영값(교정굴절력)
• 기준선 수치 -2.00 = 'S'값
• 렌즈 받침대 C+1.00D, Ax 45° = 부호 반대로 적용, C-1.00D, Ax 45°
  - S-2.00D ⊃ C-1.00D, Ax 45° = 순검영값(교정굴절력)
  - S-3.00D ⊃ C+1.00D, Ax 135°
• 총검영값(중화굴절력) 검사거리 50cm = -2.00D
• 45° 경선 : 중화, 135° 경선 : 역행. -1.00D 필요
• C-1.00D, Ax 45°
∴ S-1.00D ⊃ C+1.00D, Ax 135°

33

가림벗김검사(Cover Uncover Test)
• 정위와 사위 구분
• 좌안의 가림막 제거 시 좌안이 아래에서 위로 올라옴
∴ 좌안 하사위

34

란돌트 고리 시표
• 5m용 1.0 시력표 틈새 간격 : 1.5mm(1분각)
• 0.2 시력표 : 5분각 크기
∴ 7.5mm

35

방사선 시표

- 강주경선 : 60°, 원시성 복성 난시안
- 운무 후 → 모두 근시화 상태. 즉, 후초선이 망막에 가까움
- 원시 + 운무 상태
- S-C식 표현에서 Ax / 30° = 잘 보이는 시간
∴ 5–11시

36

① 주경선균형혼합난시 상태를 유지하면서 검사를 진행한다.
② 축 정밀검사일 경우 예상 축 방향과 크로스실린더렌즈의 중간기준축을 일치시킨다.
③ 굴절력 정밀검사일 경우 축 방향과 크로스실린더렌즈의 (−)축 또는 (+)축을 일치시킨다.
④ 검사 시작 시 이색검사의 녹색배경 시표가 선명하게 보이게 한다(−0.50D 과교정).

37

난시정밀검사

- 예상 난시 축 방향 = 크로스실린더 P점이 일치 = 난시 굴절력 정밀검사
- 흰색점이 P점 위치에 있을 때가 더 선명
  → C−0.25D 감소

38

− Ax 축 방향이 16~74° 또는 106~164° 범위 내 = 사난시
② S−2.00D ⊃ C+1.00D, Ax 30° : 근시성 복성 사난시
③ S+1.00D ⊃ C−1.00D, Ax 60° : 원시성 단성 사난시
④ S−1.00D ⊃ C+1.00D, Ax 5° : 근시성 단성 도난시
⑤ S−1.00D ⊃ C+1.00D, Ax 95° : 근시성 단성 직난시

39

적록이색검사

- 구면굴절력의 과교정과 저교정을 판단하기 위한 검사
- 적색바탕이 선명
  − 초점이 전반적으로 망막 앞(근시 상태) = (−)구면굴절력을 증가
  − 근시안은 저교정, 원시안은 과교정 상태

- 녹색바탕이 선명
  − 초점이 전반적으로 망막 뒤(원시 상태) = (−)구면굴절력을 감소
  − 근시안은 과교정, 원시안은 저교정 상태

40

양안조절균형검사

- 잘 보이는 눈에 S+0.25D 추가 장입한다.
- 아래쪽 시표가 더 선명 = 오른쪽 눈이 더 선명하다.
- OD에 S+0.25D 추가 → S+2.25D로 변경한다.

41

적록이색검사

- 노안 가입도 검사를 실시
- 적색바탕이 선명 = 조절력 충분함, 노안 아님
- 녹색바탕이 선명 = 조절력 부족, 노안, (+)구면굴절력 장입

42

유용 조절력

- 공식 : $D_N' = D_F' - (A_C + S)$
- 작업거리 눈앞 33cm = 3D 조절력이 필요
- 유용 조절력 : 총 3.00D 중에서 1/2만 사용. 즉, 1.50D 조절력
- 근용 가입도 : +1.50D
- 근용안경굴절력(+0.50D) = 원용교정 굴절력(−1D) + 가입도(+1.50D)

43

① Oh : 광학중심점 높이, 안경테 하부림에서 동공 중심까지의 길이
② For 5m : 원거리 굴절검사
③ △ : 프리즘렌즈 굴절력
⑤ VD : 정점간거리, 안경렌즈 안쪽 면부터 각막정점까지의 거리

44

처방전 해석

- 광학중심점 높이(Oh)는 수직(90°) 방향으로 영향을 주게 되는 요소이다.
- 수직(90°) 굴절력 = 0.00D인 처방을 찾으면 된다.

46

주시거리 PD

- 공식 : 주시거리 $PD = $ 기준 $PD \times \dfrac{(d-12)}{(d+13)}$

- $60mm = 64 \times \dfrac{(400-12)}{(400+13)}$

48

사용 중 피팅

- 코받침 : 안경을 쓰고 벗는 과정에서 코에 의해 눌림
- 엔드피스 : 안경을 쓰고 벗는 과정에서 다리가 벌어짐
- 착용감에 큰 영향을 주는 부위

49

① · ⑤ 데이텀라인 시스템에 의한 계측 수치이다.
③ 렌즈삽입부 수직길이는 알 수 없다.
④ 기준점(FPD)간거리는 72(54+18)mm이다.

50

① 렌즈삽입부 크기는 Datum < Boxing 순이다.
③ 기준점간거리는 Datum > Boxing 순이다.
④ 다리 길이는 Datum = Boxing이다.
⑤ 수직간거리는 Datum = Boxing이다.

52

최소렌즈직경

- 공식 : 최소렌즈직경($\varnothing$) $= FPD - PD + E.S +$ 여유분 + 홈깊이
- $67(mm) = 72 - 62 + 54 + 2 + 1$

53

유발사위

PD 오차로 인한 프리즘 영향 발생

- (+)D' 렌즈 : 기준 PD < 조가 PD → B.O 프리즘 영향 발생
- B.O 프리즘 작용으로 눈은 융합하기 위해 '폭주'됨
∴ 융합하기 위해 폭주하는 눈 = 외사위

54

안경렌즈 중화법

- (−)렌즈는 렌즈이동방향과 상의 이동방향이 같다.
- (+)렌즈는 렌즈이동방향과 상의 이동방향이 반대이다.
- (−)1.50D 렌즈와 겹쳐서 볼 경우, 이동방향이 동일하다
  → 임의의 렌즈 굴절력 < −1.50D 렌즈
∴ S+1.50D보다 작은 원시 교정용 렌즈

55

③ 약주경선을 T.A.B.O. 각 180°에 위치시켜라
  = S−1.50D ⊃ C−1.25D, Ax 180°

56

안경테를 아래로 내리는 피팅방법

- 코받침 위치를 모두 위로 올린다.
- 코받침 간격을 넓힌다.
- 경사각을 크게 한다.

57

프리즘 효과

- 왼쪽(O.S)렌즈의 수평굴절력은 −1.00D이다.
- 광학중심점 왼쪽 5mm 지점을 주시할 경우 B.I 효과가 발생한다.
- 프리즘($\triangle$) $= |D'| \times h(cm)$ ∴ $0.5\triangle = |-1| \times 0.5(cm)$

58

원용

- 큰 방향 : 폭주 방향. B.O(2.50D 렌즈, 1$\triangle$이므로 기준 PD 67mm > 조가 PD 63mm)
- 작은 방향 : 개산 방향. B.I(2.50D 렌즈, 0.5$\triangle$이므로 기준 PD 67 mm < 조가 PD 69 mm)
∴ 조가 PD 허용범위 : 63~69mm

59

① C+1.50D, Ax 90° ⊃ C+1.50D, Ax 180° : 원시교정 구면렌즈
② S+1.50D ⊃ C−1.50D, Ax 90° : 원시성 단성 도난시
③ S+1.50D ⊃ C+1.50D, Ax 180° : 원시성 복성 도난시
⑤ C+1.50D, Ax 180° : 원시성 단성 도난시

60

① 근시성 도난시 교정 처방이다.
② 강주경선의 굴절력은 −7.00D이다.
④ 알 수 없다.
⑤ 약주경선 굴절력은 −4.50D이다.

61

투영식 렌즈미터

- R, 오른쪽 렌즈이다.
- 근시성 복성 직난시안이다.
- 가입도는 2.25D이다.
- 왼쪽 그림이 아래로 갈수록 굴절력이 증가되는 화면이다.
∴ 누진굴절력렌즈

63

누진굴절력렌즈 디자인

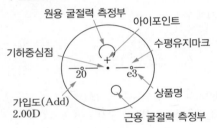

원용 굴절력 측정부
아이포인트
기하중심점
수평유지마크
가입도(Add)
2.00D
상품명
근용 굴절력 측정부

64

중간거리용 안경

- 중간거리용 굴절력 = 원용굴절력(D) + 가입도의 절반
- S−1.50D ⊃ C−0.75D, Ax 180°
  +0.75D
- S−0.75D ⊃ C−0.75D, Ax 180° 또는 S−1.50D ⊃
  C+0.75D, Ax 90°

65

복식알바이트안경

- 앞렌즈 굴절력 : − Add = −2.00D
- 원용 OU : S−2.00D ⊃ C−1.00D, Ax 90°, 64mm
- 근용 OU :　　　　　C−1.00D, Ax 90°, 60mm
  = 가입도(Add) = 근용-(S 값) − 원용-(S 값) = +2.00D
- 근용안경 착용 + 원용 PD로 볼 경우 발생 프리즘
  : $0.4\triangle \text{B.O} = |{-1}| \times 0.4\text{cm}$

- 앞렌즈(−2.00D) 추가하면서 근용부에서 발생한 프리즘
  을 상쇄시켜야 한다.
  : $0.4\triangle \text{B.I} = |{-2}| \times h(\text{cm})$
  　　　　$h = 0.2\text{cm}(2\text{mm})$
- 앞렌즈 원용 PD 64mm + 2mm = 66mm

66

슬래브업(Slab Off) 가공

- 굴절부등시안 + 이중초점렌즈를 착용
- 착용 시 발생하는 좌우안의 수직프리즘 오차를 줄이기
  위함
- 가공 프리즘 방향 : B.U 가공
- 좌우안 중에서 원용부 굴절력이 (−)방향으로 큰 쪽을
  가공

67

② 거울검사에서 좌·우 동공이 모두 근용 포인트보다 위
  방향으로 벗어난 경우에는 안경테가 전반적으로 내려간
  경우로 코받침 위치를 내리거나 경사각을 작게 하여 조
  정한다.

68

사위

- 부족한 융합력으로 반대 방향 사위 발생
- 조절과 폭주의 불균형으로 사위 발생
- 외안근의 주행과 안구부착의 이상 : 많은 양의 사위 또
  는 사시

69

파눔융합역

- 비대응점결상을 해도 감각성융합이 되는 범위이다.
- 파눔역 내에서의 비대응점결상으로 인해 입체감이 형성
  된다.
- 파눔역의 범위는 중심와에서 가장 좁고, 주변으로 갈수
  록 넓다.
- 파눔역의 범위는 위아래 방향이 좁고, 좌우 방향이 넓다.

70

조절래그량

- 조절래그 = 조절자극량 − 조절반응량
- 정상기댓값 : +0.25 ~ +0.75D
- 조절래그값이 많음 = +1.00D 이상 : 조절반응량이 작음 = 조절부족 또는 조절지연
- 조절래그값이 작음 = 0.00 또는 (−)값 : 조절반응량이 많음 = 조절과다 또는 조절유도

71

음성상대조절(NRA)

- 조절이완에 대한 반응량 검사
- 최초 흐림이 나타났을 때까지 추가된 (+)구면굴절력 값
- S−1.50 → 0.00D : S+1.50D 추가
- ∴ NRA +1.50D

72

① 양안시와 관련된 가장 중요한 안구운동은 양안 이향안구운동이다.
② 단안 안구운동은 쉐링톤의 법칙에 따라 작용근과 대항근으로 구분한다.
③ 무의식적으로 눈을 빨리 움직여 중심와에 주시점을 맞추는 안구운동을 '충동운동'이라 한다.
④ 조준선을 주시물체에 따라가게 하여 중심와에 지속적인 중심시를 유지하는 안구운동을 '추종운동'이라 한다.

73

폭주의 종류

- 눈앞 30cm : 근접성 폭주
- 태블릿 PC를 볼 때 : 조절성 폭주

74

폭주각(△)

- PD 65 → 6.5cm
- 눈앞 33cm → 3MA
- PD × MA = 6.5 × 3 = 19.5△

76

회선사위검사

- 양안에 모두 같은 방향의 마독스렌즈 장입
- 한쪽 눈에만 B.D 프리즘으로 상 분리

- 마독스렌즈로 보이는 위·아래의 가로선의 기울기를 통해 회선사위 유무와 방향을 확인

77

가림벗김검사 : 안위이상

- 우안을 가렸을 때 좌안의 움직임 보이지 않음 : 가림검사, 좌안 사시 없음
- 우안의 가림판을 제거하면서 우안을 관찰 : 가림벗김검사
- 우안이 코 방향으로 움직임 : 융합하기 위해 코 방향으로 움직임(내전)
- 융합하기 위해 내전하는 눈 = 외사위

79

(−)렌즈 반응이 느릴 경우

- 단안 이상 : 조절반응이 느린 상태. 조절부족, 조절지체 등
- 양안 이상 : 폭주과다

80

양안시 이상

- 초등학교 1학년 남학생
- 햇빛이 좋은 야외에서 눈을 감거나 비빈다 : 눈부심을 심하게 호소한다.
- TV를 오래 시청하면 눈이 귀쪽으로 돌아가는 느낌을 받는다 : 간헐성외사시
- 수술 또는 시기능훈련을 동반한 프리즘 처방

81

수성층

- 눈물층 대부분을 차지
- 주누선·부누선
- 항균 단백질 '라이소자임'이 존재

83

접촉각

- 습윤성을 나타내는 수치
- 0°에 가까울수록 친수성
- PMMA : 60°, 실리콘 : 110°

84

② 곡률이 크면 곡률반경은 스팁(Steep)한 상태이다.

③ 곡률반경이 크다. = 곡률이 작다. = 편평한 상태이다.

④ 곡률반경이 증가하면 굴절력은 감소한다.

$$굴절력(D) = \frac{n(굴절률)}{r(곡률반경)}$$

⑤ 곡률이 증가한다. = 곡률반경이 감소한다. = 굴절력이 증가한다.

85

실리콘 하이드로겔 콘택트렌즈

• 건성안 : DK 높은 재질, 저함수 재질

• 가끔씩 착용 : 적응기간이 필요없는 렌즈

• 축구 시합에 착용 : 소프트 콘택트렌즈

86

함수율

• 공식 : 함수율(%)

$$= \frac{최대로 \ 물을 \ 흡수한 \ 렌즈 \ 무게 - 탈수 \ 상태의 \ 렌즈 \ 무게}{최대로 \ 물을 \ 흡수한 \ 렌즈 \ 무게} \times 100\%$$

• $50(\%) = \dfrac{20g - 10g}{20g} \times 100\%$

88

① · ② 전체 직경(TD) – 수평방향가시홍채직경, 눈꺼풀테 크기

③ 기본커브(BCR) – 각막 전면의 곡률반경

⑤ 주변부 커브 – 각막 주변부의 곡률반경, 눈물 순환

89

소프트콘택트렌즈의 직경

• 소프트콘택트렌즈의 평균 직경(T.D) = 14.0~14.5mm

• HVID + 2mm = 소프트콘택트렌즈의 직경

90

① 콘택트렌즈는 동공중심과 함께 움직여 근시와 원시 모두 프리즘 효과가 발생하지 않는다.

91

소프트 콘택트렌즈 루즈(Loose)한 피팅 상태

• 움직임이 많음

  – 푸시업 검사 시 렌즈 움직임이 많음

  – 눈 깜빡임 시 렌즈 움직임이 많음

• 중심안정(=중심잡기) 불량

• 눈 깜빡임 직후 시력이 일시적으로 흐림

• 상방안정 가능성 증가

92

⑤ 아래로 갈수록 마이어 간격이 좁아지며, 각막 중심부의 곡률이 가파른 상태로 원추각막을 의미한다.

93

S-4.00D ⊃ C-1.00D, Ax 175°의 처방을 받은 피검사자에게 S-4.00D의 구면소프트렌즈를 처방하면, C-1.00D, Ax 175°의 난시가 그대로 잔여난시가 된다.

94

렌즈의 기본커브(BCR)가 편평한 각막곡률반경보다 작을 경우 (+)눈물렌즈가 형성되며 눈물렌즈를 중화시키기 위한 (-)굴절력이 추가로 필요하다.

95

하드콘택트렌즈 처방

• 안경 교정값이 ±4.00D 이상이므로 정점보정을 우선 시행한다. → -4.00D를 보정하면 -3.75D이다.

• 각막 기준 곡률은 7.95mm(42.50D)이고, 시험렌즈 곡률은 8.05mm(42.00D)이다.

• 눈물렌즈 굴절력은 '시험렌즈(42.00D) - 각막(42.50D) = -0.50D'이다.

• -3.75D로 교정한다. 그러나 눈물렌즈가 -0.50D를 가지고 있으므로 (-)3.75D - (-)0.50D = -3.25D이다.

97

중심부에 눈물이 가득 고여 있는 상태 : Steep한 피팅 상태

① 전체 직경(TD)을 작게 한다 : Flat한 피팅

② 기본커브(BCR)를 짧게 한다 : Steep한 피팅

③ 주변부 커브(PCR)를 짧게 한다 : Steep한 피팅

④ 광학부 직경(OZD)을 길게 한다 : Steep한 피팅

⑤ 가장자리들림(Edge Lift)을 낮게 한다 : Steep한 피팅

98

토릭 콘택트렌즈(LARS : Left Add Right Subtract)

- 왼쪽(시계 방향)으로 돌아가면 : 돌아간 축만큼 더한다.
- 오른쪽(반시계 방향)으로 돌아가면 : 돌아간 축만큼 빼준다.

99

① 지방 – 열 소독을 권장
② 칼슘 – 킬레이팅제 사용
③ 단백질 – 화학 소독을 권장
⑤ 지방 – 계면 활성 세척액 사용

100

① 유두(Papillae) – 가려움증
② 혈관신생(Vascularization) – 건조감, 약한 시력저하
③ 충혈(Injection) – 자극감
④ 궤양(Ulcer) – 통증

101

동공간거리계(PD Meter) 측정 항목

- 단안 및 양안 PD
- 주시거리별 PD
- 정점간거리(VD)

102

⑤ 란돌트 고리 시표는 최소분리력을 이용한 시력표이다.

104

비접촉성 안압계

- 비접촉형
- 순간적으로 나오는 바람을 이용하여 안압 측정
- 편리성 > 정확도

105

저시력자 보조기구

확대경 굴절력 = 주 작업거리버전스 × 희망 배율
→ 3D(1/0.33m) × 3배율 = +9.00D

01	02	03	04	05	06	07	08	09	10
②	②	①	②	①	②	①	④	①	④
11	12	13	14	15	16	17	18	19	20
④	⑤	③	①	④	①	③	①	④	③
21	22	23	24	25	26	27	28	29	30
⑤	③	③	①	③	②	③	③	⑤	②
31	32	33	34	35	36	37	38	39	40
①	③	③	③	③	②	③	⑤	①	①
41	42	43	44	45	46	47	48	49	50
④	⑤	①	③	④	②	④	③	③	④
51	52	53	54	55	56	57	58	59	60
⑤	①	④	②	③	①	⑤	④	③	③

01

문진의 결과 해석

- 10세 : 노안 아님
- 원/근거리를 교대로 볼 때 흐림에서 회복하는 시간이 오래 걸림 → 조절 자극 · 이완 시간이 오래 걸림 = 조절용이성 부족 또는 조절경련
- 최근 스마트폰 게임을 너무 오래 함 : 조절경련 의심

02

대면시야검사법

- 검사자와 피검사자가 서로 마주보고 시야검사를 진행한다.
- 대략적인 주변시야 검사법이다.
- 단안씩 검사한다.
- 검사자의 시야 범위가 정상이어야 한다.

03

① 수의성 원시, 상대성 원시, 정시 구분 → (+)구면렌즈 추가로 구분, 시력 향상 또는 유지(원시), 시력 저하(정시)

04

최소시각

- 5m용 틈새 1.5mm를 구분 = 1분각 = 1.0 시력
- 5m용 틈색 3.0mm를 구분 = 2분각 = 0.5 시력

05

난시정밀검사

- 예상 난시 축과 중간 기준축(A)을 일치시켜서 난시 축 정밀검사를 진행한다.
- 피검자가 선명하다고 응답할 경우 붉은 점의 방향으로 난시 축을 회전시킨다.
- 난시 축 정밀검사가 끝나면 축 방향은 'P'에 위치하도록 한다. → 이후 난시 굴절력 정밀검사를 실시한다.

06

열공판(Stenopaeic Slit)

- S−1.00D 장입 + 열공판 방향 수평 : 수평경선 굴절력 −1.00D
- S−1.50D 장입 + 열공판 방향 수직 : 수직경선 굴절력 −1.50D
- S−1.00D ◯ C−0.50D, Ax 180°

07

비정시안 교정

- 굴절이상도 +3.00D = −3.00D 원점굴절도의 근시안
- −3.00D의 근시안에게 −4.50D로 교정
  - 1.50D 과교정 상태
  - 초점은 망막 뒤로 이동된 상태(원시화 상태)
  - 녹색바탕의 시표가 선명하게 보임

08

④ (원시안)전초선 방향 : 수평선 → 약주경선 방향 : 180° 또는 수평 방향

09

난시정밀검사를 위한 운무

- 1차 적록이색검사에서 녹색이 조금 선명하게 보이는 상태로 유지 또는 1차 적록이색검사 종료 값 + (−)0.50D
- 조절래그량을 고려한 양주경선균형상태를 맞추기 위함

10

④ 프리즘분리법으로 진행 시 OD와 OS는 서로 다른 수직 프리즘 장입(B.U & B.D 또는 B.D & B.U 조합)

11

보조렌즈

- RF : 적색필터렌즈, GF : 녹색필터렌즈
- 워쓰 4점 검사에 적용하며 억제 유무 검사를 시행한다.

12

최대조절력

원점굴절도(정적굴절상태) − 근점굴절도(최대동적굴절상태) = 최대조절력(D)

→ 눈 뒤 33cm(+3.00D) − 눈앞 25cm(−4.00D) = +7.00D

13

투영식 렌즈미터

- 원용굴절력 : S+1.00D ◯ C−1.00D Ax 90°
- 가입도(Add) : 1.50D
- 근용굴절력 : 원용굴절력 + 가입도
- S+2.50D ◯ C−1.00D Ax 90° or S+1.50D ◯ C+1.00D Ax 180°

14

정식계측방법

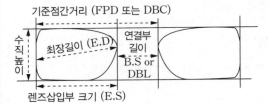

15

기준 PD

- 수평방향 굴절력 : S−3.00D
- (−)렌즈이고 B.O 효과이므로, 기준 PD > 조가 PD (62mm)이 된다.
- $1.5\triangle B.O = |-3| \times h(\text{cm})$

  $h = 0.5\text{cm}(5\text{mm})$

16

프리즘 기저방향

- (−)렌즈 = 근시 교정용 렌즈
- 렌즈의 기하중심점보다 인점위치가 귀 방향으로 이동

∴ Base In 프리즘

17

최소렌즈직경

공식 : 최소렌즈직경$(\varnothing)=FPD-PD+E.D$(또는 $E.S$)
$+$여유분

∴ $65(\varnothing)=72-66+58+1$

18

사용 중 피팅

- 왼쪽 다리부를 당기듯이 벗게 된다 = 오른쪽 다리벌림각
  이 커진다.
- 다리벌림각 작은 쪽 = 정점간거리가 길어진다 = 왼쪽

19

렌즈미터 프리즘 표기

- 프리즘양 : 눈금 한 칸 = 1△, 2칸 이동 = 2△
- Base 방향 : 150°
- 2△ Base 150°

20

안경렌즈 봉투 해석

- S−1.75D ⊃ C+0.50D : 근시교정 토릭렌즈
- 렌즈 굴절률 : 1.60(고굴절률 렌즈)
- Single vision lens : 단초점 렌즈
- T 1.2 : 중심두께 1.2mm
- AS : 비구면

75mm = 직경
T1.2 = 중심두께
굴절력
Single vision plastic lens = 단초점 플라스틱렌즈
코팅 종류 160 = 1.6 굴절률
AS = 비구면

21

(A) 굴절력 측정 핸들
(B) 인점 핀
(C) 시도조절환 · 접안렌즈부
(D) 렌즈 수평유지판
(E) 타깃 회전핸들

22

동공간거리

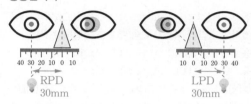

RPD 30mm

LPD 30mm

23

중간거리부 굴절력(D)

- 중간거리부 굴절력 = 원용부 굴절력 + 1/2 Add
- 원용 : S−1.50D ⊃ C+0.75D, Ax 180°, Add
  +1.50D(절반은 +0.75 D) + (+)0.75D
- 중간거리부 굴절력 : S−0.75D ⊃ C+0.75D, Ax 180°

∴ C−0.75D, Ax 90°

25

프리즘 효과

- 구면굴절력 : +2.00D
- 광학중심점 아래 5mm 지점을 주시 : B.U 효과 발생
- 프리즘$(\triangle)=|D'|\times h(cm)$ ∴$1.0\triangle=|+2|\times0.5(cm)$

26

① F1 : 렌즈 타입(단초점, 이중초점, 누진구절력렌즈 등)
③ F3 : 산각(테) 종류(메탈 · 플라스틱, 중산각 · 고산각,
　　평산각, 역산각 등)
④ F4 : 산각줄기 방향(전면, 중심, 후면 등)
⑤ F5 : 렌즈 광택 유무

27

③ B.I 프리즘 효과
① B.O 프리즘 효과
② B.O 프리즘 효과
④ B.D 프리즘 효과
⑤ 프리즘 발생 없음. 수평 굴절력 0.00D

28

복식알바이트안경

- 앞렌즈 굴절력 : − Add = −2.00D(원용굴절력과 근용 굴절력의 C 값의 부호가 달라 부호를 통일해야 함)
- 원용 OU : S−2.00D ⊂ C−2.00D, Ax 180°, 64mm
- 근용 OU : S 0.00D ⊂ C−2.00D, Ax 180°, 60mm
  → 가입도(Add) = 근용(S 값) − 원용(S 값) = +2.00D
1. 근용안경의 수평굴절력이 0.00D이므로 프리즘은 발생하지 않음
2. 앞렌즈 굴절력 : − Add = −2.00D
3. 조가 PD = 원용 PD 64mm

29

응용피팅

- 상부림이 눈썹에 닿는다 = 정점간거리가 짧다, 경사각이 작다.
- 교정방법
  − 경사각을 크게 한다.
  − 귀받침부 꺾임위치를 뒤로 이동한다.
  − 코받침 간격을 좁힌다.

30

② 독서를 할 때 머리를 뒤로 젖히거나 안경을 들어올려야 잘 보이는 것은 근용부가 너무 낮은 상태이거나 아이포인트가 낮은 상태이므로 안경을 전반적으로 위로 올려야 한다.

31

① Broad H Test 방법으로 추종안구운동(따라보기) 검사에 사용된다.

32

마독스렌즈

- 위쪽 선 = OS, 아래쪽 선 = OD
- 아래쪽 선(OD)이 코 방향쪽으로 내려감 = 내방 회선사위

33

(−)렌즈 부가법

- 눈모음 개입을 최소화한 다음 순수한 조절력만을 측정한다.
- 흐릴 때까지 추가된 (−)굴절력 + 주시거리(+2.50)D(단, 절댓값으로 더한다.)
- 추가된 값은 S+1.50D → S−3.00D = 4.50D이다.
- 최대조절력$(D) = |-4.50D| + |+2.50D| = +7.00D$

35

③ (−)와 (+) 모두 반전 시간이 오래 걸리며 조절 자극 또는 이완에 대한 반응 능력이 부족하여 조절용이성부족에 해당한다(단, 조절경련과 구분해야 한다).

36

융합용이성 검사

- 융합(버전스) 개입 및 이완 능력 검사
- 검사 방법
  − 12△ B.O (폭주) 및 3△ B.I (개산) 프리즘 사용
  − 양안 동시 측정
- 결과 해석
  − 12△ B.O 실패 → 폭주 융합력 부족
  − 3△ B.I 실패 → 개산 융합력 부족

37

일부융합제거 사위검사

- 편광법에 의한 검사방법
- 편광십자시표 또는 쌍디근자시표

38

쉐어드 기준

- 공식 : $\triangle = \dfrac{2 \times 사위량 - 융합여력}{3}$

- 내사위 − 개산여력(NRC 값), 외사위 − 폭주여력(PRC 값)

- $0\triangle$ 또는 $(-)\triangle$ 값이 나오면 처방할 필요 없음

- 사위량의 2배보다 크거나 같은 양의 융합여력이 있으면 처방하지 않음

39

② 음성상대폭주(NRC)는 $9\triangle$이다.

③ 양성상대폭주(PRC)는 $14\triangle$이다.

④ 음성융합성폭주(NFC)량은 $5\triangle$이다.

⑤ 양성융합성폭주(PFC)량은 $18\triangle$이다.

40

그래프 분석

DL(돈더스 선 = 기준선)보다 PL(사위선)이 근용부(점선부)에서 오른쪽에 위치하는 경우 폭주 과다에 해당하며 근용부(점선부)에서 왼쪽에 위치하는 경우 폭주 부족에 해당한다.

42

푸시업 검사법

- 상방 주시한 상태에서 아래눈꺼풀을 이용하여 렌즈를 위쪽으로 밀어 올린 다음 그 후의 움직임을 판단하여 중심안정 평가에 활용한다.

- 이상적인 렌즈 움직임
  - 소프트콘택트렌즈 : 0.5~1.0mm 이내
  - 하드콘택트렌즈 : 1.0~2.0mm 이내

44

산동(=확대)된 상태에서 동공 크기를 측정한다.

45

소프트 콘택트렌즈 재피팅

- TD(전체 직경) 0.50mm 변화 시 = BCR(기본커브) 0.3mm 변화 효과와 같다.

- TD 변화로 달라진 피팅 상태를 BCR 변화로 이상적인 피팅 상태를 유지한다.
  - TD 14.3 → 13.8mm로 작아졌다. = 피팅 상태가 Loose해진다.
  - BCR 8.50 → 8.20mm로 짧게 한다. = 피팅 상태가 Tight해진다.

46

관리용액

- 방부제 : 치메로살, 폴리쿼드, 다이메드, 소르빈산(=솔베이트)

- 항생제 : 염화벤잘코늄(BAK), 클로르헥시딘

- 습윤성 증가
  - 폴리비닐알코올(윤활제)
  - 눈물 증발 방지 및 눈물 생성 유도

47

RGP 최종처방굴절력

- 눈물렌즈굴절력 +0.50D = 시험렌즈(BCD) 43.00D − 편평한 각막곡률값 42.50D

- 교정굴절력(D) − 시험렌즈(D) + 눈물렌즈 중화값 = 덧댐굴절력(D)
  → $(-)3.50D - (-)3.00D + (-)0.50D = (-)1.00D$

- 시험렌즈(D) + 덧댐굴절력 = 최종처방굴절력(D)
  → $(-)3.00D + (-)1.00D = (-)4.00D$

48

토릭 콘택트렌즈(LARS : Left Add Right Subtract)

- 왼쪽(시계 방향)으로 돌아가면 : 돌아간 축만큼 더한다.

- 오른쪽(반시계 방향)으로 돌아가면 : 돌아간 축만큼 빼준다.

- 그림에서는 오른쪽(반시계 방향)으로 20° 회전되었다.

49

가장자리 들림

- 가장자리 들림값이 크다는 것은 플랫(Flat)한 피팅 상태를 의미한다.
- 눈물 순환량이 증가한다.

50

① · ④ 시간 : 열 소독 < 화학 소독
② 소독 효과 : 열 소독 > 화학 소독
⑤ 지방 침전물 – 열 소독 권장, 단백질 침전물 – 화학 소독 권장

51

블랑카-Z

- 구리(Cu) 합금
- 구리(Cu) + 니켈(Ni) + 아연(Zn) + 주석(Sn)의 합금
- 금장테의 바탕(소지)금속으로 사용

52

② 접합력 향상
③ 산화피막 형성 방지 또는 제거
④ 땜질 온도를 낮추는 역할
⑤ 종류로는 붕산(H_3BO_3), 붕사($Na_2B_4O_7$), 불화칼륨(KF), 염화리튬(LiCl)이 있음

53

① 재활용은 열가소성 수지만 해당됨
② 내부식성이 좋을 것 : 금속테 구비요건
③ 땜질 또는 용접을 쉽게 할 수 있을 것 : 금속테 구비요건
⑤ 탄력성은 적당히 높을 것

54

열가소성 안경테

- 아세테이트 : (반응물질) 빙초산, (가소제) 디메틸프탈레이트 (②)
- 셀룰로이드 : (반응물질) 질산, (가소제) 장뇌

55

광학유리렌즈 강화법

- 렌즈 표면부에 압축응력, 내부에 인장응력이 발생한다.
- 화학강화법 : 질산칼륨(KNO_3) 용융액 속에 약 16~20시간 담근다.
- 열강화법 : 600℃로 가열 후 1~3분간 급냉시키는 방법을 통해 강화한다.
- 열강화법은 렌즈 가공 후에 가능하며, 화학강화법은 가공 전에도 가능하다.

56

감광(조광)렌즈

- 진하게 착색되기 위해서는 기온이 낮고, 자외선 양이 많아야 한다.
- 착색 농도
  - 여름철 < 겨울철
  - 맑은 날 > 흐린 날

58

누진굴절력렌즈에 대한 적응이 어려운 사람

- 신경질적이고 예민한 사람
- 가입도가 높은 경우의 사람
- 참을성이 부족한 사람
- 멀미를 잘 느끼는 사람
- 이중초점렌즈 또는 단초점 근용안경에 잘 적응한 사람

59

사이즈(Size)렌즈

- 배율 변화를 통해 부등상시를 보정할 목적으로 사용
- 주요 변수 : 정점간거리, 중심두께, 전면의 면굴절력
- 종류 : 오버롤렌즈, 메리디오널렌즈

60

청광차단코팅

- 전자기기를 주로 사용하는 경우 도움이 된다.
- 에너지가 크고 파장이 짧은 청색 계열의 가시광선을 일부 차단한다.

제5회 | 최종모의고사 정답 및 해설

1교시 | 시광학이론

01	02	03	04	05	06	07	08	09	10
③	②	①	②	④	③	②	④	②	③
11	12	13	14	15	16	17	18	19	20
③	④	④	③	⑤	②	③	②	④	③
21	22	23	24	25	26	27	28	29	30
①	④	①	②	②	⑤	②	②	②	①
31	32	33	34	35	36	37	38	39	40
②	①	①	⑤	③	⑤	②	①	③	④
41	42	43	44	45	46	47	48	49	50
②	①	④	②	③	③	④	③	②	④
51	52	53	54	55	56	57	58	59	60
②	⑤	③	④	④	①	①	⑤	④	①
61	62	63	64	65	66	67	68	69	70
①	⑤	③	③	③	④	③	②	④	⑤
71	72	73	74	75	76	77	78	79	80
①	⑤	②	⑤	②	⑤	③	③	④	①
81	82	83	84	85					
③	②	①	③	②					

01

① 공막은 외막으로, 앞쪽은 각막과 연속된다.
② 공막실질에는 혈관이 존재하지 않고, 상공막에 혈관이 풍부하다.
④ 눈알의 구조물 중 가장 큰 부피를 차지하는 것은 유리체이다.
⑤ 공막의 가장 안쪽 층은 갈색판으로 멜라닌세포가 들어있다.

03

② 맥락막위공간을 통해 긴뒤섬모체동맥, 짧은뒤섬모체동맥이 지나간다.
③ 맥락막은 혈관과 색소가 풍부하다.
④ 톱니둘레를 경계로 섬모체와 연속된다.
⑤ 맥락막의 혈관층 중 가장 안쪽에 모세혈관이 위치한다.

05

① 맥락막의 모세혈관을 통해 영양을 공급받는 것은 망막의 바깥쪽 부분이며 두극세포는 안쪽 2/3층에 속한다.
② 망막의 색소상피세포에는 멜라닌색소가 들어있다.
③ 황반은 시신경원판을 기준으로 귀쪽방향에 위치한다.
⑤ 망막색소상피층은 망막의 바깥쪽 층에 속하므로 맥락막 모세혈관으로부터 영양을 공급받는다.

06

생리적 암점
시신경원판 부위에는 시세포가 존재하지 않아 빛 자극이 수용되지 못한다. 이 부위로 들어오는 빛의 자극은 뇌에서 인지할 수 없는데, 시야 내 귀쪽방향에 작은 시야결손이 나타난다.

08

① 수정체의 65%는 수분, 35%는 단백질로 구성된다.
② 수정체의 직경은 10mm, 두께는 4mm이다.
③ 수정체는 자외선을 흡수한다.
⑤ 수정체는 무혈관, 무신경 구조이다.

09

눈꺼풀 근육
• 눈둘레근 : 눈을 감을 때 작용 → 안와부(수의운동), 눈꺼풀부(불수의운동)
• 위눈꺼풀올림근 : 눈을 뜰 때 작용(수의운동)
• 뮐러근 : 눈을 뜰 때 작용(불수의운동)

10

안와의 개구부를 통과하는 구조물

- 시신경구멍(시신경공) : 눈동맥, 시신경, 교감신경섬유
- 위안와틈새 : 눈돌림신경, 도르래신경, 가돌림신경, 눈신경, 위눈정맥 등
- 아래안와틈새 : 위턱신경, 아래눈정맥, 안와아래정맥

11

① 눈물 속 알부민은 영양단백질이다.
② 알레르기결막염 등의 과민성질환에서 IgE의 농도가 증가한다.
④ 눈물이 안구에 고르게 퍼지도록 하는 것은 점액층의 역할이며, 결막상피의 술잔세포에서 분비된다.
⑤ 각막의 영양, 항균과 관련된 것은 수성층이며 주눈물샘과 덧눈물샘에서 분비된다.

13

④ 삼차신경은 감각신경으로, 각막의 지각신경이나 눈물의 분비 등을 담당한다. 근육의 지배와는 관련이 없다.

14

① 원거리 흐림, 근거리 흐림 : 고도근시
② 원거리 흐림, 근거리 양호 : 근시
④·⑤ 원거리 양호, 근거리 흐림 : 원시, 조절부족 등

15

① 빛의 자극을 처음으로 수용하는 것은 광수용체세포이다.
② 귀쪽 시야의 빛은 망막에서 코쪽 부위에 맺힌다.
③ 시신경교차 부위에서는 코쪽 망막으로부터 오는 신경섬유들의 교차가 일어난다.
④ 시신경교차를 지난 후 대부분의 신경섬유들은 대뇌의 시각피질로 향하며, 일부의 신경섬유들은 중뇌로 들어가 동공운동에 관여한다.

16

시야장애

- 감도저하 : 시표의 자극 강도가 강할 때 인식이 가능하며, 시야장애 중 흔한 경우
- 협착 : 시야의 주변부 경계가 좁아진 상태
- 암점 : 시야 내에서 부분적 또는 완전한 시야 결손 부위가 나타나는 경우

17

① 확대경은 근거리용으로 사용한다.
② 저시력 보조기구 중 광학기구에는 확대경, 망원경, 망원현미경 등이 있다.
④ 배율을 높이면 시야는 좁아지고, 배율을 낮추면 시야가 넓어진다.
⑤ 보조기구 선택 시 작업거리와 배율 등을 고려해야 한다.

18

② 야맹은 막대세포의 기능 장애로 망막색소변성의 경우 막대세포의 손상이 먼저 진행된다.

19

① 색상은 빛의 파장에 따른 차이를 말한다.
② 원뿔세포의 3가지 종류 혼합으로 색 구분이 가능하다.
③ 명도는 색의 밝기를 말한다.
⑤ 채도는 색의 맑고 탁한 정도를 말한다.

20

단순근시

- 굴절매체(각막, 수정체)와 안축장 간의 불균형으로 발생하는 근시이다.
- 안구가 자라면서 진행되다가 성인이 되면 진행이 멈춘다.
- 가장 큰 증상은 시력장애이며 안저에 이상은 없다.
- 안경이나 콘택트렌즈로 교정할 수 있다.

21

조절 시 눈의 변화

- 섬모체근의 긴장
- 수정체의 곡률 증가
- 동공크기 감소(축동)
- 방수유출량 증가
- 각막두께는 변화 없음

22

① 40세 이후 근거리 시력이 저하된다.
② 근시보다 원시일 때 노안 증상을 빨리 느끼게 된다.
③ 작업거리에 따라 교정 굴절력이 다르다.
⑤ 나이가 들수록 조절력 감소로 인해 근점이 멀어진다.

23

② 영아내사시 : 생후 6개월 이내에 발생하는 사시로 사시각이 매우 큰 경우(30△이상)

③ 굴절조절내사시 : 원시 미교정 상태에서 과도한 조절 사용으로 발생한 사시

④ 간헐외사시 : 주로 원거리 주시 시, 피곤하거나 열이 날 때 한쪽 눈이 귀쪽으로 편위

⑤ 마비사시 : 외안근이 마비되어 마비근의 작용방향에서 안구운동이 제한되는 경우

25

① 교감신경의 장애로 나타난다.

③ 병변이 있는 쪽 얼굴에서 땀없음증을 보인다.

④ 교감신경 장애로 산동이 어렵고, 눈꺼풀처짐과 동공수축 증상을 보인다.

⑤ 동공확대근의 마비가 나타난다.

26

⑤ 눈돌림신경의 마비(원심동공운동장애)에서 직접, 간접 반사는 모두 소실된다.

27

① 시유발전위검사 : 시각피질의 전위변화 확인

③ 초음파검사 : 눈속 조직 간의 거리측정(A스캔), 눈속 종양의 감별진단과 눈속 이물 확인(B스캔)

④ 망막전위도검사 : 빛 자극에 의한 망막활동전위의 변화 기록

⑤ 형광안저혈관조영술 : 망막혈관 등 안저이상의 진단

29

① 유아를 제외한 모든 연령의 공여각막을 쓸 수 있다.

③ 적출 후 낮은 온도의 습윤상자에 보관하면 48시간 이내에 사용해야 한다.

④ 원추각막이 진행되어 콘택트렌즈로 교정이 불가능한 경우 각막이식을 할 수 있으며, 각막 상태에 따라 부분 또는 전체층 이식을 시행한다.

⑤ 각막이식의 종류 : 전체층 각막이식, 부분층 각막이식(표층각막이식, 내피층판이식)

30

선천백내장

• 원인 : 유전, 태내감염, 대사이상, 전신질환 등

• 증상 : 주시와 따라보기의 어려움, 백색동공, 사시, 눈떨림 등

• 진단 : 검안경을 통한 적색반사검사

33

봉입체결막염

• 젊은 남녀의 양쪽 눈에 발생하는 점액화농성 결막염

• 비뇨생식기 또는 손을 통한 전염, 감염된 산도를 통해 나온 신생아의 감염

• 증상 : 여포, 유두비대 등

• 항생제로 치료하며, 치료하지 않으면 평균 5개월 이상 증상이 지속됨

34

베체트병

• 중동, 극동아시아의 젊은 남성에게 호발

• 전체 포도막염, 실명률이 높은 질환

• 눈의 증상 : 홍채염, 앞방축농, 망막기능 저하 등

• 전신증상 : 구강궤양, 외음부궤양 등

35

① 30~40대 여성에게 주로 발생한다.

② 감염이 아닌 자가면역질환이다.

④ · ⑤ 주요증상 : 건조감, 눈부심, 이물감 등

36

③ · ④ 비토반점, 야맹증은 비타민 A 결핍증인 각막궤양의 특징이다.

신경영양각막염

• 삼차신경 제1가지의 마비로 인한 각막염

• 증상 : 각막지각 소실, 눈깜박임반사 소실, 통증 없음 등

38

수정체팽대녹내장

• 백내장의 과숙기에 수정체의 수분 함량 증가로 인한 수정체의 부종 때문에 앞방이 얕아진다.

• 앞방이 얕아지면서 앞방각이 막히고 이로 인해 안압이 증가한다.

39

망막주위혈관염(일스병)
- 결핵균 또는 포도알균에 대한 과민반응
- 증상 : 유리체출혈로 인한 시력장애
- 치료 : 스테로이드 투여, 광응고치료

40

① 바깥다래끼는 자이스샘과 몰샘에 발생한다.
② 콩다래끼는 통증이 없다.
③ 바깥다래끼는 더운 찜질을 통해 자연치유된다.
⑤ 콩다래끼는 마이봄샘의 배출구가 막히면서 축적된 피지가 침윤되어 생긴 염증이다.

41

특수 안경테
귀갑테, 포인트테, 알바이트테, 슬림폴드테, 프리즘테 등

43

금장(GF ; Gold Filled)
- G.F로 표기한다.
- 금장은 모넬 또는 티타늄 등의 소지금속 위에 얇은 금피막을 융착시킨 것이다.
- 금도금보다 가격이 비싸다.

44

광학정수
- 굴절률과 아베수 : 반비례
- 굴절률과 비중 : 비례
- 아베수와 색분산 : 반비례
- 굴절률과 색분산 : 비례

45

폴리카보네이트(PC)
- 내충격성(강도)이 가장 우수하다.
- 보호용, 어린이용, 노인용 렌즈로 주로 사용된다.
- 내마모성(경도)은 낮기 때문에 하드코팅이 필수적이다.

46

CR-39(ADC 렌즈)
- 굴절률 : 1.498, 아베수 : 58.0, 비중 : 1.32
- 열경화성 플라스틱

47

용융착색법
- 광학유리 착색 방법이다.
- 색을 표현하는 금속을 함께 용융시킨다.

48

① 근용부 폭 : 소프트디자인 < 하드디자인
③ 원용부 넓이 : 소프트디자인 < 하드디자인
④ 소프트디자인이 초기 적응이 쉽다.
⑤ 가입도가 낮을 때는 소프트 디자인이, 가입도가 높을 때는 하드 디자인이 적절하다.

49

① 갈색 렌즈 : 흐린 날에도 선명 상 제공, 백내장 수술 후 적합
④ 노란색 렌즈 : 대비감도·해상도가 높음, 야간 운전용으로 적합
⑤ 빨간색 렌즈 : 색각이상 보정을 위한 컬러렌즈

50

순금의 양
- 금속부 무게로만 계산한다.
- $1/20 \times 18k/24k \times 80$
- $\therefore 1/20 \times 3/4 \times 80 = 3.0g$

51

전방(Anterior Chamber)
- 안압을 유지할 수 있게 일정하게 생산되고 배출되는 안구 내의 물
- 굴절률은 1.335(물과 비슷)
- 전방깊이 : 약 3mm, 각막 후면에서 수정체 전면까지의 깊이
- 근시안이 깊고 원시안은 얕음

52

① 정적굴절 상태와 최대동적굴절 상태에서 주요점을 설정한다.
② 안광학계의 주요점은 초점, 절점, 주점, 안구회선점만 해당된다.
③ 절점은 시각의 크기 측정 시 기준점이 되며, N 또는 N'으로 표기한다.
④ 동적시야, 양안시 기능을 파악하기 위한 주요점은 안구회선점이다.

53

빛 결상 경로

각막(1차 굴절) – 전방 – 홍채 – 수정체(2차 굴절) – 유리체 – 망막(중심와)

54

홍채와 망막

- 홍채 : 눈(안광학계)에 입사하는 광선의 양을 제한하는 구경조리개
- 망막 : 상의 범위를 조절하는 시야조리개

55

① 로젠바흐 검사 : 우세안 검사법
② 크림스키 검사 : 프리즘을 사용한 정량적 카파각 측정법
③ 폰 그라페 검사 : 사위검사법
⑤ 주시시차 검사 : 양안시기능이상 분석을 위한 검사

56

적록이색검사

- 적색바탕 시표가 더 선명
  - 최소착란원이 망막 앞에 위치. 근시는 저교정, 원시는 과교정 상태
  - (−)구면굴절력을 추가 또는 (+)구면굴절력을 감소
- 녹색바탕 시표가 더 선명
  - 최소착란원이 망막 뒤에 위치. 근시는 과교정, 원시는 저교정 상태
  - (−)구면굴절력을 감소 또는 (+)구면굴절력을 추가

57

광학적 모형안

- 정식 : 6개 굴절면, 1개 굴절률
- 약식 : 3개 굴절면, 1개 굴절률
- 생략안 : 1개 굴절면, 1개 굴절률, 주점과 각막정점이 일치, 절점은 각막곡률중심와 일치

58

정시

- 원점굴절도가 0.00D인 눈
- 원점거리가 무한대인 눈
- 정적굴절 상태에서 상측초점이 망막 중심오목인 눈

59

① 전 원시 : 조절마비제를 가하여 생리적 · 기능성 조절을 완전히 배제한 상태
② 현성 원시 : 운무법을 통해 기능성 조절만 배제한 상태
③ 잠복 원시 : 전(총) 원시량 − 현성 원시량
⑤ 절대 원시 : 원거리 교정시력 1.0을 낼 수 있는 가장 약한 (+)굴절력

60

② 정난시 : 경선들의 굴절력 변화가 규칙성을 가지며, 양주경선이 서로 수직을 이루는 것
③ 부정난시 : 경선들의 굴절력 변화가 불규칙하고 양주경선이 서로 수직을 이루지 않는 것
④ 근시성 복성 도난시 : 전초선과 후초선이 모두 망막 앞에 있고, 후초선이 수평 방향인 것
⑤ 수정체 난시 : 전체난시량 − 각막난시량

61

최대조절력

- 원점굴절도 : 1/원점거리(m), 눈 뒤 2m → +0.50D
- 근점굴절도 : 1/근점거리(m), 눈앞 25cm → −4.00D
- 최대조절력 : 원점굴절도(D) − 근점굴절도(D)

62

방사선 시표

- S+0.50D ◯ C+0.50D, Ax 90°
  → 원시성 복성 직난시, 강주경선 수직 +0.50D, 약주경선 수평 +1.00D
- 수의성 원시 : 조절력 > 원점굴절도
∴ 조절력으로 원시량을 모두 커버할 수 있으므로, 모든 선의 선명도가 동일하다.

63

합성 안광학계 굴절력

- 정시(+60D) + S+2.00D ◯ C−1.00D, Ax 90°
- 수직(90°) 굴절력은 +62D이고, 수평(180°) 굴절력은 +61D이다.
- 강주경선은 수직 +62D이고, 약주경선은 수평 +61D이다.

64

명시역

- 굴절이상도 +2.50D = S−2.50D 교정의 근시
- 원용부 명시역 : −0.50D 미교정, 조절력 2.50D, 눈앞 0.50 ~ 3.00D
- 근용부 명시역 : −0.50D에서 가입도(2.00D)만큼 눈앞으로 이동 + 조절력만큼 추가로 이동
  − −0.50D + (+2.00D) + (+2.50D) = 눈앞 5.00D
∴ 이중초점렌즈를 통한 명시역 범위는
−0.50D ~ −5.00D 범위, 눈앞 2m에서 눈앞 20cm까지

65

유용 조절력

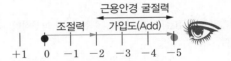

- 공식 : $D_N' = D_F' - (A_C + S)$
- 작업거리 눈앞 20cm = 5D 조절력이 필요
- 유용 조절력 : 총 3.00D 중에서 2/3만 사용. 즉, 2.00D 조절력
- 근용 가입도 : +3.00D
- 근용안경 굴절력(+3.00D) = 원용교정 굴절력(0D) + 가입도(+3.00D)

66

프리즘 효과

- 수평 굴절력 : −3.00D, 수직 굴절력 : −2.00D
- 수평 프리즘 : (−)렌즈이고, 동공중심이 광학중심점을 기준으로 코 방향 이동 → B.I
  0.60△ B.I = |−3| × 0.2(cm)
- 수직 프리즘 : (−)렌즈이고, 동공중심이 광학중심점을 기준으로 아래로 이동 → B.D
  0.30△ B.D = |−2| × 0.15(cm)

67

③ 정시용 사이즈 렌즈 제작 : 렌즈의 중심두께(t), 렌즈 소재의 굴절률(n), 렌즈 전면의 면굴절력(D_1')

68

저시력 보조기구

- 자기 배율 $= \dfrac{\text{접안렌즈굴절력}(D)}{\text{대물렌즈굴절력}(D)}$
- 도립상이기 때문에 배율은 '−' 값을 가지며, 프리즘을 이용해 정립으로 바꾼다.

69

① N − 절대굴절률
② H − 주점
③ V − 정점
⑤ D_v' − 상측정점 굴절력

70

광학적 거리

- 광학적 거리 : 일정 시간 동안 빛이 진행한 거리
- 공식 : 광학적 거리$=n$(굴절률)$\times s$(실제거리)

71

버전스

- 기준 파면(A)보다 광원이 왼쪽에 있고, 발산되는 광선이다.
- 공식 : 버전스$(D)=\dfrac{n(굴절률)}{s(\text{m})}$
- n(공기) $= 1$, $s = -0.4\text{m} \rightarrow -2.50\text{D}$

72

겉보기 깊이

- $n_1 \times$ 실제 깊이 $= n_2 \times$ 겉보기 깊이
- 겉보기 깊이 = 겉보기 깊이(cm)$=\dfrac{240\text{cm}}{\frac{4}{3}} \rightarrow 180\text{cm}$
- 실제 깊이(240cm) − 겉보기 깊이(180cm) = 60cm만큼 떠 보인다.

73

단일구면 버전스

- 공식 : $S'=S+D$
- S : 물체 버전스, $S = 1$(공기) $/ -1\text{m}$(전방) $\rightarrow -1.00\text{D}$
- D' : 단일구면 버전스, $D' = +2.00\text{D}$

∴ $S' = (-1.00) + (+2.00) = +1.00\text{D}$

74

볼록렌즈 결상

- +10D 렌즈의 초점거리 : 10cm
- 물체 위치(s) : 20cm(2F와 동일)
- 즉, s = 2F일 경우, 같은 크기의 도립실상이 형성된다.

75

출사광선이 평행광선이 되는 경우

- 물체위치(s) = 물측초점(F)일 때
- 볼록렌즈일 때

76

① 물체거리 < f'(15cm) : 확대된 정립허상
② 물체거리 = f'(15cm) : 평행광선, 결상되지 않음
③ $2f'$ > 물체거리 > f'(15cm) : 확대된 도립실상
④ 물체거리 = $2f'$(30cm) : 같은 크기, 도립실상

77

정점 굴절력 vs 주점 굴절력

- 양볼록렌즈 : 물측, 상측 주점 모두 렌즈 내부에 존재한다.
- 상측주점초점거리 > 상측정점초점거리
  |상측주점 굴절력| < |상측정점 굴절력|

78

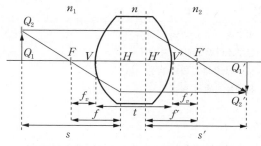

f_v : 물측정점초점거리 f_v' : 상측정점초점거리
f : 물측주점초점거리 f' : 상측주점초점거리

① 시렌즈에 입사되는 빛의 양을 제한하여 상의 밝기를 결정하는 것을 '구경조리개'라고 한다.
② 상을 볼 수 있거나 만들 수 있는 범위인 시야를 제한하는 것은 '시야조리개'라고 한다.
④ 렌즈 후방에 구경조리개가 위치할 경우, 구경조리개가 출사동의 역할을 한다.
⑤ 물측이 텔리센트릭 광학계일 경우, 구경조리개의 위치는 상측초점에 위치한다.

79

상측정점 굴절력(Dv')

- 렌즈미터로 측정한 굴절력 = 상측정점굴절력
- 상측정점 굴절력(Dv') = 호칭면 굴절력(D_N') + 2면의 상측면굴절력(D_2')

∴ $-15\text{D} + (+5\text{D}) \rightarrow Dv' = -10\text{D}$

81

자외선

- 자외선(UV) : 200~380nm 범위
- 장기간 노출 시 피부와 눈에 강한 손상을 유발한다.
- 살균효과 및 화학작용이 강하다.

82

빛의 속도

- 공식 : $n = \dfrac{C(\text{진공 속 빛의 속도})}{V(\text{매질 속 빛의 속도})}$

- $V = \dfrac{3.0 \times 10^8 \text{m/sec}}{2} \rightarrow V = 1.5 \times 10^8 \text{m/sec}$

83

② 평면파 회절 : 빛의 회절
③ 브루스터각 : 빛의 편광
④ 도플러 효과 : 빛의 파동
⑤ 분해능 : 빛의 회절

84

②·③ 최소분리각이 작을수록 분해능은 좋은 상태이다.
① 최소분리각 공식은 레일리 기준에 의해 성립되었다.
④ 원형 개구(슬릿)에서의 분해능은 슬릿의 직경이 작을수록 분해능이 좋다.
⑤ 사용된 빛의 파장이 길수록 분해능은 좋지 않은 상태가 된다.

85

① 편광투과축과 조제가공 참조마크는 서로 수직 방향이다.
③ 수평면에서 반사된 빛은 수평진동의 세기가 더 크다.
④ 수직면에서 반사된 빛은 수직진동의 세기가 더 크다.
⑤ 수평면에서 반사된 빛에 의한 눈부심을 줄이기 위해서는 편광투과축을 수직으로 해야 한다.

2교시	1과목 의료관계법규
	2과목 시광학응용

01	02	03	04	05	06	07	08	09	10
④	①	⑤	②	③	④	①	②	④	②
11	12	13	14	15	16	17	18	19	20
②	③	④	②	④	④	①	⑤	①	④
21	22	23	24	25	26	27	28	29	30
②	③	①	⑤	②	⑤	④	③	③	①
31	32	33	34	35	36	37	38	39	40
⑤	②	④	⑤	⑤	①	④	①	②	②
41	42	43	44	45	46	47	48	49	50
③	④	④	②	⑤	③	①	④	①	②
51	52	53	54	55	56	57	58	59	60
⑤	⑤	⑤	②	④	②	②	②	①	⑤
61	62	63	64	65	66	67	68	69	70
④	②	④	①	③	②	②	④	②	④
71	72	73	74	75	76	77	78	79	80
①	⑤	⑤	③	①	②	②	④	④	②
81	82	83	84	85	86	87	88	89	90
②	③	①	②	④	②	④	②	⑤	①
91	92	93	94	95	96	97	98	99	100
④	③	①	②	④	③	①	④	⑤	①
101	102	103	104	105					
③	⑤	②	①	④					

01

의료인의 임무(의료법 제2조 제2항 제5호 및 간호법 제12조)
간호사는 다음의 업무를 임무로 한다.

- 환자의 간호요구에 대한 관찰, 자료수집, 간호판단 및 요양을 위한 간호
- 의사, 치과의사, 한의사의 지도하에 시행하는 진료의 보조
- 간호 요구자에 대한 교육·상담 및 건강증진을 위한 활동의 기획과 수행, 그 밖의 대통령령으로 정하는 보건활동
- 간호조무사가 수행하는 업무보조에 대한 지도

02

조산사 면허(의료법 제6조)

조산사가 되려는 자는 다음의 어느 하나에 해당하는 자로서 조산사 국가시험에 합격한 후 보건복지부장관의 면허를 받아야 한다.

- 간호사 면허를 가지고 보건복지부장관이 인정하는 의료기관에서 1년간 조산 수습과정을 마친 자
- 외국의 조산사 면허(보건복지부장관이 정하여 고시하는 인정기준에 해당하는 면허를 말한다)를 받은 자

03

① 의료기술 등에 대한 보호(의료법 제12조)
② 의료기재 압류 금지(동법 제13조)
③ 기구 등 우선 공급(동법 제14조)
④ 의료기관 점거 및 진료 방해 금지(동법 제12조 제2항)

04

처방전 대리수령자(의료법 제17조의2 제2항)

의사, 치과의사 또는 한의사는 다음의 어느 하나에 해당하는 경우로서 해당 환자 및 의약품에 대한 안전성을 인정하는 경우에는 환자의 직계존속·비속, 배우자 및 배우자의 직계존속, 형제자매 또는 노인의료복지시설에서 근무하는 사람 등 대통령령으로 정하는 사람(이하 이 조에서 '대리수령자'라 한다)에게 처방전을 교부하거나 발송할 수 있으며 대리수령자는 환자를 대리하여 그 처방전을 수령할 수 있다.

- 환자의 의식이 없는 경우
- 환자의 거동이 현저히 곤란하고 동일한 상병에 대하여 장기간 동일한 처방이 이루어지는 경우

05

의료기관의 개설 등(의료법 제33조 제1항)

의료인은 이 법에 따른 의료기관을 개설하지 아니하고는 의료업을 할 수 없으며, 다음의 어느 하나에 해당하는 경우 외에는 그 의료기관 내에서 의료업을 하여야 한다.

- 응급환자를 진료하는 경우
- 환자나 환자 보호자의 요청에 따라 진료하는 경우
- 국가나 지방자치단체의 장이 공익상 필요하다고 인정하여 요청하는 경우
- 보건복지부령으로 정하는 바에 따라 가정간호를 하는 경우

- 그 밖에 이 법 또는 다른 법령으로 특별히 정한 경우나 환자가 있는 현장에서 진료를 하여야 하는 부득이한 사유가 있는 경우

06

의료광고의 심의(의료법 제57조 제3항)

의료인 등은 다음의 사항으로만 구성된 의료광고에 대해서는 보건복지부장관에게 신고한 기관 또는 단체(이하 '자율심의기구'라 한다)의 심의를 받지 아니할 수 있다.

- 의료기관의 명칭·소재지·전화번호
- 의료기관이 설치·운영하는 진료과목
- 의료기관에 소속된 의료인의 성명·성별 및 면허의 종류
- 그 밖에 대통령령으로 정하는 사항
  - 의료기관 개설자 및 개설연도
  - 의료기관의 인터넷 홈페이지 주소
  - 의료기관의 진료일 및 진료시간
  - 의료기관이 전문병원으로 지정받은 사실
  - 의료기관이 의료기관 인증을 받은 사실
  - 의료기관 개설자 또는 소속 의료인이 전문의 자격을 인정받은 사실 및 그 전문과목

07

안마사(의료법 제82조 제1항)

안마사는 「장애인복지법」에 따른 시각장애인 중 다음의 어느 하나에 해당하는 자로서 시·도지사에게 자격인정을 받아야 한다.

- 「초·중등교육법」에 따른 특수학교 중 고등학교에 준한 교육을 하는 학교에서 안마사의 업무한계에 따라 물리적 시술에 관한 교육과정을 마친 자
- 중학교 과정 이상의 교육을 받고 보건복지부장관이 지정하는 안마수련기관에서 2년 이상의 안마수련과정을 마친 자

08

벌칙(의료법 제87조)

의료법 제33조 제2항(의사는 종합병원·병원·요양병원·정신병원 또는 의원을, 치과의사는 치과병원 또는 치과의원을, 한의사는 한방병원·요양병원 또는 한의원을, 조산사는 조산원만을 개설할 수 있다)을 위반하여 의료기관을 개설하거나 운영하는 자는 10년 이하의 징역이나 1억 원 이하의 벌금에 처한다.

09

정의(의료기사 등에 관한 법률 제1조의2 제1호)

"의료기사"란 의사 또는 치과의사의 지도 아래 진료나 의화학적 검사에 종사하는 사람을 말한다.

10

업무 범위와 한계(의료기사 등에 관한 법률 제3조)

의료기사, 보건의료정보관리사 및 안경사의 구체적인 업무의 범위와 한계는 대통령령으로 정한다.

11

안경사의 업무 범위(의료기사 등에 관한 법률 시행령 별표 1)

- 안경(시력보정용에 한정)의 조제 및 판매와 콘택트렌즈(시력보정용이 아닌 경우를 포함)의 판매에 관한 다음의 구분에 따른 업무
  - 안경의 조제 및 판매. 다만, 6세 이하의 아동을 위한 안경은 의사의 처방에 따라 조제 · 판매해야 한다.
  - 콘택트렌즈의 판매. 다만, 6세 이하의 아동을 위한 콘택트렌즈는 의사의 처방에 따라 판매해야 한다.
  - 안경 · 콘택트렌즈의 도수를 조정하기 위한 목적으로 수행하는 자각적(주관적) 굴절검사로서 약제를 사용하지 않는 검사
  - 안경 · 콘택트렌즈의 도수를 조정하기 위한 목적으로 수행하는 타각적(객관적) 굴절검사로서 약제를 사용하지 않는 검사 중 자동굴절검사기기를 이용한 검사
- 그 밖에 안경의 조제 및 판매와 콘택트렌즈의 판매에 관한 업무

12

국가시험의 시행과 공고(의료기사 등에 관한 법률 시행령 제4조 제2항)

국가시험관리기관의 장은 국가시험을 실시하려는 경우에는 미리 보건복지부장관의 승인을 받아 시험일시 · 시험장소 · 시험과목, 응시원서 제출기간, 그 밖에 시험 실시에 필요한 사항을 시험일 90일 전까지 공고하여야 한다. 다만, 시험장소는 지역별 응시인원이 확정된 후 시험일 30일 전까지 공고할 수 있다.

13

실태 등의 신고(의료기사 등에 관한 법률 제11조 제1항)

의료기사 등은 최초로 면허를 받은 후부터 3년마다 그 실태와 취업상황을 보건복지부장관에게 신고하여야 한다.

14

면허의 취소(의료기사 등에 관한 법률 제21조 제1항 제3호)

보건복지부장관에게 받은 면허를 다른 사람에게 대여하여서는 아니 되며, 위반하여 다른 사람에게 면허를 대여한 경우 그 면허를 취소할 수 있다.

15

안경업소의 시설기준 등(의료기사 등에 관한 법률 시행규칙 제15조)

- 시력표(Vision Chart)
- 시력검사 세트(Phoropter and Unit Set)
- 시험테와 시험렌즈 세트(Trial Frame and Trial Lens Set)
- 동공거리계(PD Meter)
- 자동굴절검사기(Auto Refractor Meter)
- 렌즈 정점굴절력계(Lens Meter)

16

④ · ⑤ 거짓광고 또는 과장광고를 한 경우 6개월 이내의 기간을 정하여 영업을 정지시키거나 등록을 취소할 수 있다(의료기사 등에 관한 법률 제24조 제1항 제2호).

① 치과기공소 또는 안경업소는 해당 업무에 관하여 거짓광고 또는 과장광고를 하지 못한다(동법 제14조 제1항).

② · ③ 누구든지 영리를 목적으로 특정 치과기공소 · 안경업소 또는 치과기공사 · 안경사에게 고객을 알선 · 소개 또는 유인하여서는 아니 된다(동법 제14조 제2항).

17

② 안경광학과 대학원을 진학하면 해당 연도의 보수교육을 면제할 수 있다(의료기사 등에 관한 법률 시행규칙 제18조 제2항 제1호).

③ 매년 8시간 이상 받아야 한다(동법 시행령 제11조 제1항 제1호).

④ 보수교육은 온라인과 오프라인 교육 모두 인정된다(동법 시행령 제11조 제1항 제2호).

⑤ 보수교육 관련 서류는 보수교육실시기관의 장이 3년간 보존하여야 한다(동법 시행규칙 제21조 제3호).

18

개설등록의 취소 등(의료기사 등에 관한 법률 제24조 제1항)

특별자치시장 · 특별자치도지사 · 시장 · 군수 · 구청장은 치과기공소 또는 안경업소의 개설자가 다음의 어느 하나에 해당할 때에는 6개월 이내의 기간을 정하여 영업을 정지시키거나 등록을 취소할 수 있다.

- 2개 이상의 치과기공소 또는 안경업소를 개설한 경우 (①)
- 거짓광고 또는 과장광고를 한 경우 (②)
- 안경사의 면허가 없는 사람으로 하여금 안경의 조제 및 판매와 콘택트렌즈의 판매를 하게 한 경우(③)
- 영업정지처분을 받은 치과기공소 또는 안경업소의 개설자가 영업정지기간에 영업을 한 경우 (④)
- 치과기공사가 아닌 자로 하여금 치과기공사의 업무를 하게 한 때
- 시정명령을 이행하지 아니한 경우

19

시정명령(의료기사 등에 관한 법률 제23조 제1항)

특별자치시장 · 특별자치도지사 · 시장 · 군수 · 구청장은 치과기공소 또는 안경업소의 개설자가 다음의 어느 하나에 해당되는 때에는 위반된 사항의 시정을 명할 수 있다.

- 시설 및 장비를 갖추지 못한 때
- 안경사가 콘택트렌즈의 사용방법과 유통기한 및 부작용에 관한 정보를 제공하지 아니한 경우
- 폐업 또는 등록의 변경사항을 신고하지 아니한 때

20

벌칙(의료기사 등에 관한 법률 제30조 제1항 제3호)

업무상 알게 된 비밀을 누설한 사람은 3년 이하의 징역 또는 3천만 원 이하의 벌금에 처한다.

21

① 비정시의 종류는 근시, 원시, 난시 등이 있다.
③ 원점굴절도는 원점거리의 역수로 망막(중심와)에 상측 초점을 결상시키는 외계의 물점 위치로 결정한다.
④ 축성 비정시는 안축 길이를 정시와 비교하여 분류하여 결정한다.
⑤ 근시의 원점은 눈앞 유한거리, 원시의 원점은 눈 뒤 유한거리이다.

22

③ 비정시 : 근시, 굴절이상도 : +2.50D, 원점굴절도 : $-2.50D$

23

② 최소가시력 : 시야검사 시표
③ 최소가독력 : 문자 · 숫자 시표
④ 최소분리력 : 란돌트 고리 시표
⑤ 최소판별력 : 세막대심도지각계

24

굴절력 표기

- 수직(90°) 경선 : +1.25D, 수평(180°) 경선 : $-0.75D$
- S−C식 : S+1.25D ⊃ C−2.00D, Ax 90°
- ∴ S+C식 : S−0.75D ⊃ C+2.00D, Ax 180°

25

(가) 쌍디근자시표 : 편광렌즈
(나) 부등상시시표 : 적녹필터렌즈

26

가림검사란 편위의 유무와 종류를 구분하는 검사이다. 가리지 않은 눈이 양쪽 모두에서 움직일 경우는 교대성 사시를 의미한다.

27

① S+1.25D ⊃ C−1.25D, Ax 90° : 원시성 단성 도난시
② S−1.25D ⊃ C+1.25D, Ax 90° : 근시성 단성 직난시
③ S+1.25D ⊃ C−1.00D, Ax 90° : 원시성 복성 도난시
⑤ S−1.25D ⊃ C+1.00D, Ax 90° : 근시성 복성 직난시

28

운무법의 목적

- 기능성 조절개입을 최소화시키기 위해
- 강한 (+)D 굴절력 장입 → 근시 상태로 만듦 → 나안시력 0.1~0.2

29

각막곡률계

- 수평경선굴절력 : 8.35mm, 40.50D
- 수직경선굴절력 : 8.25mm, 41.00D
- 직난시 → C-0.50D, Ax 180°
- 처방할 하드 콘택트렌즈 베이스커브(flat K) = 8.35mm

30

순검영값과 총검영값

- 40cm 검사거리 : -2.50D 중화(S+1.00D 추가 후 중화됨)
- 순검영값(교정굴절력) : S-1.50D, 총검영값(중화굴절력) : S+1.00D

31

안모형통 검영

- 안모형통 세팅값 : 순검영값(교정굴절력)
- 기준선 수치 -1.00 = 'S'값
  렌즈 받침대 C-1.00D, Ax 90° = 부호 반대로 적용,
  C+1.00D, Ax 90°
- S-1.00D ⊃ C+1.00D, Ax 90° = 순검영값(교정굴절력)
  C-1.00D, Ax 180°
- 총검영값(중화굴절력) 검사거리 50cm = -2.00D
  - 90° 경선 : 동행. +1.00D 필요, 180° 경선 : 동행, +2.00D 필요
  - S+1.00D ⊃ C+1.00D, Ax 90° = 총검영값(중화굴절력)
- ∴ S+2.00D ⊃ C-1.00D, Ax 180°

32

방사선 시표

- 후초선 방향 : 90°, 원시성 복성 난시안
- 원시 나안일 때 전초선이 망막 근처에 위치
- 전초선 방향 : 180°, 수평선, 3-9시
- 원시 나안 + 방사선 시표 → S+C식 표기 후, Ax / 30 = 잘 보이는 시간

33

① 근시성 복성 도난시가 나안으로 볼 때 : 강주경선이 수평
② 근시성 복성 직난시가 운무 후 볼 때 : 사난시
③ 원시성 복성 직난시안이 나안으로 볼 때 : 전초선이 수평

⑤ 약주경선이 수직(90°)인 근시성난시안이 운무 후 볼 때
  : 후초선이 수평

방사선 시표

- 잘 보이는 선 방향 : 6-12시, 수직선(90°)
- 근시 또는 운무 상태인 경우 : 후초선이 수직선(90°) = 강주경선이 수직
- 원시 나안인 경우 : 전초선이 수직선(90°) = 약주경선이 수직

35

⑤ 운무법 → 구면굴절력을 추가하면서 시력 향상을 관찰 → 0.6~0.7 시력 이후 구면굴절력을 2단계 이상 추가하여도 시력 변화가 없을 경우 → 방사선 시표를 이용하여 난시유무검사를 하거나 핀홀렌즈를 추가하여 시력저하의 원인을 찾는다.

36

난시 검영법

- 스큐(비틀림) 현상, 어긋남 현상, 넓이 현상, 밝기 현상
- 슬리브를 돌려 선조광을 회전시킨 후, 반사광 방향과 일치 여부 확인
  - 일치 : 난시 없음
  - 불일치 : 난시 있음

37

난시정밀검사

- 난시(C)값을 같은 방향으로 두 단계 조정했을 경우 : 주경선균형혼합난시를 유지하기 위해 반대 부호 S 값을 한 단계 추가로 보정해야 한다.
- 시작 : S-3.00D ⊃ C-1.00D, Ax 45°
  C-0.50D 추가 시 → S+0.25D 추가
- ∴ S-2.75D ⊃ C-1.50D, Ax 45°

38

굴절력 표기

- ±0.50 D 크로스실린더렌즈의 (-)축이 수직에 위치
  → 수직경선 : (-)축, +0.50D 위치, 수평경선 : (+)축, -0.50D 위치한다.
- S-C식 : S+0.50D ⊃ C-1.00D, Ax 90°
- S+C식 : S-0.50D ⊃ C+1.00D, Ax 180°
- C-C식 : C-0.50D, Ax 90° ⊃ C+0.50D, Ax 180°

39

적록이색검사

- 구면굴절력의 과교정과 저교정을 판단하기 위한 검사
- 적색바탕이 선명
  - 초점이 전반적으로 망막 앞(근시 상태), (−)구면굴절력을 증가
  - 근시안은 저교정, 원시안은 과교정 상태
- 녹색바탕이 선명
  - 초점이 전반적으로 망막 뒤(원시 상태), (−)구면굴절력을 감소
  - 근시안은 과교정, 원시안은 저교정 상태

40

양안조절균형검사

- 편광양안균형시표, 편광적록이색시표
- 보조렌즈 : 편광렌즈 사용

41

③ 동행에서 시작하여 '중화'가 될 때의 판부렌즈 굴절력 = 조절래그량

42

이론적 가입도(D)

- 보조렌즈 Cr±0.50D를 (−)축이 수직으로 장입 : 전초선은 수평, 후초선은 수직
- 이론적 가입도(D) : 가로선과 세로선의 선명도가 동일할 때
- 조가 가입도(D) : 세로선의 선명도가 더 선명할 때

43

안경처방서 부차적 명기사항

- 검사를 진행했거나, 처방 시 필요하다라고 생각이 들 때 기록하는 사항
- 우세안, 양안시 검사 결과 등

44

조가 Oh

- (−)2.00D 렌즈 B.D 프리즘 효과
  - 기준 Oh < 조가 Oh
  - 0.6△이므로, 3mm 위로 올림
  - 26 + 3 = 29mm
- 경사각 $0°$: 보정할 필요 없음

46

주시거리 PD

- 공식 : 주시거리 $PD = $ 기준 $PD \times \dfrac{(d-12)}{(d+13)}$
- d : 주시거리(mm 단위)
- 13 : 각막정점 ~ 안구회전점까지 거리
- 12 : 정점간거리

47

프리즘굴절력(△)

공식 : 프렌티스 공식 $\triangle = |D| \times h(cm)$ $10\triangle = |+5| \times 2cm$

48

④ 안경을 착용하고 옆으로 누우면 눌린 쪽 다리벌림각이 좁아진다.

49

② 렌즈삽입부 길이는 54mm이다.
③ 렌즈삽입부 수직길이는 알 수 없다.
④ 기준점(FPD)간 거리는 54+16mm이다.
⑤ 다리 길이는 135mm이다.

50

고정금대

- 금속테의 엔드피스 부분에 해당하는 포인트테(무테)의 피팅 부분
- 고정금대 : 지엽, 측엽, 나사, 너트 등으로 구성

52

주시거리 PD

- 주시거리 $P.D(mm)$

$= $ 기준 $P.D(mm) \times \dfrac{\text{주시거리(mm)}-12}{\text{주시거리(mm)}+13}$

$60(mm) = $ 기준 $P.D(mm) \times \dfrac{288}{313}$

- 기준 P.D : 약 65mm

53

유발사위

PD 오차로 인한 프리즘 영향 발생

- (−)D′ 렌즈 : 기준 PD > 조가 PD → B.O 프리즘 영향 발생
- B.O 프리즘 작용으로 눈은 융합하기 위해 '폭주'됨
- 융합하기 위해 폭주 하는 눈 = 외사위

54

안경렌즈 중화법

- (−)렌즈는 렌즈이동방향과 상의 이동방향이 같다.
- (+)렌즈는 렌즈이동방향과 상의 이동방향이 반대이다.
- (−)2.00D 렌즈와 겹쳐서 볼 경우, 이동방향이 반대이다.
- 임의의 렌즈 굴절력 > −2.00D렌즈
- ∴ S+2.00D보다 큰 원시 교정용 렌즈

55

처방전 해석

- 양안 모두 근시성 복성 직난시. S−C식 표현일 때 Ax 180°
- 4△ Exo(외사위) = 4△ B.I 교정
  - OU : S−1.00D ⊃ C−1.00D, Ax 180° ⊃ 2△ B.I
  - OD : S−1.00D ⊃ C−1.00D, Ax 180° ⊃ 2△ B.I
  - OS : S−1.00D ⊃ C−1.00D, Ax 180° ⊃ 2△ B.I

56

안경테를 올릴 수 있는 피팅

- 템플팁 꺾임부 각도를 크게 하거나, 위치를 앞으로 옮긴다.
- 코받침 위치를 아래로 내린다.
- 코받침 간격을 좁힌다.
- 경사각을 작게 한다.

57

박싱 시스템

- 기준점간거리(FPD) : 렌즈삽입부 길이(E.S) + 연결부 길이(B.S)
  - → 70 = E.S + 18, E.S : 52
- 렌즈삽입부 길이(E.S), □ 연결부 길이(B.S), 다리 길이(T.S) 순으로 표기

58

허용오차

- 근용
  - 큰 방향 : 개산 방향. B.I
  - → +2.50D 렌즈, 1△이므로 기준 PD 62mm > 조가 PD 58mm
  - 작은 방향 : 폭주 방향. B.O(+렌즈이므로 기준 PD > 조가 PD)
  - → +2.50D 렌즈, 0.5△이므로 기준 PD 62mm < 조가 PD 64mm)
- ∴ 조가 PD 허용 범위 : 58~64mm

59

② S+1.50D ⊃ C−1.50D, Ax 90° : 원시성 단성 도난시
③ S−1.50D ⊃ C+1.50D, Ax 180° : 근시성 단성 도난시
④ S+1.50D ⊃ C+1.50D, Ax 60° : 원시성 복성 사난시
⑤ S−1.50D ⊃ C−1.50D, Ax 45° : 근시성 복성 사난시

60

렌즈미터 굴절력 표기

- **방법 1** : C−C로 표기 후 S−C 또는 S+C식으로 표기 전환
  C 0.00D, Ax 30° ⊃ C−1.75D, Ax 120°
  - → S 0.00D ⊃ C−1.75D, Ax 120°
  - → S−1.75D ⊃ C+1.75D, Ax 30°
- **방법 2** : 먼저 읽은 D′를 S 값으로 쓰고, C 값은 굴절력 차이, Ax는 두 번째 선명초선 방향
  - → S 0.00 ⊃ C−1.75D, Ax 120°

61

① 원시성 단성 도난시 교정용 렌즈이다.
② 원시성 노안이다.
③ 가입도는 +1.50D이다.
⑤ 누진굴절력안경을 측정한 것이다.

63

시도조절의 주된 목적

- 망원경식(수동) 렌즈미터 사용 시 필수로 해야 한다.
- 주 목적 : 검사자의 굴절이상을 보정하기 위함
- 보조 목적 : 검사자의 조절 개입을 방지하기 위함
- 접안렌즈의 시도조정환을 반시계로 완전히 돌렸다가 시계방향으로 돌리면서 선명할 때 멈춘다.

64

① ⓐ : $|-3D| > +1.50$: 모렌즈 광학중심점 위쪽
② 모렌즈(= 원용부) 광학중심점에는 합성광학중심점이 발생하지 않는다.
③ ⓒ : $|+3D| > +1.50$: 모렌즈 광학중심점과 자렌즈 광학중심점 사이
④ ⓓ : $|0.00D| < +1.50$: 자렌즈 광학중심점 위치
⑤ ⓔ : $|-1D| < +1.50$: 자렌즈 광학중심점 아래쪽

합성광학중심점

• 굴절이상도 $+3.00$ = 원점굴절도 $-3.00D$ = 근시안
• 원점굴절도와 가입도 크기에 따라 위치가 다르다.

65

복식알바이트안경

• 앞렌즈 굴절력 : $-Add = -2.00D$
• 원용 OU : S$-1.00D$, 66mm
• 근용 OU : S$+1.00D$, 61mm
• 가입도(Add) : 근용(S 값) $-$ 원용(S 값) = $+2.00D$
 1. 근용안경 착용 + 원용 PD로 볼 경우 발생 프리즘
  : $0.5\triangle$B.I $= |+1| \times 0.5cm$
 2. 앞렌즈($-2.00D$) 추가하면서 근용부에서 발생한 프리즘을 상쇄시켜야 한다.
  : $0.5\triangle$B.O $= |-2| \times h(cm)$
  $h = 0.25cm(2.5mm)$
 3. ($-$)렌즈에서 B.O 프리즘 효과 : 기준 PD > 조가 PD
  앞렌즈 원용 PD 66mm $-$ 2.5mm = 63.5mm

66

슬래브업(Slab Off) & 프리즘디닝(Prism Thinnig) 가공

• 슬래브업 : 굴절부등시 + 이중초점렌즈 사용 시 → B.U 가공
• 프리즘디닝 : 누진굴절력렌즈 원용부 두께줄임 가공 → B.D 가공

67

광학적 점검사항

• 광학적 영향을 줄 수 있는 요인들
• 굴절력, 축 방향, 프리즘 굴절력 · 기저 방향 등

68

④ 양안시 단계 중에서 좌우안이 동시에 본 상을 하나로 합치는 융합(Fusion)단계에서 이상이 생길 경우 (복시) 현상이 나타나고, 이 현상이 지속될 경우 결국 (억제)가 일어나게 된다.

70

입체시 능력

• PD가 길수록, 두 물체 사이 간격이 멀수록, 물체가 가까이 있을수록 더 좋은 입체시 능력을 요구받게 된다.
• PD 큰 사람과 PD 작은 사람이 동일한 입체시력을 가질 경우 PD 큰 사람이 입체시 능력이 좋다고 판정한다.

71

조절 자극량 & 반응량

• 자극량 : 눈앞 33cm를 볼 수 있는 조절량, 3.00D
• 우선 안경렌즈에 의한 조절효과를 구해야 한다.
• 공식 : 조절효과$(D) = 2 \times VD \times Dv' \times S$
  $-0.24(D) = 2 \times (-0.01) \times (-4) \times (-3)$
• 반응량 = 자극량 + 조절효과
• $2.76(D) = 3.00D + (-0.24D)$
• 근시안경을 착용하고 근거리를 볼 때 정시안보다 조절력을 작게 사용한다.

72

안구운동의 법칙

• 쉐링톤의 법칙 : 단안 안구운동 법칙, 단안 운동 시 작용근과 대항근은 같은 양의 자극으로 움직인다.
• 헤링의 법칙 : 양안 안구운동 법칙, 양안 동향근은 같은 신경지배 아래 같은 양의 자극으로 움직인다.

73

① 광학적 부등사위의 양안단일시 : 운동성 융합 작용
② 근시의 근거리 양안단일시 : 폭주(눈모음) 운동 작용
③ 원시의 근거리 양안단일시 : 조절 + 폭주 운동 작용
④ 내사위의 근거리 양안단일시 : 조절 + 폭주 운동 작용

74

근거리 안위

- 필요 폭주량 : PD 60mm인 사람이 눈앞 40cm를 볼 때 필요한 폭주량, 폭주각으로 구한다.
  → 폭주각($\triangle$) = MA × PD(cm), 2.50MA × 6cm = 15$\triangle$
- 조절성 폭주량 : 조절 자극량에 반응한 폭주량
  → 조절성 폭주량 = AC/A × 조절량(D), 5 × (1.50D) = 7.5$\triangle$
- 근거리 안위 = 조절성 폭주량 − 필요 폭주량
  → −7.5$\triangle$ = 7.5$\triangle$ − 15$\triangle$
- ∴ 7.5$\triangle$ 외사위

75

① 주시시차량 : 중심와 융합자극점 있는 시표 사위량 − 융합자극점 없는 시표 사위량
→ 2.0$\triangle$ B.O = 6.0$\triangle$ B.O − 4.0$\triangle$ B.O

76

융합의 종류

- 감각성 융합 : 대응점 결상 시 반응하게 되는 실제 융합 기능
- 운동성 융합 : 비대응점 결상 시 반응하는 안구운동에 의한 융합 기능으로 감각성 융합이 될 수 있도록 안구운동이 일어난다.

77

마독스로드 검사

- OD. 수평 마독스 장입 = 수평사위검사
- 결과 : 점광원 기준으로 오른쪽에 선조광이 보임 = 동측성 복시 → 내사위

78

조절성 폭주비(AC/A 비)

- 계산 AC/A 비 또는 헤테로포리아법 AC/A 비
- 공식 : AC/A ratio
  $= \dfrac{\text{근거리 사위량} - \text{원거리 사위량}}{\text{근거리 조절자극량}(D)} + PD(\text{cm})$
- $6\triangle/D = \dfrac{(-3)-(-6)}{3.00(D)} + 5(\text{cm})$

79

① 미교정 근시가 나안으로 근거리를 지속적으로 보게 되면 외사위로 이행될 수 있다.

② 미교정 원시가 나안으로 근거리를 지속적으로 보게 되면 내사위로 이행될 수 있다.

③ 원거리 정위인 사람이 Low AC/A 비를 가질 경우, 근거리 외사위로 이행될 수 있다.

⑤ 일반적으로 계산 AC/A 비가 경사 AC/A보다 높게 측정되는 경향으로 보인다.

80

① PRA는 정상값 또는 약간 높게 나타난다.

③ NRA는 정상값보다 낮게 측정된다.

④ MEM은 정상값보다 (−)방향으로 크게 나타난다.

⑤ 최대조절력은 연령대의 평균값보다 높거나 비슷하게 측정된다.

81

① 지방층 − 마이봄샘

③ · ⑤ 점액층 − 술잔세포

④ 수성층 − 주눈물샘

83

② 함수율이 증가할수록 착용감은 우수하다.

③ 함수율이 증가할수록 취급하기 어렵다.

④ 함수율이 증가할수록 건성안 환자에게 부적합하다.

⑤ 함수율이 증가할수록 장시간 착용하기 적절하다.

84

각막난시

- 수평경선(180°) : 41.50D
- 수직경선(90°) : 43.00D
- 각막난시 : C−1.50D, Ax 180° → 직난시

85

② 12.1% : 수면 중 각막부종을 8% 이하로 유지하기 위한 EOP(연속착용렌즈 최솟값)

① 9.9% : 낮 시간에 부종을 방지하기 위한 EOP

④ 17.9% : 수면 중 각막부종을 4% 이하로 유지하기 위한 EOP(연속착용렌즈 권장값)

⑤ 20.9% : 공기 중의 산소를 모두 받을 때의 EOP

86

콘택트렌즈 재질

- 비이온성 재질 : 건성안이 되면 수성층이 빠르게 증발하면서 항균 단백질인 라이소자임 침전물이 많이 발생한다.
- 저함수 재질 : 건성안이 함수율 높은 렌즈를 착용하게 되면 눈물을 더 많이 빼앗긴다.

88

토릭렌즈 축 회전 안정성 평가

- 토릭 콘택트렌즈 착용 약 15~20분 후에 안정성 평가를 실시
- 각막과 눈물이 렌즈에 적응할 시간을 주는 과정

89

이상적인 렌즈 움직임

- 소프트 콘택트렌즈 : 0.5~1.0mm 이내
- 하드 또는 RGP 렌즈 : 1.0~2.0mm 이내

90

소프트 콘택트렌즈 재피팅

- TD(전체 직경) 0.50mm 변화 시 = BCR(기본커브) 0.3mm 변화 효과와 같다. TD 변화로 달라진 피팅 상태를 BCR 변화로 이상적인 피팅 상태를 유지한다.
- TD 14.0 → 14.5mm로 커졌다. = 피팅 상태가 Tight해진다.
- BCR 8.00 → 8.30mm로 길게한다. = 피팅 상태가 Loose해진다.

91

① 렌즈의 중심두께가 얇아진 (+)렌즈 : 후면으로 이동
② 렌즈의 전체 직경이 증가된 (-)렌즈 : 후면으로 이동
③ 새그깊이가 증가된 (-)렌즈 : 후면으로 이동
⑤ 기본커브가 Steep하게 처방된 (+)렌즈 : 후면으로 이동

92

소프트 콘택트렌즈의 피팅 평가에서 움직임을 감소시키는 피팅 = Steep한 피팅 상태를 만든다.
① 후면광학부직경(OZD)를 작게 한다 : Flat한 피팅 상태
② 후면광학부곡률반경(BCR)을 길게 한다 : Flat한 피팅 상태
③ 렌즈의 중심두께를 두껍게 한다 : 하방안정 가능성 증가
④ 새그깊이(Sagittal Depth)를 감소시킨다 : Flat한 피팅 상태

93

등가구면굴절력

- 공식 : 등가구면굴절력$(S.E) = S + \dfrac{C}{2}$
- 정점보정 : S-3.75D ⊂ C-1.00D, Ax 175°
- 최종처방굴절력 : S-4.25D = -3.75D + -1.00D/2

94

② 축구 · 농구 - 소프트 콘택트렌즈
③ 사격 · 양궁 - RGP 콘택트렌즈
④ 비행기 승무원 - 저함수 재질 소프트렌즈
⑤ 건성안 환자 - 저함수 비이온성 재질 소프트렌즈

95

최종 처방 굴절력

- 시험렌즈 착용 후 굴절검사값 = 덧댐굴절검사
- 눈물렌즈 : 0.00D(시험렌즈 BCR = 편평한 각막 BCR)
- 원용교정값 S-3.25D + 시험렌즈 S-3.00D + 눈물렌즈 중화값 0.00D
- 덧댐굴절검사 : S-0.25D
- 원용교정값 S-3.00D + 덧댐굴절검사 S-0.25D
∴ 최종 처방 굴절력 : S-3.25D

96

정점간거리 보정값

- 근시안 : 교정 안경 굴절력 > 교정 콘택트렌즈 굴절력
- 공식 : $D' = \dfrac{D_0'}{1-(\iota - \iota_0)D_0'}$ (ι : 변화 정점간거리, ι_0 : 처음 정점간거리, D_0' : 변화 전 굴절력)
- ±4.00D 이상일 경우 보정 값을 적용함
- 150° 경선 : −6.00D → −5.50D
- 60° 경선 : −4.50D → −4.25D
- ∴ S−4.25D ◯ C−1.25D, Ax 60°

97

① 각막난시가 없으며, 굴절난시가 작을 경우(0.50D) 등가구면 값이 처방된 구면 소프트 콘택트렌즈가 적합하다.

98

토릭 콘택트렌즈(LARS : Left Add Right Subtract)

- 왼쪽(시계 방향)으로 돌아가면 돌아간 축만큼 더한다.
- 오른쪽(반시계 방향)으로 돌아가면 돌아간 축만큼 빼준다.
- 그림에서는 왼쪽(시계 방향)으로 25° 회전되었으므로 → S−1.50D ◯ C−2.25D, Ax 5°

99

구면 RGP 콘택트렌즈 : 최종 처방 굴절력

- 굴절이상도 +4.00D = 원점굴절도 −4.00D
- 시험렌즈 착용 후 굴절검사값 = 덧댐굴절검사
- 눈물렌즈 : −0.25D(시험렌즈 BCR > 편평한 각막 BCR)
- 원용교정값 S−4.00D + 시험렌즈 S−3.00D + 눈물렌즈 중화값 +0.25D
- 덧댐굴절검사 : S−0.75D
- 원용교정값 S−3.00D + 덧댐굴절검사 S−0.75D
- ∴ 최종처방굴절력 : S−3.75D

100

삼투압 농도

- 각막탈수 : 관리 용액 > 눈물
- 각막부종 : 관리 용액 < 눈물

101

란돌트 고리시표

- 3m용 란돌트 고리 시표에서 1.0 시력에 해당하는 틈새 간격 : 0.9mm(1분각)
- 3m용 란돌트 고리 시표에서 0.5 시력에 해당하는 틈새 간격 : 1.8mm(2분각)

102

검영법

- 검사거리 50cm = −2.00D 중화
- 반사광 움직임
  - 역행 : −2.00D 초과 근시
  - 중화 : −2.00D 근시
  - 동행 : −2.00D 미만 근시, 정시, 원시

103

가입도 검사

- ±0.50D + 격자시표 사용
- 조절래그, 구면굴절력 정밀검사도 가능

104

시도조절이 필요한 검사기기

- 접안렌즈를 통해 검사결과를 읽게 되는 기기
- 망원경식 정점굴절력계, 각막곡률계, 세극등현미경 등

105

각막곡률계(Keratometer)

- H : 수평경선[굴절력(D) 표기에서 작은 눈금 한 칸 = 0.125D]
- 수평경선 굴절력, +43.125D

3교시 | 시광학실무

01	02	03	04	05	06	07	08	09	10
②	③	①	④	⑤	②	③	④	②	⑤
11	**12**	**13**	**14**	**15**	**16**	**17**	**18**	**19**	**20**
④	④	③	⑤	②	②	③	①	④	④
21	**22**	**23**	**24**	**25**	**26**	**27**	**28**	**29**	**30**
⑤	⑤	④	⑤	④	③	①	③	⑤	②
31	**32**	**33**	**34**	**35**	**36**	**37**	**38**	**39**	**40**
③	③	①	⑤	④	④	⑤	⑤	②	④
41	**42**	**43**	**44**	**45**	**46**	**47**	**48**	**49**	**50**
①	④	②	②	⑤	①	①	④	⑤	③
51	**52**	**53**	**54**	**55**	**56**	**57**	**58**	**59**	**60**
③	①	①	②	③	⑤	④	④	③	①

01

문진의 결과 해석

- 안과 처방 : (6세) S+4.50D 원시안
- 원·근거리 모두 선명하지만, 오래 지속 못함
- 내사시 증상을 보임
- 원시안으로 인한 과도한 조절력 사용으로 인한 내사시 : 굴절조절내사시로 원시안 교정으로 충분히 교정 가능

02

나안시력 검사

- 원거리 나안시력 0.5 이하 : 근시와 절대성 원시안 구분
- (−)구면렌즈 추가로 구분, 시력 향상 또는 유지 = 근시, 시력 저하 = 절대성 원시

03

동공반응검사

- 뇌신경·자율신경계 반응 검사
- 내안근(동공조임근·동공확대근) 반응 속도 검사

04

총검영값(중화값) +1.50D + 검사거리값 − 2.00D
= 순검영값(교정굴절력) −0.50D

05

안모형통 검영법

- 안모형통 세팅값 = 순검영값(교정굴절력)
- 기준선 수치 +1.00 = 'S'값
- 렌즈 받침대 C+1.00D, Ax 30° = 부호 반대로 적용 (C−1.00D, Ax 30°)
- S+1.00D ⊃ C−1.00D, Ax 30° = 순검영값(교정굴절력)
- ∴ C+1.00D, Ax 120°

06

② 가장 선명할 때 열공판 선 방향 = (−)원주렌즈의 축 방향

07

최적 구면 굴절력(B.V.S)

- 근시안 : 최대시력의 최소 (−)굴절력 값
- 원시안 : 최대시력의 최대 (+)굴절력 값

08

방사선 시표

- 운무 상태 : 2-8시 방향이 선명(후초선이 망막에 가깝게 위치)
- 2시 × 30 = 60°, 약주경선 방향 : 120°
- ∴ 교정 (−)원주렌즈 축 방향 = 60°

09

난시정밀검사

- 난시(C)값을 같은 방향으로 두 단계 조정했을 경우 : 양 주경선균형 상태를 유지하기 위해 S 값을 한 단계 조정하여 보정해야 한다.
- C−0.50D 추가 시 → S+0.25D 추가
- C−0.50D 감소 시 → S−0.25D 추가

10

양안조절균형검사 : 편광적록이색검사

- 편광렌즈로 좌우 구분 + 적녹 이색을 통한 초점 분리
- OD : 녹색 9, 적색 6
- OS : 녹색 3, 적색 5를 주시하게 됨

11

유용 조절력

- 공식 : $D_N' = D_F' - (A_C + S)$
- 작업거리 눈앞 25cm = 4D 조절력이 필요
- 유용 조절력 : 총 3.00D 중에서 1/2만 사용(1.50D 조절력)
- 근용 가입도 : +2.50D
- 근용안경굴절력(+2.50D) = 원용교정 굴절력(0.00D) + 가입도(+2.50D)

12

노안 가입도 검사

- Cr±0.50D 보조렌즈 + 격자시표를 이용한 가입도 검사
- 전초선 : 수평선, 후초선 : 수직선
- 이론적 가입도(D)
  - 가입도와 조절력을 균형 있게 사용하도록 하는 가입도 처방
  - 세로선과 가로선이 동일하게 선명하게 보일 때까지 추가된 (+)굴절력
- ∴ 1.00D +0.50D = +1.50D

14

정식계측방법

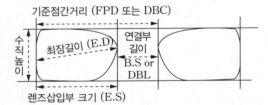

15

기준 PD

- 수평방향 굴절력 : S−2.50D
- (−)렌즈이고 B.I 효과이므로, 기준 PD < 조가 PD (65mm)이 됨
- $0.5\triangle B.I = |-2.50| \times h(cm)$
  $h = 0.2cm(2mm)$

17

누진굴절력렌즈

- 근용 PD는 좌우안의 근용부 참조원 중앙점 사이의 수평 거리를 의미한다.
- 누진굴절력렌즈는 아이포인트에 원용 PD값을 설계점으로 적용한다.

18

① 정점간거리가 짧아져 전반적으로 안경테가 눌리게 된다.
② 코받침 간격이 넓어진다(눌린다).
③ 코받침 위치는 높아지거나 낮아지지 않고, 눌려지게 된다.
④ 다리벌림각이 커진다.
⑤ 경사각이 작아진다.

19

조가 Oh

- (+)렌즈 B.U 프리즘 효과
  - 기준 Oh < 조가 Oh
  - 1△이므로, 5mm 위로 올린다. 23 + 5 = 28mm
- 경사각 12° = 5.16mm 보정, 내려준다.
  28 − 5.16 = 22.84mm(약 23mm)

20

자동옥습기

PC(폴리카보네이트)렌즈는 자동옥습기 가공 시 냉각수를 사용하지 않거나 혹은 매우 작은 양만 사용한다. 이것은 렌즈 변형을 방지하기 위한 것이다.

21

근용 굴절력

- 근용 굴절력 = 원용 굴절력 + 가입도(Add)
- 중간부 굴절력 = 원용 굴절력 + (가입도/2)
- 중간부 가입도는 +1.00D
- 근용 굴절력
  - S+4.00D ◯ C−1.00D, Ax 180°
  - S+3.00D ◯ C+1.00D, Ax 90°

22

허용오차

- 근용
  - 큰 방향 : 개산 방향. B.I
    +2.50D 렌즈, 1△이므로 기준 PD 62mm > 조가
    PD 58mm
  - 작은 방향 : 폭주 방향. B.O(+렌즈이므로 기준 PD >
    조가 PD)
    +2.50D 렌즈, 0.5△이므로 기준 PD 62 mm < 조가
    PD 64mm
  ∴ 조가 PD 허용 범위 : 58~64mm

23

코 피팅 각도

- 코능각 − 코받침능각 : 25~30°. 위 또는 아래에서 볼 때
- 콧등돌출각 − 코받침경사각 : 10~15°. 옆에서 볼 때
- 코옆퍼짐각 − 코받침옆퍼짐각 : 평균 20°. 정면에서 볼 때

25

산각줄기

- 근용안경. B.I(기저내방)인 경우 : (−), (+) 모두 (+)면에
  평행하게 산각줄기를 세운다.
- 근용안경. B.O(기저외방)인 경우 : (−), (+) 모두 (−)면
  에 평행하게 산각줄기를 세운다.

26

① F1 : 렌즈 타입(단초점, 이중초점, 누진굴절력렌즈)
② F2 : 렌즈 종류(유리, 플라스틱, 고굴절, PC 렌즈)
④ F4 : 산각줄기 방향(전면, 중심, 후면)
⑤ F5 : 렌즈 광택 유무

27

슬래브업(Slab Off) 가공

- 좌우안 중에서 (−)방향으로 굴절력이 큰 쪽을 가공
- 좌우안 굴절력 차이값으로 프리즘 양을 계산
- 가공 프리즘 방향 : B.U 가공

28

복식알바이트안경

- 원용 OU : S−3.00D, 64mm
- 근용 OU : S−1.00D, 60mm

- 가입도(Add) : 근용(S 값) − 원용(S 값) = +2.00D
- 앞렌즈 굴절력 : − Add = −2.00D
- 뒷렌즈 굴절력 : 근용굴절력 값 = −1.00D

30

응용 피팅

- 렌즈삽입부 아랫부분(하부림)이 볼에 닿는 경우는 정점
  간거리가 짧거나, 경사각이 크거나, 좌우 코받침 간격이
  넓기 때문이다.
- 교정
  - 경사각을 작게 한다.
  - 좌우 코받침 간격을 좁힌다.

31

제3안위 상태에서의 동향근

- 오른쪽 아래 보기 : 우안 아래곧은근 · 좌안 위빗근
- 오른쪽 위 보기 : 우안 위곧은근 · 좌안 아래빗근
- 왼쪽 위 보기 : 우안 아래빗근 · 좌안 위곧은근
- 왼쪽 아래 보기 : 우안 위빗근 · 좌안 아래곧은근

32

폰 그라페(Von Graefe)법

- OD(우안) 분리 프리즘
- OS(좌안) 측정 프리즘, 9△ B.I → 외사위 교정

33

크로스링 시표

- OD(+ 표시)가 위로 올라간 상태 : 우안 하사위 또는 좌
  안 상사위
- 로터리프리즘 '0' 표시가 코 방향 : 수직 프리즘 장입
- 로터리프리즘 위로 회전 : B.U 프리즘 장입

34

상대조절력 검사

- PRA 정상기댓값 : −2.37D ±0.50D
- NRA 정상기댓값 : +2.00D ±0.50D
- NRA 값이 +3.00D 이상으로 높게 나오게 되면 미교정
  된 원시안을 의심해 본다.

35

조절효율검사

- (+)렌즈 반응 느림 또는 실패 : 조절과다 또는 조절유도
- (−)렌즈 반응 느림 또는 실패 : 조절부족 또는 조절지연

36

④ 폭주부담을 유발하기 위해서는 B.O 프리즘 효과가 되어야 한다.

① 안경렌즈의 광학중심점과 설계점이 일치된 안경은 프리즘 효과가 없다.

② 프리즘렌즈의 기저가 코 방향으로 조제된 안경은 B.I 프리즘 효과에 해당한다.

③ 근시안경의 조가 PD가 기준 PD보다 크게 조제된 안경은 B.I 프리즘 효과에 해당한다.

⑤ 근시성 난시 교정용 토릭렌즈의 난시축이 90° 반대로 조제된 안경은 난시 교정값 이상이 있다.

38

① S−2.50D로 교정되는 근시안이다.

② 개산여력(NRC)은 8△이다.

③ 폭주여력(PRC)은 13△이다.

④ 음성융합성폭주(NFC)량은 4△이다.

39

구면가입도 처방

- AC/A 비가 높을 경우, 폭주과다형 내사위(Eso)인 경우에 적절한 방법
- 공식 : 퍼시발 기준

$$△ = \frac{\text{큰 융합여력} - (\text{작은 융합여력} \times 2)}{3}$$

- 공식 : 가입도 $\frac{Prism}{AC/A} \rightarrow +0.50D = \frac{+3}{6}$
- 최종처방 : 근용처방 S 0.00D + Add(+0.50D) = S+0.50D

40

④ 시기능검사의 결과 모두 '개산과다'를 나타내는 결과이다.

41

① 콘택트렌즈 피팅 상태 관찰

② 관찰 부위 주변에 조명 후 관찰

③ 홍채 전면에서 반사되는 빛을 이용하여 관찰

④ 각막부종 유무 확인

⑤ 각막내피세포 상태 확인

43

소프트 콘택트렌즈 기본커브(Base Curve) 결정

- 소프트 콘택트렌즈 : 편평한 각막곡률값보다 약 0.7~1.3mm 정도 긴 값
- 하드 콘택트렌즈 : 편평한 각막곡률값

44

① 관리용액을 휴대할 필요가 없어서 편하다.

③ 관리용액에 의한 감염 걱정이 없다.

④ 다양한 피팅 변수를 적용하기 어렵다.

⑤ 일일 권장 착용시간은 8시간 이내이다.

45

움직임이 적다 → Steep한 피팅 상태

① 렌즈의 전체 직경을 크게 한다. → Steep한 피팅 상태

② 렌즈의 기본커브 곡률반경을 짧게 한다. → Steep한 피팅 상태

③ 렌즈의 중심두께를 얇게 한다. → Steep한 피팅 상태

④ 렌즈의 주변부 곡률반경을 짧게 한다. → Steep한 피팅 상태

46

눈물렌즈 굴절력

- BCR(기본커브) 0.1mm 변화 시 0.50D 굴절력 변화 효과를 가진다.
- 8.10 → 8.00mm로 짧아진다.
- ∴ +0.50D의 눈물렌즈가 발생한다.

47

① 중심부에 집중적으로 눈물이 고인 상태로 Steep한 피팅 상태이다(착용 렌즈의 BCR < 각막 편평한 곡률반경).

48

토릭 콘택트렌즈(LARS : Left Add Right Subtract)

- 왼쪽(시계 방향)으로 돌아가면 : 돌아간 축만큼 더한다.
- 오른쪽(반시계 방향)으로 돌아가면 : 돌아간 축만큼 빼준다.
- 그림에서는 왼쪽(시계 방향)으로 15° 회전되었다.

49

① 각막난시는 C-0.50D, Ax 90°이다.
② 눈물렌즈는 +0.50D(렌즈 BCR 7.85 < 편평한 각막 BCR 7.95)이다.
③ 4.00D 이상이므로 정점보정값을 적용해야 한다.
④ 구면 소프트 콘택트렌즈로 교정할 수 있다.

50

① 폴리쿼드 - 방부제
② 염화나트륨 - 삼투압 조절제
④ 붕산, 인산 - 완충제(급격한 pH 변화를 방지)
⑤ 계면활성제 - 세척제(비누와 같은 역할)

51

이온도금(Ti-HP)

- 초경질 피막을 형성할 수 있다.
- 금을 사용하지 않으면서 금색을 낼 수 있는 장점이 있다.
- 무공해 공정이지만, 제조단가가 높다.

52

염수분무시험(CASS)

- 금속테 표면처리 내구성 검사
- 내부식성 성능 검사
- 부식될 수 있는 환경을 만들어 준 후 내구성 검사

53

울템 Ultem

- 비중 : 1.3(g/cm³)
- 열적 특성 우수 : 낮은 열전도율, 난연성, 고온 노출에 저항성 우수
- 기계적 특성 우수 : 내구성 및 내마모성 우수, 높은 인장강도
- 화학적 특성 우수 : 내화학성이 높음

- 소재명 : 폴리에테르이미드(PEI ; Polyetherimide)
- 상품명 : 울템(Ultem)

54

셀룰로이드

- 열가소성 수지
- 발화점이 낮아 화재의 위험도 높음
- 햇빛에 의해 황색으로 변색됨

56

① 렌즈의 굴절률 상향선은 유리렌즈보다 낮다.
② 유리렌즈보다 비중이 낮다.
③ 유리렌즈보다 두께가 얇다.
④ 유리렌즈보다 내충격성이 높다.

57

안내렌즈(I.O.L)

- 안내렌즈 소재 : PMMA(아크릴)
- 광학적으로 우수한 소재로 사용된다.

58

프레넬 프리즘렌즈

- 안위 이상을 교정할 목적으로 사용한다.
- 두께가 얇은 PVC 필름 형태의 프리즘렌즈이다.
- 프리즘굴절력에 상관없이 두께는 일정하다.
- 대비감도 및 상의 선명도가 저하된다.

59

조광(감광)렌즈

- 자외선을 받으면 착색되어 선글라스 용도로 사용 가능한 렌즈이다.
- 유리렌즈는 할로겐화합물(AgCl, AgBr, AgI)에 의해 변색 반응이 나타난다.
- 플라스틱렌즈는 감광성 염료를 표면에 염색 또는 코팅 방식으로 제작한다.

60

① 렌즈 - 하드코팅 - 반사방지막 코팅 - 기능성 코팅

참고문헌

안경광학. 저자 성풍주. 대학서림. 2022.03.

안과학. 저자 곽상인 외 3명. 일조각. 2023.02.

안경 조제 및 가공. 저자 대학서림 편집부. 대학서림. 2018.02.

콘택트렌즈. 저자 마기중, 이군자. 대학서림. 1995.

안광학기기. 저자 이정영, 서정익. 신광출판사. 2007.03.

안경재료학. 저자 박정식, 이승원. 신광출판사. 2019.11.

의료관계법규. 국가법령정보센터.

안경사국가시험 예상문제집. 저자 대학서림 편집부. 대학서림. 2023.09.

작은 기회로부터 종종 위대한 업적이 시작된다.

− 데모스테네스 −

훌륭한 가정만한 학교가 없고, 덕이 있는 부모만한 스승은 없다.

– 마하트마 간디 –

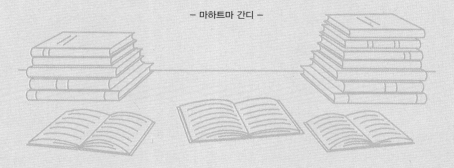

좋은 책을 만드는 길, 독자님과 함께 하겠습니다.

2025 시대에듀 안경사 최종모의고사 + 무료강의

개정1판1쇄 발행	2025년 07월 25일(인쇄 2025년 05월 23일)
초 판 발 행	2024년 08월 30일(인쇄 2024년 06월 21일)
발 행 인	박영일
책 임 편 집	이해욱
저 자	김정복 · 이종하
편 집 진 행	노윤재 · 윤소진
표지디자인	조혜령
편집디자인	장성복 · 김예슬
발 행 처	(주)시대고시기획
출 판 등 록	제 10-1521호
주 소	서울시 마포구 큰우물로 75 [도화동 538 성지 B/D] 9F
전 화	1600-3600
팩 스	02-701-8823
홈 페 이 지	www.sdedu.co.kr

I S B N	979-11-383-9410-9 (13530)
정 가	30,000원

문제 풀이로 실전을 대비하자!

CS리더스관리사
적중모의고사 900제

▶ 무료 동영상 강의 제공(최신 기출 1회분)

▶ 국가공인 / 학점인정 6학점

▶ 2015~2024년 실제기출 경향을 반영한 고득점 겨냥 모의고사 10회

▶ 최신 기출 키워드를 분석해 잘 나오는 개념을 모아둔 빨리보는 간단한 키워드 수록

※ 도서의 구성 및 이미지는 변경될 수 있습니다.

나는 이렇게 합격했다

자격명: 위험물산업기사
구분: 합격수기
작성자: 배＊상

나는 할수있다

69년생 50중반 직장인 입니다. 요즘 자격증을 2개정도는 가지고 입사하는 젊은친구들에게 일을시키고 지시하는 역할이지만 정작 제자신에게 부족한점 이많다는것을느꼈기 때문에 자격증을따야겠다고 결심했습니다. 처음 시작할때는 과연되겠냐? 하는의문과 걱정 이 한가득이었지만 시대에듀 인강 을 우연히접하게 되었고 잘차려 진 밥상과같은커 리큘럼은 뒤늦게시 작한늦깍이 수험 생이었던저를 합격의길 로 인도해주었습니다. 직장생활을 하면서 취득했기에 더욱기뻤습니다.

감사합니다!

♥

당신의 합격 스토리를 들려주세요.
추첨을 통해 선물을 드립니다.

QR코드 스캔하고 ▷ ▷ ▶
이벤트 참여해 푸짐한 경품받자!

베스트 리뷰	상/하반기 추천 리뷰	인터뷰 참여
갤럭시탭 / 버즈 2	상품권 / 스벅커피	백화점 상품권

합격의 공식
시대에듀